装备科技译著出版基金

# 声学超材料的基本原理与应用
## ——从地震波到射频波

**Fundamentals and Applications of Acoustic Metamaterials**
**From Seismic to Radio Frequency**

[法]Vicente Romero – García
Anne – Christine Hladky – Hennion 主编
舒海生 孔凡凯 于妍 译

国防工业出版社
·北京·

**著作权合同登记 图字:01-2022-4438 号**

**图书在版编目(CIP)数据**

声学超材料的基本原理与应用:从地震波到射频波/
(法)维森特·罗梅罗-加西亚,(法)安妮·克里斯蒂娜·
赫拉基·亨尼翁主编;舒海生,孔凡凯,于妍译.—
北京:国防工业出版社,2024.4
书名原文:Fundamentals and Applications of
Acoustic Metamaterials:from Seismic to Radio
Frequency
ISBN 978-7-118-13185-7

Ⅰ.①声… Ⅱ.①维… ②安… ③舒… ④孔… ⑤于
… Ⅲ.①声学材料-研究 Ⅳ.①TB34

中国国家版本馆 CIP 数据核字(2024)第 064520 号

Fundamentals and Applications of Acoustic Metamaterials: From Seismic to Radio Frequency by Vicente Romero-Garcia and Anne-Christine Hladky-Hennion
ISBN 978-1-78630-336-3


※

国防工业出版社 出版发行
(北京市海淀区紫竹院南路 23 号 邮政编码 100048)
雅迪云印(天津)科技有限公司印刷
新华书店经售

*

**开本** 710×1000 1/16 **插页** 15 **印张** 16¼ **字数** 290 千字
2024 年 4 月第 1 版第 1 次印刷 **印数** 1—1400 册 **定价** 129.00 元

**(本书如有印装错误,我社负责调换)**

国防书店:(010)88540777 书店传真:(010)88540776
发行业务:(010)88540717 发行传真:(010)88540762

# 前　言

近几十年来，在波动物理这一相当广泛的领域中，超材料已经为我们带来了一种全新的波动操控手段，之所以如此，是因为它们拥有诸多不寻常的物理特性。超材料通常是局域共振型结构，由此也就表现出深度亚波长带隙行为，在该频带内波将无法正常传播。这一独特的物理性质给人们带来了极大的启发，据此实现了大量前所未有的应用，同时也使现有材料科学在概念上有了一个突破。值得特别关注的是，声学超材料能够实现一系列独特功能，进而带来多方面的创新应用。在大量场合中，由于声学超材料能够在可调的目标频率范围内以很小的尺寸获得更好的性能，因此它们已经可以替代实际使用中的各种传统解决方案。可以说，相对于噪声、振动和射频问题中的传统技术手段，声学（和机械）超材料事实上已经成为一项重要的科学突破。

上述这些超材料的前身是周期介质。周期介质中的波传播问题隶属于波动物理领域，通过对这一问题的研究和利用，人们已经在物理学和技术科学的多个分支中获得了全新的波调控能力。这些材料的秘密就在于"结构化"，由此产生了多种特殊效应，如负折射或空间滤波（由此解释了蝴蝶翅膀所具有的天然结构色）。根据所针对波的类型不同，人们将这些周期介质材料区分为光子晶体（针对光波）和声子晶体（针对弹性波和声波），它们都具有特殊的色散性质。已有研究表明，在低频段进行等效介质的设计时，可以通过在基体介质中周期地布置一些散射体来完成。当波长 $\lambda$ 相对于散射体间距 $a$ 而言很大时，也即在长波机制下，匀质化理论是适用的，由此可以将该周期介质视为一种等效的均匀介质来处理。如果这些散射体是共振子，那么在对应的共振频率点附近，这种介质将会表现出异常的等效特性，这种情况下的周期介质材料也就变成了所谓的超材料了。不过，在衍射机制下，这些周期结构物仍然会在跟结构周期尺度阶次对应的波长处表现出带隙行为。这些结构物在很多方面都拥有潜在的应用前景，其中在声学方面它们直接启发了可调频滤波器、波束成形装置、波导、陷波器以及慢波系统等的设计和开发。从这些方面来看，此类材料都是强各向异性的，其散射特性表现出角度依赖性。

在 GdR Meta 所组织的暑期班 Metagenierie 2017 中，我们已经针对声学超材料的基本原理及其可能的工程或工业应用进行了讨论和交流，主要目的是创建一项培训课程，将声学超材料的学习和研究的各个阶段都包含进来，如总体发展现状、基本原理以及应用开发等。本书将所有这些讨论汇集到一起，通过9章内容对声学超材料领域进行了相当全面的阐述，可为相关人员的学习和研究提供有益的训练和参考。全书主要分为3个部分：

第1部分为声学超材料当前研究概述；

第2部分是声学超材料的原理和相关基础介绍；

第3部分关注的是声学超材料的应用。

第1部分由第1~3章组成，着重阐明了局域共振结构所具有的一些物理特性，特别是深度亚波长带隙特性以及热黏性损耗是如何影响这些物理特性的。第1章回顾了带损耗的双负超材料方面的近期研究进展；第2章主要讨论的是利用深度亚波长带隙去抑制地震波问题；第3章则论述了应当如何利用热黏性损耗和慢声波现象去构造具有深度亚波长尺度的理想吸声和声扩散装置。

第2部分包括第4~6章，主要介绍超材料和周期结构理论方面的一些基本原理和基础知识。第4章讨论了三维结构在时域中的匀质化理论；第5章介绍了可用于计算周期介质色散关系的平面波展开方法；第6章则对多重散射理论进行了全面阐述，这有助于处理周期结构的有限尺度效应。

第3部分也包括了3章，即第7~9章，这一部分对超材料和周期介质的工业应用进行了较为广泛的介绍。第7章回顾了声学超材料在可听声范畴内的工业应用；第8章则综述了声学超材料在射频范畴内的工业应用；第9章还指出了声学超材料在水下应用的可行性。

在这里，本书编者要向 Metagenierie 2017 的所有参加者表示感谢，他们有关声学超材料方面的科学交流和讨论使本书的内容更为充实和丰富。进一步，我们还要衷心感谢参与本书编写的诸位学者，相信读者在阅读每一章的过程中都会感受到他们所付出的艰辛。我们希望本书能够为声学超材料领域的研究人员提供有益的参考，并为这一领域的未来发展提供启发和助力。

Vicente Romero－García

Anne－Christine Hladky－Hennion

2019年5月

# 目　录

## 第1部分　声学超材料研究概述

## 第3部分 声学超材料的应用

# 第 1 部分

# 声学超材料研究概述

# 第1章　基于局域共振的声学超材料中的热黏性效应

José SÁNCHEZ – DEHESA, Vicente CUTANDA HENRÍQUEZ

## 1.1　引　　言

声学超材料是人工制备的复合结构物,其声学特性不同于各个组分材料的声学特性。近期的一些综述性文章报道了若干非常引人注目的仪器装置及其超乎寻常的特性[CUM16,MA16,HAB16],在这些异常特性中,声隐身和负折射现象是当前研究较多的课题,据此可以研制出隔声罩和声聚焦装置,以及实现具有亚波长分辨率的声学成像等。之所以能够获得声隐身特性,是因为我们已经能够制备出一类特殊的人工结构物,它们的行为十分类似于具有各向异性的等效动态质量密度的声学材料[CUM07,TOR08]。实际上进一步的研究还表明,这种声隐身性能也可以借助另一类结构来获得,即具有各向异性的等效体积模量同时还具有各向同性的等效动态质量结构。类似地,负折射行为的获得主要是因为我们可以制备出等效声学参数(即质量密度和体积模量)均为负值的特殊结构物,这种具有双负参数的超材料一般可以通过在结构中同时引入单极共振和偶极共振行为来实现[LI04]。此外,人们还发现借助空间盘绕型声学超材料[KOC49,LIA12,XIE13]和双曲材料[GAR14]也可以获得这种负折射特性。

对于很多人工结构物的性能退化来说,耗散往往是一个十分重要的原因,尽管如此,声学超材料中的损耗效应至今却很少受到关注。三维迷宫型声学超材料[FRE13]就是一个典型实例,Frenzel 等研究指出其中存在着显著的损耗,并据此提出可将此类结构用于实现亚波长宽带全向吸声器。近期 Molerón 等研究了带有亚波长狭缝的结构物,结果表明此类结构物的实际响应是显著依赖于热黏性损耗的。实际上在较早前,人们已经在侧边带有多个共振腔的波导中观察到了由热黏性耗散所导致的慢声传播现象[THE14]。对基于局域共振的超材料来说,部分研究人员已经指出,由于热黏性效应的显著影响,在某些经过特别设计的结构物中是难以观测到预期的双负行为的[FOK11,GRA13]。

本章主要考察热黏性效应在一些特殊的声学超材料中所产生的影响,特别是那些负等效参数是由内置共振单元所导致的超材料。首先将对各类不同方法做一简要介绍,这些方法可用于分析各种相关场合下的热黏性损耗问题。有限元方法(FEM)和边界元方法(BEM)一般都能用于带有褶皱表面的人工结构物特性(与热黏性损耗相关)的研究,不过此处在考察基于局域共振的超材料结构时,选择的是 BEM,它要更为有力一些,因此将在 1.2.1 节中对这一方法作较详尽的介绍,随后在 1.3 节中借助该方法对一种单负超材料进行全面分析。这种准二维超材料结构是一个带有孔阵列(方形)的二维波导[GRA12],其行为特性跟体积模量为负的材料是等效的,类似于 Fang 等所给出的结构[FAN06]。分析结果将表明,尽管热黏性损耗是存在影响的,不过理论预测到的负模量特性仍然是可观测到的。然而,对于 1.4 节中所讨论的情况来说,结论是不同的。该节将考察一个带有柱状夹杂物且具有周期褶皱表面的准二维超材料结构,其设计目的是展现出双负行为特性。对于该双负超材料而言,热黏性损耗将产生十分重要的影响,使我们完全观测不到所预期的行为特性[CUT17b]。尽管如此,仍然需要强调的是,此处只是针对两种特定情况研究了热黏性损耗效应,不能直接将相关结果推广到所有情形。当然,这里所得到的一些研究结果也是很有意义的,它提醒研究人员在基于内置共振单元的超材料设计过程中必须注意这些问题。

## 1.2 热黏性效应:数值方法

声波的黏性损耗和热损耗一般只在两种情况下才会关联起来:第一种情况是长距离的声波传播,如巨大的房间内或室外的声场;第二种情况是域边界处带有非常薄的流体边界层。这里不关心第一种情况,通常只需对已有物理描述作合适的修正即可轻松处理这种情况,如引入传播衰减常数。对于第二种情况,黏性和热边界层具有相似的厚度,从高频下的几微米到低频下的几分之一毫米(在可听声范围内)。黏性边界层的形成是因为流体粒子较难在边界上滑移,而热边界层的形成则源于流体和固体边界之间产生了显著的热交换[PIE81,MOR68]。

在大型场合(如房间)中,一般可以通过边界阻抗来考察热黏性效应导致的边界层损耗[CRE82],不过这一方法在较小的场合(跟边界层厚度有关)或者非常复杂的环境中是不大适用的。当边界层占据了整个域体积的相当部分时,损耗可能是非常显著的,传声器、助听器和声耦合器就是很好的例子。对于超材料而言,即便是在相对较大的尺度上,热黏性损耗效应也可能是相当明显的,这一点将在本章后面得以体现。

热黏性损耗可以通过解析模型来描述，如在细圆柱管情况的经典求解中[RAY94]就是如此。其他一些研究者也给出了类似的求解过程，不过也只限于特定的几何形式[STI91,BRU87]，在超材料相关文献中，这些方法也经常可以见到，当然，几何方面的限制也使其仅适用于较为简单的1/4 波长的和亥姆霍兹谐振腔。

本章将借助 BEM 来考察一些实例，其中考虑了热黏性损耗行为。BEM 是一种数值方法，除了线性和无流动之外，没有引入过多的假设。在 FEM 中也可以进行热黏性处理，这是另一种没有几何限制的数值方法，在文献[CUT17a]中曾被用于验证基于 BEM 的超材料模型。这里之所以选择考虑热黏性损耗的 BEM，是因为对于所考察的超材料实例来说，已经发现该方法在计算方面要更加方便一些。

下面分别针对考虑损耗的 FEM 和 BEM 进行简要介绍。

### 1.2.1 考虑损耗的有限元方法

在商用软件 COMSOL 中，黏性损耗和热损耗的有限元实现是比较方便的，最早是 Malinen 等[MAL04]提出的，主要是通过对完整的线性化纳维 - 斯托克斯方程组作直接离散处理来完成的。所求解的这个方程组包含了动量方程、连续性方程和能量方程，即

$$\mathrm{i}\omega\rho_0\boldsymbol{v} = \nabla\cdot\left(-p\boldsymbol{I} + \mu(\nabla\boldsymbol{v} + \nabla\boldsymbol{v}^{\mathrm{T}}) - \left(\frac{2}{3}\mu - \eta\right)(\nabla\cdot\boldsymbol{v})\boldsymbol{I}\right) + \boldsymbol{F} \tag{1.1}$$

$$\mathrm{i}\omega\rho + \rho_0\nabla\cdot\boldsymbol{v} = 0 \tag{1.2}$$

$$\mathrm{i}\omega\rho_0 C_{\mathrm{p}} T = -\nabla\cdot(-\lambda\nabla T) + \mathrm{i}\omega\alpha_0 T_0 p \tag{1.3}$$

$$\rho = \rho_0(\beta_{\mathrm{T}} p - \alpha_0 T) \tag{1.4}$$

上面出现的声学变量包括粒子速度 $\boldsymbol{v}$、压力 $p$ 和温度 $T$。$\boldsymbol{F}$ 为作用于流体介质上的体力。空气参数分别为静态密度 $\rho_0$、平衡态温度 $T_0$、黏性系数 $\mu$、体积黏度 $\eta$、等压热容 $C_{\mathrm{p}}$、热导率 $\lambda$、热膨胀系数 $\alpha_0$ 以及等温压缩率 $\beta_{\mathrm{T}}$。

在 FEM 中，通常是将式(1.1)~式(1.4)转换成弱解形式来进行求解，由此可以得到声压、粒子速度和温度为变量的方程组。针对每个节点需要引入 5 个自由度，这就意味着该方程组的规模将是相同网格下无损耗情况的 5 倍。另外，边界处的边界层也需要进行足够精细的网格划分，这将进一步增大计算的规模。

### 1.2.2 考虑损耗的边界元方法

考虑损耗的 BEM 实现主要建立在对纳维 - 斯托克斯方程组的基尔霍夫分

解基础之上[PIE81,BRU89],即

$$(\Delta + k_{\mathrm{a}}^{2}) p_{\mathrm{a}} = 0 \tag{1.5}$$

$$(\Delta + k_{\mathrm{h}}^{2}) p_{\mathrm{h}} = 0 \tag{1.6}$$

$$(\Delta + k_{\mathrm{v}}^{2}) \boldsymbol{v}_{\mathrm{v}} = \boldsymbol{0}, \quad \nabla \cdot \boldsymbol{v}_{\mathrm{v}} = 0 \tag{1.7}$$

式(1.5)~式(1.7)中已经略去了时间简谐项因子 $\mathrm{e}^{\mathrm{i}\omega t}$,下标 a、h 和 v 分别代表所谓的声学模式、热模式和黏滞模式,分别对应于式(1.5)、式(1.6)和式(1.7)。在声学域内,这些模式可以分别进行处理并通过边界条件关联起来。总声压是声学模式和热模式对应声压之和(无黏滞模式声压),即 $p = p_{\mathrm{a}} + p_{\mathrm{h}}$,粒子速度包含了 3 种模式的贡献,即 $\boldsymbol{v} = \boldsymbol{v}_{\mathrm{a}} + \boldsymbol{v}_{\mathrm{h}} + \boldsymbol{v}_{\mathrm{v}}$。另外,此处有

$$k_{\mathrm{a}}^{2} = \frac{k^{2}}{1 + \mathrm{i}k[\ell_{\mathrm{v}} + (\gamma - 1)\ell_{\mathrm{h}}] - k^{2}\ell_{\mathrm{h}}(\gamma - 1)(\ell_{\mathrm{h}} - \ell_{\mathrm{v}})} \tag{1.8}$$

$$k_{\mathrm{h}}^{2} = \frac{-\mathrm{i}k}{1 - \mathrm{i}k(\gamma - 1)(\ell_{\mathrm{h}} - \ell_{\mathrm{v}})} \tag{1.9}$$

$$k_{\mathrm{v}}^{2} = -\frac{\mathrm{i}\rho_{0} c k}{\mu} \tag{1.10}$$

式中:波数 $k_{\mathrm{a}}$、$k_{\mathrm{h}}$ 和 $k_{\mathrm{v}}$ 依赖于无损波数和流体介质的物理特性。$\rho_0$ 为空气的静态密度;$c$ 为声速;$k$ 为绝热波数;$\gamma$ 为定压比热容和定容比热容之比(即 $C_{\mathrm{p}}/C_{\mathrm{v}}$);黏性和热特征长度分别为 $\ell_{\mathrm{v}} = (\eta + 4/3\mu)/\rho_0 c$ 和 $\ell_{\mathrm{h}} = \lambda/(\rho_0 c C_{\mathrm{p}})$,$\lambda$ 为热导率,$\mu$ 为黏性系数,$\eta$ 为体积黏度或第二黏度[BRU89]。

式(1.5)是一个波动方程,而式(1.6)和式(1.7)均为扩散方程。式(1.7)是矢量方程,可以改写为分量形式,由此可得到 5 个方程,涉及 5 个未知参数,即 $p_{\mathrm{a}}$、$p_{\mathrm{h}}$ 和 $\boldsymbol{v}_{\mathrm{v}}$ 的 3 个分量。式(1.5)~式(1.7)中的模式可通过边界条件关联起来,即

$$T = T_{\mathrm{a}} + T_{\mathrm{h}} = \tau_{\mathrm{a}} p_{\mathrm{a}} + \tau_{\mathrm{h}} p_{\mathrm{h}} = 0 \tag{1.11}$$

$$\boldsymbol{v}_{\mathrm{boundary}} = \boldsymbol{v}_{\mathrm{a}} + \boldsymbol{v}_{\mathrm{h}} + \boldsymbol{v}_{\mathrm{v}} = \phi_{\mathrm{a}} \nabla p_{\mathrm{a}} + \phi_{\mathrm{h}} \nabla p_{\mathrm{h}} + \boldsymbol{v}_{\mathrm{v}} \tag{1.12}$$

式(1.11)是指边界上的温度 $T$ 为常值,进而将热模式和声学模式的声压($p_{\mathrm{a}}$ 和 $p_{\mathrm{h}}$)关联了起来。式(1.12)则保证了总粒子速度(声学、热和黏性 3 种成分之和)在任何方向上都跟边界速度相匹配。跟式(1.5)~式(1.7)中的波数一样,参数 $\tau_{\mathrm{a}}$、$\tau_{\mathrm{h}}$、$\phi_{\mathrm{a}}$ 和 $\phi_{\mathrm{h}}$ 也依赖于物理特性和频率。式(1.12)是矢量形式的,为方便起见,可以将其分解到法向和切向上,即

$$v_{\mathrm{boundary},\boldsymbol{n}} = \phi_{\mathrm{a}} \frac{\partial p_{\mathrm{a}}}{\partial \boldsymbol{n}} + \phi_{\mathrm{h}} \frac{\partial p_{\mathrm{h}}}{\partial \boldsymbol{n}} + v_{\mathrm{v},\boldsymbol{n}} \tag{1.13}$$

$$\boldsymbol{v}_{\mathrm{boundary},t}=\phi_{\mathrm{a}}\nabla_t p_{\mathrm{a}}+\phi_{\mathrm{h}}\nabla_t p_{\mathrm{h}}+\boldsymbol{v}_{\mathrm{v},t} \tag{1.14}$$

对于考虑损耗的 BEM 实现来说，首先是分别对式(1.5)、式(1.6)和式(1.7)进行离散处理。这些方程在形式上跟无损情况下的亥姆霍兹方程是等价的，因而其离散化处理过程跟无损 BEM 中的做法是相同的，即将亥姆霍兹方程转换成以下积分形式[WU00,JUH93]，即

$$C(P)p(P)=\int_S\left[\frac{\partial G(Q)}{\partial \boldsymbol{n}}p(Q)-\frac{\partial p(Q)}{\partial \boldsymbol{n}}G(Q)\right]\mathrm{d}S+p^{\mathrm{I}}(P) \tag{1.15}$$

式中：$p$ 为声压；$G$ 为格林函数；$P$ 和 $Q$ 分别为域内和边界面上的点；$C(P)$ 为几何常数；$p^{\mathrm{I}}(P)$ 为入射声压(如果存在的话)。然后，需要将边界划分成面元，进而式(1.15)可离散为

$$\boldsymbol{A}p-\boldsymbol{B}\frac{\partial p}{\partial \boldsymbol{n}}+p^{\mathrm{I}}=0 \tag{1.16}$$

在给定了一组边界条件之后，根据式(1.16)即可求解出边界上的声压和法向粒子速度。随后，再次利用离散后的亥姆霍兹积分方程，也就能够获得域内的声学量情况。按照这一过程，基尔霍夫分解后的式(1.5)~式(1.7)可离散化为

$$\boldsymbol{A}_{\mathrm{a}}p_{\mathrm{a}}-\boldsymbol{B}_{\mathrm{a}}\frac{\partial p_{\mathrm{a}}}{\partial \boldsymbol{n}}+p^{\mathrm{I}}=0 \tag{1.17}$$

$$\boldsymbol{A}_{\mathrm{h}}p_{\mathrm{h}}-\boldsymbol{B}_{\mathrm{h}}\frac{\partial p_{\mathrm{h}}}{\partial \boldsymbol{n}}=0 \tag{1.18}$$

$$\boldsymbol{A}_{\mathrm{v}}\boldsymbol{v}_{\mathrm{v}}-\boldsymbol{B}_{\mathrm{v}}\frac{\partial \boldsymbol{v}_{\mathrm{v}}}{\partial \boldsymbol{n}}=0,\quad \text{且有}\nabla\cdot\boldsymbol{v}_{\mathrm{v}}=0 \tag{1.19}$$

在联立式(1.17)~式(1.19)时，会用到式(1.11)和式(1.12)中的耦合边界条件以及黏性速度场的无散性。如果速度边界条件是以边界的法向分量和切向分量形式给出的(即式(1.13)和式(1.14))，那么就更容易关联了，此时一般需要进行坐标变换处理，涉及节点局部坐标系(法向量 $\boldsymbol{n}$ 和切向矢量 $\boldsymbol{t}_1$、$\boldsymbol{t}_2$)和全局笛卡儿坐标系$(x,y,z)$。由此可以得到用于求解边界压力(声学成分)的方程组为

$$\begin{bmatrix}\phi_{\mathrm{a}}\boldsymbol{B}_{\mathrm{a}}^{-1}\boldsymbol{A}_{\mathrm{a}}-\phi_{\mathrm{h}}\boldsymbol{B}_{\mathrm{h}}^{-1}\boldsymbol{A}_{\mathrm{h}}\dfrac{\tau_{\mathrm{a}}}{\tau_{\mathrm{h}}}+[\boldsymbol{N}_{11}\circ(\boldsymbol{B}_{\mathrm{v}}^{-1}\boldsymbol{A}_{\mathrm{v}})]^{-1}\left(\phi_{\mathrm{a}}-\dfrac{\tau_{\mathrm{a}}}{\tau_{\mathrm{h}}}\phi_{\mathrm{h}}\right)\\ \left([\boldsymbol{N}_{12}\circ(\boldsymbol{B}_{\mathrm{v}}^{-1}\boldsymbol{A}_{\mathrm{v}})]\dfrac{\partial}{\partial \boldsymbol{t}_1}+[\boldsymbol{N}_{13}\circ(\boldsymbol{B}_{\mathrm{v}}^{-1}\boldsymbol{A}_{\mathrm{v}})]\dfrac{\partial}{\partial \boldsymbol{t}_2}+\Delta_t\right)\end{bmatrix}p_{\mathrm{a}}=$$

$$\boldsymbol{v}_{\mathrm{boundary},\boldsymbol{n}}+[\boldsymbol{N}_{11}\circ(\boldsymbol{B}_{\mathrm{v}}^{-1}\boldsymbol{A}_{\mathrm{v}})]^{-1}\left[[\boldsymbol{N}_{12}\circ(\boldsymbol{B}_{\mathrm{v}}^{-1}\boldsymbol{A}_{\mathrm{v}})]+\frac{\partial}{\partial \boldsymbol{t}_1}\right]\boldsymbol{v}_{\mathrm{boundary},\boldsymbol{t}_1}+$$

$$[\boldsymbol{N}_{11}\circ(\boldsymbol{B}_{\mathrm{v}}^{-1}\boldsymbol{A}_{\mathrm{v}})]^{-1}\left[[\boldsymbol{N}_{13}\circ(\boldsymbol{B}_{\mathrm{v}}^{-1}\boldsymbol{A}_{\mathrm{v}})]+\frac{\partial}{\partial \boldsymbol{t}_2}\right]\boldsymbol{v}_{\mathrm{boundary},\boldsymbol{t}_2}-\phi_{\mathrm{a}}\boldsymbol{B}_{\mathrm{a}}^{-1}p^{\mathrm{I}} \tag{1.20}$$

式中：运算符"$\circ$"是 Hadamard 乘积；常值矩阵 $\boldsymbol{N}_{11}$、$\boldsymbol{N}_{12}$和 $\boldsymbol{N}_{13}$分别为

$$\begin{cases}\boldsymbol{N}_{11}=\boldsymbol{n}_x\boldsymbol{n}_x^{\mathrm{T}}+\boldsymbol{n}_y\boldsymbol{n}_y^{\mathrm{T}}+\boldsymbol{n}_z\boldsymbol{n}_z^{\mathrm{T}}\\ \boldsymbol{N}_{12}=\boldsymbol{n}_x\boldsymbol{t}_{1,x}^{\mathrm{T}}+\boldsymbol{n}_y\boldsymbol{t}_{1,y}^{\mathrm{T}}+\boldsymbol{n}_z\boldsymbol{t}_{1,z}^{\mathrm{T}}\\ \boldsymbol{N}_{13}=\boldsymbol{n}_x\boldsymbol{t}_{2,x}^{\mathrm{T}}+\boldsymbol{n}_y\boldsymbol{t}_{2,y}^{\mathrm{T}}+\boldsymbol{n}_z\boldsymbol{t}_{2,z}^{\mathrm{T}}\end{cases}\tag{1.21}$$

式中右侧为节点法向分量和切向向量 $\boldsymbol{n}$、$\boldsymbol{t}_1$ 和 $\boldsymbol{t}_2$ 的$(x,y,z)$分量乘积。

式(1.20)将边界上指定的法向速度和切向速度($\boldsymbol{v}_{\mathrm{boundary},\boldsymbol{n}}$，$\boldsymbol{v}_{\mathrm{boundary},\boldsymbol{t}_1}$，$\boldsymbol{v}_{\mathrm{boundary},\boldsymbol{t}_2}$)以及入射声压 $p^{\mathrm{I}}$ 跟边界压力 $p_{\mathrm{a}}$(声学成分)联系了起来。在求解该方程后，就可以进一步导出边界上的剩余成分($p_{\mathrm{h}}$ 和 $\boldsymbol{v}_{\mathrm{v}}$)以及域内的情况了[STI91，CUT13]。

在 OpenBEM 软件中可以进行求解，一般是利用直接配点技术来解亥姆霍兹波动方程[CUT10]。在 BEM 中，只有边界才进行网格划分，因而比其他数值方法(如 FEM)的自由度少得多。对应于声学、热和黏性这 3 种模式，通常需要采用 3 组系数矩阵，即 $\boldsymbol{A}_{\mathrm{a}}$、$\boldsymbol{B}_{\mathrm{a}}$、$\boldsymbol{A}_{\mathrm{h}}$、$\boldsymbol{B}_{\mathrm{h}}$、$\boldsymbol{A}_{\mathrm{v}}$、$\boldsymbol{B}_{\mathrm{v}}$。由于黏性效应和热效应具有凋落性，因而热和黏性系数矩阵都是稀疏矩阵，不过声模式系数矩阵却并非如此，所有元素都依赖于频率。跟 FEM 相比，虽然带损耗的 BEM 仍然具有很高的计算量，不过它能更高效地处理比较复杂的几何，本章中所讨论的超材料实例就属于这类情形。

近期人们还提出了一些新的带损耗的 BEM，它们能够解决式(1.20)中$\frac{\partial}{\partial t_1}$、$\frac{\partial}{\partial t_2}$和 $\Delta_t$ 算子所对应的实现问题[CUT18，AND18]，这些算子分别为切向导数和切向拉普拉斯算子。

## 1.3 具有负体积模量的超材料内的热黏性效应

关于负的动态体积模量，Fang 等[FAN06]曾给出过很好的示例，他们采用的模型是一个带有亥姆霍兹谐振器阵列的一维水槽。研究表明，等效体积模量可以通过以下跟频率相关的表达式来描述，即

$$B_{\mathrm{eff}}^{-1}=E_{\mathrm{o}}^{-1}\left(1-\frac{F\omega_0^2}{\omega^2-\omega_0^2+\mathrm{i}\Gamma\omega}\right)\tag{1.22}$$

式中：$F$ 为几何系数；$\omega_0$ 为谐振器的共振(角)频率；$\Gamma$ 为亥姆霍兹谐振单元中的耗散损失。通过将计算出的传递曲线与透射谱谷点进行拟合处理，不难确定这

个损耗项,由此可以得到 $\Gamma=2\pi\times400\text{Hz}$。若干年以后,人们考察了一种等效的准二维结构所具有的空气声传播特性,也得到了类似的结论[GAR12]。该结构实际上是一个圆柱孔的方形阵列,各孔具有相同的半径 $R$ 和深度 $L$,它们位于一个平直的刚性表面上。通过理论计算结果与实验测试结果的数据匹配,可以得到损耗项为 $\Gamma=2\pi\times3.4\text{Hz}$。跟前述的一维水槽波导(带亥姆霍兹谐振器)情况中得到的结果相比,这一结果是非常小的。

为了验证这么小的损耗,利用前述的 BEM 过程进行了数值仿真分析。边界网格是借助 Gmsh 网格划分软件构建的[GEU09],采用的是二次六节点单元,如图 1.1 所示。结构尺寸跟文献[GAR12]中是对应的,孔间距(晶格常数)为 30cm,这些孔分布在一个无限型二维波导上,并假定入射的平面波在该波导中传播。可以借助有限结构(图 1.1)来模拟这一场景,即在发射端(入射端)设置一个运动活塞,并在发射端和接收端设置边界阻抗 $\rho c$。

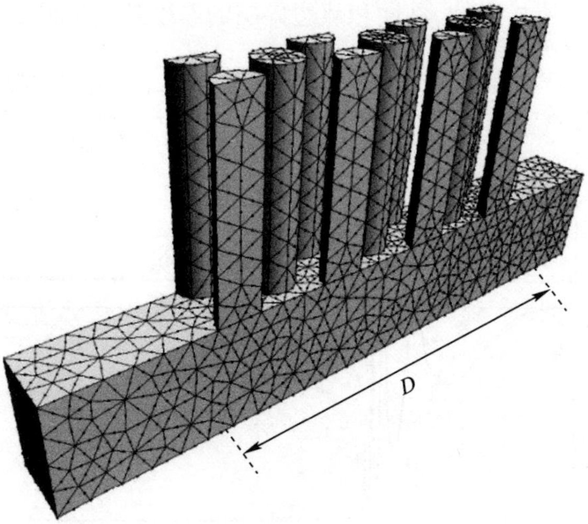


图 1.1 具有负等效体积模量的声学超材料建模
(边界元网格包含了 2352 个单元和 4706 个节点)

按照实验设置情况,这里根据在波导中 3 个位置($x_1$、$x_2$、$x_3$)记录到的声压($P_1$、$P_2$、$P_3$)计算了反射率和透射率,其中的两个位置在发射端(样件前方)而另一个在接收端(样件后方),到样件中心的距离分别为 −15.07cm、−13.9cm 和 15.07cm。反射系数和透射系数的计算式分别为

$$r(\omega)=\frac{P_2\mathrm{e}^{-\mathrm{i}k_0x_1}-P_1\mathrm{e}^{-\mathrm{i}k_0x_2}}{P_1\mathrm{e}^{\mathrm{i}k_0x_2}-P_2\mathrm{e}^{\mathrm{i}k_0x_1}} \tag{1.23}$$

$$t(\omega)=\frac{P_3}{P_2}\frac{e^{-ik_0x_2}-r(\omega)e^{ik_0x_2}}{e^{-ik_0x_3}}e^{-ik_0D} \tag{1.24}$$

式中：$k_0$ 为空气中的波数；$D$ 为超材料的有效厚度，一般可以通过假定这些表面位于层间距的一半处来计算该参数。根据这些计算式，即可得到反射率 $R(\omega)=|r(\omega)|^2$ 和透射率 $T(\omega)=|t(\omega)|^2$。另外，根据能量平衡要求，还可得到吸收率 $A(\omega)=1-T(\omega)-R(\omega)$。

如图 1.2 和图 1.3 所示，其中示出了针对该单负超材料计算得到的反射谱、透射谱和吸收谱，考虑了无损耗和有损耗两种情况，并且对于有损耗情况还计算了两种不同的结构尺度，即全尺度和 1/4 尺度，不同尺度下黏性损耗和热损耗跟无损结果量值的变化是不同的。图 1.3 中没有给出无损结构的吸收谱，其值为零（对于所有频率，在计算精度范围内），这也验证了在计算中能量平衡是满足的。无损结构的行为跟结构尺度是无关的，其结果只是在频率上发生了移动而已，不过正如前面所指出的，黏性和热边界层的厚度随 $f^{-\frac{1}{2}}$ 而变化。

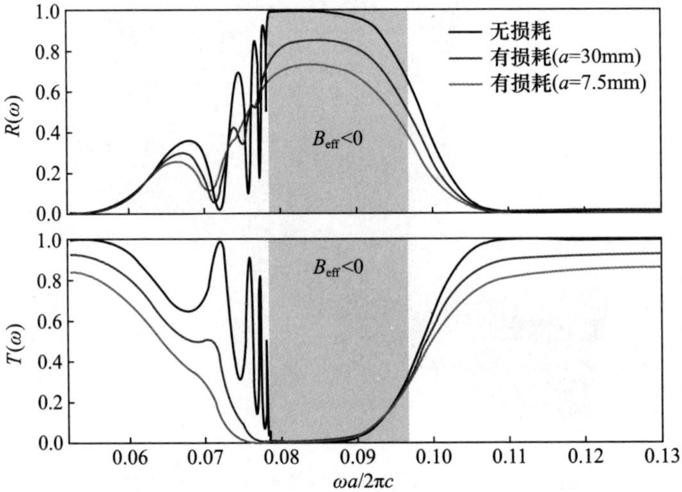


图 1.2　单负声学超材料（图 1.1）的反射谱 $R(\omega)$ 和透射谱 $T(\omega)$（见彩图）（黑色实线代表的是无热黏性损耗情况下的计算结果；蓝色实线为全尺度下的有损耗情况；红色实线为 1/4 尺度下的有损耗情况，为了在图中反映整个频谱，频率轴采用的是简约参数）

图 1.2 中的结果也验证了以往的仿真结果，它们建立在模式匹配技术和文献[GAR12]（参见其中的图 1.4）给出的测试数据基础之上。无损情况下计算出的谱结果中所存在的 FP 峰（在透射谱中）和谷（在反射谱中），是超材料的有限厚度所导致的。图中的灰色区域所对应的频带是禁带，在该范围内等效体积模

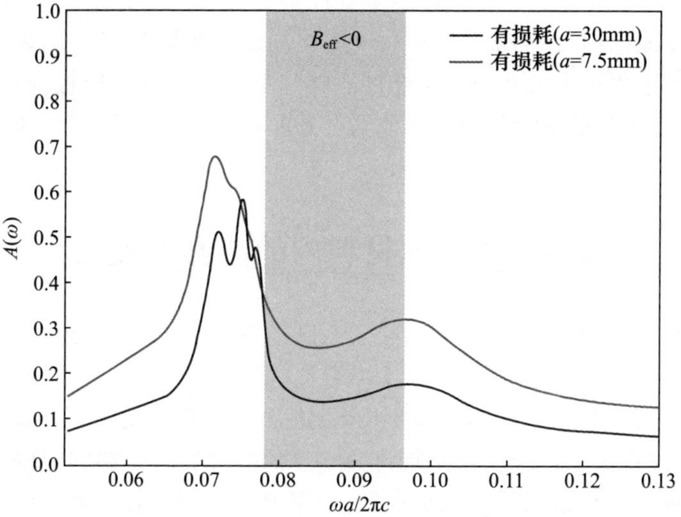


图 1.3　声学超材料(图 1.1)的吸收谱 $A(\omega)$ 计算结果(见彩图)(两条曲线都是有热黏性损耗情况,只是尺寸不同,蓝色曲线针对晶格周期为 $a = 30$cm 的情况,对应于文献[GAR 12]所考察的样件,而红色曲线针对晶格周期为 $a = 7.5$cm 的情况,对应于1/4尺度缩放后的结构。为了在图中反映整个频谱,频率轴采用的是简约参数)

量为负值,进而相速度为虚数。当把损耗考虑进来以后,计算结果表明透射谱中的这些 FP 峰会被显著地压低,在实验中甚至完全观测不到。在反射谱中也可以观察到类似的行为,其中体现 FP 共振现象的谷值点实际上是观测不到的,另外在两种结构尺度下都存在首个极小值点。上述的反射谱和透射谱计算结果曲线相当好地复现了文献[GAR12]给出的实验结果,参见该文献中的图 4(对应于较大的尺寸)。当频率逐渐趋近禁带时,透射率会出现显著下降,其原因在于群速度也在不断降低,较小的热黏性损耗将得到增强。

图 1.3 表明,吸收谱存在着两个极大值点,一个位于 FP 共振被激发的区域,而另一个则位于大约 0.096 的简化频率值处,在该位置处等效模量的虚部达到最大值。显然,对于这一单负超材料,可以认为 FP 共振在耗散入射能量方面是更为有效的(跟导致负等效模量的单极共振相比而言),不过对于双负结构来说却并非如此,这一点将在 1.4 节中进行讨论。

对于共振单元的损耗项 $\Gamma$,借鉴了已有研究[FAN06,GAR12]中的做法。当不考虑损耗时,将由 BEM 仿真给出的 $B_{\rm eff}$ 与式(1.22)进行拟合,不难得到 $\Gamma \approx 2\pi \times 0.022$,这个数值要小于置信界限,因而在 BEM 算法的数值误差限内可以视其为零,从物理层面来看这也是不难理解的。当考虑损耗时,对于全尺度结构

可得 $\Gamma \approx 2\pi \times 15.6$,我们的仿真结果要比实验数据大约高出一个数量级,而对于1/4 尺度的结构,$\Gamma \approx 2\pi \times 127.3$,还要再高出一个数量级。这些结果可能会让我们认为采用更大尺寸的结构样件能够降低超材料内的损耗,不过下面将指出,对于特定类型的双负超材料来说情况并非如此,增大其尺寸并不能保证吸收率出现显著的下降。

## 1.4 双负超材料内的热黏性效应

关于带有负质量密度的超材料,人们已经在较早前给出过例证,所采用的结构是由金属球和树脂基体构成的[LIU00]。多年以后,同一研究团队进一步研究指出,弹性薄膜也能够产生偶极共振,进而形成负的等效动质量[YAN08]。随后,人们又提出了一种复合介质,它是由薄膜和侧孔的周期阵列构成的,研究揭示了这种超材料结构具有双负参数[LEE10]。与此同时,另一些研究者从理论角度指出,在具有负等效体积模量的圆柱孔二维阵列[GAR12]基础上,通过引入特殊设计的圆柱夹杂物,也是有望同时实现负质量密度的[GRA12],不过在具体实现时并没有展现出这种双负参数行为[GRA13]。这里将指出,热黏性损耗正是这种预期行为难以被观测到的根本原因。

文献[GRA13]中是利用 FEM(线性单元)对该双负超材料结构进行仿真分析的,这里采用的是 BEM,其边界网格如图 1.4 所示,使用的是二次三角形单元,这种单元要比线性单元能够更好地适应结构的曲面特征。

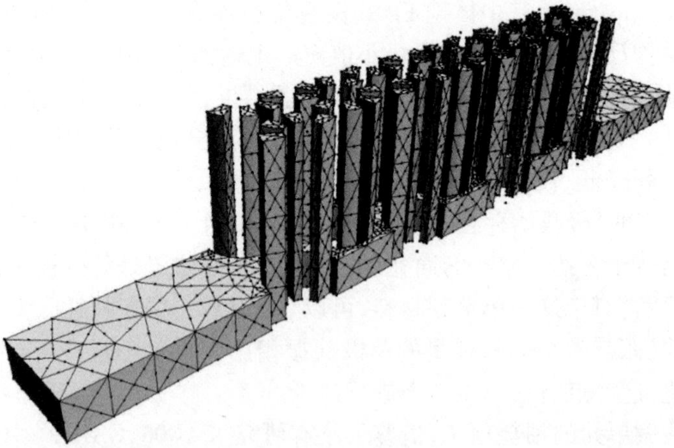

图 1.4 文献[GRA 13]中所考察的结构示意图(该结构是具有双负等效参数的声学超材料:边界元网格包含了 4810 个单元和 9616 个节点)

图 1.5 给出了两种情况下的透射谱计算结果，分别是无损耗情况（黑线）和考虑热黏性损耗情况（蓝线）。为方便比较，图中也一并给出了文献[GRA13]中的实验数据（圆圈符号）。对于不考虑损耗的情况，可以看出透射谱中的 FP 峰不仅出现在声学参数为正值的频带（即 2.33kHz 以下和 3.7kHz 以上），还出现在两个参数均为负值的区域，也即 2.33～2.44kHz 这个较窄的频带。在这两个区域内，相速度都是正值，与此相反的是，在单负参数频率范围内，由于此时为凋落波，所以透射率为零。对于考虑损耗的情况，由于热黏性损耗效应，低频通带和高频通带中的 FP 峰都被显著削弱了，计算结果跟实验数据吻合得相当好。另外，还可以发现，热黏性损耗效应使双负参数这个通带内的 FP 峰彻底消失。根据这些计算结果不难认识到，实验结果中的双负区域之所以消失，正是由热黏性损耗效应所导致的，在该频带内较低的群速度会显著增强该损耗。

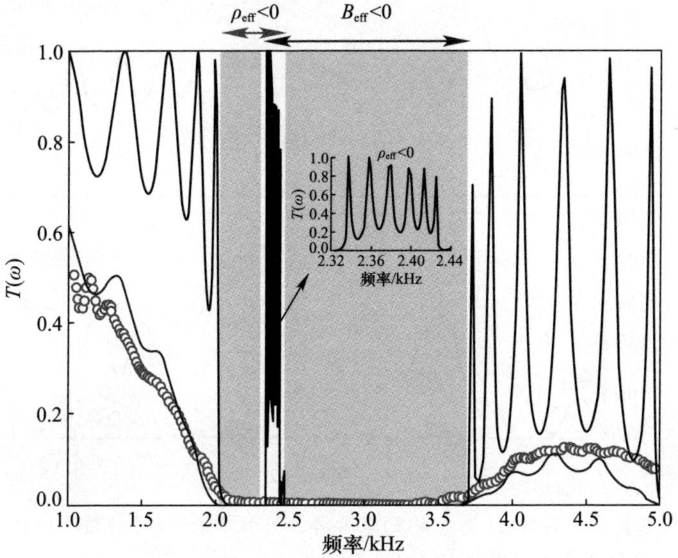


图 1.5　双负声学超材料（图 1.4）的透射谱 $T$（见彩图）（黑色曲线为无损耗情况下的边界元仿真结果，蓝色曲线为考虑热黏性损耗情况下的结果，圆圈标记为实验数据，灰色区域为单负行为对应的频率区间，两块灰色区域重叠的部分对应了双负频带（见局部放大图））

为了进一步阐明这一效应，图 1.6 中给出了计算得到的吸收率随频率的变化情况，这一结果是根据反射率和透射率计算结果导出的，该图中也一并给出了反射率和透射率曲线。可以观察到，在跟透射谱中的 FP 峰对应的频率处，吸收率达到了最大值，不仅如此，在第一禁带下方，当逐渐靠近该频带边界时，吸收率也随之增大，我们可以将其归因于群速度的不断降低，在频带边界附近将趋于零。换言之,当行波的传播速度较低时,可以预期热黏性损耗会不断增强。这一结论对于双负参数频带也是适用的,该频带内的色散曲线几乎是平直的,群速度非常小[CUT17b]。事实上,在双负参数频带内,这一损耗是非常重要的,它使透射信号(图 1.6 下图中的虚线)几乎被完全抑制掉了。该频带内的这种特别的损耗效应是可以通过单极共振和偶极共振来解释的,这些共振行为是在超材料单胞中被同时激发出来的,它们使谐振子中以及(边界带有尖角和结节的)散射体位置处的压力幅值产生较大的波动,进而形成很强的热黏性损耗,不仅如此,极低的群速度还会进一步增强这一损耗效应,最终使超材料结构内的透射波能量被彻底耗散掉。

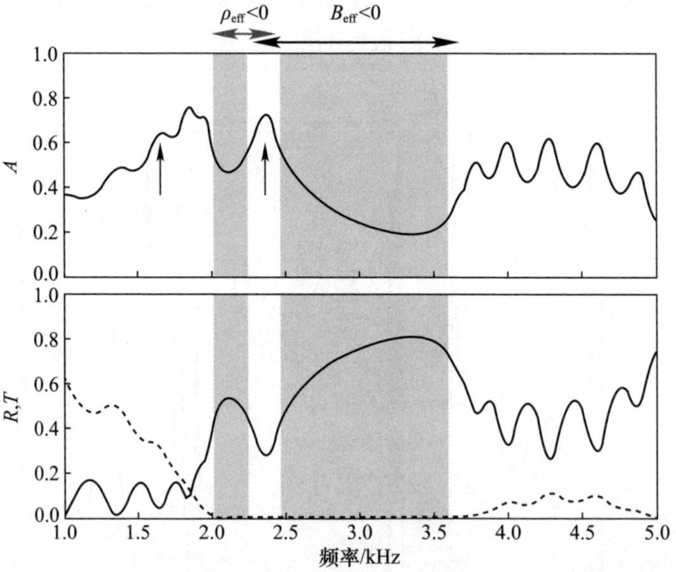


图 1.6 双负声学超材料(图 1.4)的吸收谱 $A$ 的频率依赖性(为便于比较,图中一并给出了反射谱 $R$ 和透射谱 $T$(虚线)的计算结果,灰色区域之间的部分对应了双负频带)(彩图可以参见网址 www. iste. co. uk/romero/metamaterials. zip)

为了更深入地认识上述现象的物理本质,针对该超材料结构利用 BEM 仿真手段对若干频率处的波传输情况进行了一系列分析,特别是全面考察了 FP 共振频率处的情况,这些频率处的损耗效应会显著增强。下面以图 1.6 中箭头指示的两个频率点为例进行介绍。

针对图 1.4 所示的双负参数超材料结构,图 1.7(a)和图 1.7(b)给出了频率 1675Hz 处声波传播的快照,这一频率值对应了第一通带内的某个 FP 峰,参见图 1.6 中的左箭头所指示的位置。图中的黑点反映的是该二维波导上的压力值，对于给定的位置 $x$，各黑点代表了 $yz$ 平面内不同的压力值，如超材料空腔内的压力值或散射体上的压力值。通过对比这两幅图不难看出，两种情形下声波的传播行为基本上是相同的，主要区别在于，当把热黏性损耗考虑进来之后，结构中的声压水平会出现一定程度的下降。实际上根据图 1.6 可知，入射声能中大约有 4% 会被反射回去，而大约 34% 会到达超材料结构的末端，因而约有 62% 的能量是由于热黏性损耗而耗散掉的。

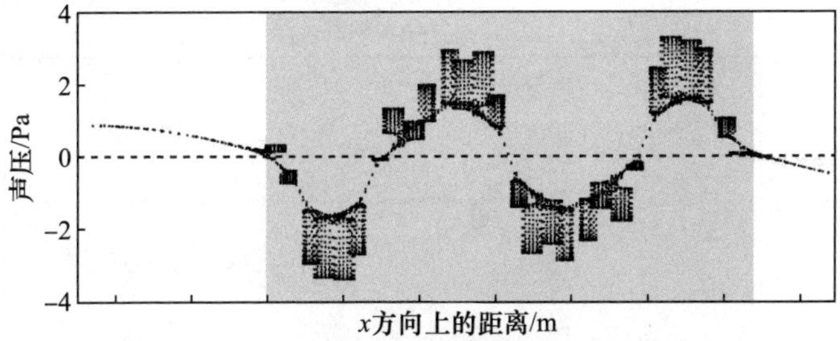

(a) 无损耗

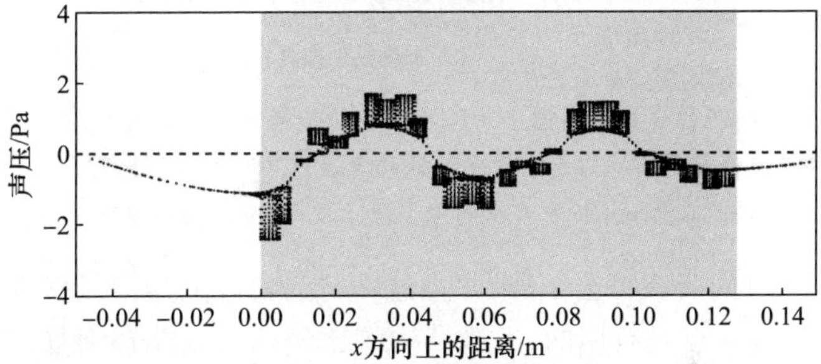

(b) 有热黏性损耗

图 1.7　1675Hz 的声波沿着图 1.4 所示的结构传播时的声压计算结果(见彩图)(采用的是边界元计算方法。黄色区域对应于该超材料板结构所在区域，水平虚线是为了便于观察，它对应的是零声压)

图 1.8(a) 和图 1.8(b) 给出了频率 2380Hz 位置处的声波行为，该频率值是图 1.6 中右箭头所示的位置，位于较窄的双负参数频带内。跟双正参数频带内的结果相比，这里呈现出两个显著的区别。首先，对于无损耗情形，由于单极和偶极共振被同时激发出来，因而空腔内的压力值出现了显著增大；其次，对于考虑损耗的情形，可以观察到仅仅经过两三排单胞的距离，耗散效应就抑制了声波的传播。如同前面所讨论过的，这一强劲的衰减正是超材料单胞内所产生的热黏性损耗导致的结果，这种情况下行波极低的群速度会显著增强这一损耗效应。

为了避免双负参数频带内出现这种透射信号被显著抑制的情况发生，可以考虑将结构尺寸按比例增大。前面已经指出，随着样件尺寸的增大，单负参数结

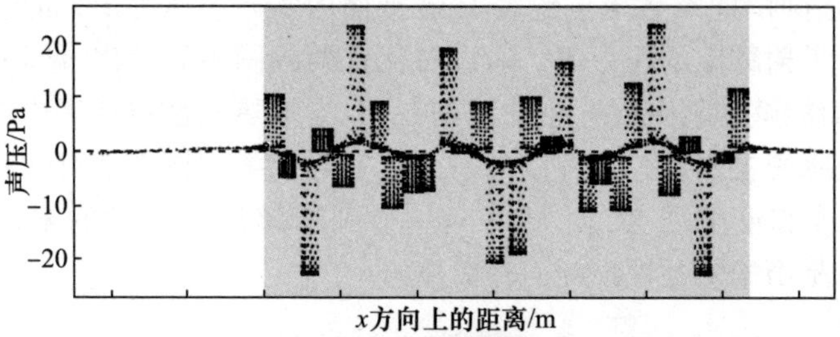

(a) 无损耗

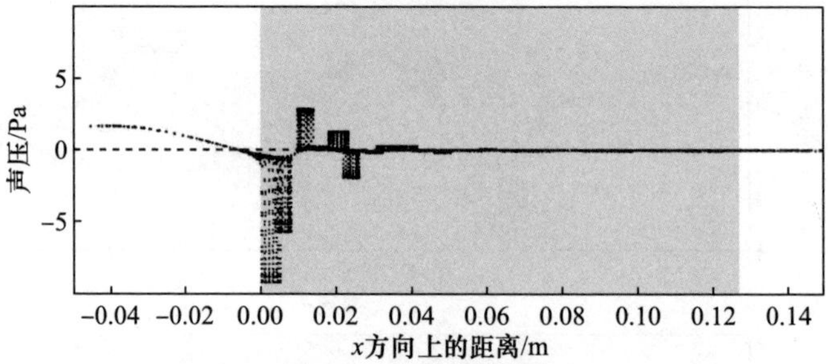

(b) 有热黏性损耗

图 1.8　2380Hz 的声波沿着图 1.4 所示的结构传播时的声压计算结果(见彩图)(采用的是边界元计算方法(注意垂直轴的尺度是不同的)。黄色区域对应于该超材料板结构所在区域,水平虚线是为了便于观察,它对应的是零声压)

构(参见 1.3 节)的吸收率会下降,并且这一行为实际上是跟频率无关的。对于通带范围来说这一点是有用的,通过结构的比例放大就能够恢复该频带内的透射信号。对于双负参数介质来说,通过简单的计算可以发现黏性边界层($\delta_v$)和热边界层($\delta_\kappa$)分别仅为该超材料结构单胞最小间距(1.8mm)的 2.3% 和 2.7%。只需针对所有尺寸设定合适的比例因子,就可以进一步减小跟散射体最小间距相关的边界层厚度值。为此,在 BEM 仿真中针对该超材料结构设置了从 1 到 20 的比例因子,对应的等效长度从 $D=127.5$mm 到 $D=2.55$m。对于无损耗情形来说,计算得到的透射谱在任何尺度的结构条件下都是相同的,只是根据对应的比例因子产生了频率移动而已。然而,当把热黏性效应考虑进来时,这些透射谱并不是按比例发生变化的,原因在于它们对于黏性边界层和热边界层具有频率依赖性,即跟$\sqrt{f}$成反比关系。

如图 1.9 所示,其中针对图 1.4 所示的结构示出了透射率、反射率和吸收率随比例因子的变化情况,是在 1675Hz 和 2388Hz 这两个频率处计算得到的,也就是双正参数频带和双负参数频带内的两个 FP 峰值位置。在该图中还给出了仅考虑黏性损耗或热损耗情况下的结果,分别是用三角形和圆圈符号标记的。

由该图可以清晰地观察到两种不同的行为，对于跟 1675Hz 对应的 FP 峰，比例因子对于减小耗散导致的吸收率起到了重要的作用，较大的样件尺寸的耗散更低一些，因而能够显著增强透射信号。另外，也可以注意到，黏性损耗是此类结构内耗散效应的主要成分。对于双负参数频带内的 2380Hz 频率来说，可以看出吸收率减小得非常缓慢，实际上当结构尺寸放大比例为 20 时，吸收率仅仅减小了 9% 。透射率的计算结果也表明，实际上 100% 的入射能量都会被热黏性损耗所耗散掉。

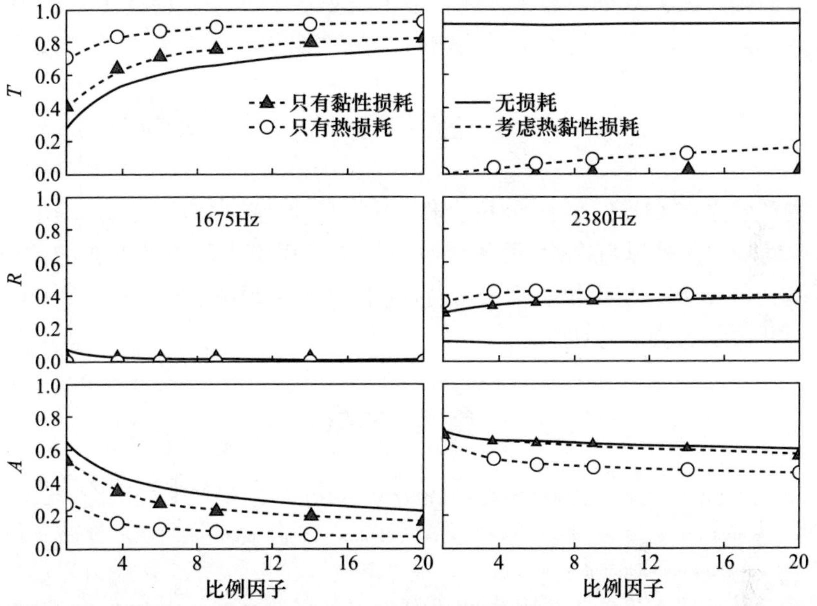


图 1.9　针对图 1.4 所示的双负声学超材料结构计算得到的透射率 $T$、反射率 $T$ 和吸收率 $A$ 随比例因子的变化情况（见彩图）（蓝色曲线为考虑热黏性损耗下的边界元计算结果，黑色曲线为不考虑损耗的情况。左图对应了 1675Hz 频率，该频率位于第一个双正通带频带内；右图对应于 2380Hz 频率，该频率位于双负频带内。图中的符号标记说明了黏性损耗（圆圈标记）和热损耗（三角标记）各自的贡献。1675Hz 对应于一个 FP 共振峰，无损耗情况下有 $T=1, R=0, A=0$，图中未显示）

总之，我们全面考察了热黏性效应对两种不同的准二维超材料结构的影响。所给出的相关结果是借助 BEM 数值仿真（考虑热黏性损耗）得到的，这些结果跟 FEM 数值仿真的结果是类似的，不过计算代价要更小一些。针对具有负等效模量的结构[GAR12]，指出了损耗的影响是比较小的，跟其他基于亥姆霍兹谐振器阵列（置于水中）结构的测量结果相比要更低一些。尽管严格而言结果并不具有很好的可比性，不过所考察的包含孔阵列（可形成单极共振）的结构对于降低耗散量似乎是可行的。即使是在考虑损耗的条件下,单负参数行为也是能够复现出的,对于等效体积模量和等效动态密度可以同时为负值的结构[GRA12,GRA13],指出了损耗的存在会使跟双负参数相关的特性实际上难以被观测到,另外还证实了黏性损耗是该超材料介质内部耗散的主要因素。我们的仿真分析结果能够为实验观测得的结果提供很好的支持,即预期的相关特性未能在实验中被观测到[GRA13]。对于此类结构来说,热黏性损耗会表现出显著的增强,一方面原因在于被激发出的单极和偶极共振会导致很大的压力波动,另一方面则是因为双负参数频带内行波的群速度非常小。由此不难认识到,在设计具有双负参数行为的人工结构物时,有必要将热黏性损耗效应考虑进来。

## 致　谢

本章建立在COST(欧洲科技合作计划)所支持的COST Action DENORMS CA15125项目工作基础之上,西班牙政府经济和竞争力部以及欧盟的欧洲区域发展基金(FEDER)也提供了部分支持(项目号TEC2014-53088-C3-1-R),在此一并表示衷心的感谢!

## 参考文献

[AND 18] ANDERSEN P. R., CUTANDA HENRÍQUEZ V., AAGE N. et al., "A two dimensional acoustic tangential derivative boundary element method including viscous and thermal losses", Journal of Theoretical and Computational Acoustics, vol. 26, no. 3, 2018.

[BRU 87] BRUNEAU A. M., BRUNEAU M., HERZOG P. et al., "Boundary layer attenuation of higher order modes in waveguides", Journal of Sound and Vibration, vol. 119, no. 1, pp. 15-27, 1987.

[BRU 89] BRUNEAU M., HERZOG P., KERGOMARD J. et al., "General formulation of the dispersion equation in bounded visco-thermal fluid, and application to some simple geometries", Wave Motion, vol. 11, no. 5, pp. 441-451, 1989.

[CRE 82] CREMER L., MÜLLER H. A., Principles and Applications of Room Acoustics (Vol. 2, Section IV. 7. 8), Applied Science Publishers, 1982.

[CUM 07] CUMMER S. A., SCHURIG D., "One path to acoustic cloaking", New Journal of Physics, vol. 9, p. 45, 2007.

[CUM 16] CUMMER S., CHRISTENSEN J., ALÚ A., "Double-negative acoustic metamaterial based on quasi-two-dimensional fluid-like shells", Nature Reviews Materials, vol. 87, no. 4, p. 16001, 2016.

[CUT 10] CUTANDA HENRÍQUEZ V., JUHL P. M., "OpenBEM - An open source boundary element method software in acoustics", Proceedings of the 39th International Congress on Noise Control Engineering, Lisbon, Portugal, June 13-16, 2010, International Institute of Noise Control Engineering, Sociedade Portuguesa de Acustica, pp. 5796-5805, 2010.

[CUT 13] CUTANDA HENRÍQUEZ V. , JUHL P. M. , "Implementation of an acoustic 3D BEM with Visco – thermal losses", Proceedings of the 42nd International Congress and Exposition on Noise Control Engineering, Innsbruck, Austria, International Institute of Noise Control Engineering, pp. 1 – 8, September 15 – 18, 2013.

[CUT 17a] CUTANDA HENRÍQUEZ V. , ANDERSEN P. , JENSEN J. et al. , "A numerical model of an acoustic metamaterial using boundary element method including viscous and thermal losses", Journal of Computational Acoustics, vol. 25, no. 4, p. 1750006, 2017.

[CUT 17b] CUTANDA HENRÍQUEZ V. , GARCÍA – CHOCANO V. M. , SÁNCHEZ – DEHESA J. , "Viscothermal losses in double negative acoustic metamaterials", Physical Review Applied, vol. 8, no. 1, p. 014029, 2017.

[CUT 18] CUTANDA HENRÍQUEZ V. , ANDERSEN P. R. , "A three – dimensional acoustic Boundary Element Method formulation with viscous and thermal losses based on shape function derivatives", Journal of Theoretical and Computational Acoustics, vol. 26, no. 3, 2018.

[FAN 06] FANG N. , XI Z. , XU J. et al. , "Ultrasonic metamaterials with negative modulus", Nature Materials, vol. 5, pp. 452 – 456, 2006.

[FOK 11] FOK L. , ZHANG X. , "Negative acoustic index metamaterial", Physical Review B, vol. 83, no. 4, p. 214304, 2011.

[FRE 13] FRENZEL T. , BREHM J. D. , BUCKMAN T. et al. , "Three – dimensional labyrinthine acoustic metamaterials", Applied Physics Letters, vol. 103, no. 11, p. 061907, 2013.

[GAR 12] GARCÍA – CHOCANO V. , GRACIÁ – SALGADO R. , TORRENT D. et al. , "Quasi – two – dimensional acoustic metamaterial with negative bulk modulus", Physical Review B, vol. 81, no. 18, p. 184102, 2012.

[GAR 14] GARCÍA – CHOCANO V. , CHRISTENSEN J. , SÁNCHEZ – DEHESA J. , "Negative refraction and energy funneling by hyperbolic materials: An experimental demonstration in acoustics", Physical Review Letters, vol. 112, no. 14, p. 144301, 2014.

[GEU 09] GEUZAINE C. , REMACLE J. – F. , "A three – dimensional finite element mesh generator with built – in pre – and post – processing facilities", International Journal for Numerical Methods in Engineering, vol. 79, no. 11, pp. 1309 – 1331, 2009.

[GRA 12] GRACÍA – SALGADO R. , TORRENT D. , SÁNCHEZ – DEHESA J. , "Double – negative acoustic metamaterial based on quasi – two – dimensional fluid – like shells", New Journal of Physics, vol. 14, no. 4, p. 103052, 2012.

[GRA 13] GRACIÁ – SALGADO R. , GARCÍA – CHOCANO V. , TORRENT D. et al. , "Negative mass density and density – near – zero acoustic metamaterial: Design and applications", Physical Review B, vol. 88, no. 12, p. 224305, 2013.

[HAB 16] HABERMAN M. , GUILD M. D. , "Acoustic metamaterials", Physical Today, vol. 69, no. 4, pp. 42 – 44, 2016.

[JUH 93] JUHL P. M. , The boundary element method for sound field calculations, PhD thesis, Report No. 55, Technical University of Denmark, Denmark, 1993.

[KOC 49] KOCK W. E. , HARVEY F. , "Refractive sound waves", Journal of the Acoustical Society of America, vol. 21, no. 5, pp. 471 – 481, 1949.

[LEE 10] LEE S. ,PARK C. ,SEO Y. et al. ,"Composite acoustic medium with simultaneously negative density and modulus",Physical Review Letters,vol. 104,no. 5,p. 054301,2010.

[LI 04] LI J. , CHAN C. T. , "Double negative acoustic metamaterials", Physical Review E, vol. 70, no. 4, p. 055602(R),2004.

[LIA 12] LIANG Z. ,LI J. , "Extreme acoustic metamaterial by coiling up space", Physical Review Letters, vol. 108,no. 11,p. 114301,2012.

[LIU 00] LIU Z. ,ZHANG X. ,MAO Y. et al. , "Locally resonant sonic materials", Science, vol. 289, no. 4, p. 1734,2000.

[MA 16] MA G. ,SHENG P. ,"Acoustic metamaterials: From local resonances to broad horizons",Science Advances,vol. 2,no. 4,p. e1501595,2016.

[MAL 04] MALINEN M. ,LYLY M. ,RÅ BACK P. et al. ,"A finite element method for the modeling of thermo – viscous effects in acoustics",in N EITTAANMKI P. ,R OSSI T. ,M AJAVA K. et al. (eds),Procceding 4th European Congress Computational Methods in Applied Sciences and Engineering,Jyväskylä, Finland,June 24 – 28,2004,University of Jyväskylä,Department of Mathematical Information Technology,2004.

[MOL 16] MOLERÓN M. ,SERRA – GARCÍA,DARAIO C. ,"Visco – thermal effects in acoustic metamaterials: From total transmission to total reflection and high absorption", New Journal of Physics, vol. 18, p. 033003,2016.

[MOR 68] MORSE P. M. ,INGARD K. U. ,Theoretical Acoustics,McGraw Hill,Princeton,U. S. A. ,1968.

[PIE 81] PIERCE A. D. ,Acoustics. An introduction to its physical principles and applications(Ch. 10),McGraw Hill,New York,U. S. A. ,1981.

[RAY 94] RAYLEIGH J. W. S. ,The Theory of Sound,Dover,U. S. A. ,1894.

[STI 91] STINSON M. R. ,"The propagation of plane sound waves in narrow and wide circular tubes,and generalization to uniform tubes of arbitrary cross – sectional shape",Journal of the Acoustical Society of America,vol. 89,no. 2,pp. 550 – 558,1991.

[THE 14] THEOCARIS G. ,RICHOUX O. ,ROMERO – GARCÍA V. et al. ,"Limits of slow sound propagation and transparency in lossy, locally resonant periodic structures", New Journal of Physics, vol. 16, p. 093017,2014.

[TOR 08] TORRENT D. ,SÁNCHEZ – DEHESA J. , "Acoustic cloaking in two – dimensions: A feasible approach",New Journal of Physics,vol. 10,p. 063015,2008.

[WU 00] WU T. W. ,Boundary Element Acoustics,WIT Press,2000.

[XIE 13] XIE Y. ,POPA B. – I. ,ZIGONEANU L. et al. ,"Measurement of a broadband negative index with space – coiling acoustic metamaterials",Physical Review Letters,vol. 110,no. 17,p. 175501,2013.

[YAN 08] YANG Z. ,MEI M. ,CHAN C. T. et al. ,"Membrane – type acoustic acoustic metamaterial with negative dynamic mass",Physical Review Letters,vol. 101,no. 4,p. 204301,2008.

# 第2章 面向板波的局域共振型超材料——垂向杆簇的纵向和横向共振行为

Martin LOTT, Philippe ROUX

近期的一些实验和数值研究都指出,在地理尺度上局域共振型超材料是具有抗震应用潜力的。为了探究那些未知异质的地理介质,现阶段有必要广泛而深入地考察具有不同偏振方向的面波与各种超材料单胞共振类型之间的相互作用机制。在实验室尺度上人们已经进行了一些类比实验,在此基础上本章将进一步讨论板中兰姆波与附着于板上的一簇垂向长杆之间的相互作用情况,这些垂向杆具有清晰的纵向共振和横向共振模式。这些共振模式会对板中主导兰姆波模式产生影响,下面将通过空间测量的密集采样对由此形成的复杂波场进行深入分析。

## 2.1 引　　言

局域共振型超材料的等效特性源于其共振型单胞与入射波的杂化作用[ACH13, CHR12, COW11, FAN06, GUE07, LEM11, LEM13, LER09, LIU00, PSA02, RUP14],对于介质单胞遵从入射场的对称性[PEN99, SMI00]的情形,人们已经建立了较好的认识。然而在很多系统中,如一组垂向杆跟板波存在相互作用的体系或者松树林与地震面波存在相互作用的体系,任何频率处都可能有若干个具有正交对称性的模式并存,同时这些共振型单胞自身还能够表现出不同类型的共振行为[RUP15, RUP17]。

本章将重新考量介观尺度上的超材料物理行为。近年来,人们在地理尺度上证实了树木可以视为一种地震谐振子,它们具有横向与纵向共振模式,进而树林也就可以代表一类地理尺度上的局域共振超材料,能够用于调控表面波[BRÛ 14, COL 14, COL 16a, COL 16b, COL 16c, ROU 18]。在 METAFORET 实验中,研究人员在松树林内外设置了密集的地震检波器阵列,用于进行空间采样,其尺度在 100m 水平，参见图 2.1（a），关于该实验的具体细节可以参阅网址 https://metaforet.osug.fr/。表面波是通过振动仪激发出的，该装置带有受控的可编程信号源，水平和垂向偏振可跟横向与纵向共振形成耦合作用。这一实验的目的在于考察地理尺度（地震相关尺度）超材料与微观和介观下超材料之间的关联性，后者已经在光学和声学领域中有了长足的发展。根据 METAFORET 实验所得到的主要结论是，针对瑞利波存在着频率带隙，它们是由树木的纵向和横向共振导致的，从而证实了密集分布的树木能够对地震波的传播产生显著的影响[ROU 18]。

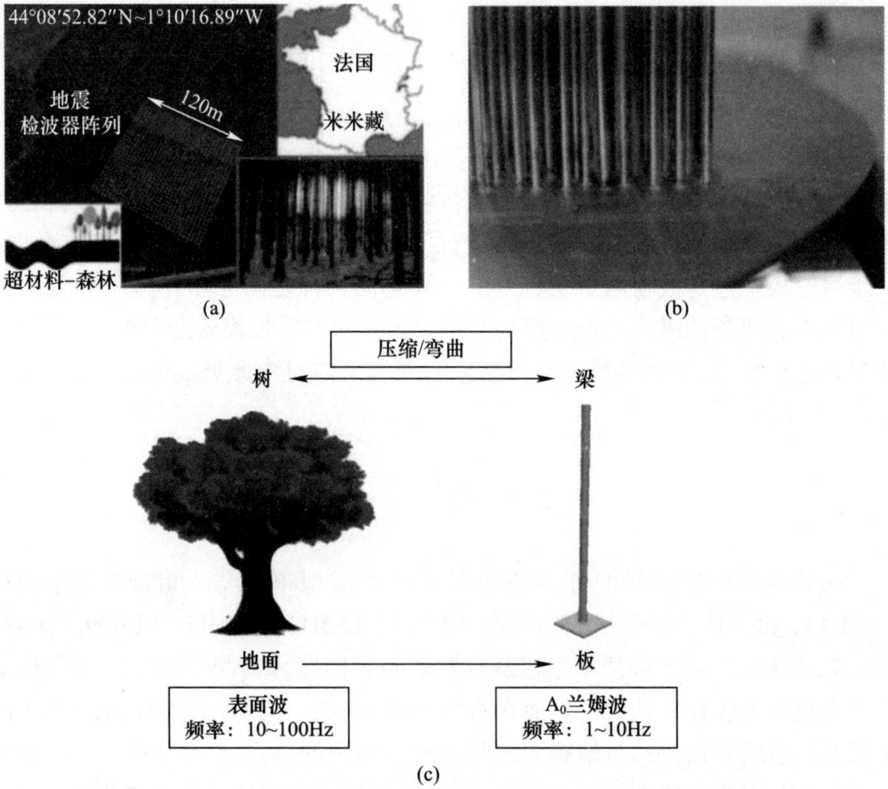


图 2.1 针对地震弹性波的不同尺度局域共振超材料实例（见彩图）

（a）在一个自由场与一个密集松树林的界面处放置地震检波器（黄色点）；（b）附连到一块薄铝板上的金属杆簇（随机布置）；（c）两个系统的共振单胞的类比及各自相关的频带。

然而应当指出的是，这一地震实验同时也表明了需要更好地认识和理解树木的这些共振行为分别对波场模式存在何种影响，这样才能更深刻地揭示此类超材料的物理本质。为此，本章将通过一个实验室尺度的实例进行类比研究，即在板上附着密集的杆簇，其尺度在1m水平，参见图2.1(b)。在局域共振型超材料范畴内，这一板/杆系统可以用于分析杆的横向和垂向共振对板波杂化(hybridization)效应分别产生的影响，这种杂化效应是因为这些共振打破了光板(不带杆簇)的兰姆波模式之间的正交性。

本章的内容安排如下:2.2节介绍了实验室尺度上的实验设置情况;2.3节在简化理论框架下，针对处于超材料内部或外部的点状声源所导致的波场模式进行了分析和讨论，其中只考虑了一种兰姆波类型和一种共振类型(杆的纵向共振);2.4节进一步讨论了完整的波场模式，并通过考察若干不同情形凸显了杆的横向共振所产生的影响。

## 2.2 实验室尺度的超材料实验构型

这里借助一个实验室尺度的实验来类比METAFORET地震实验，实验样件是一块带有垂向杆簇的金属薄板，如图2.1所示，其中杆的直径为6mm，长度为61cm，更详尽的描述可以参阅Roux等的文献[ROU 17]。跟地震实验构型不同的是，此处的杆和板都是同一种材料制备的，这也为波的传播提供了很好的耦合条件。在较低频率处(小于10kHz)，6mm厚的板可以表现出两类板波模式，分别是对称模式$S_0$和反对称模式$A_0$[ROY 00]。$A_0$模式主要是垂向偏振，可以通过面外(垂向)位移来表征，而面内(水平)位移可由$S_0$模式来描述。通过在板面一侧设置若干点状压电源(位于超材料区域内部或外部)，可以激发出$A_0$模式的兰姆波。垂向杆在空间上是随机分布的，杆的平均间距满足$4 < d/\lambda < 10$，其中的$\lambda$为板中$A_0$兰姆波的波长(对于感兴趣的频带)。

利用上述实验构型，仅能测量板的面外波场，一般需要借助能够覆盖超材料区域内外较大表面范围的电动激光测振仪，参见图2.2。由于板边界处的反射效应，因而所接收到的信号是强弥散的。对于$A_0$模式波来说，金属板中的衰减是比较低的。板的外形类似于台球桌形状，在这种边界上发生多次反射之后将使波场变成随机分布形态。后面将会指出，这种多次反射混响行为对于阵列分析和信号时频分析来说都是十分重要的。

通过这种实验室尺度的构型，能够非常细致地考察杆的横向和纵向共振模式对板面上测得的面外波场所产生的不同影响。在1~10kHz范围内，这个复杂的板/杆系统内的波传播行为跟光板中的$S_0$和$A_0$模式以及杆的两类共振模式有关，其中横向共振和纵向共振模式应当分别跟$S_0$和$A_0$模式形成耦合作用。

跟实验工作同时进行的是，基于三维弹性有限元方法对该板/杆超材料进行

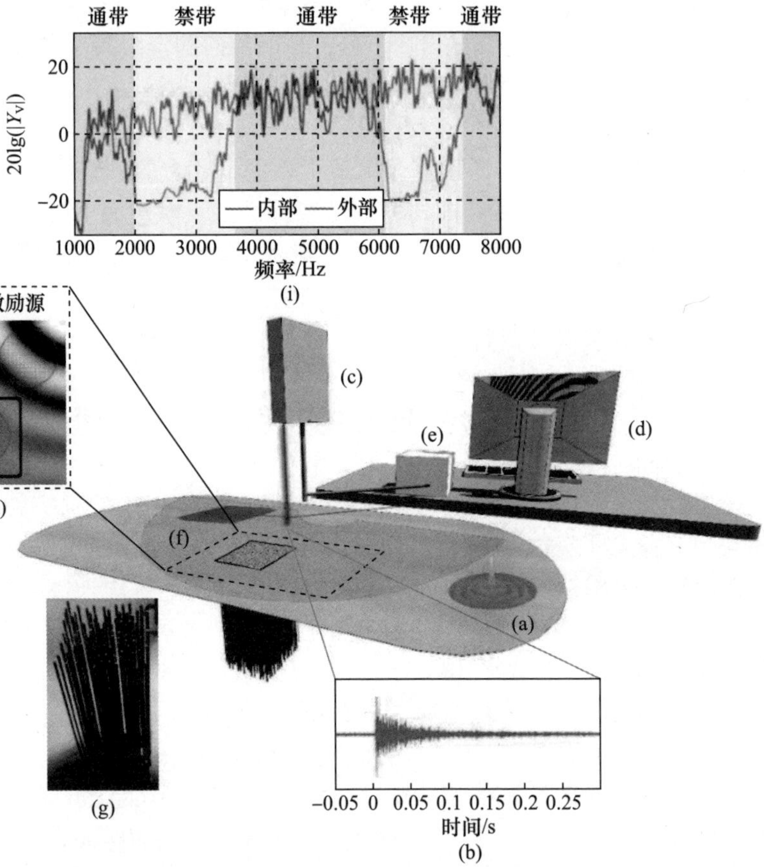


图 2.2 实验室尺度下的实验设置(见彩图)(压电点源(a)在铝板内产生 $A_0$ 模式兰姆波，通过面外激光多普勒测速仪(c)测出粒子速度(b)，测速仪与计算机(d)控制的机械臂(e)相连，机械臂可达范围为红色区域(f)，超材料(g)是由 100 根杆附连于板(黑色方块)上构成的。通过测量板面上的强混响波场并进行傅里叶分析，如图(i)所示，可以看出存在着很宽的通带和禁带，禁带内能量无法穿过超材料，图(i)中的蓝色线为杆簇内部测量结果，红色线为杆簇外部测量结果)

了数值仿真研究。结果表明，当施加垂向力激发 6mm 厚的金属板时，几乎没有能量进入 $S_0$ 模式中[COL 14]，这就意味着作为首次近似来说，所激发出的 $A_0$ 模式向 $S_0$ 模式的转化(由于共振杆的散射)是可以忽略不计的。

可以想象，对于更薄一些(更柔软)的板来说情况要明显不同了，此时板与杆分界面处的弯曲和弯矩将会同时激发出面内和面外波场。这种情况下，杆的横向和纵向共振都会改变能带结构，这显然就要求在理论分析过程中把面内成分考虑进来，Colquitt 等[COL 17]对此做过阐述。

图 2.2(i)中给出了在超材料区域内、外测得的空间平均傅里叶谱，从中可以发现两个较宽的带隙，分别起始于 2kHz 和 6kHz。Rupin 等[RUP 14]曾经指出，这些带隙的形状和衰减强度跟杆簇的随机分布是无关的。对于通带而言，如同所预期的，超材料区域内外混响场的谱强度是相似的。

## 2.3 与杆的纵向共振相关的色散曲线

通过在超材料区域内对波场进行二维均匀采样，Rupin 等[RUP 14]针对该区域内的 $A_0$ 模式兰姆波的传播特性进行了研究。他们考虑了跟长时混响相关的连续时间窗，并在较小带宽内进行滤波，根据在超材料区域内记录到的波场所计算出的空间(平均)傅里叶变换呈现为圆形，由此也证实了所有方位上的波动成分都是均匀分布的。在每个频率点处，圆的半径实际上给出了超材料区域内的准确等效波速，据此不难绘制出色散曲线(相关细节可以参阅 Roux 等的文献[ROU 17]中的图 6.6)。

这里采用了不同的分析途径，计算了 $\omega$ 处的系综平均两点相关函数 $C(\omega, \mathrm{d}\boldsymbol{r})$，考虑了超材料内所有可能的接收点(间距为 $\mathrm{d}\boldsymbol{r}$)。两点相关函数是针对超材料区域内的点 $\boldsymbol{r}$ 和 $\boldsymbol{r}+\mathrm{d}\boldsymbol{r}$ 进行计算的，即

$$C_{\mathrm{T}}(\omega,\mathrm{d}\boldsymbol{r})=\frac{\langle \Psi_T(\omega,\boldsymbol{r})\Psi_T^*(\omega,\boldsymbol{r}+\mathrm{d}\boldsymbol{r})\rangle_{\boldsymbol{r}}}{\langle |\Psi_T(\omega,\boldsymbol{r})|^2\rangle_{\boldsymbol{r}}} \tag{2.1}$$

式中：$\Psi_T(\omega,\boldsymbol{r})$ 为激光测振仪在 $\omega$ 处测得的波场信号(有限时间窗长度为 $\Delta T$，开始于时刻 $T$)。随后，利用板内空间波场的均匀分布特征，对所有方位角 $\theta$ 进行两点相关函数平均，因此有

$$C_{\mathrm{T}}(\omega,\mathrm{d}r)=\langle C_{\mathrm{T}}(\omega,\mathrm{d}\boldsymbol{r})\rangle_{\theta} \tag{2.2}$$

最后，由于板内波场是长时混响场，因而可以选择大量时间窗 $T$，每个时间窗都可理解为针对两点相关函数的不同的源实现，于是有

$$C(\omega,\mathrm{d}r)=\langle C_{\mathrm{T}}(\omega,\mathrm{d}r)\rangle_{T} \tag{2.3}$$

显然，系综平均的两点相关函数来自于以下 3 个不同的平均过程：①超材料区域内所有接收点位置$(x,y)$的平均，这些点的间距为 $\mathrm{d}\boldsymbol{r}$；②超材料区域外部 5 个压电声源的平均；③强混响波场的长时混响时间 $T$ 的平均。实际上，我们选择的 $\Delta T=10\mathrm{ms}$，它跟总混响时间(大于 250ms)相比要小得多，而 $T$ 可覆盖 10ms(各波形成充分混合)到 250ms(环境噪声开始占据主导)这一范围。

如图 2.3(a)所示，其中针对 $f=5000\mathrm{Hz}$ 频率绘出了两点相关函数 $C(\omega,\mathrm{d}\boldsymbol{r})$

的实部,图2.3(b)和图2.3(c)则示出了超材料内、外所有频率处的情形。在图2.3(b)中,根据超材料内所有接收点处的平均强度,计算并绘制了归一化系数(针对式(2.1)的分母),参见图中的黑线,据此不难观察到通带内(波可传入超材料内)的值要比带隙内(几乎没有能量能够进入超材料内)的值大得多。

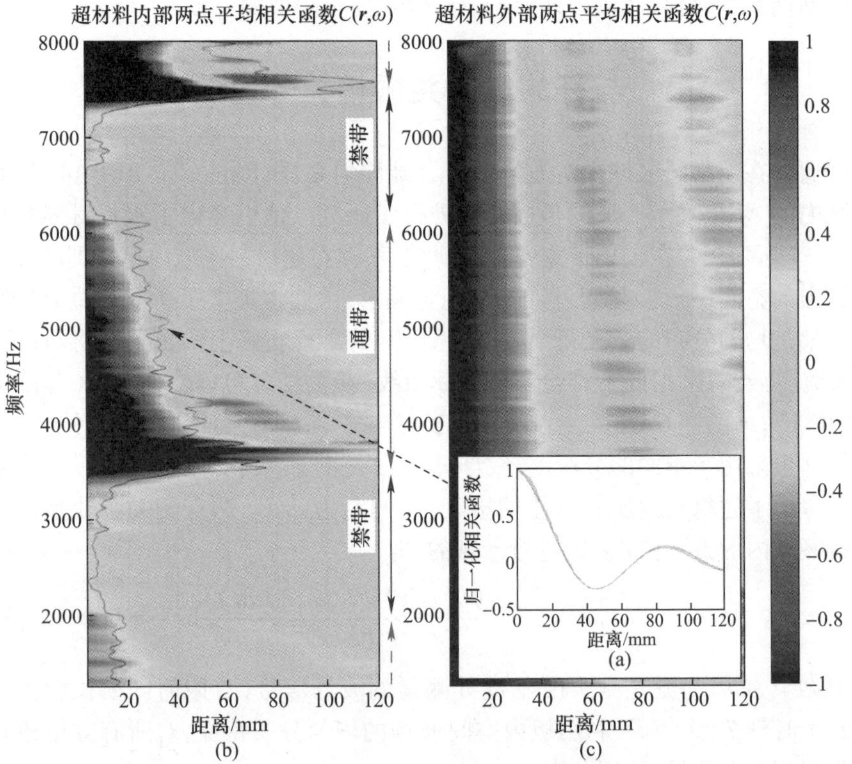


图2.3 超材料的频率波形(见彩图)

(a)针对超材料区域内部所有接收点,在5kHz处测得的(归一化)两点平均相关函数的实部(蓝色曲线),板的格林函数图像为红色曲线;(b)超材料内部测得的两点平均相关函数与频率的关系(黑色曲线对应于平均强度);(c)超材料外部测得的两点平均相关函数与频率的关系

随后,针对通带内计算出的 $C(\omega, \mathrm{d}\boldsymbol{r})$,利用无限板的二维格林函数 $G_0(\omega, \mathrm{d}\boldsymbol{r})$ 来描述[FAH 04],后者是借助第二类贝塞尔函数和汉克尔函数来定义的,即

$$C(\omega, \mathrm{d}\boldsymbol{r}) \propto G_0(\omega, \mathrm{d}\boldsymbol{r}) = \mathrm{H}_0^{(2)}(k_{\mathrm{eff}} \mathrm{d}\boldsymbol{r}) - \mathrm{i}\frac{2}{\pi}\mathrm{K}_0(k_{\mathrm{eff}} \mathrm{d}\boldsymbol{r}) \tag{2.4}$$

式中:$k_{\mathrm{eff}} = \omega / c_{\mathrm{eff}}$ 为 $\mathrm{A}_0$ 模式兰姆波的等效波数,其中的等效波速可以写为 $c_{\mathrm{eff}} = \Re(c_{\mathrm{eff}}) + \mathrm{i}\Im(c_{\mathrm{eff}})$。实际上,$\Re(c_{\mathrm{eff}})$ 对应于波传播的等效波速,$\Im(c_{\mathrm{eff}})$ 则跟散射

衰减相关(此处的介质损耗忽略不计),它给出了弹性自由程$\frac{|c_{\text{eff}}|^2}{\omega\Im(c_{\text{eff}})}$的一种度量,该参量通常是在多散射场理论中定义的,表征的是相干波场的衰减[DER 01a,DER 01b]。在图2.4(a)中,超材料通带内的波传播特性可以通过一条色散曲线(蓝色圆点)来描述,这是根据 $\tilde{k}_{\text{eff}} = \Re(k_{\text{eff}}) = \frac{\omega\Re(c_{\text{eff}})}{|c_{\text{eff}}|^2}$计算得到的。为便于对比,图中也给出了超材料区域外部的 $A_0$ 模式兰姆波的色散曲线,计算过程是相同的,参见图中的紫色圆点。由于 $\tilde{k}_{\text{eff}}l \gg 1$,因而通带内的平均自由程要远大于等效波长,这也证实了在该频率范围内波场不会受到散射衰减的影响。

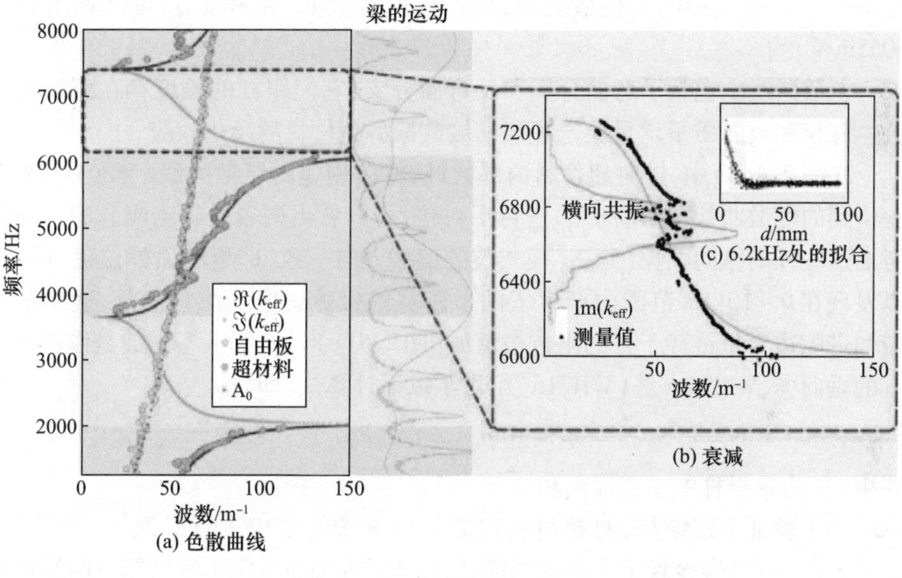


图2.4 板－杆系统的频率－波数关系(见彩图)

(a)声源位于超材料外部时的色散曲线(是根据超材料内部(蓝色点)和外部(灰色点)的两点平均相关函数计算得到的,理论结果为紫色实线(通带)和黄色实线(禁带));
(b)针对声源位于超材料内部情形计算出的第二带隙内的衰减情况(局部放大图反映了$f = 6400$Hz 处的波场实部(针对每一个接收点)与到声源的距离之间的关系)。

近些年来,已经研究并提出了一种解析方法,可以针对板中的兰姆波描述多共振超材料的物理特性[WIL 15]。这种理论方法忽略了面内波场成分(激光测振仪无法测量)和杆的横向共振。超材料是由基体板与10×10阵列均匀布置的长杆(附着于基体板的表面)构成的,并且我们仅考虑反对称的 $A_0$ 模式兰姆波。研究表明,$A_0$ 模式在超材料中的传播过程可以通过一个简化方法来准确建模,即将该二维阵列替换成带有 10 根杆(线性阵列)的一维梁。对于这个一维系统来说,可以很严谨地求解其波传播问题,只需将梁中的凋落波和行波都包括进来,并根据杆/梁界面处的边界条件建立单根杆处的散射矩阵即可。为了预测出杆阵列的传输率,可以利用该散射矩阵来建立一个特征值问题,以及相邻周期单元间的边界条件。在计算出特征值之后,针对长波进行扩展近似即可得到一个用于计算等效波数 $k_{eff}$ 的简单表达式,即

$$k_{\mathrm{eff}} = k_{\mathrm{p}}\left[\frac{M_{\mathrm{b}}}{M}\frac{\tan(k_{\mathrm{b}}L_{\mathrm{b}})}{k_{\mathrm{b}}L_{\mathrm{b}}}+1\right]^{1/4} \tag{2.5}$$

式中:$k_p$ 为光板中的 $A_0$ 模式波数;$M_b$ 为单根杆的总质量;$M$ 为 $L \times L$ 大小的板质量,$L = 2$cm 为杆的平均间距,且 $M_b/M = 8.02$。此外,杆长为 $L_b = 61$cm,且有 $k_b = \omega/c_b$,$c_b$ 为杆中的无色散波速,根据杨氏模量 $E_b$ 和密度 $\rho_b$ 可计算出 $c_b = 5055$m/s。

色散曲线中包括了弯曲分支和反弯曲分支,它们跟杆的长度存在正切相关性。杆长和板的质量增量决定了该局域共振型超材料的杂化效应。

在图 2.4(a)中,针对超材料内部区域,将所构建的色散曲线(紫色线)跟实验得到的色散曲线(蓝色圆点)进行了对比,可以看出两者是相当吻合的。当仅考虑这些杆的纵向共振(跟 $A_0$ 模式波的偏振方向一致,即板的面外位移)时,可以发现在 0 ~ 10kHz 范围内产生了两个较宽的带隙。应当注意的是,这里的通带和带隙边界是依赖于杆的阻抗极值的(图 2.5(c)),实际上考虑的是作用于板上的垂向力,Williams 等(WIL 15)给出了以下计算式,即

$$Z_{\mathrm{b}} = -i\rho_{\mathrm{b}}A_{\mathrm{b}}c_{\mathrm{b}}\tan(k_{\mathrm{b}}L_{\mathrm{b}}) \tag{2.6}$$

式中:$A_b$ 为单根杆的横截面面积。

为了验证上述结果,对超材料边缘处杆末端的响应进行了测量,如图 2.5(a)所示。杆末端设置了一个加速度计,用于测量垂向位移(参见图中的黑色箭头位置),同时采用一个激光测振仪对杆的横向运动进行测量,该测振仪沿着水平方向对准杆的末端(参见图中的红色箭头位置)。另外,在板上杆的根部位置处粘贴了 3 个加速度计,用于根据杆的响应对板的运动进行反卷积。

当远场位置处的压电源(附着于板面上)激振时,杆的响应既会表现出低 $Q$ 值的纵向共振(加速度计测得的垂向运动),也会表现出高 $Q$ 值的横向共振(激光测振仪记录到的水平向运动),参见图 2.5(b)。针对附着于光板上的单根杆,这里也进行了 COMSOL 仿真计算,针对的是靠近横向共振或纵向共振的 3 个频率点,得到了杆上和板上的模态形变情况,如图 2.5(d) ~ (f)所示。根据这些仿真结果可以观察到两点,一是图 2.5(e)、(f)中单杆的模态形变跟 Williams 等

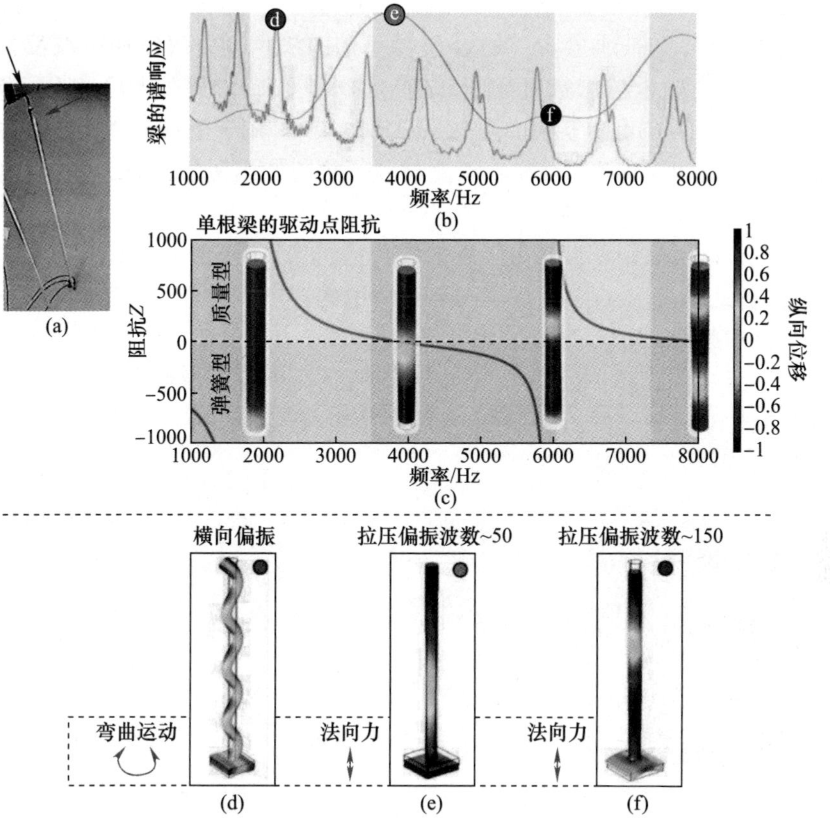


图 2.5　单根杆附连于板上时的阻抗和力学耦合(见彩图)

(a)单根杆的纵向运动(黑色箭头)和横向运动(红色箭头)；(b)单根杆的谱响应(黑色为面外运动,红色为面内运动)；(c)计算得到的单根杆与板的连接位置处的驱动点阻抗(杆的位移只限于纵向)；(d)~(f)针对单根杆附连于板的结构,基于 COMSOL 仿真得到布洛赫波偏振情况(在靠近拉压共振和弯曲共振的频率点提取出)。

[WIL 15]的理论分析框架所得到的阻抗计算(式(2.6))结果是吻合的,这就证实了在这些频率点处超材料中的每根杆实际上表现出点源型法向力作用;其次,在靠近通带起始位置的频率处,板的变形是最大的(即纵向共振,图 2.5(e)),而在靠近带隙起始位置的频率处变形是最小的(即纵向反共振,图 2.5(f))。显然,当拓展到一般性超材料行为时,在带隙起始位置处板近似于固支状态(即无位移),而在通带起始位置处则近似于自由状态(即最大位移)。这一点也跟所观测到的板/杆系统内的一般性波传播现象是相吻合的。

如果跟图 2.4 中给出的色散曲线进行对比,可以发现带隙几乎是在杆阻抗的反共振点处开始,而终止于共振点处,这一点从式(2.5)也可看出。准确的频率位置主要受到杆间距(或更准确地说,超材料区域内每根杆所占据的平均面积的均方根)和杆质量 $M_b$(通过式(2.5)中的 $M_b/M$)的影响。在反共振点处(图 2.5(e)),板仿佛被杆簇所钳制,超材料区域内几乎不会出现运动,由此也确定了带隙的起始位置。反之,在共振点处(图 2.5(d)),杆簇的存在将使板的运动达到最大,这意味着该超材料不再能够阻隔板内 $A_0$ 模式兰姆波的传播。

为了更好地认识和理解带隙内的波传播行为,将压电源放置在超材料的中心位置,参见图 2.6(a)。类似于图 2.2 所示的压电源位于超材料外部的情况,这里也针对整个频带计算了平均谱强度,如图 2.6(b)所示。可以看出,在带隙范围内,超材料内部的谱强度要更高些,并且还可以发现带隙内存在一些跟杆的横向共振相对应的谱峰,它们对于全面考察板/杆系统来说是重要的,这一内容将在 2.4 节中加以讨论。

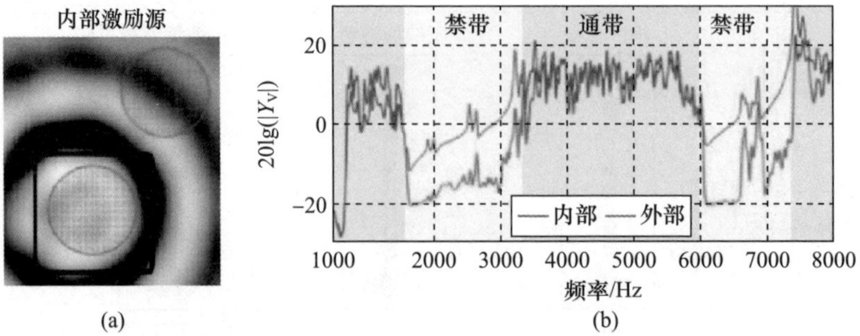


图 2.6 内率激励源及其平均谱强度(见彩图)

(a)位于超材料(黑色方块)内部的声源产生的辐射场(蓝色和红色圆圈代表进行能量平均的区域);(b)超材料区域内部的平均能量(蓝色线)和透射到超材料区域外部的平均能量(红色线)。

在图 2.7 中,针对压电源位于超材料区域内部和外部两种情形,绘制出了 $f=6400$Hz 处的波场模式,该频率位于带隙范围内,不过远离横向共振频率。当压电源位于超材料区域之外时,如图 2.7(a)所示,空间均匀分布的散斑图样表明了有限尺寸板内形成的是混响波场,并且如同所预期的,没有波能够进入到超材料区域内部。

这一结果实际上证实了带有随机布置的杆簇的超材料在亚波长尺度上将表现出各向同性特征。当压电源放置于超材料区域内部时,如图 2.7(b)所示,波场将局限在压电源位置附近,表现为凋落波成分。跟图 2.6(b)中的谱强度情况所揭示的一样,此时没有能量能够从超材料内部逃逸出去。为了更清晰起见,这里还利用更精细的空间采样(针对超材料区域)进行实验,如图 2.7(c)所示,其

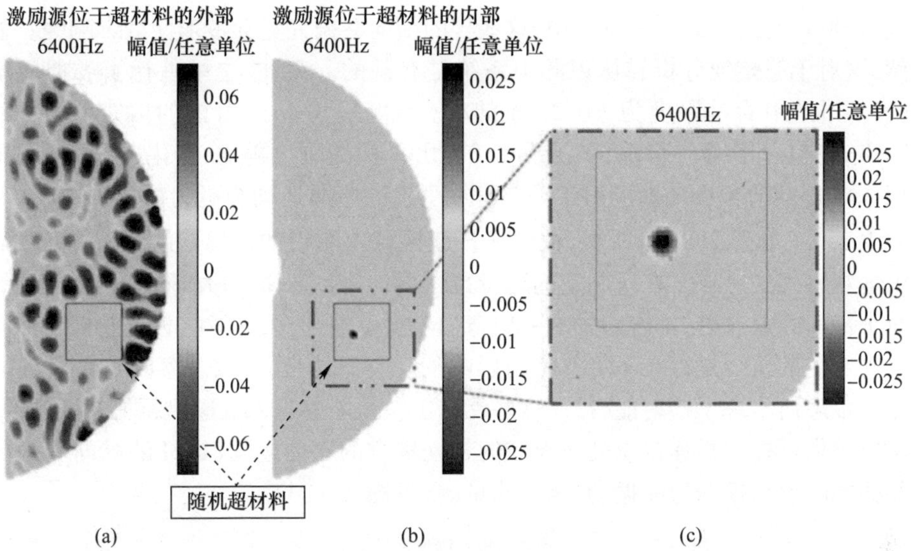


图 2.7　激励源位于超材料的内部和外部的情形下的波场模式(见彩图)

(a) $f=6400$Hz 处波场的傅里叶变换(实部)的空间描述($x$ 和 $y$ 方向上空间采样距离为 8mm,声源位于超材料(黑色方块)的外部);(b)与(a)类似,只是声源位于超材料内部;(c)针对超材料区域(即(b)中的红色虚线框区域)的新实验(声源位于相同位置,$x$ 和 $y$ 方向上空间采样距离为 4mm,在禁带内声源的行为类似于一个单极子)。

中的 $\Delta x=\Delta y=4$mm(图 2.7(a)、(b)中为 $\Delta x=\Delta y=8$mm)。

在图 2.7(c)中绘制了 $f=6400$Hz 处波场实部随到声源(位于 $\boldsymbol{r}_0$)的距离的变化情况。当不存在混响时,这一变化关系可以通过板的二维格林函数来描述,参见式(2.4),而 $\mathrm{d}r=|\boldsymbol{r}-\boldsymbol{r}_0|$。当凋落波成分变成声源附近的主导波场时,将有 $\tilde{k}_{\mathrm{eff}}l\sim1$,这意味着超材料内部的衰减长度要比行波波长更大些。实际上,Williams 等[WIL 15]曾根据他们的理论方法预测出带隙内的 $\tilde{k}_{\mathrm{eff}}=|\Re(k_{\mathrm{eff}})|=|\Im(k_{\mathrm{eff}})|$,我们的实验结果(即声源位于超材料内部,图 2.7(b))也证实了这一点。然而应当注意的是,横向共振频率的存在使 $\tilde{k}_{\mathrm{eff}}$ 的实验结果与理论方法得到的结果(仅限于跟杆的纵向共振发生相互作用的 $A_0$ 模式兰姆波)出现了一定的差异。

## 2.4　杆的横向共振的影响

我们已经针对上述局域共振型超材料的主要物理特性进行了分析,是从垂

向偏振的 $A_0$ 模式波与杆的纵向共振的耦合作用角度去揭示的，那么，对于这类板/杆形式的复杂波动系统来说，这些杆的横向共振究竟会带来什么影响呢？显然，这对于完整地分析和认识此类系统是有益的。为此，这里进行了类似的实验，不过选用的是厚度为 $h = 2$mm 的板(不再是 6mm)，考虑的频带为 0.5 ~ 5kHz，它包含了第一带隙，参见图 2.8。由于板的刚度随 $h^3$ 变化，因而可以预期2mm厚的薄板内的波场对于垂向杆簇引发的弯曲运动会更为敏感[ROU 17, RUP 15]。如图 2.8(b)所示，根据在杆簇区域内测得的色散曲线($\tilde{k}_{\text{eff}}$)可以清晰地观察到这一点。在所确定的通带范围内(小于 2kHz 和大于 4kHz)，在杆的每个横向共振点处，都能够发现一些弯曲和反弯曲分支，这意味着这些杆的横向振动对色散曲线是存在不可忽略的影响的。类似地，还可以观察到这些横向共振使带隙内出现了透射能带，在这些能带上波是能够进入或逸出超材料区域的，主要是借助杆与板连接点处所形成的相互耦合的弯曲运动(即杆的纵向和横向共振同时影响板的弯曲振动)来实现的，参见图 2.5(d)。

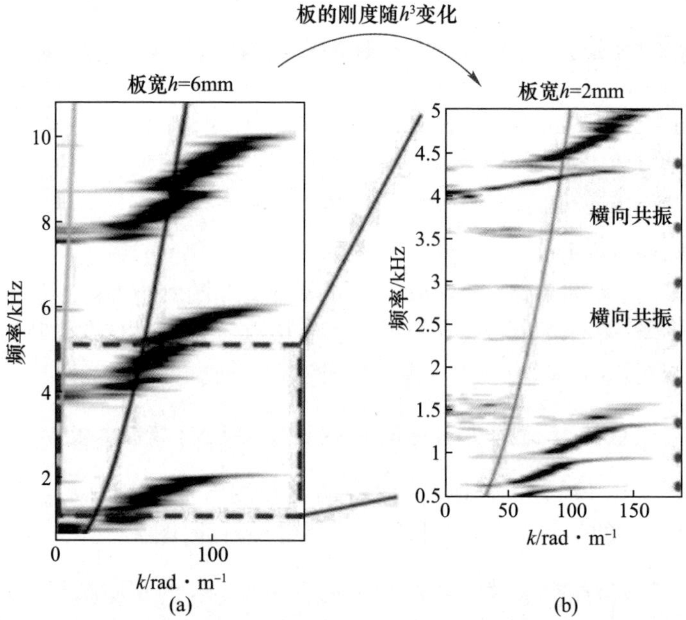


图 2.8　在横向共振频率处板的刚度对杆 - 板耦合作用的影响(对于较薄的板，在带隙内部和外部，板 - 杆系统与杆的横向共振之间都存在着更强的相互作用)(见彩图)

(a)板厚为 $h = 6$mm 时实验得到的色散曲线；(b)板厚为 $h = 2$mm 时实验得到的部分区域((a)中的红色虚线框区域)内的色散曲线。

图 2.9 和图 2.10 通过实验结果揭示了这两种影响。图 2.9(a)和图 2.9(b)针对的是带隙内 $f=6700\text{Hz}$ 处的波场，点状声源位于超材料内部。跟图 2.7(c)相比，图 2.9(b)中的声源位置是相同的，在图 2.7(c)中只能观察到凋落波成分，而在图 2.9(b)中，由于 $f=6700\text{Hz}$ 也对应了杆的横向共振频率，因而波场发生了较大的变化。首先，该波场不再局限在超材料内部区域，可以发现有一些能量从其中泄漏出去了，这一点从图 2.6(b)所给出的平均谱密度也是可以预见到的；其次，声源附近的波场类似于偶极子的行为，而不是单极子行为，如前面曾经观察到的带隙内 6400Hz 处的情形(图 2.7(b),(c))。实际上，这种偶极子模式跟(超材料区域内的声源发出的凋落波所激发出的)杆的横向形变是吻合的，会诱发板的弯曲运动，参见图 2.5(d)。

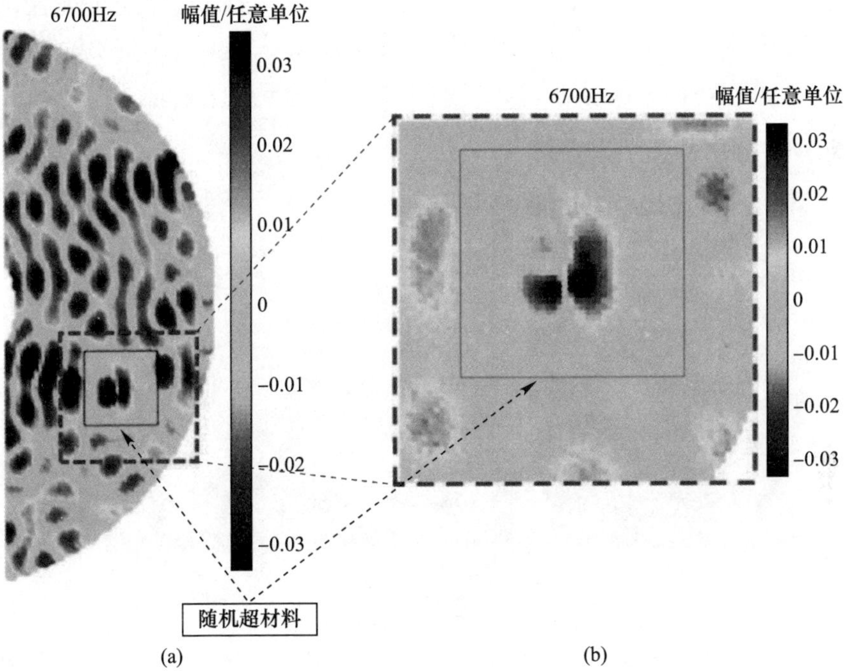


图 2.9 $f=6700\text{Hz}$ 处波场傅里叶变换(实部)的空间描述(见彩图)

(a)波场图案表明在禁带内会通过一个横向共振行为发生能量泄漏(声源位于超材料(黑色方块)内部，$x$ 和 $y$ 方向上空间采样距离为 8mm)；(b)针对超材料区域((a)中的红色虚线框区域)的新实验(采样距离为 4mm，在杆的横向共振点处声源的行为类似于一个偶极子)。

目前还很难准确揭示这种偶极子的形状，原因在于它们可能依赖于声源附近局部杆簇的随机分布情况。需要指出的是，在杆的每个横向共振频率处都可以观察到上述偶极子模式(带隙内)。换言之，由于在超材料内部无法传播 $A_0$

模式波，因此在杆/板分界处，凋落波所激发出的小幅值横波将可从一根杆传递到另一根杆，进而最终导致能量泄漏到超材料区域的外部。

在图 2.10 中也可观察到类似的效应，声源可以位于超材料区域内部或者外部（类似于图 2.7），我们所展示的是频率为 6125Hz 处的波场，这一频率对应于带隙的起始位置，不过根据 Williams 等［WIL 15］的理论预测，该值为 $f_0$ = 6190Hz。由于衰减是显著的（参见图 2.4（b）），板的行为类似于被杆的反共振所钳制（图 2.5（e）），因而这一频率处的波场强度应当是非常小的。然而，由于该频率附近存在着一个杆的横向共振频率（图 2.5（b）），因此部分能量仍然进入了超材料区域内，并从一侧到达了另一侧。正如图 2.10（a）所展示的，进入超材料区域的能流似乎是借助板/杆分界处所产生的凋落波而实现杆与杆之间传输的。与此不同的是，在大约 2050Hz 处，也即第一带隙的起始位置处，由于不存在杆的横向共振频率，因而观察不到此类波动模式。

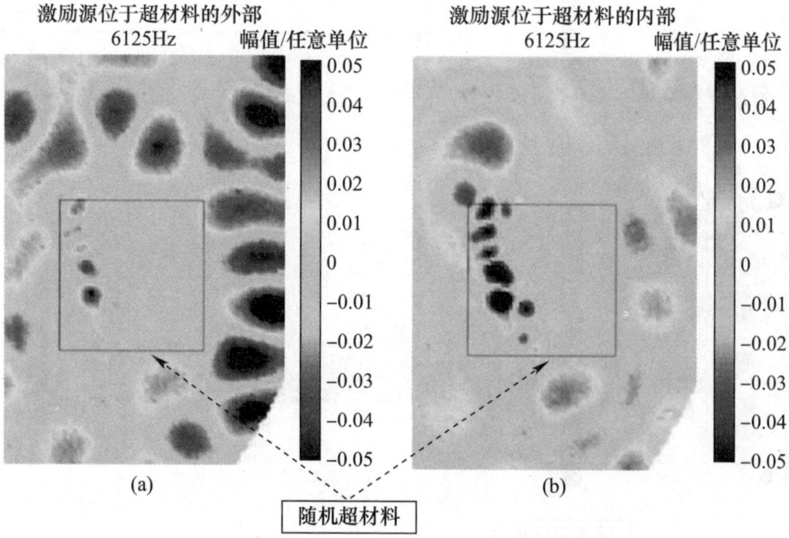


图 2.10 $f$=6125Hz 处波场傅里叶变换（实部）的空间描述（无论声源是位于超材料的外部（a）还是内部（b），波场图案都表明在禁带带边处会发生能量泄漏，注意超材料（黑色方块）内部的局域模态与声源位置是无关的）（见彩图）

当声源位于超材料区域内部时，也能够测得相同的波场形态，如图 2.10（b）所示，这就表明这种局域化模式是跟声源激励位置无关的。实际上，以往人们在随机而密集分布的介电散射体所产生的微波散射问题中也曾经观察到类似的局域化模式［LAU 07，MOR 07］，而此处得到的这些结果则进一步明确揭示了二维局域共振型超材料中也是存在此类强局域化模式的。

最后进一步考察了跟杆的横向与纵向共振的品质因数相关的时域效应,如图2.11所示。纵向共振的品质因数 $Q$ 较小(参见图2.11(b)中的绿色线),这意味着它们会很快将所获得的能量再次释放出去。事实上,这些纵向共振体现在杆内的垂向速度场上,它们很容易跟板内垂向偏振的 $A_0$ 模式兰姆波产生耦合作用。与此相反的是,横向共振的 $Q$ 值较大(图2.11(c)中的绿色线),因而这些横向共振的能量在被完全反射回板中之前,它们会在杆内停留更长时间。通过对超材料内部记录到的信号进行时频分析,可以验证这些结果。例如,图2.11(a)表明,在较迟的记录时间处横向共振频率附近仍然存在较高的波场强度。不仅如此,如果针对记录中早期阶段的时间窗计算色散行为,则可以得到跟纵向共振相关的色散曲线,类似于图2.4(a);然而,如果将该时间窗向后移动到混响段,那么横向共振的影响将起到主导作用。这些结果跟 Colquitt 等[COL 17]所得到的理论预测结果是一致的,参见图2.11(b),(c)中的蓝色和红色圆点线。

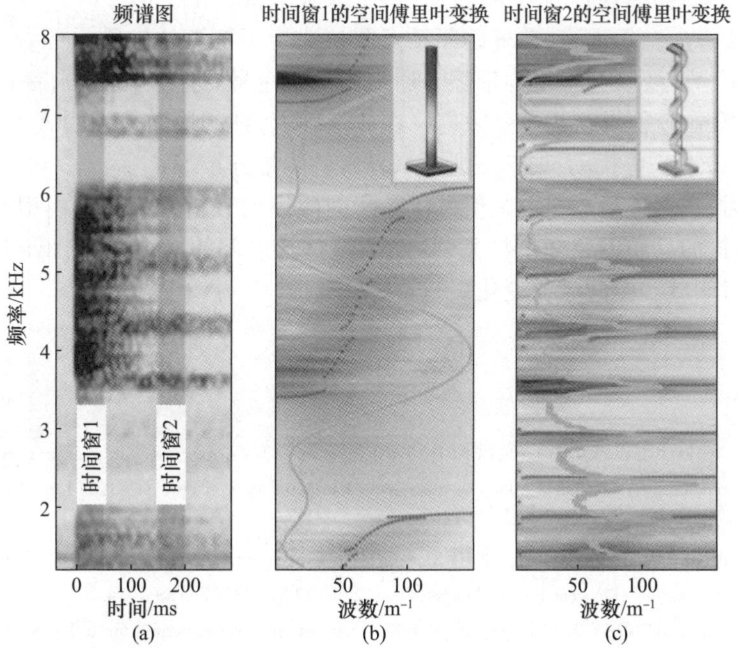


图2.11　时频图表明了杆的共振对波场的贡献(见彩图)

(a)在超材料区域内部记录到的信号谱;(b)传播早期的时间框((a)中的蓝色时间窗1)对应的波场的空间傅里叶变换(蓝色虚线为所预测的面外偏振行为的色散关系);(c)较迟的混响段((a)中的红色时间窗2)对应的波场的空间傅里叶变换(红色虚线为所预测的面内偏振行为的色散曲线。图中还示出了相关杆的拉压运动和弯曲运动及其模态变形实例)。

借助这一时频分析,可以将纵向共振与横向共振产生的效应区分开来。例如,在大约 6125Hz 处,能量泄漏到超材料内部(图 2.10(a))这一行为主要出现在传播 100ms 之后,高品质因数的横向共振需要这一时间才能体现出来。与此不同的是,放置于超材料内部的声源在大约 6400Hz 处所形成的单极子(图 2.7(b))是瞬时性的,因此应当跟品质因数较低的纵向共振相关。

## 2.5 本章小结

本章从实验层面重新考察了附着有铝制杆簇的弹性薄板所表现出的多模态相互作用,这种多共振型介质是针对真实森林(可视为地震超材料)在实验室尺度上的类比。对于这两类系统来说,共振型单胞都能够提供纵向和横向共振模式,这些模式跟基体之间存在着不同的相互作用。通过这一实验室尺度上的模型研究,可为实际森林的力学特性提供一些认识和启发。

对于纵向共振而言,单杆的驱动点阻抗决定了杆簇的匀质化行为。这种超表面的两个主要特征表现为带隙和通带内的强色散,通过分别在杆簇内部和外部设置声源,就能够认识这些效应。在此基础上,杆的横向共振模式(品质因数较高)会带来一些扰动,如带隙泄漏和异常的能量分布等。

最后,本章还通过对混响信号段较短时间窗的分析考察了该模型的时间历程,从共振的品质因数角度出发,揭示了超材料内部的横波杂化(hybridization)行为在时间域和空间域的变化。

## 参考文献

[ACH 13] ACHAOUI Y., LAUDE V., BENCHABANE S. et al., "Local resonances in phononic crystals and in random arrangements of pillars on a surface", Journal of Applied Physics, vol. 114, no. 10, p. 104503, AIP, 2013.

[BRÛ 14] BRÛLÉ S., JAVELAUD E., ENOCH S. et al., "Experiments on seismic metamaterials: Molding surface waves", Physical Review Letters, vol. 112, no. 13, p. 133901, APS, 2014.

[CHR 12] CHRISTENSEN J., DE ABAJO F. J. G., "Anisotropic metamaterials for full control of acoustic waves", Physical Review Letters, vol. 108, no. 12, p. 124301, APS, 2012.

[COL 14] COLOMBI A., ROUX P., RUPIN M., "Sub - wavelength energy trapping of elastic waves in a metamaterial", The Journal of the Acoustical Society of America, vol. 136, no. 2, pp. EL192 - EL198, ASA, 2014.

[COL 16a] COLOMBI A., COLQUITT D., ROUX P. et al., "A seismic metamaterial: The resonant metawedge", Scientific Reports, vol. 6, p. 27717, Nature Publishing Group, 2016.

[COL 16b] COLOMBI A., GUENNEAU S., ROUX P. et al., "Transformation seismology: Composite soil lenses for steering surface elastic Rayleigh waves", Scientific Reports, vol. 6, p. 25320, Nature Publishing Group,2016.

[COL 16c] COLOMBI A. ,ROUX P. ,GUENNEAU S. et al. ,"Forests as a natural seismic metamaterial: Rayleigh wave bandgaps induced by local resonances", Scientific Reports, vol. 6, p. 19238, Nature Publishing Group,2016.

[COL 17] COLQUITT D. ,COLOMBI A. ,CRASTER R. et al. ,"Seismic metasurfaces: Sub - wavelength resonators and Rayleigh wave interaction", Journal of the Mechanics and Physics of Solids, vol. 99, pp. 379 - 393, Elsevier, 2017.

[COW 11] COWAN M. L. ,PAGE J. H. ,SHENG P. ,"Ultrasonic wave transport in a system of disordered resonant scatterers: Propagating resonant modes and hybridization gaps", Physical Review B, vol. 84, no. 9, p. 094305, APS, 2011.

[DER 01a] DERODE A. ,TOURIN A. ,FINK M. ,"Random multiple scattering of ultrasound. I. Coherent and ballistic waves", Physical Review E, vol. 64, no. 3, p. 036605, APS, 2001.

[DER 01b] DERODE A. ,TOURIN A. ,FINK M. ,"Random multiple scattering of ultrasound. II. Is time reversal a self - averaging process?", Physical Review E, vol. 64, no. 3, p. 036606, APS, 2001.

[FAH 04] FAHY F. ,WALKER J. ,Advanced Applications in Acoustics, Noise and Vibration, CRC Press, Boca Raton, 2004.

[FAN 06] FANG N. ,XI D. ,XU J. et al. ,"Ultrasonic metamaterials with negative modulus", Nature Materials, vol. 5, no. 6, p. 452, Nature Publishing Group, 2006.

[GUE 07] GUENNEAU S. ,MOVCHAN A. ,PÉTURSSON G. et al. ,"Acoustic metamaterials for sound focusing and confinement", New Journal of Physics, vol. 9, no. 11, p. 399, IOP Publishing, 2007.

[LAU 07] LAURENT D. ,LEGRAND O. ,SEBBAH P. et al. ,"Localized modes in a finite - size open disordered microwave cavity", Physical Review Letters, vol. 99, no. 25, p. 253902, APS, 2007.

[LEM 11] LEMOULT F. ,FINK M. ,LEROSEY G. ,"Acoustic resonators for far - field control of sound on a subwavelength scale", Physical Review Letters, vol. 107, no. 6, p. 064301, APS, 2011.

[LEM 13] LEMOULT F. ,KAINA N. ,FINK M. et al. ,"Wave propagation control at the deep subwavelength scale in metamaterials", Nature Physics, vol. 9, no. 1, p. 55, Nature Publishing Group, 2013.

[LER 09] LEROY V. ,STRYBULEVYCH A. ,SCANLON M. et al. ,"Transmission of ultrasound through a single layer of bubbles", The European Physical Journal E, vol. 29, no. 1, pp. 123 - 130, Springer, 2009.

[LIU 00] LIU Z. ,ZHANG X. ,MAO Y. et al. ,"Locally resonant sonic materials", Science, vol. 289, no. 5485, pp. 1734 - 1736, American Association for the Advancement of Science, 2000.

[MOR 07] MORTESSAGNE F. ,LAURENT D. ,LEGRAND O. et al. ,"Direct observation of localized modes in an open disordered microwave cavity", Acta Physica Polonica - Series A General Physics, vol. 112, no. 4, pp. 665 - 672, Panstwowe Wydawnictwo Naukowe (PWN), 2007.

[PEN 99] PENDRY J. B. ,HOLDEN A. J. ,ROBBINS D. J. et al. ,"Magnetism from conductors and enhanced nonlinear phenomena", IEEE Transactions on Microwave Theory and Techniques, vol. 47, no. 11, pp. 2075 - 2084, IEEE, 1999.

[PSA 02] PSAROBAS I. ,MODINOS A. ,SAINIDOU R. et al. ,"Acoustic properties of colloidal crystals", Physical Review B, vol. 65, no. 6, p. 064307, APS, 2002.

[ROU 17] ROUX P. ,RUPIN M. ,LEMOULT F. et al. ,"New trends toward locally - resonant metamaterials at the mesoscopic scale", in M AIER S. A. (ed.), Handbook of Metamaterials and Plasmonics, vol. 2, World Scientific, 2017.

[ROU 18] ROUX P., BINDI D., BOXBERGER T. et al., "Toward seismic metamaterials: The METAFORET project", Seismological Research Letters, vol. 89, no. 2A, pp. 582 – 593, Seismological Society of America, 2018.

[ROY 00] ROYER D., DIEULESAINT E., Elastic Waves in Solids I: Free and Guided Propagation, trans. by M ORGAN D. P., Springer – Verlag, New York, 2000.

[RUP 14] RUPIN M., LEMOULT F., LEROSEY G. et al., "Experimental demonstration of ordered and disordered multiresonant metamaterials for Lamb waves", Physical Review Letters, vol. 112, no. 23, p. 234301, APS, 2014.

[RUP 15] RUPIN M., ROUX P., LEROSEY G. et al., "Symmetry issues in the hybridization of multi – mode waves with resonators: An example with Lamb waves metamaterial", Scientific Reports, vol. 5, p. 13714, Nature Publishing Group, 2015.

[RUP 17] RUPIN M., ROUX P., "A multi – wave elastic metamaterial based on degenerate local resonances", The Journal of the Acoustical Society of America, vol. 142, no. 1, pp. EL75 – EL81, ASA, 2017.

[SMI 00] SMITH D. R., PADILLA W. J., VIER D. et al., "Composite medium with simultaneously negative permeability and permittivity", Physical Review Letters, vol. 84, no. 18, p. 4184, APS, 2000.

[WIL 15] WILLIAMS E. G., ROUX P., RUPIN M. et al., "Theory of multiresonant metamaterials for A 0 Lamb waves", Physical Review B, vol. 91, no. 10, p. 104307, APS, 2015.

# 第3章 基于慢声和临界耦合的面向完美吸收和高效扩散的深度亚波长声学超材料设计

Vicente ROMERO - GARCÍA, Noé JIMÉNEZ, Jean - Philippe GROBY

声吸收和声扩散的控制是可听声学领域中的两条研究主线,目前已经研发出来的声吸收器和扩散器在高频段是有效的,其尺寸跟工作频率对应的波长相当,然而在较低频段内却往往面临着尺寸过大和制造成本上升等问题。本章将针对能够在低频段表现出高效吸收和扩散性能,且尺寸位于深度亚波长等级的声学超材料进行讨论,并将指出:一方面,借助慢声效应,可以将系统的共振频率移动到低频段,并对反射系数的相移进行理想调节;另一方面,通过引入临界耦合条件,可以获得完美阻抗匹配,进而实现完美声吸收。最后,本章将详细介绍可工作于低频段的超薄型吸声器和超薄型声扩散器。

## 3.1 引　　言

在声学和力学领域中,近年来出现的声学超材料无疑是一个开创性的研究热点,主要原因在于它们能够表现出奇特的功能行为,突破了现有的材料设计思想。众所周知,常见的由平板构成的壁面在低频段的声波衰减、吸收或扩散能力是很弱的。为了提升低频段的性能,往往需要面对这个复杂的问题——减小结构的几何尺寸,同时提高低频态密度,并确定如何更好地去匹配或调节声阻抗。

为了同时获得较小的结构尺寸与较大的态密度,人们已经认识到声学超材料是一个非常有效的可行途径。近年来,一些研究人员利用声学超材料思想证实了这一可行性,设计了一些声吸收器和扩散器,这些装置不仅是亚波长尺度的,而且具有非常良好的性能。可以从两个方面来看待这些工作。一方面,此类亚波长结构的设计可以借助不同的策略来完成,例如采用空间卷绕(space - coiling)结构形式[CAI 14, LI 16],采用亚波长谐振器,如薄膜[YAN 08, MEI 12]或亥姆霍兹谐振器[MER 15,ACH 16]。近期,人们还提出了一种基于慢声传播概念的新型亚波长超材料[GRO 15,GRO 16],它们能够借助其强色散特性在材料内部生成慢声传播状态[THE 14],进而显著降低工作频率,并且使结构厚度处于深度亚波长等级。另一方面,对于此类开放式有损耗的共振型结构,其阻抗匹配可以通过著名的临界耦合条件来实现[ROM 16b,JIM 17b,JIM 18,BLI 08]。在共振频率处,这些结构系统的行为特性可以通过能量泄漏率(即共振单元与传播介质的耦合)和固有损耗来描述,这种泄漏和损耗的平衡能够激发临界耦合条件,将能量约束在共振单元附近,形成能量吸收的最大化。在声传输系统中,应当利用简并的临界耦合谐振器(带有对称和反对称共振模式)来实现入射能量的完美吸收,也就是将能量束缚在共振单元内,使之不发生反射或透射[PIP 14,YAN 15]。在纯反射系统中,临界耦合的对称共振或反对称共振模式都可以用于实现能量的完美吸收(能量被完全约束在谐振器附近)[MA 14,ROM 16a]。

本章将讨论两种声学超材料,它们都建立在慢声和临界耦合条件基础之上,能够表现出低频段的高效吸声[JIM 16a,JIM 17d,JIM 17c]和扩散[JIM 17a]性能,而尺寸却位于深度亚波长尺度。在这两种情形中,系统都包含了一个二维面板,板上带有周期分布的狭缝,每条狭缝还连通了一个亥姆霍兹谐振腔的有限阵列结构。利用慢声效应,可以将该系统的共振频率移动到低频范围,并且能够非常理想地调节反射系数的相移。与此不同的是,利用临界耦合条件,可以实现完美的阻抗匹配,进而获得完美吸收。在此基础上,本章还将详尽地介绍一种超薄吸声器和一种超薄声扩散器,它们都可工作于低频段。

## 3.2 声学超材料的组成单元——带有亥姆霍兹谐振腔的有限长狭缝

这里所考察的是一块带有周期分布狭缝的二维平直面板结构,狭缝宽度记为 $h$,间隔为 $d$,分布于 $x_1$ 方向上,如图 3.1(a)所示。每条狭缝都连通一个包含 $M$ 个亥姆霍兹谐振腔的阵列,阵列的间距为 $a$。此处的亥姆霍兹谐振腔可以是二维的(图 3.1(b)),即方形截面形式的颈部(长度和宽度分别为 $l_n$ 和 $w_n$)与空腔($l_c$、$w_c$),也可以是三维的(图 3.1(c)),即方形截面管形式。显然,这里可以将这个声学超材料的基本组成单元视为狭缝与谐振腔阵列的组合,参见图 3.1(d)。

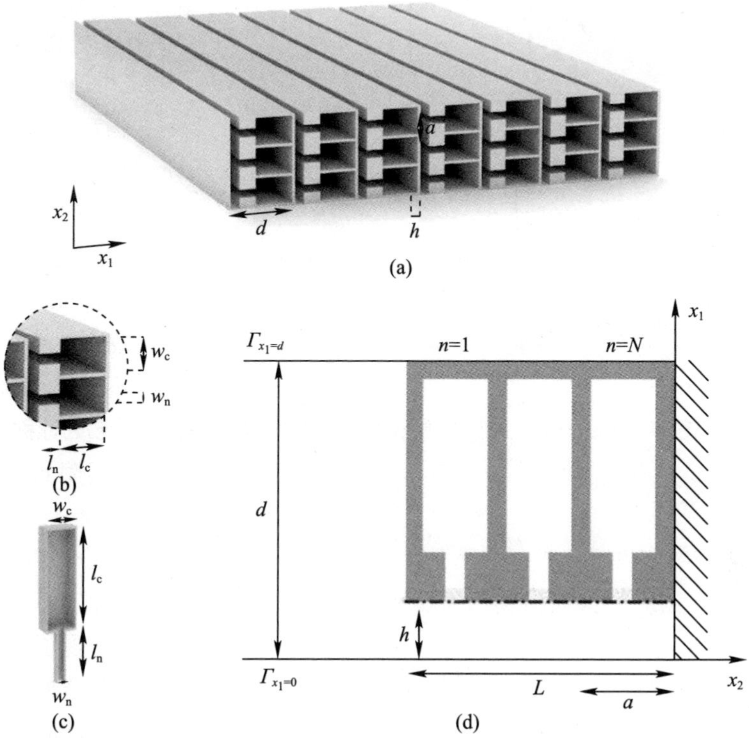


图 3.1　带有周期分布狭缝的二维平直面板结构

(a)放置于刚性壁上、包含三层二维亥姆霍兹谐振腔的薄面板概念图；(b)二维亥姆霍兹谐振腔的概念图；(c)三维亥姆霍兹谐振腔的概念图；(d)由 $N$ 个亥姆霍兹谐振腔组成的面板的单胞示意图(在边界 $\Gamma_{x_1=d}$ 和 $\Gamma_{x_1=0}$ 处施加了对称边界条件)。

### 3.2.1　基于传递矩阵方法的模型构建

利用传递矩阵方法,可以将每个单元(下称单胞)起始位置和终止位置处的声压、法向粒子速度联系起来。对于长度为 $L$ 的第 $n$ 个单胞($x_2=0$ 到 $x_2=L$),记其传递矩阵为 $\boldsymbol{T}^n$,那么这种传递关系可以表示为

$$\begin{bmatrix} P^n \\ V^n \end{bmatrix}_{y=0} = \boldsymbol{T}^n \begin{bmatrix} P^n \\ V^n \end{bmatrix}_{y=L} = \begin{bmatrix} T_{11}^n & T_{12}^n \\ T_{21}^n & T_{22}^n \end{bmatrix} \begin{bmatrix} P^n \\ V^n \end{bmatrix}_{y=L} \tag{3.1}$$

对于完全相同的一组谐振腔($M$ 个)而言,传递矩阵可以写为

$$\boldsymbol{T}^n = \begin{bmatrix} T_{11}^n & T_{12}^n \\ T_{21}^n & T_{22}^n \end{bmatrix} = \boldsymbol{M}_{\Delta l_{\mathrm{slit}}}^n (\boldsymbol{M}_{\mathrm{s}}^n \boldsymbol{M}_{\mathrm{HR}}^n \boldsymbol{M}_{\mathrm{s}}^n)^M$$

式中：$\boldsymbol{M}_{\mathrm{s}}^n$ 为第 $n$ 个狭缝中每个晶格步长上的传递矩阵，可以表示为

$$\boldsymbol{M}_{\mathrm{s}}^n = \begin{bmatrix} \cos\left(k_{\mathrm{s}}^n \dfrac{a}{2}\right) & \mathrm{i}Z_{\mathrm{s}}^n \sin\left(k_{\mathrm{s}}^n \dfrac{a}{2}\right) \\ \dfrac{\mathrm{i}}{Z_{\mathrm{s}}^n}\sin\left(k_{\mathrm{s}}^n \dfrac{a}{2}\right) & \cos\left(k_{\mathrm{s}}^n \dfrac{a}{2}\right) \end{bmatrix} \tag{3.2}$$

式中：$Z_{\mathrm{s}}^n = \sqrt{\kappa_{\mathrm{s}}^n \rho_{\mathrm{s}}^n}/S_{\mathrm{s}}^n$ 为狭缝特征阻抗；$S_{\mathrm{s}}^n$ 为 $h^n$（对于二维谐振腔）或 $h^n a$（对于三维谐振腔）。

$\boldsymbol{M}_{\mathrm{HR}}^n$ 描述的是每个谐振腔（视为散射体）的传递矩阵，可以写为

$$\boldsymbol{M}_{\mathrm{HR}}^n = \begin{bmatrix} 1 & 0 \\ 1/Z_{\mathrm{HR}}^n & 1 \end{bmatrix} \tag{3.3}$$

$\boldsymbol{M}_{\Delta l_{\mathrm{slit}}}^n$ 反映的是第 $n$ 个狭缝向自由空间辐射的修正，即

$$\boldsymbol{M}_{\Delta l_{\mathrm{slit}}}^n = \begin{bmatrix} 1 & Z_{\Delta l_{\mathrm{slit}}}^n \\ 0 & 1 \end{bmatrix} \tag{3.4}$$

式中：$Z_{\Delta l_{\mathrm{slit}}}^n = -\mathrm{i}\omega \Delta l_{\mathrm{slit}}^n \rho_0 / \phi_t^n S_0$ 为第 $n$ 个狭缝的辐射阻抗，$S_0$ 为 $d$（对于二维情况）或 $da$（对于三维情况），$\rho_0$ 为空气密度，$\Delta l_{\mathrm{slit}}^n$ 为恰当的末端修正，将在后面加以说明。

刚性背衬条件下狭缝的反射系数可以根据矩阵 $\boldsymbol{T}^n$ 的元素直接计算，即

$$R^n = \frac{T_{11}^n - Z_0 T_{21}^n}{T_{11}^n + Z_0 T_{21}^n} \tag{3.5}$$

式中：$Z_0 = \rho_0 c_0 / S_0$。由此不难得到吸声系数为 $\alpha^n = 1 - |R^n|^2$。

最后，每条狭缝的等效参数也可以根据传递矩阵元素得到，也即

$$k_{\mathrm{eff}}^n = \frac{1}{L}\arccos\left(\frac{T_{11}^n + T_{22}^n}{2}\right), \quad Z_{\mathrm{eff}}^n = \sqrt{\frac{T_{12}^n}{T_{21}^n}} \tag{3.6}$$

如果采用不同的亥姆霍兹谐振腔，那么整个系统的总传递矩阵应为每一层的传递矩阵的乘积，于是可以表示为

$$\boldsymbol{T}^n = \begin{bmatrix} T_{11}^n & T_{12}^n \\ T_{21}^n & T_{22}^n \end{bmatrix} = \boldsymbol{M}_{\Delta l_{\mathrm{slit}}}^n \prod_{m=1}^{M} (\boldsymbol{M}_{\mathrm{s}}^n \boldsymbol{M}_{\mathrm{HR}}^{n,m} \boldsymbol{M}_{\mathrm{s}}^n)$$

式中：$M_{\mathrm{HR}}^{n;m}$为第 $n$ 条狭缝内第 $m$ 个谐振腔的传递矩阵。

**3.2.1.1 热黏性损耗模型**

亥姆霍兹谐振腔和狭缝中的热黏性损耗可以借助其等效复参数来考察，这些参数具有频率依赖性。这里考虑在超材料内传播的平面波，那么反映二维谐振腔和狭缝的管道等效参数可以按照下式来计算[STI 91]，即

$$\rho_{\mathrm{eff}}=\rho_0\left[1-\frac{\tanh\left(\frac{w}{2}G_\rho\right)}{\frac{w}{2}G_\rho}\right]^{-1} \tag{3.7}$$

$$\kappa_{\mathrm{eff}}=\kappa_0\left[1+(\gamma-1)\frac{\tanh\left(\frac{w}{2}G_\kappa\right)}{\frac{w}{2}G_\kappa}\right]^{-1} \tag{3.8}$$

式中：$G_\rho=\sqrt{\mathrm{i}\omega\rho_0/\eta}$；$G_\kappa=\sqrt{\mathrm{i}\omega\mathrm{Pr}\rho_0/\eta}$，Pr 为普朗特数，$\eta$ 为动力黏度，$\rho_0$ 为空气密度；$\gamma$ 为空气比热比；$P_0$ 为大气压；$\kappa_0=\gamma P_0$ 为空气体积模量。对于第 $n$ 条狭缝来说，其等效参数 $\rho_{\mathrm{s}}^n$ 和 $\kappa_{\mathrm{s}}^n$ 可以通过在式(3.7)和式(3.8)中令 $w=h^n$ 得到。利用这些等效参数，也可以以相同的方式来描述二维谐振腔颈部和空腔内的热黏性损耗，分别为 $\rho_{\mathrm{n}}^{n,m}$ 和 $\kappa_{\mathrm{n}}^{n,m}$ 以及 $\rho_{\mathrm{c}}^{n,m}$ 和 $\kappa_{\mathrm{c}}^{n,m}$，针对第 $n$ 条狭缝处的第 $m$ 个谐振腔，只需令 $w=w_{\mathrm{n}}^{n,m}$ 或 $w=w_{\mathrm{c}}^{n,m}$ 即可。

对于三维谐振腔情形，平面波在矩形截面管内的传播过程可以通过频率依赖的复密度和体积模量来描述，分别为[STI 91]

$$\rho_{\mathrm{t}}=-\frac{\rho_0a^2b^2}{4G_\rho^2\sum\limits_{k\in\mathbf{N}}\sum\limits_{m\in\mathbf{N}}(\alpha_k^2\beta_{\mathrm{m}}^2\alpha_k^2+\beta_{\mathrm{m}}^2-G_\rho^2)^{-1}} \tag{3.9}$$

$$\kappa_{\mathrm{t}}=-\frac{\kappa_0}{\gamma+\frac{4(\gamma-1)G_\kappa^2}{a^2b^2}\sum\limits_{k\in\mathbf{N}}\sum\limits_{m\in\mathbf{N}}(\alpha_k^2\beta_{\mathrm{m}}^2\alpha_k^2+\beta_{\mathrm{m}}^2-G_\kappa^2)^{-1}} \tag{3.10}$$

式中：常数 $\alpha_k=2(k+1/2)\pi/a$；$\beta_{\mathrm{m}}=2(m+1/2)\pi/b$；尺寸 $a$ 和 $b$ 要么为亥姆霍兹谐振腔的颈部，即 $a=b=w_{\mathrm{n}}$，要么为空腔部，即 $a=b=w_{\mathrm{c}}$。

**3.2.1.2 谐振腔阻抗和末端修正**

利用式(3.7)和式(3.8)给出的等效参数，考虑辐射引起的长度修正之后，亥姆霍兹谐振腔的阻抗可以表示为[THE 14]

$$Z_{\mathrm{HR}}^{n,m}=-\mathrm{i}\frac{c_{\mathrm{n}}c_{\mathrm{c}}-\frac{Z_{\mathrm{n}}k_{\mathrm{n}}\Delta lc_{\mathrm{n}}s_{\mathrm{c}}}{Z_{\mathrm{c}}}-\frac{Z_{\mathrm{n}}s_{\mathrm{n}}s_{\mathrm{c}}}{Z_{\mathrm{c}}}}{\frac{s_{\mathrm{n}}c_{\mathrm{c}}}{Z_{\mathrm{n}}}-\frac{k_{\mathrm{n}}\Delta ls_{\mathrm{n}}s_{\mathrm{c}}}{Z_{\mathrm{c}}}+\frac{c_{\mathrm{n}}s_{\mathrm{c}}}{Z_{\mathrm{c}}}} \tag{3.11}$$

式中：$c_n=\cos(k_n l_n)$；$c_c=\cos(k_c l_c)$；$s_n=\sin(k_n l_n)$；$s_c=\sin(k_c l_c)$（需要注意的是，为简化起见，此处均省略了上标）；$l_n^{n,m}$ 和 $l_c^{n,m}$ 分别为颈部和空腔部的长度；$k_n^{n,m}$ 和 $k_c^{n,m}$ 分别为颈部和空腔的等效波数；$Z_n^{n,m}$ 和 $Z_c^{n,m}$ 分别为颈部与空腔内部的等效特征阻抗；$\Delta l^{n,m}$为亥姆霍兹谐振腔的修正长度，可以通过两个修正长度之和得到，即 $\Delta l^{n,m}=\Delta l_1^{n,m}+\Delta l_2^{n,m}$，其中：

$$\Delta l_1^{n,m}=0.41\left[1-1.35\frac{w_n^{n,m}}{w_c^{n,m}}+0.31\left(\frac{w_n^{n,m}}{w_c^{n,m}}\right)^3\right]w_n^{n,m} \tag{3.12}$$

$$\Delta l_2^{n,m}=0.41\left[1-0.235\frac{w_n^{n,m}}{w_s^n}-1.32\left(\frac{w_n^{n,m}}{w_s^n}\right)^2+1.54\left(\frac{w_n^{n,m}}{w_s^n}\right)^3-0.86\left(\frac{w_n^{n,m}}{w_s^n}\right)^4\right]w_n^{n,m} \tag{3.13}$$

第一个修正长度 $\Delta l_1^{n,m}$ 考虑的是亥姆霍兹谐振腔颈部到空腔突变处的辐射效应[KER 87]，而第二个修正长度 $\Delta l_2^{n,m}$ 则源自于从颈部到主波导的突变处的辐射效应[DUB 99]。上述修正仅仅依赖于波导的半径，因此当颈部长度跟半径相当时（即较短的颈部和使 $k_n^{n,m}w_n^{n,m}\ll 1$ 的频率），这种修正就是非常重要的了。

另一重要的末端修正考虑的是从狭缝到自由空间的辐射效应，对于周期分布的狭缝来说，这种辐射修正可以表示为[MEC 08]

$$\Delta l_{\text{slit}}^n = h^n\sigma^n\sum_{n=1}^{\infty}\frac{\sin^2(n\pi\sigma^n)}{(n\pi\sigma^n)^3} \tag{3.14}$$

式中：$\sigma^n=h^n/d$。对于$0.1\leqslant\sigma^n\leqslant 0.7$，这一表达式可以近似简化为 $\Delta l_{\text{slit}}^n\approx-\sqrt{2}\ln(\sin\pi\sigma^n/2)/\pi$。

### 3.2.2 无限型主狭缝——色散关系和慢声效应

首先来考虑单胞内的色散特性，这里针对的是由无限个谐振腔（周期间隔为 $a$）构成的单胞。对于这种情形，只需对单胞的一个周期部分设置周期性边界条件，就能够计算出带有谐振腔的主狭缝内的色散行为。如图 3.2(a)和图 3.2(b)所示，其中分别给出了色散关系的实部和虚部，均考虑了无损耗和有损耗两种情形，是采用传递矩阵法（TMM）计算得到的。这一色散关系所表现出来的第一个特征在于，在亥姆霍兹谐振腔的共振频率$f_{\text{HR}}$上方存在着一个带隙。在这个共振频率以下，存在着一条色散能带，其波数相对于空气中的波数增大了一些。需要注意的是，狭缝内的最大波数受离散单元的限制，即 $k_{\max}=\pi N/L$，参见图 3.2(b)内的蓝色虚线。令人感兴趣的是，对于有损耗的色散关系来说，其虚部在谐振腔共振频率附近的变化是比较显著的，即便其实部不在带隙内。不过，当远离该共振频率时，损耗的影响就不再明显了。

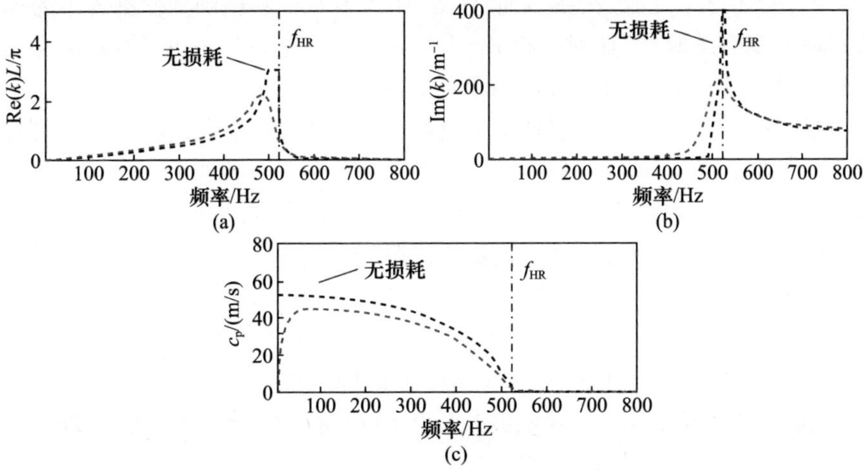


图 3.2　带有谐振腔的主狭缝内的色散(见彩图)

(a)和(b)分别为根据 TMM 计算得到的色散曲线的实部和虚部(针对的是参数为 $h = 1.2\text{mm}$，$a = 1.2\text{cm}$，$\omega_n = a/6$，$\omega_c = a/2$，$d = 7\text{cm}$，$l_n = d/3$，$l_c = d - h - l_n$的超材料。蓝色线为无损耗情况，红色线为有损耗情况，黑色虚线为无亥姆霍兹谐振腔时主狭缝的色散关系)；(c)针对无损情况(蓝色)和考虑热黏性损耗情况(红色)，基于 TMM 计算得到的相速度。

图 3.2(c)给出的是狭缝内相速度的实部，考虑了有无损耗两种情形。由此可以看出，谐振腔导致了强色散行为，进而表现出慢声效应。在无损耗情形中，可以观察到恰好在$f_{HR}$下方出现了零相速度，在有损耗情形中，群速度的最小值会受到损耗的限制[THE 14]，不过对于此处的系统来说，在低于$f_{HR}$的色散曲线上是能够实现慢声行为的，低频范围内的平均声速(50m/s)要比空气中的声速(黑色点线)低得多。

### 3.2.3　有限狭缝情形

上面所考察的声学超材料中的单胞实际上应当是有限的，因此一般可以借助单胞的散射矩阵来分析系统的散射特性。就本章所讨论的反射问题而言，最令人感兴趣的是反射系数。这里将针对有限单胞考察其对反射系数的调控。

#### 3.2.3.1　反射系数大小的调控——临界耦合条件

在复频率面内，反射系数具有成对的零点和极点，它们是互为复共轭的(无损情况中)。当采用$e^{-i\omega t}$这一符号规定时，零点位于正虚平面内，极点复频率的虚部反映了系统向自由空间的能量泄漏[ROM 16a]。如果考虑系统的固有损

耗,那么反射系数零点会向实数频率轴移动[ROM 16b],对于给定的频率来说,如果固有损耗与系统能量泄漏完全平衡,那么零点将会精确地落在实数频率轴上,进而达到完美吸收,此时可得 $\alpha=1-|R|^2=1$,这一状态也常被称为临界耦合[ROM 16a,ROM 16b,BLI 08,PIP 14,YAN 15,MA 14]。

这里针对 $N=3$ 的系统进行调节,使得在 275Hz 处固有损耗恰好补偿能量泄漏量,如图 3.3(a)所示,其中给出了基于 TMM 方法计算得到的吸声系数。在这种情况下,较低的频率零点位于实数频率轴上,如图 3.3(b)所示,由此也就对应于完美吸收峰值。另外,由于此处的谐振腔个数为 $N=3$,因而在较高频率处还可以观察到另外两个次级吸声峰,即 442Hz 和 471Hz 处,它们所对应的零点靠近实数频率轴,虽然临界耦合条件未能精确成立,不过在这些频率处仍可获得较高的吸声系数。我们将在 3.3 节中借助慢声和临界耦合这些概念从理论和实验层面来阐明,利用深度亚波长厚度的声学超材料面板能够实现全向完美吸声。

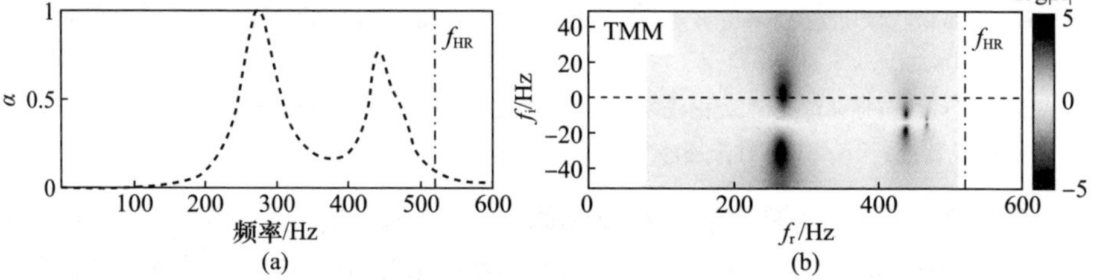


图 3.3 针对 $N=3$ 系统的调节计算得到的吸声系数和反射系数(见彩图)

(a)针对由 $N=3$ 个谐振腔构成的面板,基于 TMM 计算得到的吸声系数(点画线标记出了亥姆霍兹谐振腔的共振频率);(b)基于 TMM 计算得到的复频率平面上的反射系数($f_r$ 和 $f_i$ 分别为复频率的实部和虚部)。

### 3.2.3.2 反射系数相位的调控

图 3.4(a)中给出了两条不同狭缝的色散曲线,其亥姆霍兹谐振腔的几何参数可参见表 3.2 中的 $n=1$、$n=2$ 情形。从图 3.4(a)和图 3.4(b)可以看出,在远离共振频率处,如图中标记处,损耗效应是可以忽略不计的,这跟 3.2.2 节是一致的。如果考虑包含 $M=2$ 个谐振腔的有限狭缝,由于不同的狭缝中具有不同的慢声速,因而通过改变亥姆霍兹谐振腔的特性就能够方便地调节每条狭缝的反射系数相位了。图 3.4(c)中示出了每条有限狭缝所产生的反射系数相位情况。可以看出,对于某些频率来说,相对于不带亥姆霍兹谐振腔的情况(虚线),两条狭缝的反射系数相位(蓝色曲线和红色曲线)会出现显著的改变。在 2kHz 处,第一条狭缝(红色曲线)反转了入射波的相位,而第二条狭缝(蓝色曲

线)则在 3.2kHz 处形成了这一效应。由此可以发现,通过调节单胞几何,就能够设计出特定的相位形态,并且面板总厚度还可以大幅降低(跟 1/4 波长谐振器的长度 $L$ 相比)。我们将在 3.4 节中阐明,利用上述这些特征,借助亚波长超材料扩散体(metadiffuser)可以在给定频带内模拟出施罗德扩散体的相位形态。于是,通过调节超材料扩散体的几何,就能够针对室内声学应用场景,借助深度亚波长面板来实现宽频范围内的声扩散最大化。

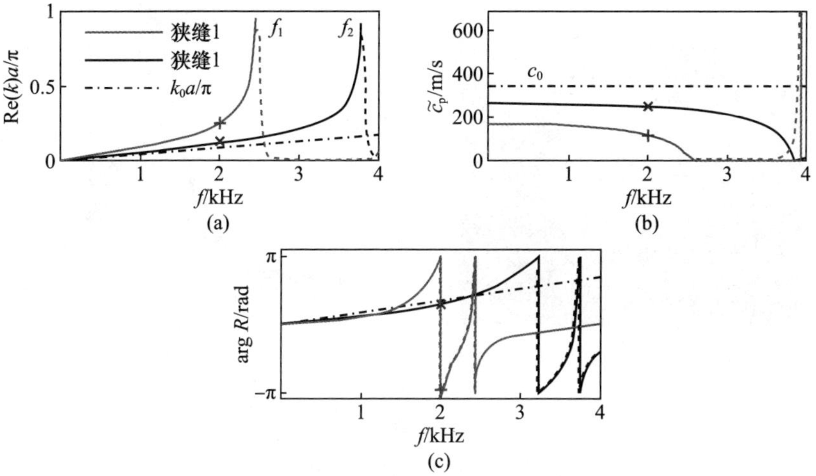


图 3.4 反射系数相位的调控(本图源自于文献[JIM 17a])(见彩图)

(a)超材料扩散体的第一条狭缝(蓝色)和第二条狭缝(红色)内的色散团溪(实线为无损耗情况实线,虚线为考虑热黏性损耗的情况,点画线为空气中的波数);(b)对应的相速度;(c)每条狭缝的反射系数的相位。

## 3.3 超薄声学超材料吸声器

### 3.3.1 单频吸声器

在 3.2.3.1 节中,已经利用临界耦合条件设计了厚度为 $L=3a=\lambda/34.5$ 的完美吸声器。这里将进一步采用优化方法(序列二次规划法,SQP[POW 78])对其几何进行调节,目的是使其厚度达到最小,从而可为我们提供具有完美吸声性能的深度亚波长结构。

在优化过程中使用了 TMM,用于考虑离散单元对反射系数的影响。经过优化得到的最终结构如图 3.5(a)所示,图中所示的样件带有单层谐振腔($N=1$),其他参数为 $h=2.63\text{mm}$、$d=14.9\text{cm}$、$a=L=d/13=1.1\text{cm}$、$w_n=2.25\text{mm}$、

$w_c=4.98\text{mm}$、$l_n=2.31\text{cm}$ 和 $l_c=12.33\text{cm}$。实验中使用的阻抗管的宽度能够在横向上容纳 13 个谐振腔，参见图 3.5(a)。样件是采用立体光刻技术制备而成的，使用的是光敏环氧聚合物(Accura 60®,3D Systems Corporation,Rock Hill,SC 29730,USA)，固化后的声学特性为 $\rho_0=1210\text{kg/m}^3$ 和 $c_0=[1570,1690]\text{m/s}$。该结构在 $f=338.5\text{Hz}$ 处表现出完美吸声峰(厚度为 $L=\lambda/88$)，跟亥姆霍兹谐振腔的共振频率 $f_{HR}=370\text{Hz}$ 是不同的。

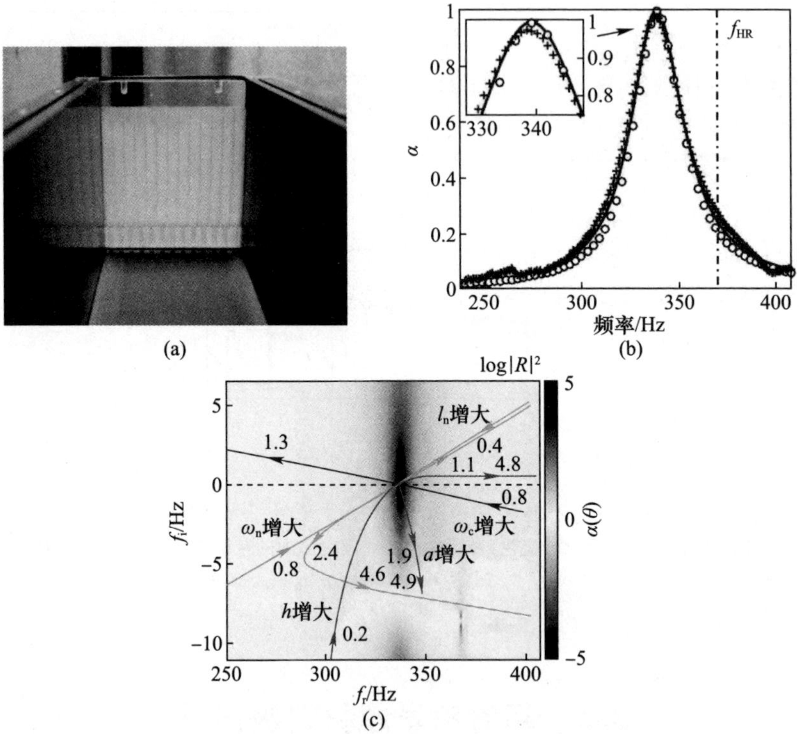


图 3.5　经过优化得到的结果(彩图可以参见网址 www.iste.co.uk/romero/metamaterials.zip)

(a)在阻抗管内放置一个垂向单胞($N=1$)的实验设置图(半透明树脂使得我们可以观察到亥姆霍兹谐振腔阵列，图中的阻抗管看上去是开口的，实际上实验中是封闭的)；(b)吸声系数的实验测试结果(十字标记)、基于 TMM 的计算结果(蓝色实线)和有限元计算结果(圆圈标记)；(c)针对优化样件得到的复频率面内的反射系数(每条曲线展示了改变某个系统参数时零点的轨迹)。

图 3.5(b)中给出了法向入射条件下的吸声系数，包括 TMM 计算结果、FEM 数值预测结果以及实验测试结果。可以看出，在 $f=338.5\text{Hz}$ 处达到了完美吸声。实验测得的最大吸声系数为 $\alpha=0.97$，参见图 3.5(b)中的局部放大图。实

验值与模型预测值之间这一较小的差异主要源自于实验方面的原因，其中包括狭缝与阻抗管的非理想适配，以及超材料内的固体介质部分被激发出了板模式等。

图 3.5(c)示出了复频率面内对应的反射系数，从中可以观察到满足临界耦合条件的情形，也即反射系数零点精确地落在实数频率轴上。考虑到固有损耗依赖于谐振腔的几何和狭缝的宽度，这里也计算了当系统参数改变时该零点的轨迹。这些轨迹与实数频率轴的交点表明，在这一特定频率处该系统能够实现完美吸声。不难看出，跟谐振腔几何参数($w_n$、$w_c$、$l_n$)相关的轨迹对该零点的复频率实部有着显著影响，这是因为它们改变了谐振腔的共振频率。对于参数 $l_n$ 而言，由于存在几何约束 $d \geqslant h + l_n + l_c$，因此增大颈部的长度也就意味着减小空腔长度，于是对应的零点轨迹将发生扭曲。与狭缝宽度 $h$ 对应的轨迹表明，对于非常窄的狭缝而言，固有损耗将会显著增大，临界耦合条件难以满足；对于非常宽的狭缝来说，上述几何约束还意味着谐振腔尺寸的减小，进而将导致其共振频率值的增大。最后，根据跟晶格尺寸 $a$ 相关的轨迹可以看出，狭缝深度($L = Na$)主要与系统的固有损耗相关，峰值吸收频率几乎与 $a$ 无关，主要取决于谐振腔的共振频率。进一步需要指出的是，由于慢声效应是由亥姆霍兹谐振腔的局域共振所导致的，因而这些谐振腔阵列的周期性对于此类完美吸声面板而言并不是必要条件。不过，将周期性考虑进来，就能够利用现有分析方法来设计和调节这些系统。

图 3.6 中给出了上述超材料面板的吸声系数随入射角的变化情况，从中不

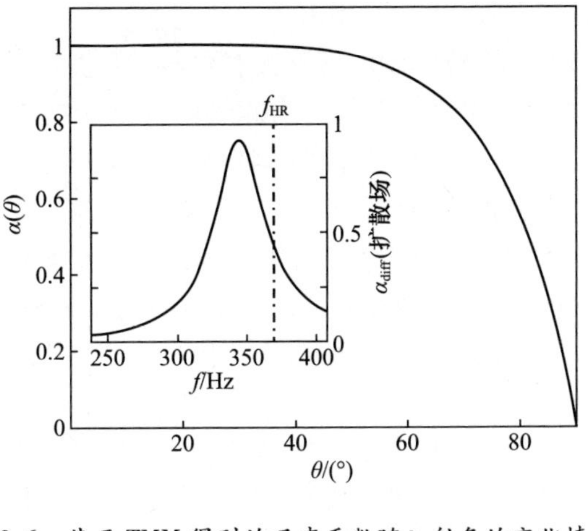


图 3.6　基于 TMM 得到的吸声系数随入射角的变化情况
(插图展示了扩散声场中吸声系数随频率的变化情况)

难观察到，对于很宽范围内的入射角，都能够实现几乎完美的吸声性，当 $\theta < 60°$ 时，$\alpha > 0.90$。图 3.6 中的插图给出的是扩散声场中的吸声系数[COX 09]，是按照 $\alpha_{\text{diff}} = 2\int_0^{\pi/2} \alpha(\theta)\cos(\theta)\sin(\theta)\mathrm{d}\theta$ 计算得到的，在其工作频率处能够达到 $\alpha_{\text{diff}} = 0.93$，这表明了该亚波长结构能够实现近乎全向的吸声性能。

### 3.3.2 彩虹捕获型吸声器

在 3.3.1 节中利用慢声效应和亥姆霍兹谐振腔，通过刚性背衬的亚波长结构实现了完美吸声，这里将进一步讨论如何获得宽带的完美吸声性能。当系统并非刚性背衬而允许透射时，要想获得完美吸声就变得更为困难了，原因在于此时系统的散射矩阵存在着两个不同的特征值。为了实现完美吸声，这两个特征值都必须在同一频率处取零值[MER 15]。这就意味着，在给定频率处对称模式和反对称模式必须同时达到临界耦合[PIP 14]。如果这两个特征值是在不同频率处取零值的，那么该系统是不能实现完美吸声的，不过通过强色散来逼近对称和反对称模式，仍然可以获得准完美的吸声性[JIM 17d]。在透射问题中，完美吸声性也可以利用简并谐振腔来实现，它们能够在同一频率处激发出单极模式和偶极模式[YAN 15]。通过在弹性薄膜上精心设置多个刚性小板[MEI 12]，人们已经观察到可以实现选择性的低频完美吸声性。另一种策略是采用不对称梯度材料，如啁啾层状多孔结构[JIM 16b]，不过此类结构缺乏亚波长共振模式，因而其厚度通常与入射波长之半同阶。在透射问题中能够用于获得完美吸声的最后一种构型是利用两个相互作用的谐振腔来打破结构的对称性，进而可以在特定频率处观察到完美吸声效果[MER 15]。

本小节中利用非刚性背衬的深度亚波长结构，通过拓展 3.3.1 小节得到的相关结果，来讨论宽带完美吸声问题。为此将面板设计成带有多个单极谐振腔（尺寸呈梯度分布）的形式，也即所谓的彩虹捕获型吸声器（RTA），如图 3.7(a) 所示。人们已经在光学领域[TSA 07]、声学领域[ZHU 13，ROM 13]以及弹性动力学领域[COL 16]的研究中观察到了彩虹捕获现象，即在梯度结构中由于群速度的逐渐减小而出现的能量局域化。然而，已有研究大多没有考虑损耗效应，进而也没有研究声吸收性能。在此处所给出的构型中，使用了梯度分布的一组亥姆霍兹谐振腔，这一设计不仅能够减小面板厚度，而且还可以将单胞的尺寸降低到深度亚波长水平。该结构包含了一块厚度为 $L$ 的刚性面板，其上周期性开出一组完全相同的可变方形截面波导，波导内部设置了 $N$ 个不同尺寸的亥姆霍兹谐振腔，如图 3.7 所示。于是，每个波导就可以划分为 $N$ 段，各段长度为 $a^{[n]}$、宽度为 $h_1^{[n]}$、高度为 $h_3^{[n]}$，并且这些亥姆霍兹谐振腔均位于波导各段中间。在实验

测试中，所采用的彩虹捕获型吸声器包含 $N=9$ 个亥姆霍兹谐振腔，如图 3.7(b)所示。利用序列二次规划法(SQP)[PEW 78]对上述结构的几何参数进行了优化调整。为了能够在宽带范围内(此处选择的是 $f_1 \sim f_N$)(即 300～1000Hz)获得最大的吸声性能，此处将损失函数取为 $\varepsilon_{\mathrm{RTA}} = \int_{f_1}^{f_N}(|R^-|^2 + |T|^2)\mathrm{d}f$。RTA 中的面板厚度设定为 $L=11.3\mathrm{cm}$，该值小于 300Hz 处的波长的 $\frac{1}{10}$。表 3.1 列出了 RTA 的几何参数情况，结构的总厚度为 $L = \sum a^{[n]} = 113\mathrm{mm}$，单元的高度和宽度分别为 $d_3 = 48.7\mathrm{mm}$ 和 $d_1 = 14.6\mathrm{mm}$。

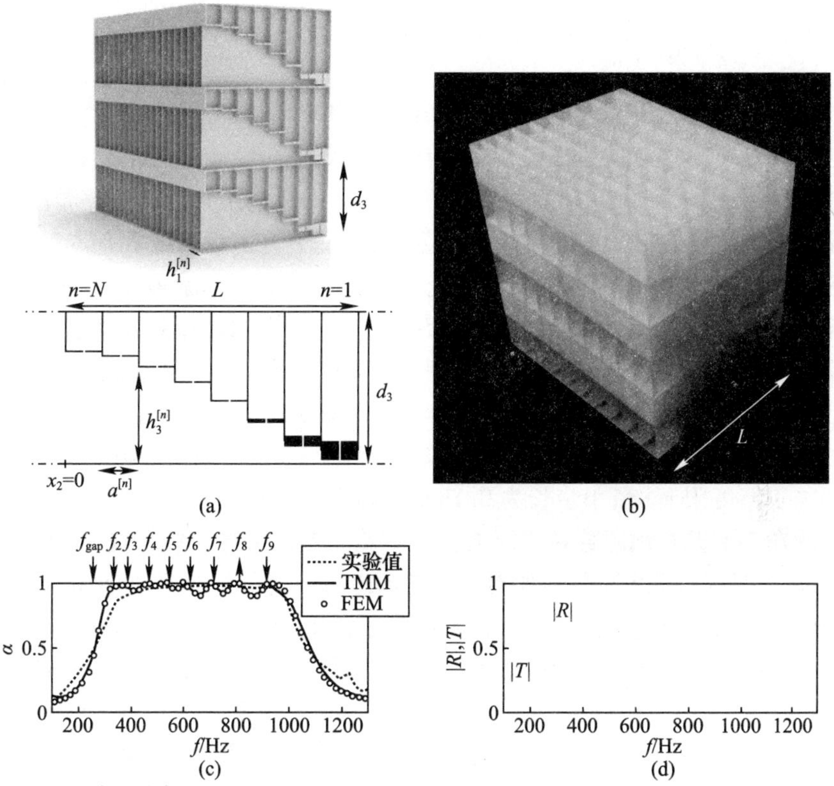


FEM—有限元法。

图 3.7　具有 $N$ 个不同尺寸的亥姆霍兹谐振腔(见彩图)

(a)带有 $N=8$ 个亥姆霍兹谐振腔的彩虹捕获型吸声器(RTA)的概念图及其几何参数；(b)包含 10×3 个单胞的样件；(c)所得到的吸声系数(实线为基于 TMM 的结果，圆圈标记为 FEM 仿真结果，虚线为实验测试结果)；(d)对应的反射系数幅值(红色)和透射系数幅值(蓝色)。

表 3.1 RTA($N=9$)的几何参数(本表源自于文献[JIM 17c])

| $n$ | $a^{[n]}$/mm | $h_3^{[n]}$/mm | $h_1^{[n]}$/mm | $l_n^{[n]}$/mm | $l_c^{[n]}$/mm | $w_n^{[n]}$/mm | $w_{c,1}^{[n]}$/mm | $w_{c,2}^{[n]}$/mm |
|---|---|---|---|---|---|---|---|---|
| 9 | 7.9 | 25.6 | 14.0 | 1.1 | 21.4 | 1.2 | 14.0 | 7.2 |
| 8 | 9.5 | 24.2 | 14.0 | 1.0 | 22.8 | 1.2 | 14.0 | 9.0 |
| 7 | 11.0 | 22.8 | 14.0 | 1.7 | 23.6 | 1.4 | 14.0 | 10.6 |
| 6 | 12.6 | 21.6 | 14.0 | 0.7 | 25.9 | 1.0 | 14.0 | 12.0 |
| 5 | 14.1 | 20.2 | 14.0 | 1.5 | 26.5 | 1.2 | 14.0 | 13.6 |
| 4 | 15.7 | 18.8 | 14.0 | 1.1 | 28.3 | 1.0 | 14.0 | 15.2 |
| 3 | 17.3 | 17.4 | 14.0 | 1.6 | 29.2 | 1.0 | 14.0 | 16.8 |
| 2 | 18.8 | 16.0 | 14.0 | 1.1 | 31.2 | 0.8 | 14.0 | 18.4 |
| 1 | 6.4 | 1.0 | 1.0 | 3.0 | 44.7 | 0.6 | 14.0 | 5.6 |

这里的基本思想是构建临界耦合谐振子和带隙频率的级联形态,从而生成彩虹捕获效应。这一构建过程如下:首先对波导中深度最大的谐振腔($n=1$)进行调节,使其能够在频率$f_1$上方减小透射率;其次将共振频率($f_2$)稍高一些的第二个谐振腔放置在波导内的下一段位置,通过调节该谐振腔的几何参数和该波导段,使得在这一共振频率处实现系统的阻抗匹配,因此也就与上一段那样获得了零反射系数和完美吸收峰。需要注意的是,新加入的谐振腔还能够减小更高频率处的透射率。显然,重复上述这一过程即可拓展为含有更多段的波导了,每一段中带有一个经过调谐的谐振腔,其共振频率要比前一个稍高一点。

按照这一过程设计了$N=9$的彩虹捕获吸声器,由于现有3D(三维)打印设备的加工精度限制(最小步长为0.1mm),因而未能精确制备出最优的RTA,主要问题在于谐振腔颈部直径的加工精度不够。考虑到这一技术能力的限制,在设计RTA时根据加工精度对所有几何参数进行了离散化处理,所制备的样品如图3.7(b)所示,离散取值的几何参数参见表3.1。图3.7(c)和图3.7(d)给出了该装置的吸声系数、反射系数和透射系数的分析结果,包括TMM、FEM以及实验测量结果。需要注意的是,此处的反射系数和透射系数都是以幅值形式给出的,而不是以能量形式给出,这是为了突出一个事实,即除了完美吸声频带以外透射率不会为零。深度最大的谐振腔($n=1$)提供的共振频率为$f_1=f_{gap}=259$Hz,它使透射率明显下降。根据前述过程进行调谐后的9个谐振腔,其共振频率从330Hz逐渐增大到917Hz。由于频率级联效应,因此在工作频率范围内结构的阻抗与外部介质相匹配,透射系数变为零。于是,在这一频率范围内RTA能够给出平坦的近乎完美的吸声性能,参见图3.7(c)。可以观察到,TMM计算结果与FEM仿真结果是非常吻合的,并且实验测试结果跟它们也是比较一致的。在低频处,测试结果与模型结果存在着少量偏差,它们主要源自于样件制备上的缺陷、结构与阻抗管非理想适配、相邻波导与相邻谐振腔之间可能存在的凋落波耦合以及波导各段连接点处所采用的热黏性模型等方面。

## 3.4 超材料声扩散体

借助极坐标下的远场声压分布可以刻画声扩散体的性能,对于边长为 $2b$ 的有限面板结构来说,局部作用反射面(空间相关的反射系数为 $R(x)$)的远场声压分布 $p_s(\theta)$ 可以利用 Fraunhofer 积分来计算[COX 94],即

$$p_s(\theta) = \int_{-b}^{b} R(x)\,\mathrm{e}^{\mathrm{j}k_0 x\sin\theta}\mathrm{d}x \tag{3.15}$$

式中:$\theta$ 为极角;$k_0$ 为空气中的波数。需要注意的是,远场散射声压本质上就是沿反射面的反射声场的傅里叶变换。因此,反射系数分布能够对应均匀幅值的傅里叶变换的结构,将具有良好的声扩散特性[SCH 75]。

扩散系数 $\delta_\phi$[ISO 12]可以根据极向响应来估计,即

$$\delta_\phi = \frac{\left(\int_{-\pi}^{\pi} I_s(\theta)\mathrm{d}\theta\right)^2 - \int_{-\pi}^{\pi} I_s(\theta)^2\mathrm{d}\theta}{\int_{-\pi}^{\pi} I_s(\theta)^2\mathrm{d}\theta} \tag{3.16}$$

式中:$I_s(\theta)$为针对入射角为 $\phi$ 的声波的极向散射强度。这个系数可以针对平面反射器的扩散系数 $\delta_{\mathrm{flat}}$进行归一化处理,从而消除结构有限尺度的影响,于是有 $\delta_n = (\delta_\phi - \delta_{\mathrm{flat}})/(1 - \delta_{\mathrm{flat}})$。

根据 3.2.3.2 节所介绍的基本原理,现在将给出新颖的基于声学超材料的深度亚波长声扩散体。基本的设计思想是:首先考虑一块有限长度的刚性面板,其上开有 $N$ 条狭缝;其次为每条狭缝连接一组亥姆霍兹谐振腔,以修改其色散行为,使每条狭缝内的声波传播呈现出强色散性,且声速 $c_p$ 显著降低。每条狭缝的行为实际上等效于一个深度亚波长谐振子,因而它们的等效深度就可以显著减小($L = c_p/4f$)。通过调整亥姆霍兹谐振腔的几何参数以及狭缝厚度,每条狭缝内的色散行为都可以进行修改。于是就能够调节表面上的反射系数相位,如由此制备出施罗德相位栅扩散体。不仅如此,通过调节亥姆霍兹谐振腔和狭缝所固有的热黏性损耗,结构的泄漏可以被系统固有损耗所补偿,从而实现完美吸收。正因如此,反射系数的大小也就可以进行调节了,狭缝的行为特性可从完美反射器变化到完美吸收器。对于较低频率来说,完美吸声的狭缝还可用于设计三元序列扩散体[COX 06]。

### 3.4.1 二次余数超材料声扩散体

二次余数扩散体(QRD)中所采用的数值序列可以表示为 $s_n = n^2 \mathrm{mod} N$,其中的符号 mod 代表的是质数 $N$ 的最小非负余数。如果相位栅扩散体建立在 $\lambda/4$ 谐振腔(阱)基础之上,那么阱深应为 $L_n = s_n\lambda_0/2N$,其中的 $\lambda_0$ 为设计波长。这里利用优化方法(如二次序列规划法[POW 78])来对超材料的几何进行调节,使 QR 超材料扩散体与 QRD 仅在 2000Hz 处形成空间相关的反射系数匹配。此处所设计的 QRD 是针对 500Hz 的,且有 $N = 5$,总厚度为 $L = 27.4$cm,边长 $N_d =$ 35cm。由于该面板侧向尺寸较小,因而在分析 2000Hz 处的响应时考虑了 6 个重复单元,这样可以在远场清晰地生成 QRD 的 $N$ 个衍射栅瓣。图 3.8(a)和图 3.8(b)针对理想 QRD 和 QR 超材料扩散体(厚度 $L = 2$cm,谐振腔个数 $M =$ 2,横向尺寸相同)示出了表面上的反射系数相位和幅值情况。该超材料扩散体的几何参数可参见表 3.2,面板样式可参见图 3.8(c)。可以看出,QR 超材料扩散体和目标相位栅 QRD 的反射系数非常吻合。图 3.8(g)给出的是 2000Hz 处两种结构的远场计算结果,采用的是式(3.15)。从中也可观察到,基于 TMM 所得到的两种结构的极向响应情况也是相当一致的。为了验证这一设计的正确性,这里还借助有限元方法(FEM)进行了全波数值仿真计算,其中考虑了热黏性损耗。FEM 数值分析结果跟理论预测结果同样是吻合的,当然,也存在着少量的偏差,这些偏差的主要原因在于,在 TMM 计算中辐射修正是近似的,并且也没有考虑相邻狭缝之间的凋落波耦合(在 FEM 仿真中是隐含包括的)。近场声压分布如图 3.8(d)~(f)所示,分别对应于 QR 超材料扩散体、QRD 以及一个相同宽度的参考平面反射器。显然,两种扩散体的分布情况能够很好地吻合,从中可以清晰地观察到声场散射到了其他方向上,而不是镜面反射。所提出的 QR 超材料扩散体要比 QRD 薄得多,后者是前者的 17.1 倍(在 500Hz 处,QRD 设计波长是超材料扩散体厚度的 34 倍,在 2000Hz 处为 8.5 倍)。

表 3.2 QR 超材料扩散体的几何参数(本表源自于文献[JIM 17a])

| $n$ | $s_n$ | $h$/mm | $l_n$/mm | $l_c$/mm | $w_n$/mm | $w_c$/mm |
|---|---|---|---|---|---|---|
| 1 | 1.0 | 14.7 | 13.0 | 16.4 | 6.2 | 9.0 |
| 2 | 4.0 | 30.9 | 9.1 | 4.3 | 3.5 | 9.0 |
| 3 | 4.0 | 30.9 | 9.1 | 4.3 | 3.5 | 9.0 |
| 4 | 1.0 | 15.7 | 13.3 | 17.0 | 6.3 | 9.0 |
| 5 | 0.0 | 20.3 | 18.0 | 20.7 | 3.2 | 9.0 |

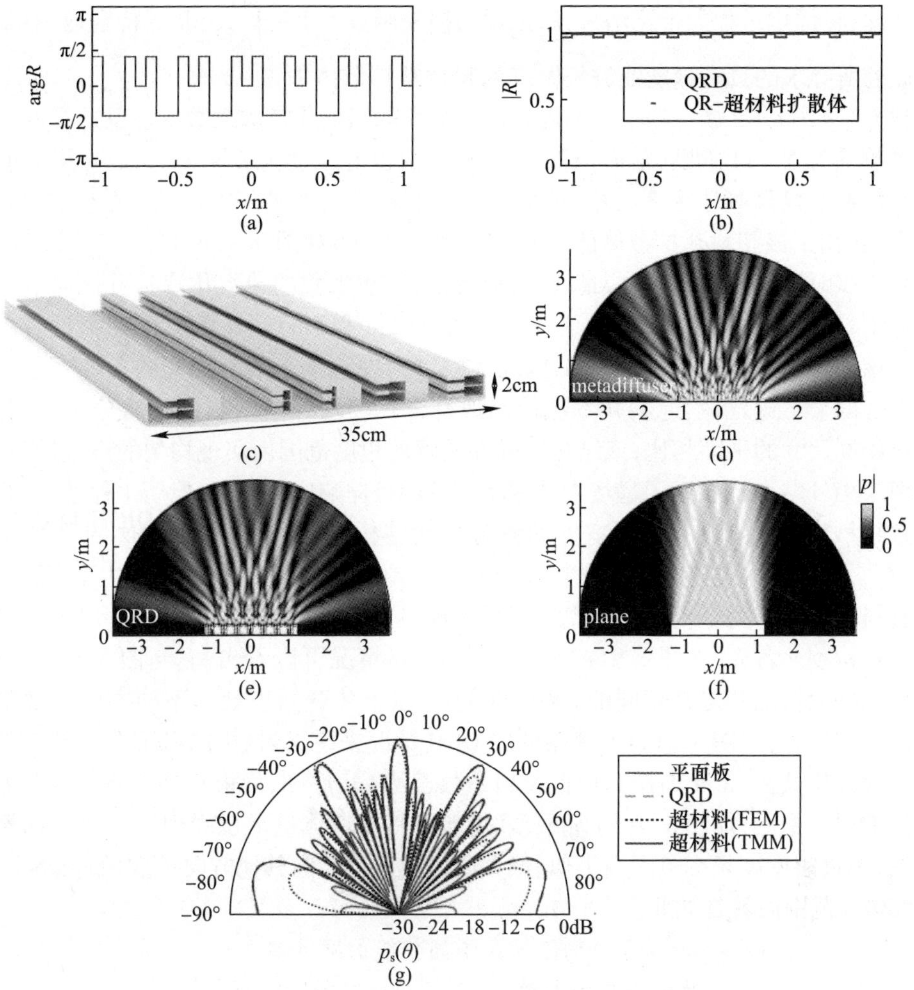


图 3.8 QRD(黑色线)和 QR 超材料扩散体(红色虚线)与空间位置相关的反射系数(见彩图)

(a)相位;(b)幅值;(c)QR 超材料扩散体($N=5, M=2$)的示意图;(d)厚度为 $L=2$cm 的 QR 超材料扩散体在 2kHz 处的近场声压分布;(e)厚度为 $L=27.4$cm 的相位格栅 QRD;(f)平面反射器;(g)QR 超材料扩散体的远场极坐标分布(蓝色实线为 TMM 计算结果,黑色虚线为 FEM 仿真结果,灰色虚线为参考 QRD 的结果,红色实线为相同宽度的平面反射器的结果)。

### 3.4.2 宽带最优超材料扩散体

在针对室内声学环境设计超材料扩散体时,一般要求其扩散性能是宽带的。

因此,将优化过程的带宽增大,所采用的损失函数为 $1-\int_{f_{\text{low}}}^{f_{\text{high}}}\delta_n \mathrm{d}f$。特别地,对于此处所寻求的具有深度亚波长厚度的超材料扩散体来说,要求其在 $f_{\text{low}}=250\text{Hz}$ 到 $f_{\text{high}}=2000\text{Hz}$ 这一频率范围内表现出最大的归一化扩散系数。这里选择的狭缝数量为 $N=11$,间距为 $d=12\text{cm}$,并限定面板的厚度为 $L=3\text{cm}$。最终得到的几何参数已经列于表 3.3 中,所使用的亥姆霍兹谐振腔是方形截面的。图 3.9(a)示出了该超材料扩散体的几何样式,图 3.9(b)和图 3.9(c)则给出了 300Hz 和 2000Hz 两处的极向响应情况,可以看出,扩散系数的最大化意味着极向响应是均匀的,此外,图中还揭示了较短距离下(1m 和 5m)近场的方向相关性。由于该结构的横向尺寸为 1.32m,因而式(3.15)在远小于瑞利距离的条件下是不准确的。不过,虽然近场并不能精确地符合式(3.15)所给出的极向分布,但是跟相同尺寸的平面相比,该结构能够在较宽的角度范围内实现均匀的声波散射。图 3.9(d)~(g)展示了远场中的频率相关的极向响应,分别对应于 4 种结构,即跟超材料扩散体具有相同宽度的参考平面结构、设计频率为 205Hz 的厚 QRD($L_{\text{QRD}}=56\text{cm}$)、与超材料扩散体厚度相同的薄 QRD($L_{\text{QRD,thin}}=3\text{cm}$)以及最优超材料扩散体。为了更清晰地观察衍射栅瓣,这里在计算极向响应时采用了 6 块面板构型。首先,从图 3.9(e)所示的薄 QRD 情况可以看出,它与图 3.9(d)所示的平面情况几乎是相同的,仅在 2000Hz 以上才开始表现出不同方向的散射波。其次,对于图 3.9(f)所考察的厚 QRD 情况来说,结构中的深阱会在较低频率处发生共振($\lambda/4$ 谐振),因此反射系数遵从 QR 序列,面板会将声波向各个方向散射。最后,如图 3.9(g)所示,最优超材料扩散体情形也展现出了显著的栅瓣,不过跟中高频率范围内类似,低频段内能量也会向其他方向扩散,如在250~500Hz 范围内就是如此。

表 3.3 带有 $N$ 条不同狭缝的宽带超材料扩散体的几何参数(本表源自于文献[JIM 17a])

| $n$ | 1 | 2 | 3 | 4 | 5 | 6 | 7 | 8 | 9 | 10 | 11 |
|---|---|---|---|---|---|---|---|---|---|---|---|
| $h$/mm | 5.7 | 4.9 | 7.7 | 82.9 | 48.4 | 74.9 | 20.0 | 6.6 | 76.2 | 29.5 | 7.6 |
| $l_n$/mm | 16.3 | 7.3 | 37.1 | 0.0 | 35.3 | 22.0 | 14.7 | 0.1 | 0.0 | 0.1 | 4.8 |
| $l_c$/mm | 97.1 | 106.8 | 74.2 | 36.0 | 35.3 | 22.1 | 84.3 | 112.2 | 42.7 | 89.4 | 106.5 |
| $w_n$/mm | 6.7 | 6.5 | 10.0 | 29.0 | 29.0 | 29.0 | 14.0 | 9.5 | 29.0 | 27.6 | 6.2 |
| $w_c$/mm | 29.0 | 29.0 | 29.0 | 29.0 | 29.0 | 29.0 | 29.0 | 29.0 | 29.0 | 29.0 | 29.0 |

图 3.9(h)中的归一化扩散系数对上述行为进行了量化描述,从中可以观察到,在优化频率范围内,该超材料扩散体的扩散系数均值约为 $\delta_n=0.65$,峰值为 $\delta_n=0.9$。与厚 QRD 情形相比,其频率范围向下拓展了一个倍频程,对应的吸声

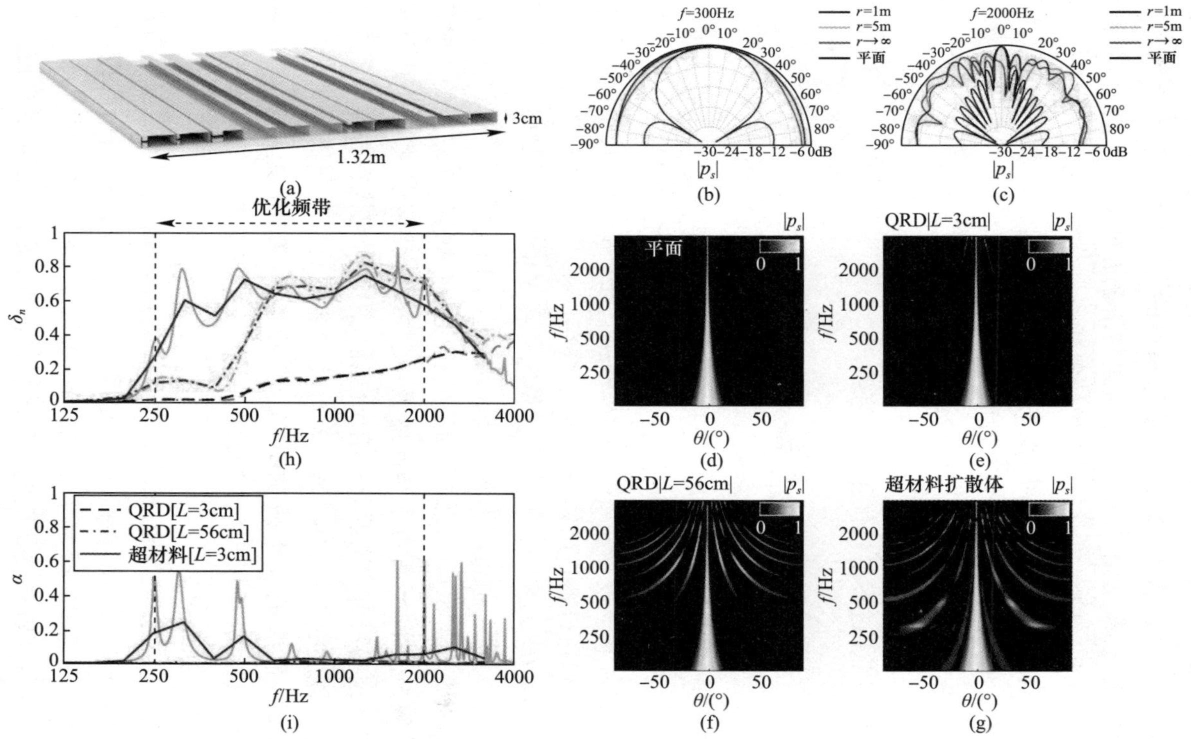


图 3.9　超材料扩散体几何及其归一化扩散系数和吸声系数(见彩图)

(a)所分析的超材料扩散体示意图；(b)和(c)分别为 300Hz 和 2000Hz 处的极向响应；(d)～(g)远场极向响应与频率的关系((d)(针对参考平面)、(e)(针对 $N=11$ 的 QRD 面板,总厚度为 3cm)、(f)(针对总厚度为 56cm 的 QRD 面板)、(g)(厚度为 3cm 的最优超材料扩散体))；(h)归一化扩散系数(其中的黑色虚线针对的是 3cm 的 QRD,红色点画线针对的是 32cm 的 QRD,蓝色实线为基于 TMM 得到的最优超材料扩散体的计算结果,根据 ISO 17497－2:2012[ISO 12],图中用粗线表示了这 3 个倍频程的积分结果)；(i)对应的吸声系数。

系数如图 3.9(i)所示。此处构成 QRD 的狭缝很宽,几乎不会产生损耗,而构成超薄超材料的窄小管道会形成热黏性损耗,进而导致其谐振腔共振频率处的吸收峰。如果增大面板的厚度,这些损耗将会减小,不过这里所给出的结构的厚度要比波长小很多(后者是前者的 46 倍)。值得指出的是,一些谐振腔的颈部尺寸几乎与其空腔部相当,参见图 3.9(a),此时这些谐振腔的效应类似于空间盘绕型 $\lambda/4$ 谐振腔(QWR),较宽的颈部管道内的损耗要小一些。另外,这些 QWR 的共振频率要比对应的亥姆霍兹谐振腔更高一些,因而有利于高频扩散,不过要注意的是,后者可以在低频处引入反射系数的空间变化特性。进一步,为了解决室内声学中其他一些典型问题,还可以针对低频吸声峰的位置进行调节,如可以将它们调整到小型控制室的共振模式处以生成平坦的谱响应或者减小混响中的声染色效应,这些可以通过多目标优化技术来实现。

## 3.5 本章小结

本章设计了一种可用于完美声吸收和声扩散的具有亚波长尺寸的面板结构,其中带有亥姆霍兹谐振腔,结构十分简单。我们详尽地阐述了基于传递矩阵方法的理论建模过程,其中考虑了热黏性损耗效应。进一步,本章还给出了两个实例,即完美吸声器和超材料扩散体,并进行了讨论。

所设计的厚度为 $L=\lambda/88=1.1\text{cm}$ 的面板能够在 338.5Hz 处实现完美声吸收,而无需敷设多孔材料。值得指出的是,该面板在垂向上的总尺寸也位于亚波长水平,即 $d=\lambda/6.5=14.5\text{cm}$。该结构的亚波长特征使其能够在较宽的入射角范围内获得完美吸声效果,这种近乎全向的吸声器可以应用于那些有全向性要求的实际场合中。这些很有意义的分析结果已经被用于研究构建各种可望具备宽带完美吸声性的深度亚波长结构形式,常称为彩虹捕获型吸声器(RTA)。我们讨论了一种由 9 个谐振腔组成的 RTA,其尺寸为 300Hz 处波长的 1/10(11.3cm),利用该 RTA 分析了 300 ~ 1000Hz 这一几乎覆盖两个倍频程范围内的平坦而完美的吸声性能。

进一步,讨论了超材料扩散体,这是一种新颖的局部作用反射面设计,其声散射特性是可定制的。在超材料内部的声传播行为表现出了强色散性,声速会显著降低,进而使每条狭缝的行为可以等效为一种深度亚波长谐振器。因此,通过调整其几何参数,就能够改变狭缝内的声波色散曲线,调节空间相关的反射系数并使之具有均匀幅值的傅里叶变换。通过此类面板的周期布置所得到的栅瓣将会具有相同的能量,声能将可散射到其他方向,而不限于镜面反射行为。此外,研究还表明,此类结构经过优化之后可以工作于很宽的频率范围内(覆盖 3

个倍频程)。特别地,还设计了一种厚度为 3cm 的声扩散体,工作频带为 250 ~ 2000Hz,展示了超材料声扩散体由于其深度亚波长特征所带来的在相关场景中的应用潜力,其面板厚度约为设计波长的 1/46 ~ 1/20,或者说传统设计厚度的 1/20 ~ 1/10。在智能建筑设计和可持续性研究领域,采用超材料扩散体可以节省空间,制备轻质材料,从而利用较少的资源来提升声学性能。不仅如此,本章所提出的设计构型在现代剧院等建筑设计中也有很大的应用潜力,可以满足此类场合所提出的美学要求。

## 致　谢

本章内容建立在 COST(欧洲科技合作计划)所支持的 COST Action DENORMS CA15125 项目工作基础之上,Metaudible 项目(编号:ANR - 13 - BS09 - 0003,ANR 和 FRAE 联合项目)也提供了资助,在此一并表示衷心的感谢!

## 参考文献

[ACH 16] ACHILLEOS V., RICHOUX O., THEOCHARIS G., "Coherent perfect absorption induced by the nonlinearity of a Helmholtz resonator", Journal of the Acoustical Society of America, vol. 140, no. 1, 2016.

[BLI 08] BLIOKH K. Y., BLIOKH Y. P., FREILIKHER V et al. "Unusual resonators: Plasmonics, metamaterials, and random media", Reviews of Modern Physics, vol. 80, no. 4, p. 1201, 2008.

[CAI 14] CAI X., GUO Q., HU G. et al., "Ultrathin low - frequency sound absorbing panels based on coplanar spiral tubes or coplanar Helmholtz resonators", Applied Physics Letters, vol. 105, no. 12, p. 121901, 2014.

[COL 16] COLOMBI A., COLQUITT D., ROUX P. et al., "A seismic metamaterial: The resonant metawedge", Scientific Reports, vol. 6, 2016.

[COX 94] COX T. J., LAM Y., "Prediction and evaluation of the scattering from quadratic residue diffusers", Journal of the Acoustical Society of America, vol. 95, no. 1, pp. 297 - 305, 1994.

[COX 06] COX T. J., ANGUS J. A., D'ANTONIO P., "Ternary and quadriphase sequence diffusers", Journal of the Acoustical Society of America, vol. 119, no. 1, pp. 310 - 319, 2006.

[COX 09] COX T. J., D'ANTONIO P., Acoustic Absorbers and Diffusers: Theory, Design and Application, CRC Press, Boca Raton, 2009.

[DUB 99] DUBOS V., KERGOMARD J., KHETTABI A. et al., "Theory of sound propagation in a duct with a branched tube using modal decomposition", Acta Acustica United With Acustica, vol. 85, no. 2, pp. 153 - 169, 1999.

[GRO 15] GROBY J. - P., HUAND W., LARDEAU A. et al., "The use of slow sound to design simple sound absorbing materials", Journal of Applied Physics, vol. 117, no. 124903, 2015.

[GRO 16] GROBY J. – P. ,POMMIER R. ,AURÉGAN Y. ,"Use of slow sound to design perfect and broadband passive sound absorbing materials", Journal of the Acoustical Society of America, vol. 139, no. 4, pp. 1660 – 1671,2016.

[ISO 12] ISO 17497 – 2:2012, Acoustics – Sound – scattering properties of surfaces – Part 2: Measurement of the directional diffusion coefficient in a free field, ISO standard, International Organization for Standardization, Geneva, Switzerland, 2012.

[JIM 16a] JIMÉNEZ N. ,HUANG W. ,ROMERO – GARCÍA V. et al. ,"Ultra – thin metamaterial for perfect and quasi – omnidirectional sound absorption", Applied Physics Letters, vol. 109, no. 121902,2016.

[JIM 16b] JIMÉNEZ N. ,ROMERO – GARCÍA V. ,CEBRECOS A. et al. ,"Broadband quasi perfect absorption using chirped multi – layer porous materials", AIP Advances, vol. 6, no. 12, p. 121605,2016.

[JIM 17a] JIMÉNEZ N. ,COX T. J. ,ROMERO – GARCÍAV. et al. ,"Metadiffusers: Deep subwavelength sound diffusers", Scientific Reports, no. 7, p. 5389,2017.

[JIM 17b] JIMÉNEZ N. ,GROBY J. – P. ,PAGNEUX V. et al. ,"Iridescent perfect absorption in critically – coupled acoustic metamaterials using the transfer matrix method", Applied Sciences, vol. 7, no. 6, p. 618,2017.

[JIM 17c] JIMÉNEZ N. ,ROMERO – GARCÍA V. ,PAGNEUX V. et al. ,"Rainbow – trapping absorbers: Broadband, perfect and asymmetric sound absorption by subwavelength panels with transmission", Scientific Reports, no. 7, p. 135595,2017.

[JIM 17d] JIMÉNEZ N. ,ROMERO – GARCÍA V. ,PAGNEUX V. et al. ,"Quasiperfect absorption by subwavelength acoustic panels in transmission using accumulation of resonances due to slow sound", Physical Review B, vol. 95, p. 014205,2017.

[JIM 18] JIMÉNEZ N. ,ROMERO – GARCÍA V. ,GROBY J. – P. ,"Perfect absorption of sound by Rigidly – Backed High – Porous materials", Acta Acustica United with Acustica, vol. 104, no. 3, pp. 396 – 409, 2018.

[KER 87] KERGOMARD J. ,GARCIA A. ,"Simple discontinuities in acoustic waveguides at low frequencies: Critical analysis and formulae", Journal of Sound and Vibration, vol. 114, no. 3, pp. 465 – 479,1987.

[LI 16] LI Y. ,ASSOUAR B. M. ,"Acoustic metasurface – based perfect absorber with deep subwavelength thickness", Applied Physics Letters, vol. 108, no. 6, p. 063502,2016.

[MA 14] MA G. ,YANG M. ,XIAO S. et al. ,"Acoustic metasurface with hybrid resonances", Nature Materials, vol. 13, no. 9, pp. 873 – 878,2014.

[MEC 08] MECHEL F. P. ,Formulas of Acoustics, 2nd edition, Springer Science & Business Media, Springer – Verlag, Berlin, Heidelberg, 2008.

[MEI 12] MEI J. ,MA G. ,YANG M. et al. ,"Dark acoustic metamaterials as super absorbers for low – frequency sound", Nature Communications, vol. 3, p. 756,2012.

[MER 15] MERKEL A. ,THEOCHARIS G. ,RICHOUX O. et al. ,"Control of acoustic absorption in one – dimensional scattering by resonant scatterers", Applied Physics Letters, vol. 107, no. 24, p. 244102,2015.

[PIP 14] PIPER J. R. ,LIU V. ,FAN S. ,"Total absorption by degenerate critical coupling", Applied Physics Letters, vol. 104, no. 25, p. 251110,2014.

[POW 78] POWELL M. J. ,"A fast algorithm for nonlinearly constrained optimization calculations", Numerical Analysis, pp. 144 – 157,1978.

[ROM 13] ROMERO - GARCÍA V. , PICÓ R. , CEBRECOS A. et al. , "Enhancement of sound in chirped sonic crystals", Applied Physics Letters, vol. 102, no. 9, p. 091906, 2013.

[ROM 16a] ROMERO - GARCÍA V. , THEOCHARIS G. , R ICHOUX O. et al. , "Perfect and broadband acoustic absorption by critically coupled sub - wavelength resonators", Scientific Reports, vol. 6, p. 19519, 2016.

[ROM 16b] ROMERO - GARCÍA V. , THEOCHARIS G. , RICHOUX O. et al. , "Use of complex frequency plane to design broadband and sub - wavelength absorbers", Journal of the Acoustical Society of America, vol. 139, no. 6, p. 3395, 2016.

[SCH 75] SCHRÖDER M. R. , "Diffuse sound reflection by maximum - length sequences", Journal of the Acoustical Society of America, vol. 57, no. 1, pp. 149 - 150, 1975.

[STI 91] STINSON M. R. , "The propagation of plane sound waves in narrow and wide circular tubes, and generalization to uniform tubes of arbitrary cross - sectional shape", Journal of the Acoustical Society of America, vol. 89, no. 2, pp. 550 - 558, 1991.

[THE 14] THEOCHARIS G. , RICHOUX O. , ROMERO - GARCÍA V. et al. , "Limits of slow sound propagation and transparency in lossy, locally resonant periodic structures", New Journal of Physics, vol. 16, no. 9, p. 093017, 2014.

[TSA 07] TSAKMAKIDIS K. L. , BOARDMAN A. D. , HESS O. , "Trapped rainbow storage of light in metamaterials", Nature, vol. 450, no. 7168, pp. 397 - 401, 2007.

[YAN 08] YANG Z. , MEI J. , YANG M. et al. , "Membrane - type acoustic metamaterial with negative dynamic mass", Physical Review Letters, vol. 101, no. 20, p. 204301, 2008.

[YAN 15] YANG M. , MENG C. , FU C. et al. , "Subwavelength total acoustic absorption with degenerate resonators", Physical Review Letters, vol. 107, no. 10, p. 104104, 2015.

[ZHU 13] ZHU J. , CHEN Y. , ZHU X. et al. , "Acoustic rainbow trapping", Scientific Reports, vol. 3, 2013.

# 第 2 部分

# 声学超材料的基本原理与相关基础

# 第 4 章　时域内三维周期薄型结构的匀质化——等效边界与跳跃条件

Agnès MAUREL, Kim PHAM, Jean - Jacques MARIGO

本章主要针对具有亚波长尺度周期性的结构(厚度也为亚波长水平),讨论声波在其中传播的等效模型的推导构建。考虑的是声学场景中最为常见的情形,即流体介质基体(空气或水)中带有刚性夹杂物,主要关注两种典型情况。第一种情况称为结构化壁面,也就是在刚性壁面附近或其上带有一系列周期布置的夹杂物,如粗糙表面(周期性的粗糙不平);第二种情况称为结构化膜,也就是一层或多层周期分布的夹杂物。由于此类结构的厚度较小,因而匀质化理论的经典方法不再适用了。这些经典方法主要致力于描述周期结构体内的波传播整体行为,相关分析是在远离边界处进行的,由此得到的结果表明,介质在小尺度上的周期异质特征可以进行平均化处理,进而能够借助一种等效的匀质介质来描述。当结构的厚度减小到一层或较少层夹杂物时,这种"远离边界"就不再满足了,整个结构的异质周期性不再成立。换言之,此时不宜认为有声波穿过夹杂物层进行"传播",而应当视为局域散射效应在影响基体流体介质中的声传播。这种现象一般称为边界层效应,主要局限在壁面或膜附近,所对应的层中会表现出显著的凋落波场,并且在远离结构时将会消失。为了处理某个方向上缺乏周期性以及相关的边界层效应,可以有两种可行方法。第一种是引入所谓的边界层校正,其取决于结构上的较小尺度,当远离结构时将呈现指数衰减,一般需要在仅依赖于大尺度的匀质化解中加入这些校正量。第二种方法是考虑在结构附近(因而依赖于小尺度)有效的解,需要跟(在远离结构处有效的)匀质化解相匹配。在上述两种情况下,依赖于小尺度的解主要都是致力于给出平均化的信息。

在波动领域中,等效跳跃条件最早是 Sanchez - Hubert 和 Sanchez - Palencia 于 1982 年推导建立的[SAN 82],他们的工作主要集中于零厚度刚性壁面上一组孔所产生的声波散射问题。

上述方法已经被应用到电磁波、弹性波/地震波和声波领域的相关分析之中。为了避免冗长的介绍，这里对相关的主要研究工作进行了归纳，参见表4.1，其中区分了不同的波动研究领域和所采用的方法（边界层校正和匹配求解，尽管两者是等效的）。

表4.1 相关的主要研究工作

| 领域 | 边界层校正 | 匹配求解 |
|---|---|---|
| 电磁波领域 | [DEL 91]*，[ABB 95]，[ABB 96]，[HOL 00a]*，[HOL 00b]*，[PRO 03]，[POI 06]，[HOL 16]* | [AMM 99]，[DEL 10]*，[ASL 11]，[DEL 12]*，[TOU 12]，[DEL 13]*，[DEL 15]*，[HEW 16]，[MAU 16]，[MAR 16c]，[GAL 17] |
| 弹性动力学领域 | [BOU 06]*，[BOU 15]*，[SCH 16]* | [CAP 13]*，[MAR 17]，[PHA 17] |
| 声学领域 | [LUK 09]，[TLE 09]，[ROH 09]，[ROH 10]，[BEN 15]，[SCH 17] | [BON 04]，[BON 05]，[CLA 13]，[BEN 13]，[MAR 16a]，[MAR 16b]，[CHA 16]，[POP 16]，[MER 17] |

对于电磁波和弹性波领域，我们给表4.1中列出的一些研究工作标注了星号，其含义是指该工作考虑得更为复杂，如处理的是麦克斯韦方程或纳维方程。另外，有些工作考察的是等效条件的数值实现，如文献[BON 04，BON 05，DEL 10，BEN 12，MAR 16b，RIV 17]针对的是简谐情况、文献[CAP 13，LOM 17]针对的是时域情况，还有一些则给出了等效条件的实验检测，如文献[GAO 16，SCH 17，GAL 17]。这里所列出的参考文献可能比较少，这是因为此处仅限于：①动态情况的研究（因此省略了与静态情况相关的大量文献）；②结构化表面或界面的等效条件（因而略去了与均匀分界面等效条件相关的相当多的文献）。当然，这里难免还会遗漏掉一些相关性很强的研究工作，在此先行表示歉意。下面对上述研究做一概述。

**1. 主要相关结论**

考虑声波在带有一系列刚性夹杂物（散射体）的流体介质内的传播问题，若令声压为 $p$，粒子速度为 $\boldsymbol{u}$，那么声波的传播行为可以通过线性化的欧拉方程来描述，即

$$\begin{cases}\chi \dfrac{\partial p}{\partial t} + \mathrm{div}\boldsymbol{u} = 0, \quad \rho \dfrac{\partial \boldsymbol{u}}{\partial t} = -\nabla p \\ \boldsymbol{u} \cdot \boldsymbol{n}\big|_{\Gamma} = 0\end{cases} \tag{4.1}$$

式中：$\Gamma$ 为流体介质与刚性夹杂物的分界面；$\boldsymbol{n}$ 为这些分界面的局部法向矢量；

$\rho$ 和$\chi$ 分别为流体介质的质量密度和等熵压缩率；$t$ 为时间变量，空间坐标为 $\boldsymbol{x}=(x_1,x_2,x_3)$，相关的单位基矢为$(\boldsymbol{e}_1,\boldsymbol{e}_2,\boldsymbol{e}_3)$。

所考察的结构包含了一组刚性散射体，它们周期性分布在$(x_2,x_3)$平面内，间距分别为 $h_2$ 和 $h_3$，它们处于同一数量级。此外，该二维阵列在 $x_1$ 方向上的厚度为 $e$，其数量级跟 $h_2$ 和 $h_3$ 相同。在低频范围内，阵列的特征间距 $h=\sqrt{h_1 h_2}$ 要远小于声源所发出的声波的特征波长 $1/k$（$k$ 为特征波数）。这里针对图 4.1 所给出的构型，建立与之对应的等效条件，即

（1）针对结构化刚性壁面的等效边界条件为

$$u_1^{\mathrm{ef}}=h\varphi\frac{\partial u_1^{\mathrm{ef}}}{\partial x_1}+hA_{\alpha\beta}\frac{\partial u_\alpha^{\mathrm{ef}}}{\partial x_\beta}$$

需要计算 $A_{22}$，$A_{33}$和 $A_{23}=A_{32}$。

（2）针对结构化膜的等效跳跃条件，即

$$\begin{cases}[p^{\mathrm{ef}}]=hB_i\dfrac{\partial\overline{p^{\mathrm{ef}}}}{\partial x_i},\\[u_1^{\mathrm{ef}}]=h\varphi\dfrac{\partial\overline{u_1^{\mathrm{ef}}}}{\partial x_1}+hC_{i\alpha}\dfrac{\partial\overline{u_i^{\mathrm{ef}}}}{\partial x_\alpha}\end{cases}\tag{4.2}$$

需要计算 $B_1$、$B_2$、$B_3$、$C_{22}$、$C_{33}$、$C_{23}$

且有 $C_{23}=C_{32}$，$C_{12}=B_2$，$C_{13}=B_3$。

式中：$i$、$j=1,2,3$；$\alpha$、$\beta=2,3$（关于拉丁指标和希腊指标的这一约定，适用于本章全部内容），重复指标应进行求和处理。

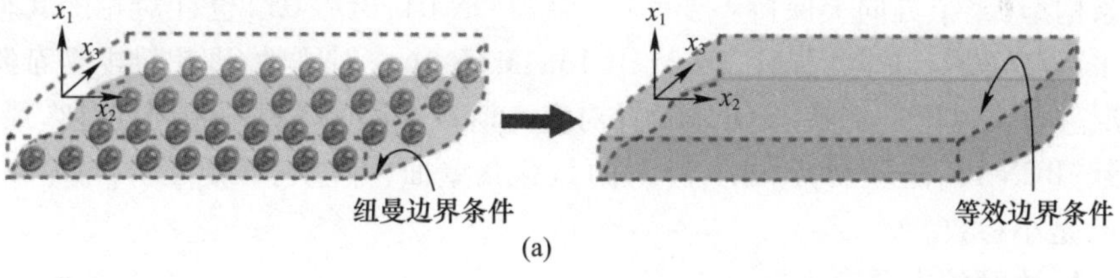


(a)

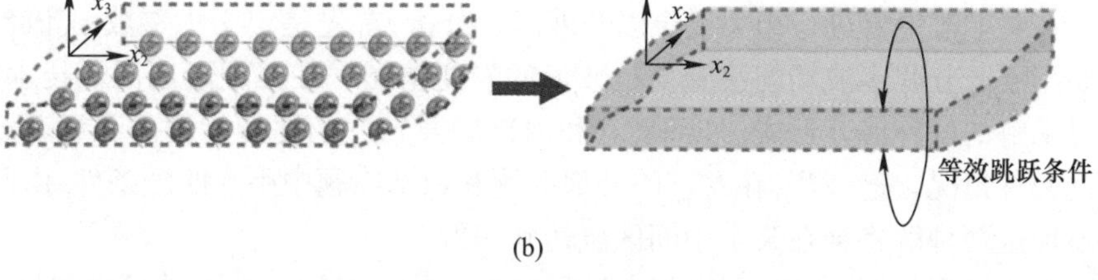


(b)

图 4.1　刚性散射体构型

(a)由刚性散射体阵列于刚性壁面上所构成的结构化壁面(箭头示意了基于匀质化过程可以得到等效边界条件)；(b)流体介质中的结构化膜(箭头示意了基于匀质化过程可以得到等效跳跃条件(参见式(4.2)))。

等效条件包含了若干不同的参量，如标量 $\varphi$、矢量 $\boldsymbol{B}$、张量 $\boldsymbol{A}$ 和 $\boldsymbol{C}$，将在后面进行说明。另外，在跳跃条件中，此处针对某个在等效界面上存在间断的场量 $f$，利用其两侧的极限（$f^+$ 和 $f^-$）定义其跳跃和均值为

$$[f]=f^+-f^-,\quad \bar{f}=\frac{1}{2}(f^-+f^+)$$

式(4.2)中的等效边界条件需要计算 3 个参数，而等效跳跃条件则需要计算 6 个参数。这些参数可以从静态基本问题导得，这些问题可参见后面的式(4.11)和式(4.21)，它们对应于通过或沿着结构传播的简单势流问题（由沿着 $\boldsymbol{e}_i$ 方向的单位速度场所导致），另外还将在 4.5 节中指出对于散射体几何较为简单的情形，往往只会涉及较少的参数。

**2. 相关文献介绍**

在若干文献中，人们已经考察了此处所关心的构型。对于结构化壁面来说，文献[TLE 09]讨论了二维情况，针对的是覆盖有薄介电层（带有理想导电夹杂）的导电壁面（刚性壁面的电磁类比）上的电磁波。文献[TOU 12]针对电磁波考虑了粗糙表面情况（具有双重周期性）。文献[MAR 16a]考察了矩形槽沟上的声波情况。Holloway 和 Kuester 研究了三维情形，考虑的是麦克斯韦方程[HOL 00a，HOL 00b]。

对于结构化膜来说，文献[SAN 82]分析了带有孔阵列的刚性壁情况，其中特别关注了阵列间距和孔径之比取特定值的重要情形，该文献同时考虑了二维和三维情况。在二维情况中，文献[DEL 91]针对麦克斯韦方程分析了零厚度导电条构型（某个方向上保持不变）。文献[BON 04，BON 05]也针对相同几何研究了声波问题。文献[MAU 16，MAR 16a，MAR 16c]对刚性/理想导电夹杂阵列情况进行了讨论。文献[HOL 16]针对麦克斯韦方程也考察了相同构型。最后，文献[BEN 13]是较为特殊的，针对的是穿孔壁面，不过它假定了 $h=O(1)$，而 $e\to 0$ 是小参数。

**3. 本章的主要安排**

在 4.1 节中将进行相关设定以开展渐近分析，首先是定义小参数 $\varepsilon$，该参数主要用于区分凋落波场的快变与行波场的慢变情形。在匹配渐近展开技术中，将寻求解的两种展开形式（外部展开和内部展开），它们适用于远离和靠近散射体这两种情况。进一步，在对应的外部问题和内部问题中引入匹配条件，由此可以发现这两种解将会在某个中间区域达到一致。

分析过程是简洁、直观的，将上述展开形式代入式(4.1)中，即可得到每个 $\varepsilon$ 阶次上的两级问题（外部和内部），它们通过匹配条件相互关联起来。在 4.2 节和 4.3 节中将求出直到 $O(\varepsilon^2)$ 阶的解，进而分别获得所期望的等效边界条件和

等效跳跃条件。

在 4.4 节中还会检查等效问题中的能量守恒方程，如果需要时域内的数值实现，那么这是非常有用的，实际上该问题与等效表面或等效分界面的正能量是密切关联的，主要是为了避免数值失稳现象。

我们将尽量清晰简洁地描述这一两尺度匹配渐近分析过程，给出较为详尽的相关计算以便理解和把握，因而阅读本章不需要什么特别的知识准备。

## 4.1 渐近分析——两尺度展开和匹配条件

### 4.1.1 两尺度和两个区域

为了进行渐近分析，首先需要定义一个小参数 $\varepsilon$，在这里所考虑的问题中，它就是对间距($h$)的一种度量，其“小”的程度是跟声源发出的声波的特征波长($1/k$)相比较而言的。此处的结构化是二维的，$\boldsymbol{e}_2$ 和 $\boldsymbol{e}_3$ 方向上的间距分别为 $h_2$ 和 $h_3$，特征厚度为 $e$。考虑 $h_2$、$h_3$ 和 $e$ 处于同阶的情形，不失一般性，可以令

$$\varepsilon = h = \sqrt{h_2 h_3} \ll 1, \quad e = O(\varepsilon), k = O(1)$$

由于进行了尺度上的区分，因而可以定义两套坐标，即宏观尺度 $\boldsymbol{x}$（与波长尺度相关联）和微观尺度 $\boldsymbol{y}\left(\text{与结构化尺度相关联，且有 } \boldsymbol{y} = \frac{\boldsymbol{x}}{\varepsilon}\right)$。此外，在匀质化之后的问题中 $\boldsymbol{y}$ 将消失。一般来说，坐标 $\boldsymbol{x}$ 可以令我们在$(x_2, x_3)$平面内沿着结构进行大范围移动和在 $x_1$ 方向上远离结构。在散射体的附近，若 $\boldsymbol{x}' = (x_2, x_3)$对应于某个散射体的位置，那么 $\boldsymbol{y}$ 也就描述了该散射体附近的小位移（图 4.2）。这也正是为什么虽然 $\boldsymbol{x}$ 和 $\boldsymbol{y}$ 是关联的，然而它们却可以被视为独立的坐标，同样这也是为什么 $\boldsymbol{y}' = (y_2, y_3)$ 只限于 $Y(y_1) \subset Y_\infty = \{y_2 \in (0, h_2/h), y_3 \in (0, h_3/h)\}$，且 $Y(y_1)$仅包含流体。可以认为 $y_1$ 是无界的，对于结构化壁面而言为 $y_1 \in (0, +\infty)$，对于结构化膜则为 $y_1 \in (-\infty, +\infty)$，并且当 $y_1$ 趋于无穷时还需要作某些特殊指定。由此可知，在坐标 $\boldsymbol{y}$ 下，这一问题也就是设定在一个条状域 $Y_\infty$ 上，并且在实际情况中也可以考虑为：

$$\mathcal{Y}(y_1^m) = \{y_1 \in (0, y_1^m), \boldsymbol{y}' \in Y(y_1)\}, \qquad \mathcal{Y} = \lim_{y_1^m \to +\infty} \mathcal{Y}(y_1^m)$$

$$\mathcal{Y}(y_1^m) = \{y_1 \in (-y_1^m, y_1^m), \boldsymbol{y}' \in Y(y_1)\}, \qquad \mathcal{Y} = \lim_{y_1^m \to +\infty} \mathcal{Y}(y_1^m)$$

此时，可以将 $\mathcal{Y}(y_1^m)$的体积记为 $\mathcal{V}(y_1^m)$，将 $Y(y_1)$的表面积记为 $\mathcal{S}(y_1)$。应当注意的是，如果没有散射体与 $\mathcal{Y}(y_1)$平面相交，那么按照设定应当有 $\mathcal{S}(y_1) = 1$。

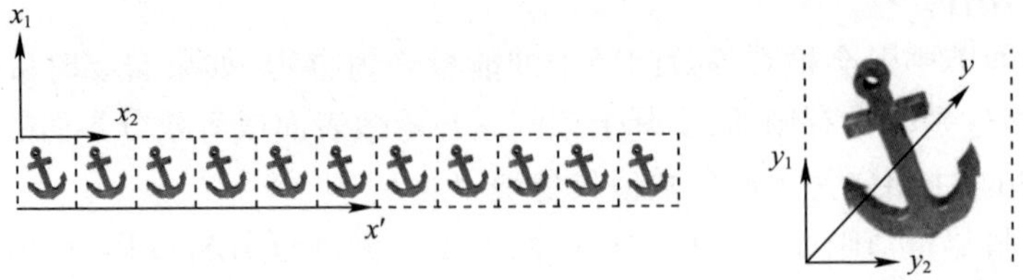


图 4.2　散射体附近的两套坐标系(此处以二维形式表示)(宏观坐标 $\boldsymbol{x}'=(x_2,x_3)$ 用于描述沿着散射体的大位移,针对给定的散射体,微观坐标 $\boldsymbol{y}=(y_1,y_2,y_3)$ 可以描述散射体附近的小位移)

### 4.1.2　内部区域和外部区域的方程组

现在定义两个区域以及这些区域内波场的展开形式。外部区域是指仅存在行波的区域,也就是足够远离结构的区域,其中的凋落波场可以忽略不计。由于凋落波场在空间上是呈指数衰减的(阶次为 $\varepsilon$),因而外部区域也就对应于 $|x_1|\gg\varepsilon$。在这一区域内,只需要采用宏观坐标进行描述,于是声压和粒子速度就可以展开为

$$\begin{cases}p=p^0(\boldsymbol{x},t)+\varepsilon p^1(\boldsymbol{x},t)+\cdots\\ \boldsymbol{u}=\boldsymbol{u}^0(\boldsymbol{x},t)+\varepsilon\boldsymbol{u}^1(\boldsymbol{x},t)+\cdots\end{cases}\tag{4.3}$$

内部区域是指散射体附近的区域,其范围远小于特征波长,即 $|x_1|\ll 1/k$。在这一区域内,为了反映凋落波场,需要使用坐标 $\boldsymbol{y}$,并且正如前面提及的,将 $\boldsymbol{x}'$ 作为一个附加坐标来描述沿着结构的大范围移动。因此,可以寻求以下形式的展开,即

$$\begin{cases}p=q^0(\boldsymbol{y},\boldsymbol{x}',t)+\varepsilon q^1(\boldsymbol{y},\boldsymbol{x}',t)+\cdots\\ \boldsymbol{u}=\boldsymbol{v}^0(\boldsymbol{y},\boldsymbol{x}',t)+\varepsilon\boldsymbol{v}^1(\boldsymbol{y},\boldsymbol{x}',t)+\cdots\end{cases}\tag{4.4}$$

显然,在这两个区域内,微分算子将表现出不同的形式,即

$$\begin{cases}\nabla\rightarrow\nabla_{\boldsymbol{x}} & \text{外部区域中}\\ \nabla\rightarrow\nabla_{\boldsymbol{x}'}+\dfrac{1}{\varepsilon}\nabla_{\boldsymbol{y}} & \text{内部区域中}\end{cases}\tag{4.5}$$

下面根据式(4.5),将展开式(4.3)和式(4.4)代入式(4.1)中,通过整理具有相同 $\varepsilon$ 阶的项即可获得内部区域与外部区域中的方程组。特别地,可以发现线性化欧拉方程适用于每一阶的外部项,即

$$\chi\frac{\partial p^n}{\partial t}+\mathrm{div}_{\boldsymbol{x}}\boldsymbol{u}^n=0,\quad \rho\frac{\partial\boldsymbol{u}^n}{\partial t}=-\nabla_{\boldsymbol{x}}p^n,\qquad n=0,1,\cdots\tag{4.6}$$

不过，刚性散射体或刚性壁面的边界条件是不适用的，因为这些外部项仅在远离结构的区域中才是成立的。

进一步，在内部区域中，所得到的方程组可以表示为

$$\begin{cases}\operatorname{div}_y \boldsymbol{v}^0 = 0, \nabla_y q^0 = 0 \\ \chi \dfrac{\partial q^n}{\partial t} + \operatorname{div}_x \boldsymbol{v}^n + \operatorname{div}_y \boldsymbol{v}^{n+1} = 0, \rho \dfrac{\partial \boldsymbol{v}^n}{\partial t} = -\nabla_x q^n - \nabla_y q^{n+1}, \quad n = 0, 1, \cdots \end{cases} \tag{4.7}$$

类似于经典的匀质化过程，内部问题的方程组从$\nabla_{\boldsymbol{y}} q^0 = 0$开始，$q^0$不依赖于$\boldsymbol{y}$，其结果是简单的，不过由此即可去逐阶地求解该方程组了。

### 4.1.3 匹配条件

需要针对内部问题和外部问题引入边界条件。实际上，由于$y_1$是无界的（当向远离散射体的方向移动时），因而对于$|y_1| \to +\infty$来说就缺少了边界条件。反过来，在外部区域中，当趋近于结构时也是缺少对应边界条件的。这些正是所需确定的条件，一般可以通过所谓的匹配条件来同时给出，由此也表明外部解和内部解将在一个中间区域内达到一致。为便于理解，可以将这一中间区域视为外部问题中的$x_1 \sim O(\sqrt{\varepsilon}) \to 0$的区域，进而对应于内部问题中的$y_1 = x_1/\varepsilon \sim O(1/\sqrt{\varepsilon}) \to +\infty$区域。于是，在式(4.3)中代入$x_1 = \varepsilon y_1$，重新展开为$\varepsilon$的幂次，可以得到一阶上的匹配条件为

$$p^0(0^\pm, \boldsymbol{x}', t) = \lim_{y_1 \to \pm\infty} q^0(\boldsymbol{y}, \boldsymbol{x}', t), \boldsymbol{u}^0(0^\pm, \boldsymbol{x}', t) = \lim_{y_1 \to \pm\infty} \boldsymbol{v}^0(\boldsymbol{y}, \boldsymbol{x}', t) \tag{4.8}$$

以及二阶上的匹配条件，即

$$\begin{cases} p^1(0^\pm, \boldsymbol{x}', t) = \lim\limits_{y_1 \to \pm\infty} \left( q^1(\boldsymbol{y}, \boldsymbol{x}', t) - y_1 \dfrac{\partial p^0}{\partial x_1}(0^\pm, \boldsymbol{x}', t) \right) \\ \boldsymbol{u}^1(0^\pm, \boldsymbol{x}', t) = \lim\limits_{y_1 \to \pm\infty} \left( \boldsymbol{v}^1(\boldsymbol{y}, \boldsymbol{x}', t) - y_1 \dfrac{\partial \boldsymbol{u}^0}{\partial x_1}(0^\pm, \boldsymbol{x}', t) \right) \end{cases} \tag{4.9}$$

值得注意的是，上述这些关系已经告诉我们，在远离结构的区域中，内部场$(q^0, \boldsymbol{v}^0)$不再依赖于$\boldsymbol{y}'$，这是容易理解的，而$(q^1, \boldsymbol{v}^1)$线性依赖于$y_1$就不那么直观了。

## 4.2 结构化刚性壁面上的等效边界条件

这里从结构化壁面这一情况开始讨论，也就是散射体位于刚性壁面附近或与之接触（图4.3），可以在一个等效表面$\Sigma_e$上建立等效边界条件，参见式(4.2)。正如前面已经指出的，在远离散射体的外部区域中，式(4.6)适用于式(4.3)的每

一阶项。在内部区域中，可以借助式(4.7)和式(4.4)，要注意的是匹配条件仅适用于 $y_1 \to +\infty$ 情形，而刚性壁面的存在则要求在 $y_1 = -e/h$ 处法向速度为零。

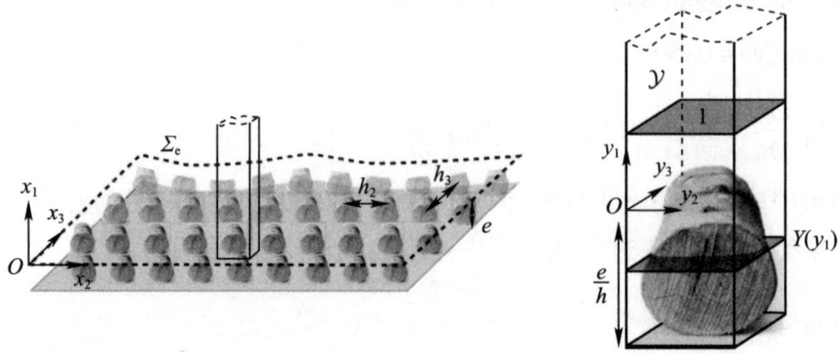


图 4.3　由散射体阵列在刚性壁附近所形成的结构化刚性壁面($\boldsymbol{y}$ 坐标下的基本单元 $\mathcal{Y}$ 包含了单个散射体，$y_1 \in (-e/h, +\infty)$，$h = \sqrt{h_1 h_2}$)

### 4.2.1　一阶上的平凡边界条件

首先考虑式(4.7)的主导阶，前面已经指出 $\nabla_y q^0 = 0$，意味着 $q^0$ 不依赖于 $\boldsymbol{y}$，根据匹配条件式(4.8)，则有 $q^0 = p^0(0, \boldsymbol{x}', t)$。进一步，通过在 $\mathcal{Y}$ 上对 $\mathrm{div}_y \boldsymbol{v}^0 = 0$ 进行积分可以得到

$$0 = \int_{\mathcal{Y}} \mathrm{div}_y \boldsymbol{v}^0(\boldsymbol{y}, \boldsymbol{x}', t)\,\mathrm{d}\boldsymbol{y} = \int_{Y(+\infty)} v_1^0(+\infty, \boldsymbol{y}', \boldsymbol{x}', t)\,\mathrm{d}\boldsymbol{y}' = u_1^0(0, \boldsymbol{x}', t) \quad (4.10)$$

也即 $u_1^0(0, \boldsymbol{x}', t) = 0$，这里已经利用了刚性散射体和刚性壁面上的纽曼边界条件，并针对 $\boldsymbol{v}^0$ 引入了匹配条件(式(4.8))。在主导阶上，对于波动而言只有刚性壁面才是“可见”的，需要到更高阶上进行分析，这样才能刻画出散射体的存在所导致的边界层效应。

### 4.2.2　二阶上的弱平凡边界条件

我们已经认识到 $q^0(\boldsymbol{x}', t) = p^0(0, \boldsymbol{x}', t)$ 是与 $\boldsymbol{y}$ 无关的，根据式(4.7)不难看出二阶求解实际上就是从考虑$(q^1, \boldsymbol{v}^0)$开始。由式(4.7)可以得到

$$(S)\begin{cases} \text{在 } \mathcal{Y} \text{ 内：} \mathrm{div}_y \boldsymbol{v}^0 = 0, \rho \dfrac{\partial \boldsymbol{v}^0}{\partial t} = -\nabla_y q^1 - \nabla_{x'} p^0(0, \boldsymbol{x}', t) \\ \text{边界条件为：} \boldsymbol{v}^0 \cdot \boldsymbol{n}|_{\Gamma} = 0, v_1^0 = 0, (y_1 = -e/h \text{ 处}) \\ q^1, \boldsymbol{v}^0 \text{ 在 } \boldsymbol{y}' \text{ 上具有周期性} \\ \lim\limits_{y_1 \to +\infty} \rho \dfrac{\partial}{\partial t} \boldsymbol{v}^0 = -\nabla_{x'} p^0(0, \boldsymbol{x}', t) \end{cases}$$

此处的边界条件包括刚性散射体和刚性壁面上的零法向速度,还包括 $\boldsymbol{y}'$上的周期性条件以及针对 $\boldsymbol{v}^0$ 的匹配条件式(4.8),这样上述问题($S$)也就完整了。值得注意的是,我们所给出的匹配条件不仅反映了前面得到的 $u_1^0(0,\boldsymbol{x}',t)=0$ 这一条件,而且还能够体现式(4.6)所给出的 $\rho\partial_t u_\alpha^0=-\partial_{x_\alpha}p^0$ 这一关系。

可以发现,$\mathrm{div}_y\boldsymbol{v}^0=0$ 这一关系式已经使用了两次。4.1 节中在 $\mathcal{Y}$ 上对该式进行了积分,从而给出了 $u_1^0$ 的边界条件;此处则直接利用了该关系式,能够将获取 $\mathcal{Y}$ 上的平均化信息(也是所寻求的最终信息)与获取内部项的局域行为信息(内含边界层效应)关联起来。

上述问题($S$)实际上是针对坐标 $\boldsymbol{y}$ 和时间 $t$ 上($q^1,\boldsymbol{v}^0$)的,其中的 $\boldsymbol{x}'$视为参数。这实际上意味着,虽然$\nabla_{x'}p^0(0,\boldsymbol{x}',t)$是未知的,但是在该问题中它扮演的是外部激励这一角色。不仅如此,由于该问题对任意$\nabla_{x'}p^0(0,\boldsymbol{x}',t)$都应成立,所以可以利用该问题关于$\partial_{x_\alpha}p^0(0,\boldsymbol{x}',t)$的线性性质,进行以下分解,即

$$(D)\begin{cases}q^1(\boldsymbol{y},\boldsymbol{x},t)=\dfrac{\partial p^0}{\partial x_\alpha}(0,\boldsymbol{x}',t)Q_\alpha(\boldsymbol{y})+\langle q^1\rangle(\boldsymbol{x}',t)\\[2ex] \rho\,\dfrac{\partial \boldsymbol{v}^0}{\partial t}(\boldsymbol{y},\boldsymbol{x},t)=-\dfrac{\partial p^0}{\partial x_\alpha}(0,\boldsymbol{x}',t)\nabla_y(Q_\alpha(\boldsymbol{y})+y_\alpha)\end{cases}$$

式中的 $Q_\alpha(\boldsymbol{y})$(在 $\mathcal{Y}$ 上为零均值)是以下基本问题的解,即

$$\begin{cases}\text{在 }\mathcal{Y}\text{ 内}:\Delta_y Q_\alpha=0\\[1ex] \text{边界条件}:\nabla_y(Q_\alpha+y_\alpha)\cdot\boldsymbol{n}\big|_\Gamma=0,\text{在 }y_1=-e/h\text{ 处}\dfrac{\partial Q_\alpha}{\partial y_1}=0\\[1ex] Q_\alpha,\nabla_y Q_\alpha\text{ 具有 }\boldsymbol{y}'\text{上的周期性}\\[1ex] \lim\limits_{y_1\to+\infty}\nabla_y Q_\alpha=\boldsymbol{0}\end{cases}\tag{4.11}$$

所利用的"线性关系"意味着,当 $Q_\alpha$ 满足该基本问题时,对于任何$\nabla_{x'}p^0(0,\boldsymbol{x}',t)$来说($q^1,\boldsymbol{v}^0$)都满足问题($S$)。例如,针对$\partial_{x_2}p^0(0,\boldsymbol{x}',t)=1$ 和$\partial_{x_3}p^0(0,\boldsymbol{x}',t)=0$,在问题($S$)中令 $q^1=Q_2$,即可得到关于 $Q_2$ 的问题了,由此不难体会到求解上述基本问题而不是求解问题($S$)的好处了。实际上,问题($S$)是一个时变问题,求解时必须针对特定的声源和辐射条件($p^0$ 及其空间导数都需要确定)。与此不同的是,基本问题属于静态问题,仅依赖于微结构。因此,它们的求解要更加简单些,而且在一次求解之后就能够应用于所有具体的散射问题。

可以观察到,一旦此类基本问题得到了求解,那么它们将可给出等效边界条件中的各个等效参数了。就这里所讨论的情况而言,寻求的是 $u_1^1(0,\boldsymbol{x}',t)$上的

边界条件（已知 $u_1^0(0,\boldsymbol{x}',t)=0$）。为此，可以在 $\mathcal{Y}(y_1^m)$ 上针对式(4.7)中的质量守恒方程（$n=0$）的时间导数进行积分，也即

$$\rho\frac{\partial}{\partial t}\int_{\mathcal{Y}(y_1^m)}\left(\chi\frac{\partial p^0}{\partial t}(0,\boldsymbol{x}',t)+\mathrm{div}_{\boldsymbol{x}'}\boldsymbol{v}^0+\mathrm{div}_{\boldsymbol{y}}\boldsymbol{v}^1\right)\mathrm{d}\boldsymbol{y}=0 \tag{4.12}$$

式中再次利用了 $q^0(\boldsymbol{x}',t)=p^0(0,\boldsymbol{x}',t)$。这一步是平均化过程的第二次迭代（上一节中已经对 $\mathrm{div}_{\boldsymbol{y}}\boldsymbol{v}^0=0$ 进行了积分），要稍微复杂一些，也正因如此它才能给出弱平凡的边界条件。下面来计算式(4.12)中的各项积分。

第一项积分包含的是与 $\boldsymbol{y}$ 无关的项，有

$$\rho\frac{\partial}{\partial t}\int_{\mathcal{Y}(y_1^m)}\chi\frac{\partial p^0}{\partial t}(0,\boldsymbol{x}',t)\mathrm{d}\boldsymbol{y}=\Delta_{\boldsymbol{x}}p^0(0,\boldsymbol{x}',t)\mathcal{V}(y_1^m) \tag{4.13}$$

式中已经利用了式(4.6)（$n=0$），$\mathcal{V}(y_1^m)$ 为 $\mathcal{Y}(y_1^m)$ 的体积，显然，当 $y_1^m\to+\infty$ 时 $\mathcal{V}(y_1^m)$ 是发散的。

第二项积分的计算需要借助式($D$)中 $\boldsymbol{v}^0$ 的分解，由此可得

$$\rho\frac{\partial}{\partial t}\int_{\mathcal{Y}(y_1^m)}\mathrm{div}_{\boldsymbol{x}'}\boldsymbol{v}^0\mathrm{d}\boldsymbol{y}=-\frac{\partial^2p^0}{\partial x_\alpha\partial x_\beta}(0,\boldsymbol{x}',t)\int_{\mathcal{Y}(y_1^m)}\frac{\partial Q_\alpha}{\partial y_\beta}\mathrm{d}\boldsymbol{y}-\Delta_{\boldsymbol{x}'}p^0(0,\boldsymbol{x}',t)\mathcal{V}(y_1^m) \tag{4.14}$$

第三项积分的计算可以借助匹配条件式(4.9)（大 $y_1^m$ 极限下的 $\boldsymbol{v}^1$），进而可得

$$\rho\frac{\partial}{\partial t}\int_{\mathcal{Y}(y_1^m)}\mathrm{div}_{\boldsymbol{y}}\boldsymbol{v}^1\mathrm{d}\boldsymbol{y}\underset{y_1^m\to+\infty}{\sim}\rho\frac{\partial}{\partial t}\int_{\mathcal{Y}(y_1^m)}\left(u_1^1(0,\boldsymbol{x}',t)+y_1^m\frac{\partial u_1^0}{\partial x_1}(0,\boldsymbol{x}',t)\right)\mathrm{d}\boldsymbol{y}'\underset{y_1^m\to+\infty}{\sim}$$

$$\rho\frac{\partial}{\partial t}\left(u_1^1(0,\boldsymbol{x}',t)+y_1^m\frac{\partial u_1^0}{\partial x_1}(0,\boldsymbol{x}',t)\right) \tag{4.15}$$

考虑到选择的原点位于刚性壁面上方 $e/h$ 处（在坐标系 $\boldsymbol{y}$ 中），于是有 $\mathcal{V}(y_1^m)=y_1^m+\varphi$，其中的 $\varphi$ 为 $y_1\in(-e/h,0)$ 范围内流体部分的体积（$0\leqslant\varphi\leqslant e/h$），$\varphi=e/h-\mathcal{V}_{\mathrm{inc}}$，$\mathcal{V}_{\mathrm{inc}}$ 是经比例缩放后（因子 $h^2$）的散射体的实际体积。联立上述 3 项积分并消去线性依赖于 $y_1^m$ 的项，可以得到

$$\rho\frac{\partial u_1^1}{\partial t}(0,\boldsymbol{x}',t)=-\varphi\frac{\partial^2p^0}{\partial x_1^2}(0,\boldsymbol{x}',t)-A_{\alpha\beta}\frac{\partial^2p^0}{\partial x_\alpha\partial x_\beta}(0,\boldsymbol{x}',t) \tag{4.16}$$

最终则有

$$u_1^1(0,\boldsymbol{x}',t)=\varphi\frac{\partial u_1^0}{\partial x_1}(0,\boldsymbol{x}',t)+A_{\alpha\beta}\frac{\partial u_\alpha^0}{\partial x_\beta}(0,\boldsymbol{x}',t) \tag{4.17}$$

式中

$$A_{\alpha\beta}=-\int_Y\frac{\partial Q_\alpha}{\partial y_\beta}\mathrm{d}\boldsymbol{y}\tag{4.18}$$

值得注意的是，由于当 $y_1\to+\infty$ 时 $\nabla_y Q_\alpha$ 趋于零，因而 $A_{\alpha\beta}$ 是有限值。

备注 4.1：式(4.14)和式(4.15)中的 $\mathcal{V}(y_1^m)$ 依赖于原点 $y_1=0$ 的选择（相对于实际壁面的位置）。任何情况下，它都可以表示为 $\mathcal{V}(y_1^m)=y_1^m+\eta$ 的形式，其中的 $\eta$ 为常数。可以看出，当考虑能量时采用正的 $\eta$ 值是合适的（参见 4.4 节），在选择原点时令 $\eta=\varphi$ 可以保证散射体完全位于 $y_1=(-e/h,0)$ 范围内。

### 4.2.3 一个特定问题的构造

关于 $(p^0,\boldsymbol{u}^0)$ 和 $(p^1,\boldsymbol{u}^1)$ 的问题可以进行迭代求解，对于这里的情况来说，关于 $(p^0,\boldsymbol{u}^0)$ 的问题对应于刚性壁面自身的散射问题（不过移动到了一个新位置上），当针对给定的声源和恰当的辐射条件计算出 $(p^0,\boldsymbol{u}^0)$ 解之后，即可将其用于关于 $(p^1,\boldsymbol{u}^1)$ 的问题，也就是边界条件式(4.17)情况下壁面上的散射问题（依赖于 $\boldsymbol{u}^0$）。由于多方面的原因，实际上如果构建一个关于 $(p^{\mathrm{ef}},\boldsymbol{u}^{\mathrm{ef}})$ 的特定问题会更为方便，这里的 $p^{\mathrm{ef}}$ 和 $\boldsymbol{u}^{\mathrm{ef}}$ 可以以与 $(p^0+\varepsilon p^1)$ 和 $(\boldsymbol{u}^0+\varepsilon\boldsymbol{u}^1)$ 相同的形式展开到 $O(\varepsilon^2)$ 阶，也就是以与 $p$ 和 $\boldsymbol{u}$ 相同的形式展开到 $O(\varepsilon^2)$ 阶。在这一关于 $(p^{\mathrm{ef}},\boldsymbol{u}^{\mathrm{ef}})$ 的特定问题中，$(p^{\mathrm{ef}},\boldsymbol{u}^{\mathrm{ef}})$ 满足线性化的欧拉方程（流体中）和等效边界条件，即

$$u_1^{\mathrm{ef}}(0,\boldsymbol{x}',t)=h\varphi\frac{\partial u_1^{\mathrm{ef}}}{\partial x_1}(0,\boldsymbol{x}',t)+hA_{\alpha\beta}\frac{\partial u_\alpha^{\mathrm{ef}}}{\partial x_\beta}(0,\boldsymbol{x}',t)$$

实际上，在式(4.2)中已经给出了。这主要是因为，若记 $\boldsymbol{u}^a=\boldsymbol{u}^0+\varepsilon\boldsymbol{u}^1\ (\varepsilon=h)$，那么根据式(4.17)有

$$\begin{aligned}u_1^a(0,\boldsymbol{x}',t)&=h\varphi\frac{\partial(u_1^a-\varepsilon u_1^1)}{\partial x_1}(0,\boldsymbol{x}',t)+hA_{\alpha\beta}\frac{\partial(u_\alpha^a-\varepsilon u_\alpha^1)}{\partial x_\beta}(0,\boldsymbol{x}',t)\\&=h\varphi\frac{\partial u_1^a}{\partial x_1}(0,\boldsymbol{x}',t)+hA_{\alpha\beta}\frac{\partial u_\alpha^a}{\partial x_\beta}(0,\boldsymbol{x}',t)+O(\varepsilon^2)\end{aligned}$$

很显然，$p^a=p^0+\varepsilon p^1$ 和 $\boldsymbol{u}^a$ 是满足线性化的欧拉方程的。

## 4.3 结构化膜的等效跳跃条件

本节来考虑薄型结构被周围流体介质包围的情形，如图 4.4 所示。在这种情形下，我们感兴趣的是怎样建立等效问题，使整个结构可以借助等效传递或跳跃条件来替代。

根据前面曾经讨论过的，式(4.6)适用于外部区域(散射体上方和下方且足够远的区域)，而式(4.7)则适用于内部区域。此处的不同之处在于，刚性壁面的零法向速度这一条件需要替换成 $y_1 \to -\infty$ 处的匹配条件，即式(4.8)和式(4.9)。

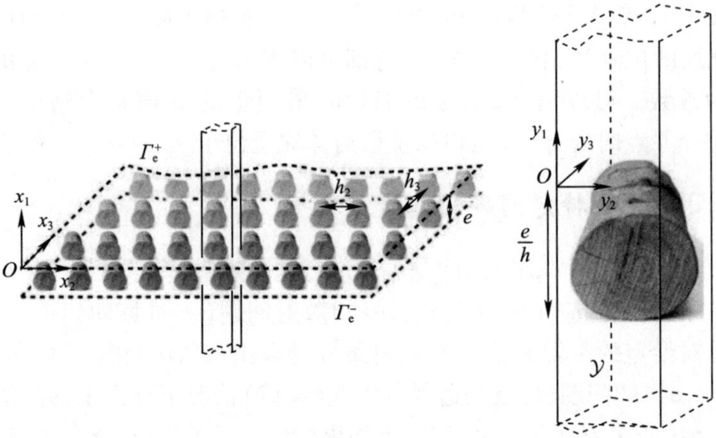


图 4.4 由散射体阵列于周围流体介质中所形成的结构化膜
($\boldsymbol{y}$ 坐标下的基本单元包含了单个散射体，$y_1 \in (-\infty, +\infty)$)

### 4.3.1 一阶跳跃条件

类似于 4.2 节的做法，这里也从 $\nabla_y q^0 = \mathbf{0}$ 开始，于是有

$$q^0(\boldsymbol{x}', t) = p^0(0^{\pm}, \boldsymbol{x}', t) \tag{4.19}$$

进一步，在 $\mathcal{Y}$ 上对 $\mathrm{div}_y \boldsymbol{v}^0 = 0$ 进行积分，由此可得

$$0 = \int_{Y(+\infty)} v_1^0(\boldsymbol{y}, \boldsymbol{x}', t)\,\mathrm{d}\boldsymbol{y}' - \int_{Y(-\infty)} v_1^0(\boldsymbol{y}, \boldsymbol{x}', t)\,\mathrm{d}\boldsymbol{y}' = u_1^0(0^+, \boldsymbol{x}', t) - u_1^0(0^-, \boldsymbol{x}', t)$$

进而可以将跳跃条件表示为

$$[p^0]_{(0)} = [u_1^0]_{(0)} = 0 \tag{4.20}$$

这就意味着该散射体阵列对声波而言是不可见的，声压和法向速度在主导阶上保持了通常的连续性。

### 4.3.2 二阶跳跃条件

为进行二阶分析，需要从关于$(q^1, \boldsymbol{v}^0)$的问题出发，该问题实际上是对前面的问题(S)的小幅修正，即

$$
(s)\begin{cases}\text{在 }\mathcal{Y}\text{ 内}:\mathrm{div}_y \boldsymbol{v}^0=0,\rho\dfrac{\partial \boldsymbol{v}^0}{\partial t}=-\nabla_y q^1-\nabla_{\boldsymbol{x}'}p^0(0,\boldsymbol{x}',t)\\ \text{边界条件为}:\boldsymbol{v}^0\cdot\boldsymbol{n}|_\Gamma=0,q^1,\boldsymbol{v}^0\text{ 在 }\boldsymbol{y}'\text{上具有周期性}\\ \lim\limits_{y_1\to\pm\infty}\rho\dfrac{\partial}{\partial t}\boldsymbol{v}^0=-\nabla_{\boldsymbol{x}}p^0(0,\boldsymbol{x}',t)\end{cases}
$$

这里已经利用了根据4.2节得到的在 $x_1=0$ 处 $\nabla_{\boldsymbol{x}}p^0$ 是连续的这一事实，这是因为：①由于 $u_1^0$ 在 $x_1=0$ 处连续，所以 $\partial_{x_1}p^0=-\rho\partial_t u_1^0$ 在 $x_1=0$ 处连续；②由于 $p^0(0,\boldsymbol{x}',t)$ 连续，所以 $\nabla_{\boldsymbol{x}'}p^0$ 连续。问题 $(s)$ 相对于 $\partial_{x_i}p^0(0,\boldsymbol{x}',t)$ 是线性的，可以进行以下分解，即

$$
(d)\begin{cases}q^1(\boldsymbol{y},\boldsymbol{x}',t)=\dfrac{\partial p^0}{\partial x_i}(0,\boldsymbol{x}',t)Q_i(\boldsymbol{y})+\langle q^1\rangle(\boldsymbol{x}',t)\\ \rho\dfrac{\partial \boldsymbol{v}^0}{\partial t}(\boldsymbol{y},\boldsymbol{x}',t)=-\dfrac{\partial p^0}{\partial x_i}(0,\boldsymbol{x}',t)\nabla_y Q_i(\boldsymbol{y})-\nabla_{\boldsymbol{x}'}p^0(0,\boldsymbol{x}',t)\end{cases}
$$

式中：零均值的 $Q_i$ 是以下基本问题的解，即

$$
\begin{cases}\text{在 }\mathcal{Y}\text{ 内}:\Delta_y Q_1=0\\ \text{边界条件}:\nabla_y Q_1\cdot\boldsymbol{n}|_\Gamma=0,Q_1,\nabla_y Q_1\text{ 具有 }\boldsymbol{y}'\text{上的周期性}\\ \lim\limits_{y_1\to\pm\infty}\nabla_y Q_1=\boldsymbol{e}_1\end{cases}
$$

$$
\begin{cases}\text{在 }\mathcal{Y}\text{ 内}:\Delta_y Q_\alpha=0\\ \text{边界条件}:\nabla_y(Q_\alpha+y_\alpha)\cdot\boldsymbol{n}|_\Gamma=0,Q_\alpha,\nabla_y Q_\alpha\text{ 具有 }\boldsymbol{y}'\text{上的周期性}\\ \lim\limits_{y_1\to\pm\infty}\nabla_y Q_\alpha=\boldsymbol{0}\end{cases}
\tag{4.21}
$$

只要 $Q_i$ 是该基本问题的解，那么对于任何 $\nabla_{\boldsymbol{x}}p^0(0,\boldsymbol{x}',t)$，$(q^1,\boldsymbol{v}^0)$ 就是问题 $(s)$ 的解。不仅如此，正如已经强调指出的，该基本问题是简单的静态问题，仅仅依赖于所考察的微结构。

在4.2节中寻求了 $u_1^1$ 上的边界条件，这里希望导出 $p^1$ 和 $u_1^1$ 上的跳跃量（已知 $p^0$ 和 $u_1^0$ 上的跳跃量为零）。考虑到针对 $p^1$ 的匹配条件式(4.9)以及分解式 $(d)$，声压的跳跃只需根据 $Q_i$ 的极限（当 $y_1\to\pm\infty$ 时）即可得到，而该极限又可根据其变化率极限值来确定，由式(4.21)不难得到 $Q_1\underset{y\to\pm\infty}{\sim}y_1+B_1^\pm$，$Q_\alpha\underset{y\to\pm\infty}{\sim}B_\alpha^\pm$，在求解完基本问题之后 $B_i^\pm$ 的值也就已知了。很容易看出，针对 $p^1$ 的匹配条件式(4.9)中的 $y_1$ 线性项是由 $Q_1$ 中的线性项（当 $y_1\to\pm\infty$ 时）反映的，可以得到

$$\begin{cases} p^1(0^-,\boldsymbol{x}',t) = B_1^- \dfrac{\partial p^0}{\partial x_1}(0,\boldsymbol{x}',t) + B_\alpha^- \dfrac{\partial p^0}{\partial x_\alpha}(0,\boldsymbol{x}',t) + \langle q^1\rangle(\boldsymbol{x}',t) \\ p^1(0^+,\boldsymbol{x}',t) = B_1^+ \dfrac{\partial p^0}{\partial x_1}(0,\boldsymbol{x}',t) + B_\alpha^+ \dfrac{\partial p^0}{\partial x_\alpha}(0,\boldsymbol{x}',t) + \langle q^1\rangle(\boldsymbol{x}',t) \end{cases}$$

进而可以立即给出 $p^1$ 的跳跃，即

$$[p^1]_{(0)} = \hat{B}_i \frac{\partial p^0}{\partial x_i}(0,\boldsymbol{x}',t) \tag{4.22}$$

式中：$\hat{B}_i = B_i^+ - B_i^-$。

我们还需要确定 $u_1^1$ 的跳跃，为此可以在 $\mathcal{Y}$ 上对源于式(4.7)的关系式 $\chi\partial_t p^0(0,\boldsymbol{x}',t) + \mathrm{div}_{\boldsymbol{x}'}\boldsymbol{v}^0 + \mathrm{div}_{\boldsymbol{y}}\boldsymbol{v}^1 = 0$ 进行积分，并对时间 $t$ 求一次导数，参见式(4.12)（此处不同的仅是 $\mathcal{Y}$ 的定义）。由此不难得到3个与4.2节形式相同的积分项，参见式(4.13)～式(4.15)。下面分别加以分析：

第一项积分为

$$\rho \frac{\partial}{\partial t}\int_{\mathcal{Y}(y_1^m)} \chi \frac{\partial p^0}{\partial t}(0,\boldsymbol{x}',t)\,\mathrm{d}\boldsymbol{y} = \Delta_{\boldsymbol{x}} p^0(0,\boldsymbol{x}',t)\mathcal{V}(y_1^m)$$

式中的 $\mathcal{V}(y_1^m) = 2y_1^m - \mathcal{V}_{\mathrm{inc}}$ 当 $y_1^m \to +\infty$ 时仍然是发散的。为了类比结构化壁面情形，后面会采用 $\mathcal{V}_{\mathrm{inc}} = e/h - \varphi$，在确定最终的跳跃量时这一做法将是非常有益的。

第二项积分的计算需要借助分解式($d$)，即

$$\rho \frac{\partial}{\partial t}\int_{\mathcal{Y}(y_1^m)} \mathrm{div}_{\boldsymbol{x}'}\boldsymbol{v}^0\,\mathrm{d}\boldsymbol{y} = -\frac{\partial^2 p^0}{\partial x_\alpha \partial x_i}(0,\boldsymbol{x}',t)\int_{\mathcal{Y}(y_1^m)} \frac{\partial Q_i}{\partial y_\alpha}\mathrm{d}\boldsymbol{y} - \Delta_{\boldsymbol{x}'} p^0(0,\boldsymbol{x}',t)\mathcal{V}(y_1^m)$$

第三项积分的计算可以借助匹配条件式(4.9)（$y_1 = \pm y_1^m$ 处，在大 $y_1^m$ 极限下），进而可得

$$\rho \frac{\partial}{\partial t}\int_{\mathcal{Y}(y_1^m)} \mathrm{div}_{\boldsymbol{y}}\boldsymbol{v}^1\mathrm{d}\boldsymbol{y} \underset{y_1^m\to+\infty}{\sim} \rho\frac{\partial}{\partial t}\int_{\mathcal{Y}(y_1^m)}\left(u_1^1 + y_1^m\frac{\partial u_1^0}{\partial x_1}\right)\bigg|_{x_1=0^+}\mathrm{d}\boldsymbol{y}' -$$

$$\rho\frac{\partial}{\partial t}\int_{Y(-y_1^m)}\left(u_1^1 - y_1^m\frac{\partial u_1^0}{\partial x_1}\right)\bigg|_{x_1=0^-}\mathrm{d}\boldsymbol{y}' \underset{y_1^m\to+\infty}{\sim} \rho\frac{\partial}{\partial t}\left([u_1^1]_{(0)} + 2y_1^m\frac{\partial u_1^0}{\partial x_1}(0,\boldsymbol{x}',t)\right)$$

需要指出的是，这里已经利用了 $\partial_{x_1}u_1^0$ 在 $x_1 = 0$ 处的连续性，该连续性已由式(4.7)中的动量守恒式给出，$\partial_{x_1}u_1^0 = -\partial_{x_\alpha}u_\alpha^0 - \chi\partial_t p^0$（$\partial_{x_\alpha}u_\alpha^0$ 和 $\partial_t p^0$ 都是连续的）。联立这3个积分项即可得到 $u_1^1$ 上的跳跃条件，其形式为

$$\rho\frac{\partial}{\partial t}[u_1^1]_{(0)} = -\rho\frac{\partial}{\partial t}\left(\frac{e}{h} - \varphi\right)\frac{\partial u_1^0}{\partial x_1}(0,\boldsymbol{x}',t) + \frac{\partial^2 p^0}{\partial x_i \partial x_\alpha}(0,\boldsymbol{x}',t)\int_Y \frac{\partial Q_i}{\partial y_\alpha}\mathrm{d}\boldsymbol{y}$$

略去时间导数之后，可以改写为

$$[u_1^1]_{(0)} = -\left(\frac{e}{h} - \varphi\right)\frac{\partial u_1^0}{\partial x_1}(0,\boldsymbol{x}',t) + C_{i\alpha}\frac{\partial u_i^0}{\partial x_\alpha}(0,\boldsymbol{x}',t) \tag{4.23}$$

其中：

$$C_{i\alpha} = -\int_Y \frac{\partial Q_i}{\partial y_\alpha}(\boldsymbol{y})\,\mathrm{d}\boldsymbol{y} \tag{4.24}$$

注释4.2：在式(4.23)中，$\partial_{x_1}u_1^0(0,\boldsymbol{x}',t)$的系数$-(e/h-\varphi)$是负值，原因在于$(e/h-\varphi)$代表的是散射体的体积（缩放后）。下面将会看到，为了得到具有合适的正能量特性，该跳跃条件需要作少量修正。

### 4.3.3 针对特定问题的等效跳跃条件的另一形式

4.2节中给出了到实际刚性平面的距离为$e$的表面$\Sigma_e$上的等效边界条件（在$\boldsymbol{x}$坐标上），类似地，这里也将给出一个经过加厚的分界面（到目前为止该分界面仍然是位于$x_1=0$的零厚度分界面）上的跳跃量。对于上述这两种情况的等效问题，在本章的最后还会加以讨论，其中将考察匀质化问题中的能量守恒性。这里仅仅只是确定$x_1=-e$和$x_1=0$之间的跳跃量。为此，考虑$p^a=p^0+\varepsilon p^1$，借助$p^0(-e,\boldsymbol{x}',t)$和$p^1(-e,\boldsymbol{x}',t)$在$x_1=0^-$附近的泰勒展开，并考虑到$\varepsilon=h$，可以得到加厚分界面两侧的值应为

$$\begin{cases} p^a(-e,\boldsymbol{x}',t) = p^0(-e,\boldsymbol{x}',t) + \varepsilon p^1(-e,\boldsymbol{x}',t) \\ = p^0(0,\boldsymbol{x}',t) + \varepsilon\left(-\dfrac{e}{h}\dfrac{\partial p^0}{\partial x_1}(0,\boldsymbol{x}',t) + p^1(0^-,\boldsymbol{x}',t)\right) + O(\varepsilon^2) \\ p^a(0^+,\boldsymbol{x}',t) = p^0(0,\boldsymbol{x}',t) + \varepsilon p^1(0^+,\boldsymbol{x}',t) \end{cases}$$

对于$x_1\in(-e,0)$，两个场是连续的，从而泰勒展开是成立的。由此不难得到跳跃量$[p^a]$为

$$\begin{aligned}[p^a] &= p^a(0^+,\boldsymbol{x}',t) - p^a(-e,\boldsymbol{x}',t) = \varepsilon\left([p^1]_{(0)} + \frac{e}{h}\frac{\partial p^0}{\partial x_1}(0,\boldsymbol{x}',t)\right) + O(\varepsilon^2) \\ &= \varepsilon\left(\hat{B}_i\frac{\partial p^0}{\partial x_i}(0,\boldsymbol{x}',t) + \frac{e}{h}\frac{\partial p^0}{\partial x_1}(0,\boldsymbol{x}',t)\right) + O(\varepsilon^2)\end{aligned} \tag{4.25}$$

式中已经考虑了$p^0$连续（式(4.19)）和式(4.22)给出的$[p^1]_{(0)}$。

进一步还可以定义分界面上的$p^a$平均值为

$$\overline{p^a} = \frac{1}{2}\left(p^a(-e,\boldsymbol{x}',t) + p^a(0^+,\boldsymbol{x}',t)\right) = \overline{p^0} + \varepsilon\,\overline{p^1} \tag{4.26}$$

于是,利用下式,即

$$\varepsilon \frac{\partial p^0}{\partial x_i}(0,\boldsymbol{x}',t) = \varepsilon \frac{\partial \overline{p^a}}{\partial x_i} + O(\varepsilon^2) \tag{4.27}$$

和式(4.25),不难得到

$$[p^a] = \varepsilon\left(\hat{B}_i \frac{\partial \overline{p^a}}{\partial x_i} + \frac{e}{h}\frac{\partial \overline{p^a}}{\partial x_1}\right) + O(\varepsilon^2)$$

对于 $\boldsymbol{u}^a = \boldsymbol{u}^0 + \varepsilon \boldsymbol{u}^1$ 来说,计算过程也是类似的,在 $u_1^1$ 的跳跃量中会出现一个附加项 $\varepsilon e/h\partial_{x_1} u_1^0(0,\boldsymbol{x}',t)$。

现在考虑关于($p^{\text{ef}}$,$\boldsymbol{u}^{\text{ef}}$)的问题,它满足线性化欧拉方程(对于 $x_1 \in (-\infty, -e) \cup (0,+\infty)$)和式(4.2)给出的跳跃条件,即

$$[p^{\text{ef}}] = \varepsilon B_i \frac{\partial \overline{p^{\text{ef}}}}{\partial x_i}, \quad [u_1^{\text{ef}}] = \varepsilon\left(\varphi \frac{\partial \overline{u_1^{\text{ef}}}}{\partial x_1} + C_{i\alpha}\frac{\partial \overline{u_i^{\text{ef}}}}{\partial x_\alpha}\right)$$

式中:$B_1 = \hat{B}_1 + e/h$,$B_\alpha = \hat{B}_\alpha$(参见式(4.22)),$C_{i\alpha}$参见式(4.24)。可以很容易看出,$p^{\text{ef}}$和 $\boldsymbol{u}^{\text{ef}}$能够以与 $p^a$ 和 $\boldsymbol{u}^a$ 相同的形式展开到 $O(\varepsilon^2)$阶,从而可以以与 $p$ 和 $\boldsymbol{u}$ 相同的形式展开到 $O(\varepsilon^2)$阶。

## 4.4 基于能量守恒方程的讨论

本节将针对匀质化问题中的能量守恒方程进行分析。考虑一个有界域 $\Omega$,可以将其视为等效问题求解的计算域,如图 4.5 所示。域边界$\partial\Omega$包含了与外部介质之间的物理边界 $\Sigma$,此外,在图 4.5(a)中,还包括了一个边界 $\Sigma_e$,等效边界条件将施加在这个边界上;在图 4.5(b)中,则包括了边界 $\Gamma_e = \Gamma_e^+ \cup \Gamma_e^-$,跳跃条件将施加在其上。于是,域边界就可以分别表示为$\partial\Omega = \Sigma \cup \Sigma_e$ 和$\partial\Omega = \Sigma \cup \Gamma_e^+ \cup \Gamma_e^-$。

根据线性化的欧拉方程式(4.1),将质量守恒方程乘以 $p$、动量守恒方程乘以 $\boldsymbol{u}$,求和后在域 $\Omega$ 上进行积分,即可得到能量守恒方程,其经典形式为

$$\frac{\mathrm{d}}{\mathrm{d}t}\int_\Omega E\mathrm{d}\boldsymbol{y} + \Phi = 0 \tag{4.28}$$

式中:$E = \frac{1}{2}(\chi p^2 + \rho u^2)$为声能;$\Phi = \int_{\partial\Omega} p\boldsymbol{u}\cdot\boldsymbol{n}\mathrm{d}s$ 为坡印廷矢量的通量。

一般地,$\partial\Omega$ 中的材料边界(刚性壁面或材料分界面)不会影响 $\Phi$,只需考虑进入和逸出 $\Sigma$ 的通量,因此当不存在此类通量时(如 $\Sigma$ 为刚性壁面),那么域 $\Omega$ 内的声能将是守恒的。在等效问题中,边界 $\Sigma_e$ 或 $\Gamma_e^\pm$ 上会产生通量,将其记为 $\Phi^{\text{ef}}$,这主要是因为边界 $\Sigma_e$ 上的等效条件具有非零的 $\boldsymbol{u}\cdot\boldsymbol{n}$ 和 $p$,而由于等效跳

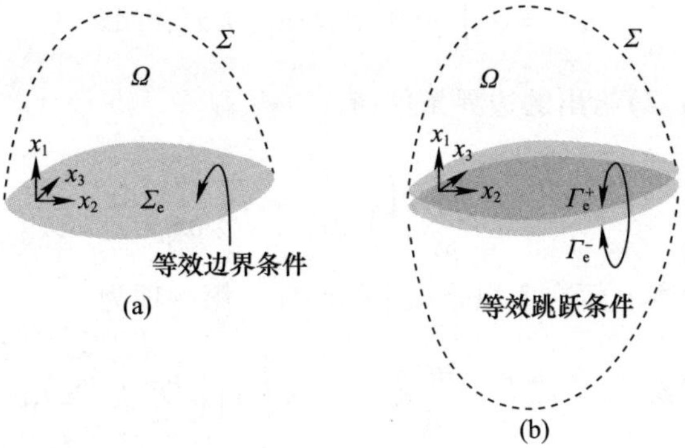


图 4.5　等效问题中的能量守恒（针对的是有界域 $\Omega$，其边界包括结构化壁面情形(a)中 $\Sigma_e$ 上的等效边界条件和结构化膜情形(b)中 $\Gamma_e = \Gamma_e^+ \cup \Gamma_e^-$ 上的等效跳跃条件）

跃，$\Gamma_e^{\pm}$ 上的通量也不会达到平衡。非常重要的一点是，这些等效问题跟 $\Sigma$ 上无通量情形下保持守恒的能量是密切相关的。为了揭示这一点，可以将 $\Phi^{ef}$ 表示成等效能量 $E^{ef}$（$\Sigma_e$ 或 $\Gamma_e$ 上所贡献的）的时间导数。另外，应注意的是 $E^{ef}$ 必为正值，粗略而言，这能确保在 $\Sigma$ 上无通量情形下，总能量（$E + E^{ef}$）在时间上是守恒的，不会出现 $E$ 的时变被 $E^{ef}$ 相反的时变所补偿的情况，这种情况将导致数值上的（非物理的）不稳定性。可以发现，$\Phi^{ef}$ 具有以下形式，即

$$\begin{cases} \Phi^{ef} = \dfrac{d}{dt}E^{ef} \\ \text{① } \Sigma_e \text{ 上的等效能量为} \\ E^{ef} = \dfrac{h}{2}\displaystyle\int_{\Sigma_e} (\varphi\chi p^2 + \rho(A_2 u_2^2 + A_3 u_3^2 - 2A_{23} u_2 u_3))\,d\boldsymbol{x}' \\ \text{② } \Gamma_e \text{ 上的等效能量为} \\ E^{ef} = \dfrac{h}{2}\displaystyle\int_{\Gamma_e} (\varphi\chi \bar{p}^2 + \rho B_1 \bar{u}_1^2 + \rho(C_2 \bar{u}_2^2 + C_3 \bar{u}_3^2 - 2C_{23} \bar{u}_2 \bar{u}_3))\,d\boldsymbol{x}' \end{cases} \tag{4.29}$$

式中：$A_\alpha = \varphi - A_{\alpha\alpha}$；$C_\alpha = \varphi - C_{\alpha\alpha}$。于是，对于情况①，当 $A_\alpha \geqslant 0, A_2A_3 - A_{23}^2 \geqslant 0$ 时 $E^{ef} \geqslant 0$，对于情况②，当 $B_1 \geqslant 0, C_\alpha \geqslant 0, C_2C_3 - C_{23}^2 \geqslant 0$ 时 $E^{ef} \geqslant 0$。

在式(4.29)中，考虑的是等效场，并且为简洁起见已经将（$p^{ef}, \boldsymbol{u}^{ef}$）略写为（$p, \boldsymbol{u}$）了，本节中都将这样描述。

### 4.4.1　等效表面 $\Sigma_e$ 所贡献的能量 $E^{ef}$

式(4.28)中的 $\boldsymbol{n}$ 代表的是 $\partial\Omega$ 的外法矢，很容易看出 $\Sigma_e$ 上的通量应为

$$\boldsymbol{\Phi}^{\mathrm{ef}} = -\int_{\Sigma_{\mathrm{e}}} p(0,\boldsymbol{x}',t)\,u_1(0,\boldsymbol{x}',t)\,\mathrm{d}\boldsymbol{x}' \tag{4.30}$$

考虑到式(4.2)给出的边界条件，有

$$\boldsymbol{\Phi}^{\mathrm{ef}} = -h\int_{\Sigma_{\mathrm{e}}} p\left(\varphi\frac{\partial u_1}{\partial x_1} + A_{\alpha\beta}\frac{\partial u_\alpha}{\partial x_\beta}\right)\mathrm{d}\boldsymbol{x}' \tag{4.31}$$

下面分别考察上面这个积分式中的两项。第一项为

$$\begin{aligned}\boldsymbol{\Phi}_1^{\mathrm{ef}} &= -h\varphi\int_{\Sigma_{\mathrm{e}}} p\frac{\partial u_1}{\partial x_1}\mathrm{d}\boldsymbol{x}' = h\varphi\int_{\Sigma_{\mathrm{e}}} p\left(\chi\frac{\partial p}{\partial t} + \frac{\partial u_\alpha}{\partial x_\alpha}\right)\mathrm{d}\boldsymbol{x}' \\ &= h\frac{\varphi\chi}{2}\frac{\mathrm{d}}{\mathrm{d}t}\int_{\Sigma_{\mathrm{e}}} p^2\mathrm{d}\boldsymbol{x}' - h\varphi\int_{\Sigma_{\mathrm{e}}}\frac{\partial p}{\partial x_\alpha}u_\alpha\mathrm{d}\boldsymbol{x}' + \mathrm{b.\,t.} \\ &= \frac{h\varphi}{2}\frac{\mathrm{d}}{\mathrm{d}t}\int_{\Sigma_{\mathrm{e}}}(\chi p^2 + \rho u_\alpha^2)\,\mathrm{d}\boldsymbol{x}' + \mathrm{b.\,t.}\end{aligned}$$

式中首先利用了 $\mathrm{div}\boldsymbol{u} + \chi\partial_t p = 0$ 这一关系，然后针对 $p\partial_{x_\alpha}u_\alpha$ 进行了分部积分，随后还利用了$\partial_{x_\alpha}p = -\rho\partial_t u_\alpha$ 这一关系。需要注意的是，上面的积分处理会出现 $\Sigma_{\mathrm{e}}$ 两端处的边界项(b. t.)，这里不再考虑。

第二项积分为

$$\boldsymbol{\Phi}_2^{\mathrm{ef}} = -hA_{\alpha\beta}\int_{\Sigma_{\mathrm{e}}} p\frac{\partial u_\alpha}{\partial x_\beta}\mathrm{d}\boldsymbol{x}' = -\rho hA_{\alpha\beta}\int_{\Sigma_{\mathrm{e}}}\frac{\partial u_\beta}{\partial t}u_\alpha\mathrm{d}\boldsymbol{x}' + \mathrm{b.\,t.}$$

式中也利用了前述的关系式。

最后，考虑到 $A_{23} = A_{32}$(参见附录 1 中的式(A1.1))，$\boldsymbol{\Phi}^{\mathrm{ef}} = \boldsymbol{\Phi}_1^{\mathrm{ef}} + \boldsymbol{\Phi}_2^{\mathrm{ef}}$ 也就可以表示为式(4.29)所给出的形式了。

### 4.4.2 等效分界面 $\Gamma_{\mathrm{e}}$ 所贡献的能量 $E^{\mathrm{ef}}$

这种情况跟上面也是类似的，因此有

$$\boldsymbol{\Phi}^{\mathrm{ef}} = -\int_{\Gamma_{\mathrm{e}}}[pu_1]\,\mathrm{d}\boldsymbol{x}' = -\int_{\Gamma_{\mathrm{e}}}([p]\bar{u}_1 + \bar{p}[u_1])\,\mathrm{d}\boldsymbol{x}' \tag{4.32}$$

于是根据式(4.2)进一步可得

$$\boldsymbol{\Phi}^{\mathrm{ef}} = -h\int_{\Gamma_{\mathrm{e}}}\left(B_i\frac{\partial\bar{p}}{\partial x_i}\bar{u}_1 + \bar{p}\left(\varphi\frac{\partial\bar{u}_1}{\partial x_1} + C_{i\alpha}\frac{\partial\bar{u}_i}{\partial x_\alpha}\right)\right)\mathrm{d}\boldsymbol{x}' \tag{4.33}$$

这里再次分别考察式(4.33)中的每一个积分项。第一项积分为

$$\Phi_1^{\mathrm{ef}}=-hB_i\int_{\Gamma_e}\frac{\partial\bar{p}}{\partial x_i}\bar{u}_1\mathrm{d}\boldsymbol{x}'=\rho\frac{hB_1}{2}\frac{\mathrm{d}}{\mathrm{d}t}\int_{\Gamma_e}\bar{u}_1^2\mathrm{d}\boldsymbol{x}'-hB_\alpha\int_{\Gamma_e}\frac{\partial\bar{p}}{\partial x_\alpha}\bar{u}_1\mathrm{d}\boldsymbol{x}'$$

式中的第一项($i=1$)借助$\partial_{x_1}p=-\rho\partial_t\bar{u}_1$这一关系化为$\bar{u}_1^2$的时间导数,第二项暂时保持这种形式。

第二项积分为

$$\begin{aligned}\Phi_2^{\mathrm{ef}}&=-h\varphi\int_{\Gamma_e}\bar{p}\frac{\partial\bar{u}_1}{\partial x_1}\mathrm{d}\boldsymbol{x}'=h\varphi\int_{\Gamma_e}\bar{p}\left(\chi\frac{\partial\bar{p}}{\partial t}+\frac{\partial\bar{u}_\alpha}{\partial x_\alpha}\right)\mathrm{d}\boldsymbol{x}'\\&=h\frac{\varphi\chi}{2}\frac{\mathrm{d}}{\mathrm{d}t}\int_{\Gamma_e}\bar{p}^2\mathrm{d}\boldsymbol{x}'-h\varphi\int_{\Gamma_e}\frac{\partial\bar{p}}{\partial x_\alpha}\bar{u}_\alpha\mathrm{d}\boldsymbol{x}'+\mathrm{b.\,t.}\\&=\frac{h\varphi}{2}\frac{\mathrm{d}}{\mathrm{d}t}\int_{\Gamma_e}(\chi\bar{p}^2+\rho\bar{u}_\alpha^2)\mathrm{d}\boldsymbol{x}'+\mathrm{b.\,t.}\end{aligned}$$

式中利用了$\mathrm{div}\boldsymbol{u}+\chi\partial_t p=0$这一关系,然后针对$\bar{p}\,\partial_{x_\alpha}\bar{u}_\alpha$进行了分部积分,最后还利用了$\partial_{x_\alpha}p=-\rho\partial_t u_\alpha$这一关系式。

第三项积分为

$$\begin{aligned}\Phi_3^{\mathrm{ef}}&=-hC_{i\alpha}\int_{\Gamma_e}\bar{p}\frac{\partial\bar{u}_i}{\partial x_\alpha}\mathrm{d}\boldsymbol{x}'=-hC_{1\alpha}\int_{\Gamma_e}\bar{p}\frac{\partial\bar{u}_1}{\partial x_\alpha}\mathrm{d}\boldsymbol{x}'-hC_{\alpha\beta}\int_{\Gamma_e}\bar{p}\frac{\partial\bar{u}_\alpha}{\partial x_\beta}\mathrm{d}\boldsymbol{x}'\\&=hC_{1\alpha}\int_{\Gamma_e}\frac{\partial\bar{p}}{\partial x_\alpha}\bar{u}_1\mathrm{d}\boldsymbol{x}'-\rho hC_{\alpha\beta}\int_{\Gamma_e}\frac{\partial\bar{u}_\beta}{\partial t}\bar{u}_\alpha\mathrm{d}\boldsymbol{x}'\end{aligned}$$

可以看出,上式中关于$C_{1\alpha}$的第一项恰好与$\Phi_1^{\mathrm{ef}}$中关于$B_\alpha$的项抵消了(由于$C_{1\alpha}=B_\alpha$,参见附录1中的式(A1.2))。将上述这些积分项汇总后即可得到式(4.29)所给出的结果。

### 4.4.3 等效能量的正定性

前面已经指出,为了使得式(4.29②)中的$E^{\mathrm{ef}}\geqslant0$,需要要求$B_1\geqslant0$、$C_\alpha=\varphi-C_{\alpha\alpha}\geqslant0$和$C_2C_3-C_{23}^2\geqslant0$(类似地,在式(4.29①)中给出的是关于$A_\alpha$和$A_{23}$的要求)。需要注意的是,这里$\varphi$的定义是模糊的,它代表的是散射体附近流体介质的体积分数,由等效厚度$e$决定,而这个等效厚度是任意选择的。不过,在$\varphi=e/h-\mathcal{V}_{\mathrm{inc}}$($\mathcal{V}_{\mathrm{inc}}$为单个散射体的体积)中,为了保证$\varphi\geqslant0$,已经要求$e$比散射体$x_1$方向上的实际尺寸$e_1$大。我们认为,令$e=e_1$是足以保证$E^{\mathrm{ef}}\geqslant0$的。在这种情况下,下面将证明:①$B_1\geqslant0$;②对于任意实数$(a_2,a_3)$,$a_2^2C_2+a_3^2C_3-2a_2a_3C_{23}\geqslant0$,

也即该二次型是正定的,等价于 $C_\alpha \geqslant 0$ 和 $C_2C_3 - C_{23}^2 \geqslant 0$。

#### 4.4.3.1 性质1——$B_1 \geqslant 0$

当 $\Delta Q_1 = 0$ 时,有

$$0 = \int_y Q\Delta Q_1 \mathrm{d}\boldsymbol{y} = -\int_y \nabla Q \cdot \nabla(Q_1 - y_1)\mathrm{d}\boldsymbol{y} - \int_y \frac{\partial Q}{\partial y_1}\mathrm{d}\boldsymbol{y} + \int_{\partial y} Q\,\nabla Q_1 \cdot \boldsymbol{n}\mathrm{d}s$$

上式对于任意的允许场 $Q$ 都是成立的,如满足连续性条件且当 $|y_1| \to \infty$ 时 $\nabla Q \to \boldsymbol{0}$ 的 $Q$。由于 $\nabla Q_1 \cdot \boldsymbol{n}$ 在 $\Gamma$ 上为零,仅对 $Y(\pm\infty)$(此处有 $\nabla Q_1 \cdot \boldsymbol{n} = \pm 1$)有非零的贡献,因而上式中的最后一项积分等于$(Q(+\infty) - Q(-\infty))$。不妨记 $B(Q) = Q(+\infty, \boldsymbol{y}') - Q(-\infty, \boldsymbol{y}')$,于是对于任意的允许场 $Q$ 有

$$0 = \int_y \nabla Q \cdot \nabla(Q_1 - y_1)\mathrm{d}\boldsymbol{y} + \int_y \frac{\partial Q}{\partial y_1}\mathrm{d}\boldsymbol{y} - B(Q) \tag{4.34}$$

上式对于 $Q = Q_1 - y_1(B(Q) = \hat{B}_1 = B_1 - e/h)$ 也是适用的,不过由此并不能导出 $B_1 \geqslant 0$。然而,这告诉我们$(Q_1 - y_1)$是满足狄利克雷原理的,对于任意允许场 $Q$ 有

$$E(Q_1 - y_1) \leqslant E(Q), \quad E(Q) = \int_y \left(\frac{1}{2}|\nabla Q|^2 + \int_y \frac{\partial Q}{\partial y_1}\right)\mathrm{d}\boldsymbol{y} - B(Q) \tag{4.35}$$

为了确定 $B_1$ 的边界,只需计算 $E(Q_1 - y_1)$并选择特定的场 $Q$ 及其对应的$E(Q)$。先来考虑 $E(Q_1 - y_1)$的表达式,在式(4.34)中,令 $Q = Q_1 - y_1$,可得

$$\int_y |\nabla(Q_1 - y_1)|^2 \mathrm{d}\boldsymbol{y} + \int_y \frac{\partial(Q_1 - y_1)}{\partial y_1}\mathrm{d}\boldsymbol{y} - \left(B_1 - \frac{e}{h}\right) = 0$$

进一步,考虑 $0 = \int_y y_1 \Delta Q_1 \mathrm{d}\boldsymbol{y}$,直接可得

$$\int_y \frac{\partial(Q_1 - y_1)}{\partial y_1}\mathrm{d}\boldsymbol{y} = \mathcal{V}_{\mathrm{inc}}$$

利用上述结果,由式(4.34)可得

$$E(Q_1 - y_1) = \frac{1}{2}\left(\mathcal{V}_{\mathrm{inc}} + \frac{e}{h} - B_1\right) \tag{4.36}$$

其次来考察一个特定允许场的能量,选择仅仅依赖于 $y_1$ 的场 $Q$,即

$$Q(\boldsymbol{y})=\begin{cases}0, & y_1\in\left(-\infty,-\dfrac{e}{h}\right)\\ b\left(\dfrac{hy_1}{e+1}\right), & y_1\in\left(-\dfrac{e}{h},0\right)\\ b, & y_1\in(0,+\infty)\end{cases}$$

于是在$(-e/h,0)$中$|\nabla Q|=\partial_{y_1}Q=bh/e$(其他区间为零),$B(Q)=b$。此时的$b$是一个自由参数。考虑到$(e/h-\mathcal{V}_{\text{inc}})=\varphi$是$\mathcal{Y}$的子域体积(在$y_1\in(-e/h,0)$内),因而很容易看出当$b=e\mathcal{V}_{\text{inc}}/h\varphi$时将取得$E(Q)$的极小值,即

$$\min E(Q)=-\frac{1}{2}\frac{\mathcal{V}_{\text{inc}}^2}{\varphi} \tag{4.37}$$

显然,现在即可根据$E(Q_1-y_1)\leqslant E(Q)$确定出

$$B_1\geqslant\frac{e^2}{h^2\varphi} \tag{4.38}$$

由此也就证明了$B_1\geqslant 0$。

**4.4.3.2 性质2——对于任意实数$(a_2,a_3)$均有$a_2^2C_2+a_3^2C_3-2a_2a_3C_{23}\geqslant 0$**

为了证明这条性质,可以引入以下形式的场$Q$,即

$$Q(\boldsymbol{y})=a_2Q_2(\boldsymbol{y})+a_3Q_3(\boldsymbol{y}) \tag{4.39}$$

以及场$\boldsymbol{U}$:

$$\boldsymbol{U}=\nabla(Q(\boldsymbol{y})+a_2y_2+a_3y_3) \tag{4.40}$$

根据式(4.21),场$\boldsymbol{U}$满足$\operatorname{div}\boldsymbol{U}=0$,$\boldsymbol{U}\cdot\boldsymbol{n}|_\Gamma=0$和$\lim\limits_{y_1\pm\infty}\boldsymbol{U}=a_2\boldsymbol{e}_2+a_3\boldsymbol{e}_3$。汤姆森变分原理告诉我们,对于任意的允许速度场$\boldsymbol{V}$(无散场,且$\boldsymbol{V}\cdot\boldsymbol{n}|_{\partial\mathcal{Y}}=\boldsymbol{U}\cdot\boldsymbol{n}|_{\partial\mathcal{Y}}$)而言,场$\boldsymbol{U}$将满足:

$$E^*(\boldsymbol{U})\leqslant E^*(\boldsymbol{V}),\quad E^*(\boldsymbol{V})=\frac{1}{2}\int_{\mathcal{Y}}|\boldsymbol{V}-(a_2\boldsymbol{e}_2+a_3\boldsymbol{e}_3)|^2\mathrm{d}\boldsymbol{y} \tag{4.41}$$

类似于前面的做法,这里只需计算$E^*(\boldsymbol{U})$并确定一个场$\boldsymbol{V}$及其相关的$E^*(\boldsymbol{V})$。

首先考察$E^*(\boldsymbol{U})$的表达式,考虑到$C_{\alpha\beta}=\int_{\mathcal{Y}}\nabla Q_\alpha\cdot\nabla Q_\beta\mathrm{d}\boldsymbol{y}$(参见式(4.24)和式(A1.1))与$E^*(\boldsymbol{U})=\int_{\mathcal{Y}}|\nabla Q|^2\mathrm{d}\boldsymbol{y}$,于是有

$$E^*(\boldsymbol{U})=\frac{1}{2}[\varphi(a_2^2+a_3^2)-(a_2^2C_2+a_3^2C_3-2a_2a_3C_{23})] \tag{4.42}$$

式中已经利用了$C_\alpha=\varphi-C_{\alpha\alpha}$,由此可以看出,式中第二个小括号项是二次型。

其次来考察特定允许场的能量，为了保证 $\boldsymbol{V}$ 满足 $\boldsymbol{V}\cdot\boldsymbol{n}|_{\Gamma}=0$（散射体位于 $(-e/h,0)$）和 $\lim_{y_1\pm\infty}\boldsymbol{V}=a_2\boldsymbol{e}_2+a_3\boldsymbol{e}_3$，可以选择一个平凡的允许场，即对于 $y_1\in(-e/h,0)$，$\boldsymbol{V}(\boldsymbol{y})=\boldsymbol{0}$，否则为 $\boldsymbol{V}=a_2\boldsymbol{e}_2+a_3\boldsymbol{e}_3$，于是可得

$$E^*(\boldsymbol{V})=\frac{\varphi}{2}(a_2^2+a_3^2)$$

进而直接可导得

$$(a_2^2C_2+a_3^2C_3-2a_2a_3C_{23})\geqslant 0 \tag{4.43}$$

也即，该二次型是正定的。

## 4.5 本章小结

本章阐述了一个两尺度的匀质化过程，从等效层面来揭示刚性壁面附近的刚性散射体（情况①）或结构化膜（情况②）的影响。所构建的这些等效条件使我们不必去关心实际问题中散射体的小尺度，它们的影响已经被纳入等效参数之中。这种解决问题的方法带来了两个方面的好处。首先，等效问题要比实际问题简单得多，不存在小尺度，数值求解更为方便，并且在某些情况下还可获得显式解。当微结构尺寸减小时，数值计算代价上的优势就更为显著，特别是在瞬态分析中考虑等效问题的数值实现时更是如此。其次，等效条件是推导分析建立的，也就是说等效条件的形式并非是事先假定的。因此，这些等效条件所采用的参数个数是最少的，并且更为重要的是，这些参数的取值是已知的，仅仅依赖于微结构的形状。

针对刚性散射体的情况，我们已经阐明了：①对于结构化壁面来说，只需采用 4 个参数，其中的 3 个参数应根据两个基本问题进行数值计算得到；②对于结构化膜来说，需要采用 8 个参数，其中的 7 个应根据 3 个基本问题来求解。另外，对于特定形状的散射体而言，实际分析中往往还可以做进一步的简化处理，由此可建立基本解 $Q_i$ 的特定形式。值得注意的是，根据 $Q_i$ 的形式可以获得较为深入的认识，即 $Q_1$ 和 $(Q_\alpha+y_\alpha)$ 分别对应于沿着 $\boldsymbol{e}_1$ 和 $\boldsymbol{e}_\alpha$ 流经散射体阵列的理想流体（在 $y_1\rightarrow\pm\infty$ 处，具有单位速度）的速度势。一些比较简单的情形如下。

（1）散射体具有某种对称性，如 $y_3\rightarrow -y_3$。此时 $Q_1$ 和 $Q_2$ 关于 $y_3$ 是偶对称的，而 $Q_3$ 是奇对称的（除了常数以外），由此将导致情况①中有 $A_{23}=0$，情况②中有 $B_3=C_{23}=0$。

（2）散射体在 $y_1$ 上厚度为零，典型实例如穿孔壁面。此时 $Q_2=Q_3=0$（基本问题对应于流体在 $(y_2,y_3)$ 平面内未受散射体干扰的流动），进而在情况①中

有 $A_{22}=A_{33}=A_{23}=0$，而在情况②中有 $B_2=B_3=C_{22}=C_{33}=C_{23}=0$。

（3）二维情况，散射体在 $y_3$ 上是无限的。此时有 $\partial/\partial y_3=0$，进而 $Q_3=0$（因为 $n_3=0$），由此可得：在情况①中有 $A_{23}=A_{33}=0$；在情况②中有 $B_3=C_{23}=C_{33}=0$。

# 参 考 文 献


[ABB 95] ABBOUD T., AMMARI H., "Diffraction par un réseau courbe bipériodique. Homogénéisation", Comptes rendus de l'Académie des sciences. Série 1, Mathématique, vol. 320, no. 3, pp. 301 – 306, Elsevier, 1995.

[ABB 96] ABBOUD T., AMMARI H., "Diffraction at a curved grating: TM and TE cases, homogenization", Journal of Mathematical Analysis and Applications, vol. 202, no. 3, pp. 995 – 1026, Elsevier, 1996.

[AMM 99] AMMARI H., LATIRI – GROUZ C., "Conditions aux limites approchées pour les couches minces périodiques", ESAIM: Mathematical Modelling and Numerical Analysis, vol. 33, no. 4, pp. 673 – 692, EDP Sciences, 1999.

[ASL 11] ASLANYÜREK B., HADDAR H., SAHINTÜRK H., "Generalized impedance boundary conditions for thin dielectric coatings with variable thickness", Wave Motion, vol. 48, no. 7, pp. 681 – 700, Elsevier, 2011.

[BEN 12] BENDALI A., LAURENS S., TORDEUX S. et al., "Numerical study of acoustic multiperforated plates", ESAIM: Proceedings, vol. 37, pp. 166 – 177, EDP Sciences, 2012.

[BEN 13] BENDALI A., FARES M., PIOT E. et al., "Mathematical justification of the Rayleigh conductivity model for perforated plates in acoustics", SIAM Journal on Applied Mathematics, vol. 73, no. 1, pp. 438 – 459, SIAM, 2013.

[BEN 15] BENDALI A., POIRIER J. – R., "Scattering by a highly oscillating surface", Mathematical Methods in the Applied Sciences, vol. 38, no. 13, pp. 2785 – 2802, Wiley Online Library, 2015.

[BON 04] BONNET – BENDHIA A., DRISSI D., GMATI N., "Simulation of muffler's transmission losses by a homogenized finite element method", Journal of Computational Acoustics, vol. 12, no. 03, pp. 447 – 474, World Scientific, 2004.

[BON 05] BONNET – BEN DHIA A., DRISSI D., GMATI N., "Mathematical analysis of the acoustic diffraction by a muffler containing perforated ducts", Mathematical Models and Methods in Applied Sciences, vol. 15, no. 07, pp. 1059 – 1090, World Scientific, 2005.

[BOU 06] BOUTIN C., ROUSSILLON P., "Wave propagation in presence of oscillators on the free surface", International Journal of Engineering Science, vol. 44, no. 3, pp. 180 – 204, Elsevier, 2006.

[BOU 15] BOUTIN C., SCHWAN L., DIETZ M. S., "Elastodynamic metasurface: Depolarization of mechanical waves and time effects", Journal of Applied Physics, vol. 117, no. 6, p. 064902, AIP Publishing, 2015.

[CAP 13] CAPDEVILLE Y., MARIGO J. – J., "A non – periodic two scale asymptotic method to take account of rough topographies for 2 – D elastic wave propagation", Geophysical Journal International, vol. 192, no. 1, pp. 163 – 189, Oxford University Press, 2013.

[CHA 16] CHAMAILLARD M., Effective boundary conditions for thin periodic coatings, PhD thesis, Université Paris Saclay, 2016.

[CLA 13] CLAEYS X. ,DELOURME B. ,"High order asymptotics for wave propagation across thin periodic interfaces",Asymptotic Analysis,vol. 83,nos 1 - 2,pp. 35 - 82,IOS Press,2013.

[DEL 91] DELYSER R. R. ,KUESTER E. F. ,"Homogenization analysis of electromagnetic strip gratings",Journal of Electromagnetic Waves and Applications, vol. 5, no. 11, pp. 1217 - 1236, Taylor & Francis,1991.

[DEL 10] DELOURME B. ,Modèles et asymptotiques des interfaces fines et périodiques en électromagnétisme, PhD thesis,UPMC,Paris,2010.

[DEL 12] DELOURME B. ,HADDAR H. ,JOLY P. ,"Approximate models for wave propagation across thin periodic interfaces", Journal de mathématiques pures et appliquées, vol. 98, no. 1, pp. 28 - 71, Elsevier,2012.

[DEL 13] DELOURME B. ,HADDAR H. ,JOLY P. ,"On the well - posedness,stability and accuracy of an asymptotic model for thin periodic interfaces in electromagnetic scattering problems", Mathematical Models and Methods in Applied Sciences,vol. 23,no. 13,pp. 2433 - 2464,World Scientific,2013.

[DEL 15] DELOURME B. ,"High - order asymptotics for the electromagnetic scattering by thin periodic layers", Mathematical Methods in the Applied Sciences, vol. 38, no. 5, pp. 811 - 833, Wiley Online Library,2015.

[GAL 17] GALLAS B. ,MAUREL A. ,MARIGO J. - J. et al. ,"Light scattering by periodic rough surfaces: Equivalent jump conditions", JOSA A, vol. 34, no. 12, pp. 2181 - 2188, Optical Society of America,2017.

[GAO 16] GAO Y. ,Experimental study and application of homogenization based on metamaterials,PhD thesis, UPMC,Paris,2016.

[HEW 16] HEWETT D. P. ,HEWITT I. J. ,"Homogenized boundary conditions and resonance effects in Faraday cages",Proceedings of the Royal Society A,vol. 472,The Royal Society,p. 20160062,2016.

[HOL 00a] HOLLOWAY C. L. ,KUESTER E. F. ,"Equivalent boundary conditions for a perfectly conducting periodic surface with a cover layer",Radio Science,vol. 35,no. 3,pp. 661 - 681,American Geophysical Union(AGU),2000.

[HOL 00b] HOLLOWAY C. L. ,KUESTER E. F. ,"Impedance - type boundary conditions for a periodic interface between a dielectric and a highly conducting medium", IEEE Transactions on Antennas and Propagation,vol. 48,no. 10,pp. 1660 - 1672,IEEE,2000.

[HOL 16] HOLLOWAY C. L. ,KUESTER E. F. ,"A homogenization technique for obtaining generalized sheet - transition conditions for a metafilm embedded in a magnetodielectric interface",IEEE Transactions on Antennas and Propagation,vol. 64,no. 11,pp. 4671 - 4686,IEEE,2016.

[LOM 17] LOMBARD B. ,MAUREL A. ,MARIGO J. - J. ,"Numerical modeling of the acoustic wave propagation across a homogenized rigid microstructure in the time domain",Journal of Computational Physics,vol. 335,pp. 558 - 577,Elsevier,2017.

[LUK 09] LUKES V V. ,ROHAN E. ,"Computational analysis of acoustic transmission through periodically perforated interfaces",Applied and Computational Mechanics,vol. 3,pp. 111 - 120,University of West Bohemia,2009.

[MAR 16a] MARIGO J. - J. ,MAUREL A. ,"Homogenization models for thin rigid structured surfaces and films",The Journal of the Acoustical Society of America,vol. 140,no. 1,pp. 260 - 273,ASA,2016.

[MAR 16b] MARIGO J. – J. ,MAUREL A. ,"An interface model for homogenization of acoustic metafilms",in M AIER S. A. ,Handbook of Metamaterials and Plasmonics,vol. 2,World Scientific,2016.

[MAR 16c] MARIGO J. – J. ,MAUREL A. ,"Two – scale homogenization to determine effective parameters of thin metallic – structured films",Proceedings of the Royal Society A,vol. 472,p. 20160068,The Royal Society,2016.

[MAR 17] MARIGO J. – J. ,MAUREL A. ,PHAM K. et al. ,"Effective dynamic properties of a row of elastic inclusions: The case of scalar shear waves", Journal of Elasticity, vol. 128, no. 2, pp. 1 – 25, Springer,2017.

[MAU 16] MAUREL A. ,MARIGO J. – J. ,OURIR A. ,"Homogenization of ultrathin metallodielectric structures leading to transmission conditions at an equivalent interface",JOSA B,vol. 33,no. 5,pp. 947 – 956, Optical Society of America,2016.

[MER 17] MERCIER J. – F. ,MARIGO J. – J. ,MAUREL A. ,"Influence of the neck shape for Helmholtz resonators",The Journal of the Acoustical Society of America, vol. 142, no. 6, pp. 3703 – 3714, ASA,2017.

[PHA 17] PHAM K. ,MAUREL A. ,MARIGO J. – J. ,"Two scale homogenization of a row of locally resonant inclusions – the case of anti – plane shear waves",Journal of the Mechanics and Physics of Solids, vol. 106,pp. 80 – 94,Elsevier,2017.

[POI 06] POIRIER J. – R. ,BENDALI A. ,BORDERIES P. ,"Impedance boundary conditions for the scattering of time – harmonic waves by rapidly varying surfaces",IEEE Transactions on Antennas and Propagation,vol. 54,no. 3,pp. 995 – 1005,IEEE,2006.

[POP 16] POPIE V. ,Modélisation asymptotique de la réponse acoustique de plaques perforées dans un cadre linéaire avec étude des effets visqueux,PhD thesis,ISAE,Toulouse,2016.

[PRO 03] PROEKT L. ,CANGELLARIS A. C. ,"Investigation of the impact of conductor surface roughness on interconnect frequency – dependent ohmic loss",53rd Electronic Components and Technology Conference Proceedings,IEEE,pp. 1004 – 1010,2003.

[RIV 17] RIVAS C. ,SOLANO M. E. ,RODRÍGUEZ R. et al. ,"Asymptotic model for finite element calculations of diffraction by shallow metallic surface – relief gratings",JOSA A,vol. 34,no. 1,pp. 68 – 79,Optical Society of America,2017.

[ROH 09] ROHAN E. ,LUKE VV. ,"Sensitivity analysis for the optimal perforation problem in acoustic transmission", Applied and Computational Mechanics, vol. 3, pp. 163 – 176, University of West Bohemia,2009.

[ROH 10] ROHAN E. ,LUKE VV. ,"Homogenization of the acoustic transmission through a perforated layer", Journal of Computational and Applied Mathematics,vol. 234,no. 6,pp. 1876 – 1885,Elsevier,2010.

[SAN 82] SANCHEZ – HUBERT J. ,SANCHEZ – PALENCIA E. ,"Acoustic fluid flow through holes and permeability of perforated walls", Journal of Mathematical Analysis and Applications, vol. 87, no. 2, pp. 427 – 453,Elsevier,1982.

[SCH 16] SCHWAN L. ,BOUTIN C. ,PADRÓN L. et al. ,"Site – city interaction: Theoretical,numerical and experimental crossed – analysis", Geophysical Journal International, vol. 205, no. 2, pp. 1006 – 1031, Oxford University Press,2016.

[SCH 17] SCHWAN L. ,UMNOVA O. ,BOUTIN C. ,"Sound absorption and reflection from a resonant metasurface: Homogenisation model with experimental validation", Wave Motion, vol. 72, pp. 154 – 172, Elsevier, 2017.

[TLE 09] TLEMCANI M., "A two – scale asymptotic analysis of a time – harmonic scattering problem with a multi layered thin periodic domain", Communications in Computational Physics, vol. 6, no. 4, p. 758, 2009.

[TOU 12] TOURNIER S., Contribution à la modélisation de la diffusion électromagnétique par des surfaces rugueuses à partir de méthodes rigoureuses, PhD thesis, ISAE, Toulouse, 2012.

# 第5章　平面波展开法

Jérôme VASSEUR

平面波展开法(PWE)可以用于计算由弹性材料构成的周期结构物(如声子晶体)的色散曲线,也即所有行波模式的频率与波数之间的关系曲线。本章将针对无限尺度的声子晶体结构详尽介绍该方法,讨论其优、缺点。也将指出这一方法可以用于分析声子带隙内的凋落波和绘制任何周期结构的等频线。

## 5.1　引　　言

周期复合材料或结构中的弹性波传播行为,是物理学领域中非常古老的主题,历史上诸多学者进行过这方面的研究工作,如1887年瑞利爵士就曾研究指出在周期分层介质中存在着带隙现象[RAY 87]。然而,直到20世纪90年代初期,在M. M. Sigalas等[SIG 92]和M. S. Kushwaha等[KUS 93]的先驱工作的引领下,这一主题又一次受到了人们的关注。这些人工复合材料或结构的物理性质(如密度和弹性模量等)是空间坐标位置的周期函数,人们已经证实它们能够表现出非常特异的波传播特性,如频率带隙、负折射和自准直现象[DEY 13]等。为了考察这些周期结构中弹性波的传播行为,一般需要高精度地求解波动方程组,目前已经出现了多种不同的理论分析工具,如平面波展开法、时域有限差分法(FDTD)、多重散射法(MS)及有限元法(FE)[DEY 13]等。

在本章的第一部分中将通过考察相当简单的周期结构(如一维无限原子链)来简要回顾对于较为复杂的周期结构(如声子晶体)的分析所必需的一些概念,如单胞、正晶格、倒晶格、布里渊区、色散曲线及带隙等。本章的第二部分将重点阐述平面波展开法,从均匀弹性介质中弹性波的传播方程出发,较为详尽地介绍该方法的基本原理及其在二维周期结构分析中的应用,同时也将对这一方法的缺陷加以讨论。最后,本章还将指出平面波展开法可以用于声子带隙内的凋落波分析与周期结构等频面的绘制工作中。

# 5.2　一维原子链

## 5.2.1　单原子单胞构成的一维原子链

首先来考察一个非常简单的周期结构，即无限型一维线性原子链，原子质量均为 $m$，并通过刚度系数为 $\beta$ 的弹簧在 $x$ 方向上连接起来。不妨设第 $n$ 个原子的平衡位置为 $x_{n,\mathrm{eq}}=na$，$a$ 为平衡状态下相邻原子间的距离，并假定所有原子可在各自的平衡位置附近做微幅运动，任意时刻 $t$ 这些原子的位置可以表示为 $x_n(t)=na+u_n(t)$，且 $|u_n(t)|\ll|x_n(t)|$，$u_n=x_n-x_{n,\mathrm{eq}}$ 为第 $n$ 个原子偏离平衡位置的位移。如图 5.1 所示，单胞包含了一个原子，沿着 $x$ 方向以间距 $a$ 周期布置，针对第 $n$ 个原子，考虑其与相邻原子之间的相互作用，利用牛顿第二定律不难得到

$$m\frac{\partial^2 u_n}{\partial t^2}=-\beta(u_n-u_{n-1})+\beta(u_{n+1}-u_n)=\beta(u_{n+1}+u_{n-1}-2u_n) \tag{5.1}$$

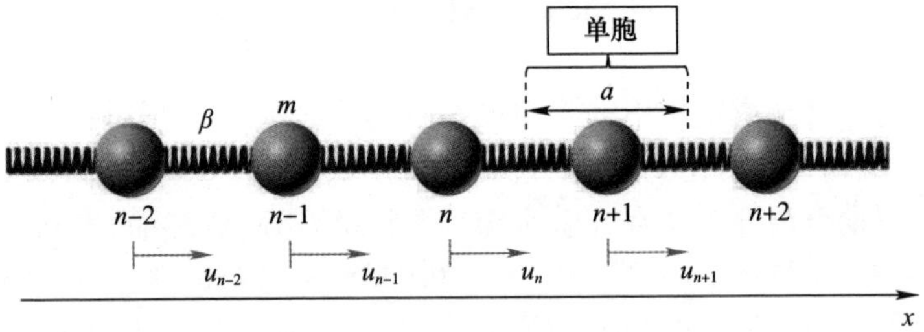


图 5.1　由相同原子(质量为 $m$)构成的无限原子链示意图(晶格常数为 $a$，弹簧刚度为 $\beta$)

针对式(5.1)，寻求正弦型行波形式解，即 $u_n(t)=U_0\mathrm{e}^{\mathrm{i}(kna-\omega t)}$，其中的 $k$ 为波数，$\omega$ 为圆频率。将形式解代入式(5.1)，整理可得

$$-m\omega^2=\beta(\mathrm{e}^{\mathrm{i}ka}+\mathrm{e}^{-\mathrm{i}ka}-2)=2\beta(\cos(ka)-1)=-4\beta^2\sin^2\frac{ka}{2} \tag{5.2}$$

由上式不难导出这个原子链的色散关系，即圆频率 $\omega$ 与波数 $k$ 之间的关系式：

$$\omega(k)=\sqrt{\frac{4\beta}{m}}\left|\sin\frac{ka}{2}\right| \tag{5.3}$$

图 5.2(a)给出了这一色散关系 $\omega(k)$。可以发现，$\left|\sin\frac{ka}{2}\right|$ 是周期为 $\pi$ 的函数，即

$$\left|\sin\frac{ka}{2}\right| = \left|\sin\left(\frac{ka}{2}+\pi\right)\right| = \left|\sin\left(\frac{a}{2}\left(k+\frac{2\pi}{a}\right)\right)\right| \tag{5.4}$$

因此，$\omega(k)$是$k$的周期函数，其周期为$G=2\pi/a$，即$\omega(k+nG)=\omega(k)$，$n$为整数。由此也可看出，波数为$k$的行波模式与波数为$k+G$的行波模式实际上是同一个模式。在波数空间中这个周期$G=2\pi/a$描述了该原子链的“倒晶格”，而晶格常数$a$则描述了“正晶格”。

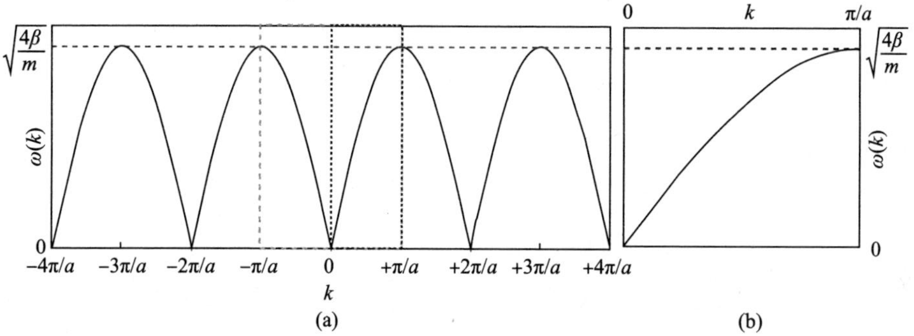


图 5.2　图 5.1 的色散关系(见彩图)

(a)无限原子链(图 5.1)的色散关系(绿色框和红色框分别代表了第一布里渊区和不可约布里渊区)；(b)不可约布里渊区内的色散关系。

由于色散关系在倒空间中具有周期性，因而跟该原子链中能够传播的振动模式有关的有用信息都将包含在波数位于$-\pi/a \sim +\pi/a$的那些波动成分之中，这个以$k=0$为中心的波数范围通常称为倒晶格的第一布里渊区。该色散关系关于平面$k=0$是对称的，可以仅在$0 \sim +\pi/a$这一波数范围内进行分析，该范围称为不可约布里渊区，参见图 5.2(b)。

### 5.2.2　双原子单胞构成的一维原子链

这里进一步考察一个更为复杂的结构，即无限型一维线性双原子链，单胞由两个质量不同的原子构成，参见图 5.3。晶格常数为$2a$，所有弹簧的刚度系数均为$\beta$，质量为$m_1$和$m_2$的原子分别称为偶原子和奇原子，对应于$2n$和$2n+1$位置。采用与前一节相同的假设，可以建立奇原子和偶原子的运动方程为

$$\begin{cases} m_1\dfrac{\partial^2 u_{2n}}{\partial t^2} = -\beta(u_{2n}-u_{2n-1})+\beta(u_{2n+1}-u_{2n}) = \beta(u_{2n+1}+u_{2n-1}-2u_{2n}) \\ m_2\dfrac{\partial^2 u_{2n+1}}{\partial t^2} = -\beta(u_{2n+1}-u_{2n})+\beta(u_{2n+2}-u_{2n+1}) = \beta(u_{2n+2}+u_{2n}-2u_{2n+1}) \end{cases} \tag{5.5}$$

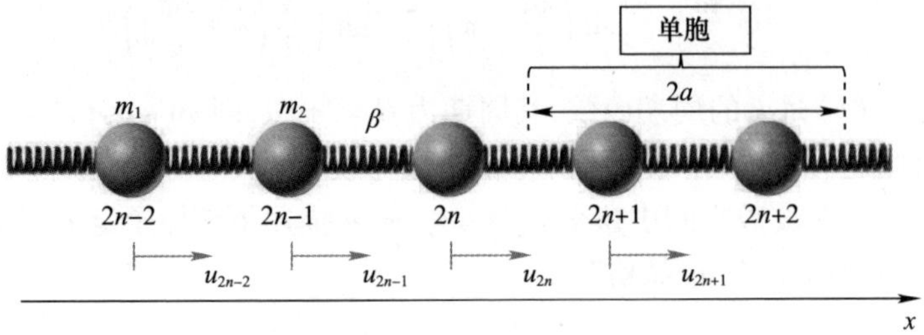


图 5.3　由两种原子(质量分别为 $m_1$ 和 $m_2$)组成的无限原子链示意图(晶格常数为 $2a$,弹簧刚度为 $\beta$)

针对上述方程组,这里寻找以下形式解,即

$$\begin{cases} u_{2n}(t) = A\mathrm{e}^{\mathrm{i}(k(2n)a-\omega t)} \\ u_{2n+1}(t) = B\mathrm{e}^{\mathrm{i}(k(2n+1)a-\omega t)} \end{cases} \tag{5.6}$$

式中:$A$ 和 $B$ 为幅值。将形式解代入到运动方程组中,不难得到以下矩阵形式的方程组,即

$$\begin{pmatrix} 2\beta - m_1\omega^2 & -2\beta\cos(ka) \\ 2\beta\cos(ka) & -(2\beta - m_2\omega^2) \end{pmatrix} \begin{pmatrix} A \\ B \end{pmatrix} = \begin{pmatrix} 0 \\ 0 \end{pmatrix} \tag{5.7}$$

为保证取得非零解,式(5.7)中的系数矩阵行列式应为零,由此可得

$$\omega^4 - 2\beta\frac{m_1+m_2}{m_1m_2} + \frac{4\beta^2\sin^2(ka)}{m_1m_2} = 0 \tag{5.8}$$

进而有

$$\omega(k) = \sqrt{\beta\frac{m_1+m_2}{m_1m_2}\left[1 \pm \sqrt{1 - 4\frac{m_1m_2\sin^2(ka)}{(m_1+m_2)^2}}\right]} \tag{5.9}$$

因此,式(5.8)存在两个实数解,即 $\omega_-(k)$ 和 $\omega_+(k)$,它们是波数 $k$ 的周期函数,周期为 $\pi/a$,第一布里渊区对应于 $-\pi/2a \sim +\pi/2a$ 这一波数范围。可以注意到,由于该原子链正晶格中的单胞比单原子链大1倍,因而第一布里渊区要小一半。在图5.4中绘出了不可约布里渊区($k$ 位于 $0 \sim \pi/2a$)内的色散曲线,其中考虑了不同的 $m_2/m_1$ 比值。可以观察到,$m_2 = m_1$ 将对应于无限单原子链的色散关系,不过此时的能带在较小的不可约布里渊区内发生了折叠;另外,当该质量比值增大时,在不可约布里渊区的边缘处出现了带隙,并且随着质量比值的加大,该带隙也在变大。

本节已经阐明了一些非常重要的概念,如单胞、正晶格和倒晶格等,针对的是非常简单的一维周期结构。这些概念可以拓展用于复杂得多的周期结构，如声子晶体。建议读者参阅一些固体物理学方面的教材，如文献[ASH 76; KIT 04]等，其中详尽介绍了这些晶体学概念。

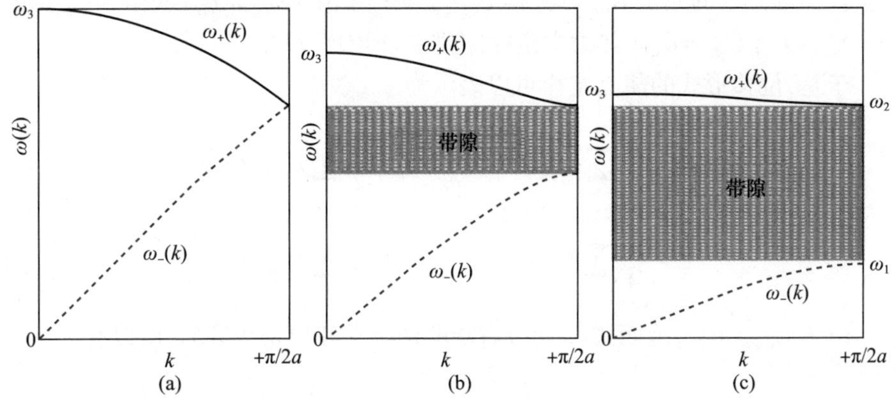


图 5.4 由两种原子（单胞内的两个原子质量分别为 $m_1$ 和 $m_2$，晶格常数为 $2a$）组成的无限原子链的色散关系（不可约布里渊区内）（圆频率 $\omega_1$、$\omega_2$ 和 $\omega_3$ 分别为 $\sqrt{2\beta/m_2}$、$\sqrt{2\beta/m_1}$ 和 $\sqrt{2\beta(m_1+m_2)/m_1m_2}$）
(a) $m_2=m_1$；(b) $m_2=2m_1$；(c) $m_2=10m_1$。

# 5.3 平面波展开法

## 5.3.1 声子晶体研究中的平面波展开法

### 5.3.1.1 非均质材料中的弹性波传播方程

这里考虑一种非均质弹性介质，它在空间的 3 个方向（$x_1$、$x_2$、$x_3$）上是无限延伸的，其组分材料具有特定的晶体对称性（各向同性、立方对称性等）。采用建立在正交基（$O,\boldsymbol{e}_1,\boldsymbol{e}_2,\boldsymbol{e}_3$）上的笛卡儿坐标系，在每个位置 $\boldsymbol{r}$ 处，该介质的特性可以通过质量密度 $\rho(\boldsymbol{r})$ 和弹性模量 $C_{ijkl}(\boldsymbol{r})$ 来描述。应力张量的元素 $T_{ij}$ 与应变张量的元素 $S_{kl}$ 是通过胡克定律关联起来的[ROY 99]，即

$$T_{ij}(\boldsymbol{r}) = \sum_{kl} C_{ijkl}(\boldsymbol{r}) S_{kl}(\boldsymbol{r}) \tag{5.10}$$

式中：$i$、$j$、$k$ 和 $l$ 取值从 1 到 3。

可以注意到，在这一关系式中，应力张量和应变张量都是二阶的，具有 $3^2=9$ 个元素，而弹性张量是 4 阶的，具有 $3^4=81$ 个元素。假定组分材料是线性的

（小应变假设），应变张量的元素可以表示为 $S_{kl}(\boldsymbol{r})=\frac{1}{2}\left(\frac{\partial u_k(\boldsymbol{r})}{\partial x_l}+\frac{\partial u_l(\boldsymbol{r})}{\partial x_k}\right)$，其中 $u_i(\boldsymbol{r})(i=1\sim3)$ 代表的是位移矢量 $\boldsymbol{u}$ 在（$x_1$、$x_2$、$x_3$）这个笛卡儿坐标系中的 3 个分量。弹性张量的元素 $C_{ijkl}$ 必须满足 $C_{ijkl}=C_{jikl}$（由于 $T_{ij}=T_{ji}$）、$C_{ijkl}=C_{ijlk}$（由于 $S_{kl}=S_{lk}$）以及 $C_{ijkl}=C_{klij}$（热力学定律的要求）[ROY 99]。

于是，位移形式的胡克定律可以表示为

$$\begin{aligned} T_{ij}(\boldsymbol{r}) &= \frac{1}{2}\sum_{kl} C_{ijkl}(\boldsymbol{r})\frac{\partial u_k(\boldsymbol{r})}{\partial x_l}+\frac{1}{2}\sum_{kl} C_{ijkl}(\boldsymbol{r})\frac{\partial u_l(\boldsymbol{r})}{\partial x_k} \\ &= \frac{1}{2}\sum_{kl} C_{ijkl}(\boldsymbol{r})\frac{\partial u_k(\boldsymbol{r})}{\partial x_l}+\frac{1}{2}\sum_{kl} C_{ijlk}(\boldsymbol{r})\frac{\partial u_l(\boldsymbol{r})}{\partial x_k} \end{aligned} \tag{5.11}$$

由于 $C_{ijkl}=C_{ijlk}$，因而式(5.11)右端的两个求和项是相等的，所以有

$$T_{ij}(\boldsymbol{r}) = \sum_{kl} C_{ijkl}(\boldsymbol{r})\frac{\partial u_k(\boldsymbol{r})}{\partial x_l} \tag{5.12}$$

考虑不存在外力的情形，根据牛顿第二定律可得以下运动方程，即

$$\rho(\boldsymbol{r})\frac{\partial^2 u_i(\boldsymbol{r})}{\partial t^2} = \sum_j \frac{\partial T_{ij}(\boldsymbol{r})}{\partial x_j} = \sum_j \frac{\partial}{\partial x_j}\left[\sum_{kl} C_{ijkl}(\boldsymbol{r})\frac{\partial u_k(\boldsymbol{r})}{\partial x_l}\right] \tag{5.13}$$

由于弹性张量具有对称性（即 $C_{ijkl}=C_{jikl}$、$C_{ijkl}=C_{jilk}$、$C_{ijkl}=C_{klij}$），因而其独立元素仅为 21 个，于是胡克定律可以改写为以下矩阵形式，即

$$\begin{pmatrix} T_{11} \\ T_{22} \\ T_{33} \\ T_{23} \\ T_{31} \\ T_{12} \end{pmatrix} = \begin{pmatrix} C_{1111} & C_{1122} & C_{1133} & C_{1123} & C_{1131} & C_{1112} \\ C_{1122} & C_{2222} & C_{2233} & C_{2223} & C_{2231} & C_{2212} \\ C_{1133} & C_{2233} & C_{3333} & C_{3323} & C_{3331} & C_{3312} \\ C_{1123} & C_{2223} & C_{3323} & C_{2323} & C_{2331} & C_{2312} \\ C_{1131} & C_{2231} & C_{3331} & C_{2331} & C_{3131} & C_{3112} \\ C_{1112} & C_{2212} & C_{3312} & C_{2312} & C_{3112} & C_{1212} \end{pmatrix} \begin{pmatrix} S_{11} \\ S_{22} \\ S_{33} \\ 2S_{23} \\ 2S_{31} \\ 2S_{12} \end{pmatrix} \tag{5.14}$$

利用 Voigt 标记法，即将一对指标 $ij$ 替换成以下单个指标 $m$，即

$$\begin{aligned} &(11)\leftrightarrow 1;(22)\leftrightarrow 2;(33)\leftrightarrow 3; \\ &(23)\text{或}(32)\leftrightarrow 4;(31)\text{或}(13)\leftrightarrow 5;(12)\text{或}(21)\leftrightarrow 6 \end{aligned} \tag{5.15}$$

式(5.14)可以化为

$$\begin{pmatrix} T_1 \\ T_2 \\ T_3 \\ T_4 \\ T_5 \\ T_6 \end{pmatrix} = \begin{pmatrix} C_{11} & C_{12} & C_{13} & C_{14} & C_{15} & C_{16} \\ C_{12} & C_{22} & C_{23} & C_{24} & C_{25} & C_{26} \\ C_{13} & C_{23} & C_{33} & C_{34} & C_{35} & C_{36} \\ C_{14} & C_{24} & C_{34} & C_{44} & C_{45} & C_{46} \\ C_{15} & C_{25} & C_{35} & C_{45} & C_{55} & C_{56} \\ C_{16} & C_{26} & C_{36} & C_{46} & C_{56} & C_{66} \end{pmatrix} \begin{pmatrix} S_1 \\ S_2 \\ S_3 \\ 2S_4 \\ 2S_5 \\ 2S_6 \end{pmatrix} \tag{5.16}$$

对于组分材料呈立方晶系对称性这种特殊情况,只会涉及 3 个独立的弹性常数,即 $C_{11}$、$C_{12}$和 $C_{44}$,此时胡克定律的形式可以表示为

$$\begin{pmatrix} T_1 \\ T_2 \\ T_3 \\ T_4 \\ T_5 \\ T_6 \end{pmatrix} = \begin{pmatrix} C_{11} & C_{12} & C_{12} & 0 & 0 & 0 \\ C_{12} & C_{11} & C_{12} & 0 & 0 & 0 \\ C_{12} & C_{12} & C_{11} & 0 & 0 & 0 \\ 0 & 0 & 0 & C_{44} & 0 & 0 \\ 0 & 0 & 0 & 0 & C_{44} & 0 \\ 0 & 0 & 0 & 0 & 0 & C_{44} \end{pmatrix} \begin{pmatrix} S_1 \\ S_2 \\ S_3 \\ 2S_4 \\ 2S_5 \\ 2S_6 \end{pmatrix} \tag{5.17}$$

各向同性材料情形可以视为立方晶系对称性情形的特例,即 $C_{12} = C_{11} - 2C_{44}$,因此只需两个独立的弹性常数 $C_{11}$和 $C_{44}$即可描述其弹性行为。

下面仅限于讨论组分材料呈立方晶系对称性的情况。联立式(5.13)和式(5.17)可得

$$\begin{aligned} \rho \frac{\partial^2 u_1}{\partial t^2} &= \frac{\partial T_{11}}{\partial x_1} + \frac{\partial T_{12}}{\partial x_2} + \frac{\partial T_{13}}{\partial x_3} \\ &= \frac{\partial}{\partial x_1}(C_{11}S_1 + C_{12}(S_2 + S_3)) + \frac{\partial}{\partial x_2}(C_{44} \cdot 2S_6) + \frac{\partial}{\partial x_3}(C_{44} \cdot 2S_5) \\ &= \frac{\partial}{\partial x_1}\left[C_{11}\frac{\partial u_1}{\partial x_1} + C_{12}\left(\frac{\partial u_2}{\partial x_2} + \frac{\partial u_3}{\partial x_3}\right)\right] + \frac{\partial}{\partial x_2}\left[C_{44}\left(\frac{\partial u_1}{\partial x_2} + \frac{\partial u_2}{\partial x_1}\right)\right] + \frac{\partial}{\partial x_3}\left[C_{44}\left(\frac{\partial u_1}{\partial x_3} + \frac{\partial u_3}{\partial x_1}\right)\right] \end{aligned} \tag{5.18}$$

$$\begin{aligned} \rho \frac{\partial^2 u_2}{\partial t^2} &= \frac{\partial T_{21}}{\partial x_1} + \frac{\partial T_{22}}{\partial x_2} + \frac{\partial T_{23}}{\partial x_3} \\ &= \frac{\partial}{\partial x_1}\left[C_{44}\left(\frac{\partial u_1}{\partial x_2} + \frac{\partial u_2}{\partial x_1}\right)\right] + \\ &\quad \frac{\partial}{\partial x_2}\left[C_{11}\frac{\partial u_2}{\partial x_2} + C_{12}\left(\frac{\partial u_1}{\partial x_1} + \frac{\partial u_3}{\partial x_3}\right)\right] + \frac{\partial}{\partial x_3}\left[C_{44}\left(\frac{\partial u_2}{\partial x_3} + \frac{\partial u_3}{\partial x_2}\right)\right] \end{aligned} \tag{5.19}$$

$$\rho \frac{\partial^2 u_3}{\partial t^2} = \frac{\partial T_{31}}{\partial x_1} + \frac{\partial T_{32}}{\partial x_2} + \frac{\partial T_{33}}{\partial x_3}$$

$$= \frac{\partial}{\partial x_1}\left[ C_{44}\left( \frac{\partial u_1}{\partial x_3} + \frac{\partial u_3}{\partial x_1} \right) \right] +$$

$$\frac{\partial}{\partial x_2}\left[ C_{44}\left( \frac{\partial u_2}{\partial x_3} + \frac{\partial u_3}{\partial x_2} \right) \right] + \frac{\partial}{\partial x_3}\left[ C_{11}\frac{\partial u_3}{\partial x_3} + C_{12}\left( \frac{\partial u_1}{\partial x_1} + \frac{\partial u_2}{\partial x_2} \right) \right] \tag{5.20}$$

在上面这 3 个方程式(5.18)~式(5.20)中,为了简洁起见,已经略去了$\rho$、$u_i$和$C_{mn}$的自变量($\boldsymbol{r}$)。可以看出,无限型非均质弹性材料中的弹性波传播方程组包含了 3 个二阶的耦合微分方程。对于非均匀性在空间上呈周期分布特征的材料(如声子晶体)来说,可以利用平面波展开法来求解这 3 个耦合方程。

**5.3.1.2 针对声子晶体分析的平面波展开法的基本原理**

这里考虑一个三维周期结构,其正晶格(DL)由单胞(UC)描述,倒晶格(RL)矢量[ASH 76,KIT 04]为正交基($O,\boldsymbol{e}_1,\boldsymbol{e}_2,\boldsymbol{e}_3$)下的$\boldsymbol{G}(G_1,G_2,G_3)$。寻找正弦时变形式的行波解,即$\boldsymbol{u}(\boldsymbol{r},t)=\boldsymbol{u}(\boldsymbol{r})\mathrm{e}^{-\mathrm{i}\omega t}$,其中的$\omega$为圆频率。由于结构的周期性,根据布洛赫-弗洛凯定理可知,$\boldsymbol{u}(\boldsymbol{r})$可以表示为

$$\boldsymbol{u}(\boldsymbol{r}) = \mathrm{e}^{\mathrm{i}\boldsymbol{K}\cdot\boldsymbol{r}}\boldsymbol{U}_{\boldsymbol{K}}(\boldsymbol{r}) \tag{5.21}$$

式中:$\boldsymbol{K}(K_1,K_2,K_3)$为布洛赫波矢;$\boldsymbol{U}_{\boldsymbol{K}}(\boldsymbol{r})$具有正晶格的周期性。因此,$\boldsymbol{U}_{\boldsymbol{K}}(\boldsymbol{r})$可以作傅里叶级数展开,于是有

$$\boldsymbol{U}_{\boldsymbol{K}}(\boldsymbol{r}) = \sum_{\boldsymbol{G}'} \boldsymbol{U}_{\boldsymbol{K}}(\boldsymbol{G}')\mathrm{e}^{\mathrm{i}\boldsymbol{G}'\cdot\boldsymbol{r}}, \quad \boldsymbol{G}' \in (\mathrm{RL}) \tag{5.22}$$

$$\boldsymbol{u}(\boldsymbol{r},t) = \mathrm{e}^{-\mathrm{i}\omega t}\sum_{\boldsymbol{G}'} \boldsymbol{U}_{\boldsymbol{K}}(\boldsymbol{G}')\mathrm{e}^{\mathrm{i}(\boldsymbol{G}'+\boldsymbol{K})\cdot\boldsymbol{r}} \tag{5.23}$$

质量密度$\rho(\boldsymbol{r})$和弹性常数$C_{mn}(\boldsymbol{r})$这些材料参数均为位置的周期函数,即$\rho(\boldsymbol{r}+\boldsymbol{R})=\rho(\boldsymbol{r})$和$C_{mn}(\boldsymbol{r}+\boldsymbol{R})=C_{mn}(\boldsymbol{r})$,其中的$\boldsymbol{R}\in(\mathrm{DL})$。因此,它们也可以展开为傅里叶级数形式,即

$$\eta(\boldsymbol{r}) = \sum_{\boldsymbol{G}''} \eta(\boldsymbol{G}'')\mathrm{e}^{\mathrm{i}\boldsymbol{G}''\cdot\boldsymbol{r}} \tag{5.24}$$

式中:$\boldsymbol{G}''\in(\mathrm{RL})$;$\eta$代表$\rho$或$C_{mn}$。傅里叶系数$\eta(\boldsymbol{G}'')$为

$$\eta(\boldsymbol{G}'') = \frac{1}{V_{(\mathrm{UC})}}\iiint_{(\mathrm{UC})} \eta(\boldsymbol{r})\mathrm{e}^{-\mathrm{i}\boldsymbol{G}''\cdot\boldsymbol{r}}\mathrm{d}^3\boldsymbol{r} \tag{5.25}$$

式中的积分是在正晶格单胞域上进行的。

将式(5.23)和式(5.24)代入式(5.18)、式(5.19)和式(5.20)中,可以得到运动方程的傅里叶变换形式。例如,将这两个式子代入式(5.18)的左边可得

$$\rho(\boldsymbol{r})\frac{\partial^2 u_1(\boldsymbol{r})}{\partial t^2} = -\omega^2 \mathrm{e}^{\mathrm{i}(\boldsymbol{K}\cdot\boldsymbol{r}-\omega t)}\sum_{\boldsymbol{G}',\boldsymbol{G}''}\rho(\boldsymbol{G}'')U_{1,\boldsymbol{K}}(\boldsymbol{G}')\mathrm{e}^{\mathrm{i}(\boldsymbol{G}'+\boldsymbol{G}'')\cdot\boldsymbol{r}} \tag{5.26}$$

式中：$U_{1,\boldsymbol{K}}$为 $\boldsymbol{U_K}$ 沿着 $\boldsymbol{e}_1$ 的分量。经过类似的处理，式(5.18)的右边第一项可以化为

$$\begin{aligned}
\frac{\partial}{\partial x_1}\left[C_{11}(\boldsymbol{r})\frac{\partial u_1(\boldsymbol{r})}{\partial x_1}\right] &= \mathrm{e}^{-\mathrm{i}\omega t}\frac{\partial}{\partial x_1}\left[\begin{array}{l}\sum\limits_{\boldsymbol{G}',\boldsymbol{G}''}C_{11}(\boldsymbol{G}'')\mathrm{e}^{\mathrm{i}\boldsymbol{G}''\cdot\boldsymbol{r}}[\mathrm{i}(K_1+G_1')]\cdot\\ \mathrm{e}^{\mathrm{i}(\boldsymbol{K}+\boldsymbol{G}')\cdot\boldsymbol{r}}U_{1,\boldsymbol{K}}(\boldsymbol{G}')\end{array}\right]\\
&= \mathrm{e}^{-\mathrm{i}\omega t}\frac{\partial}{\partial x_1}\left[\sum_{\boldsymbol{G}',\boldsymbol{G}''}C_{11}(\boldsymbol{G}'')[\mathrm{i}(K_1+G_1')]\cdot\mathrm{e}^{\mathrm{i}(\boldsymbol{K}+\boldsymbol{G}'+\boldsymbol{G}'')\cdot\boldsymbol{r}}U_{1,\boldsymbol{K}}(\boldsymbol{G}')\right]\\
&= -\mathrm{e}^{\mathrm{i}(\boldsymbol{K}\cdot\boldsymbol{r}-\omega t)}\left[\begin{array}{l}\sum\limits_{\boldsymbol{G}',\boldsymbol{G}''}C_{11}(\boldsymbol{G}'')[(K_1+G_1')(K_1+G_1'+G_1'')]\cdot\\ \mathrm{e}^{\mathrm{i}(\boldsymbol{G}'+\boldsymbol{G}'')\cdot\boldsymbol{r}}U_{1,\boldsymbol{K}}(\boldsymbol{G}')\end{array}\right]
\end{aligned} \tag{5.27}$$

对该式右边其他各项的处理也是类似的。最终可以得到以下傅里叶变换后的方程，即

$$\begin{aligned}
&-\omega^2\mathrm{e}^{\mathrm{i}(\boldsymbol{K}\cdot\boldsymbol{r}-\omega t)}\sum_{\boldsymbol{G}',\boldsymbol{G}''}\rho(\boldsymbol{G}'')U_{1,\boldsymbol{K}}(\boldsymbol{G}')\mathrm{e}^{\mathrm{i}(\boldsymbol{G}'+\boldsymbol{G}'')\cdot\boldsymbol{r}} =\\
&-\mathrm{e}^{\mathrm{i}(\boldsymbol{K}\cdot\boldsymbol{r}-\omega t)}\sum_{\boldsymbol{G}',\boldsymbol{G}''}\mathrm{e}^{\mathrm{i}(\boldsymbol{G}'+\boldsymbol{G}'')\cdot\boldsymbol{r}}\left\{\begin{array}{l}
\left[\begin{array}{l}C_{11}(\boldsymbol{G}'')(K_1+G_1')(K_1+G_1'+G_1'')\\ +C_{44}(\boldsymbol{G}'')\left[\begin{array}{l}(K_2+G_2')(K_2+G_2'+G_2'')\\ +(K_3+G_3')(K_3+G_3'+G_3'')\end{array}\right]\end{array}\right]U_{1,\boldsymbol{K}}(\boldsymbol{G}')+\\
\left[\begin{array}{l}C_{12}(\boldsymbol{G}'')(K_2+G_2')(K_1+G_1'+G_1'')\\ +C_{44}(\boldsymbol{G}'')[(K_1+G_1')(K_2+G_2'+G_2'')]\end{array}\right]U_{2,\boldsymbol{K}}(\boldsymbol{G}')+\\
\left[\begin{array}{l}C_{12}(\boldsymbol{G}'')(K_3+G_3')(K_1+G_1'+G_1'')\\ +C_{44}(\boldsymbol{G}'')[(K_1+G_1')(K_3+G_3'+G_3'')]\end{array}\right]U_{3,\boldsymbol{K}}(\boldsymbol{G}')
\end{array}\right\}
\end{aligned} \tag{5.28}$$

消去式中两边的 $-\mathrm{e}^{\mathrm{i}(\boldsymbol{K}\cdot\boldsymbol{r}-\omega t)}$，并在两边同时乘以因子 $\mathrm{e}^{\mathrm{i}\boldsymbol{G}\cdot\boldsymbol{r}}$（$\boldsymbol{G}\in(\mathrm{RL})$），可以得到形如 $\mathrm{e}^{\mathrm{i}(\boldsymbol{G}'+\boldsymbol{G}''-\boldsymbol{G})\cdot\boldsymbol{r}}$的项。由于

$$\frac{1}{V_{(\mathrm{UC})}}\iiint_{(\mathrm{UC})} \mathrm{e}^{i(\boldsymbol{G}'+\boldsymbol{G}''-\boldsymbol{G})\cdot \boldsymbol{r}}\mathrm{d}^3\boldsymbol{r} = \delta_{(\boldsymbol{G}'+\boldsymbol{G}''-\boldsymbol{G}),\mathbf{O}} = \begin{cases} 1 & \boldsymbol{G}'+\boldsymbol{G}''-\boldsymbol{G} = \mathbf{O} \\ 0 & \boldsymbol{G}'+\boldsymbol{G}''-\boldsymbol{G} \neq \mathbf{O} \end{cases} \tag{5.29}$$

所以,对式(5.28)在 $V_{(\mathrm{UC})}$ 上进行积分,可得

$$\omega^2 \sum_{\boldsymbol{G}'} \rho(\boldsymbol{G}-\boldsymbol{G}')U_{1,\boldsymbol{K}}(\boldsymbol{G}') =$$

$$\sum_{\boldsymbol{G}'}\left\{\begin{aligned} &\left[\begin{aligned} &C_{11}(\boldsymbol{G}-\boldsymbol{G}')(K_1+G_1')(K_1+G_1) \\ &+C_{44}(\boldsymbol{G}-\boldsymbol{G}')\left[\begin{aligned}&(K_2+G_2')(K_2+G_2)+\\&(K_3+G_3')(K_3+G_3)\end{aligned}\right]\end{aligned}\right]U_{1,\boldsymbol{K}}(\boldsymbol{G}')+ \\ &\left[\begin{aligned}&C_{12}(\boldsymbol{G}-\boldsymbol{G}')(K_2+G_2')(K_1+G_1)\\&+C_{44}(\boldsymbol{G}-\boldsymbol{G}')(K_1+G_1')(K_2+G_2)\end{aligned}\right]U_{2,\boldsymbol{K}}(\boldsymbol{G}')+ \\ &\left[\begin{aligned}&C_{12}(\boldsymbol{G}-\boldsymbol{G}')(K_3+G_3')(K_1+G_1)+\\&C_{44}(\boldsymbol{G}-\boldsymbol{G}')(K_1+G_1')(K_3+G_3)\end{aligned}\right]U_{3,\boldsymbol{K}}(\boldsymbol{G}')\end{aligned}\right\} \tag{5.30}$$

实际上,利用式(5.29)之后将使式(5.28)中只有那些满足 $\boldsymbol{G}''=\boldsymbol{G}-\boldsymbol{G}'$ 的项才会保留下来。

针对式(5.19)和式(5.20)做相同的处理,不难得到傅里叶变换后的3个耦合方程,即

$$\begin{cases} \omega^2 \sum_{\boldsymbol{G}'} B^{(11)}_{\boldsymbol{G},\boldsymbol{G}'}U_{1,\boldsymbol{K}}(\boldsymbol{G}') = \\ \sum_{\boldsymbol{G}'}\{A^{(11)}_{\boldsymbol{G},\boldsymbol{G}'}U_{1,\boldsymbol{K}}(\boldsymbol{G}') + A^{(12)}_{\boldsymbol{G},\boldsymbol{G}'}U_{2,\boldsymbol{K}}(\boldsymbol{G}') + A^{(13)}_{\boldsymbol{G},\boldsymbol{G}'}U_{3,\boldsymbol{K}}(\boldsymbol{G}')\} \\ \omega^2 \sum_{\boldsymbol{G}'} B^{(22)}_{\boldsymbol{G},\boldsymbol{G}'}U_{2,\boldsymbol{K}}(\boldsymbol{G}') = \\ \sum_{\boldsymbol{G}'}\{A^{(21)}_{\boldsymbol{G},\boldsymbol{G}'}U_{1,\boldsymbol{K}}(\boldsymbol{G}') + A^{(22)}_{\boldsymbol{G},\boldsymbol{G}'}U_{2,\boldsymbol{K}}(\boldsymbol{G}') + A^{(23)}_{\boldsymbol{G},\boldsymbol{G}'}U_{3,\boldsymbol{K}}(\boldsymbol{G}')\} \\ \omega^2 \sum_{\boldsymbol{G}'} B^{(33)}_{\boldsymbol{G},\boldsymbol{G}'}U_{3,\boldsymbol{K}}(\boldsymbol{G}') = \\ \sum_{\boldsymbol{G}'}\{A^{(31)}_{\boldsymbol{G},\boldsymbol{G}'}U_{1,\boldsymbol{K}}(\boldsymbol{G}') + A^{(32)}_{\boldsymbol{G},\boldsymbol{G}'}U_{2,\boldsymbol{K}}(\boldsymbol{G}') + A^{(33)}_{\boldsymbol{G},\boldsymbol{G}'}U_{3,\boldsymbol{K}}(\boldsymbol{G}')\} \end{cases} \tag{5.31}$$

式中:

$$
\begin{cases}
B_{\boldsymbol{G},\boldsymbol{G}'}^{(11)} = B_{\boldsymbol{G},\boldsymbol{G}'}^{(22)} = B_{\boldsymbol{G},\boldsymbol{G}'}^{(33)} = \rho(\boldsymbol{G}-\boldsymbol{G}') \\
A_{\boldsymbol{G},\boldsymbol{G}'}^{(11)} = C_{11}(\boldsymbol{G}-\boldsymbol{G}')(G_1+K_1)(G_1'+K_1) + \\
C_{44}(\boldsymbol{G}-\boldsymbol{G}')[(G_2+K_2)(G_2'+K_2)+(G_3+K_3)(G_3'+K_3)] \\
A_{\boldsymbol{G},\boldsymbol{G}'}^{(12)} = C_{12}(\boldsymbol{G}-\boldsymbol{G}')(G_1+K_1)(G_2'+K_2) + \\
C_{44}(\boldsymbol{G}-\boldsymbol{G}')(G_1'+K_1)(G_2+K_2) \\
A_{\boldsymbol{G},\boldsymbol{G}'}^{(13)} = C_{12}(\boldsymbol{G}-\boldsymbol{G}')(G_1+K_1)(G_3'+K_3) + \\
C_{44}(\boldsymbol{G}-\boldsymbol{G}')(G_1'+K_1)(G_3+K_3) \\
A_{\boldsymbol{G},\boldsymbol{G}'}^{(21)} = C_{12}(\boldsymbol{G}-\boldsymbol{G}')(G_1'+K_1)(G_2+K_2) + \\
C_{44}(\boldsymbol{G}-\boldsymbol{G}')(G_2'+K_2)(G_1+K_1) \\
A_{\boldsymbol{G},\boldsymbol{G}'}^{(22)} = C_{11}(\boldsymbol{G}-\boldsymbol{G}')(G_2+K_2)(G_2'+K_2) + \\
C_{44}(\boldsymbol{G}-\boldsymbol{G}')[(G_1+K_1)(G_1'+K_1)+(G_3+K_3)(G_3'+K_3)] \\
A_{\boldsymbol{G},\boldsymbol{G}'}^{(23)} = C_{12}(\boldsymbol{G}-\boldsymbol{G}')(G_2+K_2)(G_3'+K_3) + \\
C_{44}(\boldsymbol{G}-\boldsymbol{G}')(G_2'+K_2)(G_3+K_3) \\
A_{\boldsymbol{G},\boldsymbol{G}'}^{(31)} = C_{12}(\boldsymbol{G}-\boldsymbol{G}')(G_1'+K_1)(G_3+K_3) + \\
C_{44}(\boldsymbol{G}-\boldsymbol{G}')(G_1+K_1)(G_3'+K_3) \\
A_{\boldsymbol{G},\boldsymbol{G}'}^{(32)} = C_{12}(\boldsymbol{G}-\boldsymbol{G}')(G_2'+K_2)(G_3+K_3) + \\
C_{44}(\boldsymbol{G}-\boldsymbol{G}')(G_2+K_2)(G_3'+K_3) \\
A_{\boldsymbol{G},\boldsymbol{G}'}^{(33)} = C_{11}(\boldsymbol{G}-\boldsymbol{G}')(G_3+K_3)(G_3'+K_3) + \\
C_{44}(\boldsymbol{G}-\boldsymbol{G}')[(G_1+K_1)(G_1'+K_1)+(G_2+K_2)(G_2'+K_2)]
\end{cases}
\tag{5.32}
$$

方程组(5.31)也可以改写为以下矩阵形式,即

$$
\omega^2\begin{pmatrix} B_{\boldsymbol{G},\boldsymbol{G}'}^{(11)} & 0 & 0 \\ 0 & B_{\boldsymbol{G},\boldsymbol{G}'}^{(22)} & 0 \\ 0 & 0 & B_{\boldsymbol{G},\boldsymbol{G}'}^{(33)} \end{pmatrix}\begin{pmatrix} U_{1,\boldsymbol{K}}(\boldsymbol{G}') \\ U_{2,\boldsymbol{K}}(\boldsymbol{G}') \\ U_{3,\boldsymbol{K}}(\boldsymbol{G}') \end{pmatrix} = \begin{pmatrix} A_{\boldsymbol{G},\boldsymbol{G}'}^{(11)} & A_{\boldsymbol{G},\boldsymbol{G}'}^{(12)} & A_{\boldsymbol{G},\boldsymbol{G}'}^{(13)} \\ A_{\boldsymbol{G},\boldsymbol{G}'}^{(21)} & A_{\boldsymbol{G},\boldsymbol{G}'}^{(22)} & A_{\boldsymbol{G},\boldsymbol{G}'}^{(23)} \\ A_{\boldsymbol{G},\boldsymbol{G}'}^{(31)} & A_{\boldsymbol{G},\boldsymbol{G}'}^{(32)} & A_{\boldsymbol{G},\boldsymbol{G}'}^{(33)} \end{pmatrix}\begin{pmatrix} U_{1,\boldsymbol{K}}(\boldsymbol{G}') \\ U_{2,\boldsymbol{K}}(\boldsymbol{G}') \\ U_{3,\boldsymbol{K}}(\boldsymbol{G}') \end{pmatrix}
\tag{5.33}
$$

或者:

$$
\omega^2\boldsymbol{Bu} = \boldsymbol{Au} \tag{5.34}
$$

式中:**A** 和 **B** 为方阵;**u** 为矢量,其维数依赖于傅里叶级数中计入的倒格矢数量。

针对散射体阵列所对应的不可约布里渊区,当给定一组波矢 $\boldsymbol{K}=(K_1,K_2,K_3)$后,通过上述广义本征值方程的数值求解,就可以得到一组本征频率值 $\omega(\boldsymbol{K})$了。

式(5.33)具有一般性,是应用平面波展开法计算三维周期结构的色散曲线的基本方程。当维度较低时,由于能够消去波矢和倒格矢的某些分量,因而该方程可以得到一些简化。下面将通过考察二维声子晶体这一特殊情形来说明这一点。

#### 5.3.1.3 二维声子晶体的平面波展开法分析

这里所讨论的二维声子晶体是由平行的柱状散射体的二维阵列置入到弹性基体中构成的,散射体材料为 A,其截面形状可以是圆形、方形、椭圆形或六边形等,基体材料为 B,如图 5.5 所示,这里假定两种材料均具有立方晶系对称性。

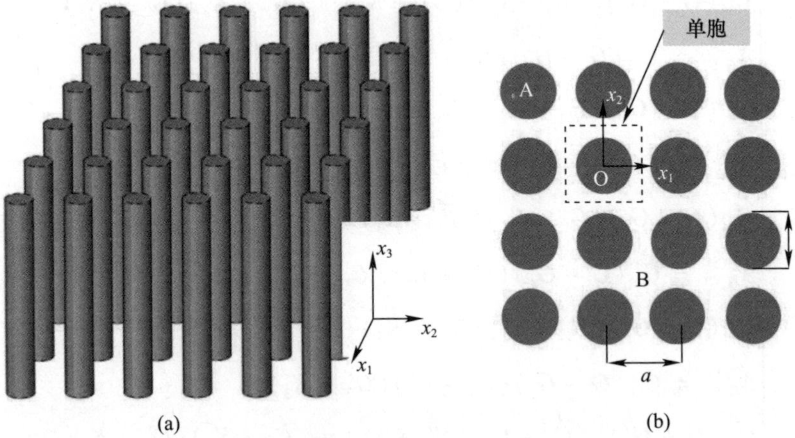


图 5.5 二维声子晶体

(a)由半径为 $R$ 的柱状散射体 A 以晶格常数 $a$ 方形阵列于基体 B 中形成的二维声子晶体(柱状散射体轴向为 $x_3$ 轴且假定为无限长,在 $x_1$ 和 $x_2$ 方向上为周期布置);(b)($x_1Ox_2$)平面内该二维声子晶体的横截面示意图。

此处的柱状散射体在 $x_3$ 方向上是无限延伸的,因而在这一方向上具有平移不变性,材料参数(密度和弹性模量)和位移场均不依赖于 $x_3$,由此可知在式(5.31)中 $G_3$ 和 $G'_3$ 将会消失。进一步,只限于在横向平面($x_1Ox_2$)内考虑波的传播问题,进而有 $K_3=0$。这样一来,式(5.32)中的 $A^{(13)}_{\boldsymbol{G},\boldsymbol{G}'}$、$A^{(23)}_{\boldsymbol{G},\boldsymbol{G}'}$、$A^{(31)}_{\boldsymbol{G},\boldsymbol{G}'}$ 和 $A^{(32)}_{\boldsymbol{G},\boldsymbol{G}'}$ 项将变为零,式(5.33)将化为

$$\omega^2\begin{pmatrix} B_{G,G'}^{(11)} & 0 & 0 \\ 0 & B_{G,G'}^{(22)} & 0 \\ 0 & 0 & B_{G,G'}^{(33)} \end{pmatrix}\begin{pmatrix} U_{1,K}(G') \\ U_{2,K}(G') \\ U_{3,K}(G') \end{pmatrix} = \begin{pmatrix} A_{G,G'}^{(11)} & A_{G,G'}^{(12)} & 0 \\ A_{G,G'}^{(21)} & A_{G,G'}^{(22)} & 0 \\ 0 & 0 & A_{G,G'}^{(33)} \end{pmatrix}\begin{pmatrix} U_{1,K}(G') \\ U_{2,K}(G') \\ U_{3,K}(G') \end{pmatrix} \tag{5.35}$$

式中：

$$\begin{cases} B_{G,G'}^{(11)} = B_{G,G'}^{(22)} = B_{G,G'}^{(33)} = \rho(G-G') \\ A_{G,G'}^{(11)} = C_{11}(G-G')(G_1+K_1)(G_1'+K_1)+ \\ C_{44}(G-G')(G_2+K_2)(G_2'+K_2) \\ A_{G,G'}^{(12)} = C_{12}(G-G')(G_1+K_1)(G_2'+K_2)+ \\ C_{44}(G-G')(G_1'+K_1)(G_2+K_2) \\ A_{G,G'}^{(21)} = C_{12}(G-G')(G_1'+K_1)(G_2+K_2)+ \\ C_{44}(G-G')(G_2'+K_2)(G_1+K_1) \\ A_{G,G'}^{(22)} = C_{11}(G-G')(G_2+K_2)(G_2'+K_2)+ \\ C_{44}(G-G')(G_1+K_1)(G_1'+K_1) \\ A_{G,G'}^{(33)} = C_{44}(G-G')\begin{bmatrix}(G_1+K_1)(G_1'+K_1)+ \\ (G_2+K_2)(G_2'+K_2)\end{bmatrix} \end{cases} \tag{5.36}$$

式(5.35)可以拆分为两个相互独立的矩阵方程，分别为

$$\omega^2\begin{pmatrix} B_{G,G'}^{(11)} & 0 \\ 0 & B_{G,G'}^{(22)} \end{pmatrix}\begin{pmatrix} U_{1,K}(G') \\ U_{2,K}(G') \end{pmatrix} = \begin{pmatrix} A_{G,G'}^{(11)} & A_{G,G'}^{(12)} \\ A_{G,G'}^{(21)} & A_{G,G'}^{(22)} \end{pmatrix}\begin{pmatrix} U_{1,K}(G') \\ U_{2,K}(G') \end{pmatrix} \tag{5.37}$$

和

$$\omega^2\sum_{G'} B_{G,G'}^{(33)} U_{3,K}(G') = \sum_{G'} A_{G,G'}^{(33)} U_{3,K}(G') \tag{5.38}$$

式(5.37)和式(5.38)表明，在这个二维声子晶体中存在着相互解耦的传播模式。式(5.37)对应于偏振方向位于横向平面($x_1Ox_2$)内的模式，一般称为 XY 模式，而式(5.38)描述的是所谓的 Z 模式，其位移场方向沿着 $x_3$ 轴。

式(5.36)中包含了傅里叶系数 $\rho(\boldsymbol{G}-\boldsymbol{G}')$ 和 $C_{mn}(\boldsymbol{G}-\boldsymbol{G}')$，其中 $(mn)=(11)$，$(44)$ 或 $(12)$，均由式(5.25)所确定。对于所讨论的二维声子晶体情况来说，式(5.25)必须改写成

$$\eta(\boldsymbol{G}-\boldsymbol{G}')=\frac{1}{\Sigma_{(\mathrm{UC})}}\iint_{(\mathrm{UC})}\eta(\boldsymbol{r})\mathrm{e}^{-\mathrm{i}(\boldsymbol{G}-\boldsymbol{G}')\cdot\boldsymbol{r}}\mathrm{d}^2\boldsymbol{r} \tag{5.39}$$

式中：$\eta$ 恒等于 $\rho$ 或者 $C_{mn}$；$\Sigma_{(\mathrm{UC})}$ 为 $x_1Ox_2$ 平面内二维单胞所占据的面积。

式(5.39)还可进一步表示为

$$\eta(\boldsymbol{G}-\boldsymbol{G}')=\frac{1}{\Sigma_{(\mathrm{UC})}}\iint_{(\mathrm{A}_{(\mathrm{UC})})}\eta_{\mathrm{A}}\mathrm{e}^{-\mathrm{i}(\boldsymbol{G}-\boldsymbol{G}')\cdot\boldsymbol{r}}\mathrm{d}^2\boldsymbol{r}+\frac{1}{\Sigma_{(\mathrm{UC})}}\iint_{(\mathrm{B}_{(\mathrm{UC})})}\eta_{\mathrm{B}}\mathrm{e}^{-\mathrm{i}(\boldsymbol{G}-\boldsymbol{G}')\cdot\boldsymbol{r}}\mathrm{d}^2\boldsymbol{r} \tag{5.40}$$

式中的积分是分别在单胞内的材料 A 和材料 B 所占据的面积上进行的，$\eta_{\mathrm{A}}$ 和 $\eta_{\mathrm{B}}$ 分别为材料 A 和材料 B 的参数 $\eta$ 值。

对式(5.40)做以下处理，即

$$\begin{aligned}\eta(\boldsymbol{G}-\boldsymbol{G}')&=\frac{1}{\Sigma_{(\mathrm{UC})}}\iint_{(\mathrm{A}_{(\mathrm{UC})})}\eta_{\mathrm{A}}\mathrm{e}^{-\mathrm{i}(\boldsymbol{G}-\boldsymbol{G}')\cdot\boldsymbol{r}}\mathrm{d}^2\boldsymbol{r}-\frac{1}{\Sigma_{(\mathrm{UC})}}\iint_{(\mathrm{A}_{(\mathrm{UC})})}\eta_{\mathrm{B}}\mathrm{e}^{-\mathrm{i}(\boldsymbol{G}-\boldsymbol{G}')\cdot\boldsymbol{r}}\mathrm{d}^2\boldsymbol{r}+\\&\quad\frac{1}{\Sigma_{(\mathrm{UC})}}\iint_{(\mathrm{A}_{(\mathrm{UC})})}\eta_{\mathrm{B}}\mathrm{e}^{-\mathrm{i}(\boldsymbol{G}-\boldsymbol{G}')\cdot\boldsymbol{r}}\mathrm{d}^2\boldsymbol{r}+\frac{1}{\Sigma_{(\mathrm{UC})}}\iint_{(\mathrm{B}_{(\mathrm{UC})})}\eta_{\mathrm{B}}\mathrm{e}^{-\mathrm{i}(\boldsymbol{G}-\boldsymbol{G}')\cdot\boldsymbol{r}}\mathrm{d}^2\boldsymbol{r}\\&=(\eta_{\mathrm{A}}-\eta_{\mathrm{B}})\left\{\frac{1}{\Sigma_{(\mathrm{UC})}}\iint_{(\mathrm{A}_{(\mathrm{UC})})}\mathrm{e}^{-\mathrm{i}(\boldsymbol{G}-\boldsymbol{G}')\cdot\boldsymbol{r}}\mathrm{d}^2\boldsymbol{r}\right\}+\eta_{\mathrm{B}}\left\{\frac{1}{\Sigma_{(\mathrm{UC})}}\iint_{(\mathrm{UC})}\mathrm{e}^{-\mathrm{i}(\boldsymbol{G}-\boldsymbol{G}')\cdot\boldsymbol{r}}\mathrm{d}^2\boldsymbol{r}\right\}\end{aligned} \tag{5.41}$$

由于

$$\frac{1}{\Sigma_{(\mathrm{UC})}}\iint_{(\mathrm{UC})}\mathrm{e}^{-\mathrm{i}(\boldsymbol{G}-\boldsymbol{G}')\cdot\boldsymbol{r}}\mathrm{d}^2\boldsymbol{r}=\delta_{(\boldsymbol{G}-\boldsymbol{G}'),\boldsymbol{0}}=\begin{cases}1 & (\boldsymbol{G}-\boldsymbol{G}')=\boldsymbol{0}\\0 & (\boldsymbol{G}-\boldsymbol{G}')\neq\boldsymbol{0}\end{cases} \tag{5.42}$$

并定义 $F(\boldsymbol{G}-\boldsymbol{G}')$ 为

$$F(\boldsymbol{G}-\boldsymbol{G}')=\frac{1}{\Sigma_{(\mathrm{UC})}}\iint_{(\mathrm{A}_{(\mathrm{UC})})}\mathrm{e}^{-\mathrm{i}(\boldsymbol{G}-\boldsymbol{G}')\cdot\boldsymbol{r}}\mathrm{d}^2\boldsymbol{r} \tag{5.43}$$

于是，式(5.40)可化为

$$\eta(\boldsymbol{G}-\boldsymbol{G}')=(\eta_{\mathrm{A}}-\eta_{\mathrm{B}})F(\boldsymbol{G}-\boldsymbol{G}')+\eta_{\mathrm{B}}\delta_{(\boldsymbol{G}-\boldsymbol{G}'),\boldsymbol{0}} \tag{5.44}$$

式中：$F(\boldsymbol{G}-\boldsymbol{G}')$ 为结构因子，它取决于柱状散射体的横截面几何形状。

例如，如果考虑的是圆形横截面形式的散射体，如图 5.6 所示，那么这个结构因子就可以在极坐标系下进行计算，即

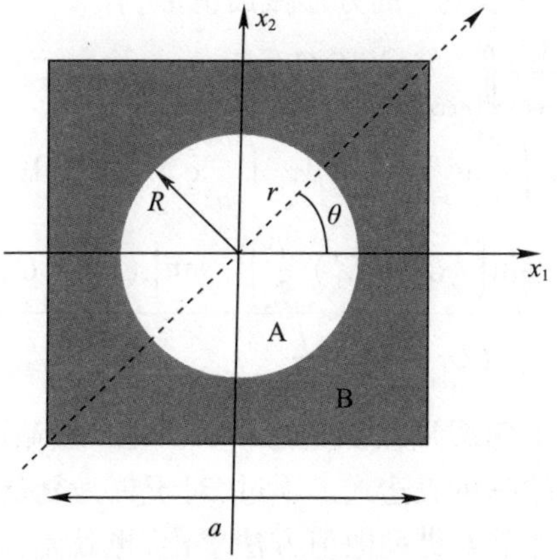


图 5.6　由圆柱散射体方形阵列构成的二维声子晶体
在 $x_1Ox_2$ 平面内的单胞横截面(面积为 $a^2$)

$$
\begin{aligned}
F(\boldsymbol{G}-\boldsymbol{G}') &= \frac{1}{\Sigma_{(\mathrm{UC})}}\iint_{(\mathrm{A}_{(\mathrm{UC})})}\mathrm{e}^{-\mathrm{i}(\boldsymbol{G}-\boldsymbol{G}')\cdot\boldsymbol{r}}\mathrm{d}^2\boldsymbol{r} \\
&= \frac{1}{a^2}\int_0^R\int_0^{2\pi}\mathrm{e}^{-\mathrm{i}\,|\boldsymbol{G}-\boldsymbol{G}'|r\cos\theta}r\mathrm{d}r\mathrm{d}\theta = \frac{1}{a^2}\int_0^R 2\pi r\mathrm{d}rJ_0(|\boldsymbol{G}-\boldsymbol{G}'|r) \\
&= \frac{2\pi}{a^2\,|\boldsymbol{G}-\boldsymbol{G}'|^2}\int_0^{|\boldsymbol{G}-\boldsymbol{G}'|R}(|\boldsymbol{G}-\boldsymbol{G}'|r)J_0(|\boldsymbol{G}-\boldsymbol{G}'|r)\mathrm{d}(|\boldsymbol{G}-\boldsymbol{G}'|r) \\
&= \frac{2\pi}{a^2\,|\boldsymbol{G}-\boldsymbol{G}'|^2}(|\boldsymbol{G}-\boldsymbol{G}'|R)J_1(|\boldsymbol{G}-\boldsymbol{G}'|R) = f\frac{2J_1(|\boldsymbol{G}-\boldsymbol{G}'|R)}{|\boldsymbol{G}-\boldsymbol{G}'|R}
\end{aligned}
\tag{5.45}
$$

式中:$f=\pi R^2/a^2(0\leqslant f\leqslant\pi/4)$为散射体的填充比,也就是圆柱散射体的横截面面积与单胞面积之比;$J_0$ 和 $J_1$ 分别为第一类 0 阶和 1 阶贝塞尔函数。

当 $\boldsymbol{G}-\boldsymbol{G}'=\boldsymbol{0}$ 时,有:

$$
F(\boldsymbol{0}) = \frac{1}{\Sigma_{(\mathrm{UC})}}\iint_{(\mathrm{A}_{(\mathrm{UC})})}\mathrm{d}^2\boldsymbol{r} = \frac{\pi R^2}{a^2} = f \tag{5.46}
$$

于是可以将式(5.44)改写为

$$
\eta(\boldsymbol{G}-\boldsymbol{G}') = \begin{cases} f\eta_{\mathrm{A}}+(1-f)\eta_{\mathrm{B}}=\bar{\eta}, & \boldsymbol{G}-\boldsymbol{G}'=\boldsymbol{O} \\ (\eta_{\mathrm{A}}-\eta_{\mathrm{B}})F(\boldsymbol{G}-\boldsymbol{G}'), & \boldsymbol{G}-\boldsymbol{G}'\neq\boldsymbol{O} \end{cases} \tag{5.47}
$$

式中:$\bar{\eta}$ 为参数 $\eta$ 在单胞上的平均值。

结构因子不仅依赖于散射体的几何形状,同时也跟倒格矢有关。对于其他

类型的横截面形状,如边长为 $l$ 的方形截面情形,有

$$
\begin{aligned}
F(\boldsymbol{G}-\boldsymbol{G}') &= \frac{1}{\Sigma_{(\mathrm{UC})}}\iint_{(A_{(\mathrm{UC})})} \mathrm{e}^{-\mathrm{i}(\boldsymbol{G}-\boldsymbol{G}')\cdot \boldsymbol{r}}\mathrm{d}^2\boldsymbol{r} \\
&= \frac{1}{a^2}\int_{-l/2}^{+l/2}\mathrm{e}^{-\mathrm{i}(\boldsymbol{G}_1-\boldsymbol{G}_1')x_1}\mathrm{d}x_1\int_{-l/2}^{+l/2}\mathrm{e}^{-\mathrm{i}(\boldsymbol{G}_2-\boldsymbol{G}_2')x_2}\mathrm{d}x_2 \\
&= f\cdot\frac{\sin\left[(G_1-G_1')\dfrac{l}{2}\right]}{(G_1-G_1')\dfrac{l}{2}}\cdot\frac{\sin\left[(G_2-G_2')\dfrac{l}{2}\right]}{(G_2-G_2')\dfrac{l}{2}}
\end{aligned}
\tag{5.48}
$$

若干学者还考察了椭圆形或六边形[WAN 07]横截面形状的散射体情形,推导建立了结构因子的解析表达式。不过,对于更为复杂一些的几何形状来说,其结构因子的计算仍然需要借助数值方法求出,也就是需要对式(5.43)中的面积分进行数值求解,计算时间会显著增长。此外,由不同材料制成的柱状散射体这种情况也是可以解决的,如散射体是由一系列同心的柱状板组成的情形。这种情况下一般需要对式(5.41)做恰当处理,将这种特殊几何考虑进来。

式(5.38)反映的是二维声子晶体中传播的 Z 模式,可以改写为

$$
\begin{aligned}
&\omega^2\sum_{\boldsymbol{G}'}\rho(\boldsymbol{G}-\boldsymbol{G}')U_{3,\boldsymbol{K}}(\boldsymbol{G}') = \\
&\sum_{\boldsymbol{G}'}C_{44}(\boldsymbol{G}-\boldsymbol{G}')[(G_1+K_1)(G_1'+K_1)+(G_2+K_2)(G_2'+K_2)]U_{3,\boldsymbol{K}}(\boldsymbol{G}')
\end{aligned}
\tag{5.49}
$$

如果在上面这个方程中将 $\boldsymbol{G}=\boldsymbol{G}'$ 项从求和中提出,那么可以得到以下形式的方程,即

$$
\begin{aligned}
&\omega^2\left\{\rho(\boldsymbol{0})U_{3,\boldsymbol{K}}(\boldsymbol{G})+\sum_{\boldsymbol{G}'\neq\boldsymbol{G}}\rho(\boldsymbol{G}-\boldsymbol{G}')U_{3,\boldsymbol{K}}(\boldsymbol{G}')\right\} = \\
&C_{44}(\boldsymbol{0})[(G_1+K_1)(G_1+K_1)+(G_2+K_2)(G_2+K_2)]U_{3,\boldsymbol{K}}(\boldsymbol{G}) + \\
&\sum_{\boldsymbol{G}'\neq\boldsymbol{G}}C_{44}(\boldsymbol{G}-\boldsymbol{G}')[(G_1+K_1)(G_1'+K_1)+(G_2+K_2)(G_2'+K_2)]U_{3,\boldsymbol{K}}(\boldsymbol{G}')
\end{aligned}
\tag{5.50}
$$

或

$$
\begin{aligned}
&\omega^2\left\{\bar{\rho}U_{3,\boldsymbol{K}}(\boldsymbol{G})+(\rho_A-\rho_B)\sum_{\boldsymbol{G}'\neq\boldsymbol{G}}F(\boldsymbol{G}-\boldsymbol{G}')U_{3,\boldsymbol{K}}(\boldsymbol{G}')\right\} = \\
&\bar{C}_{44}(\boldsymbol{G}+\boldsymbol{K})^2U_{3,\boldsymbol{K}}(\boldsymbol{G}) + \\
&(C_{44A}-C_{44B})\sum_{\boldsymbol{G}'\neq\boldsymbol{G}}F(\boldsymbol{G}-\boldsymbol{G}')\begin{bmatrix}(G_1+K_1)(G_1'+K_1)+\\(G_2+K_2)(G_2'+K_2)\end{bmatrix}U_{3,\boldsymbol{K}}(\boldsymbol{G}')
\end{aligned}
\tag{5.51}
$$

若取无量纲矢量 $\boldsymbol{g}=\dfrac{a}{2\pi}\boldsymbol{G}$,$\boldsymbol{g}'=\dfrac{a}{2\pi}\boldsymbol{G}'$ 和 $\boldsymbol{k}=\dfrac{a}{2\pi}\boldsymbol{K}$,那么式(5.51)可化为

$$\omega^2\bar{\rho}\left\{U_{3,\boldsymbol{k}}(\boldsymbol{g})+\frac{\rho_{\mathrm{A}}-\rho_{\mathrm{B}}}{}\sum_{\boldsymbol{g}'\neq\boldsymbol{g}}F(\boldsymbol{g}-\boldsymbol{g}')U_{3,\boldsymbol{k}}(\boldsymbol{g}')\right\}=$$

$$\bar{C}_{44}\left(\frac{2\pi}{a}\right)^2\left\{\begin{aligned}&(\boldsymbol{g}+\boldsymbol{k})^2U_{3,\boldsymbol{k}}(\boldsymbol{g})+\\&\frac{C_{44A}-C_{44B}}{\bar{C}_{44}}\sum_{\boldsymbol{g}'\neq\boldsymbol{g}}F(\boldsymbol{g}-\boldsymbol{g}')(\boldsymbol{g}+\boldsymbol{k})(\boldsymbol{g}'+\boldsymbol{k})U_{3,\boldsymbol{k}}(\boldsymbol{g}')\end{aligned}\right\} \tag{5.52}$$

式(5.52)还可改写成

$$\Omega^2\left\{U_{3,\boldsymbol{k}}(\boldsymbol{g})+\Delta\rho\sum_{\boldsymbol{g}'\neq\boldsymbol{g}}F(\boldsymbol{g}-\boldsymbol{g}')U_{3,\boldsymbol{k}}(\boldsymbol{g}')\right\}=$$

$$(\boldsymbol{g}+\boldsymbol{k})^2U_{3,\boldsymbol{k}}(\boldsymbol{g})+\Delta C_{44}\sum_{\boldsymbol{g}'\neq\boldsymbol{g}}F(\boldsymbol{g}-\boldsymbol{g}')(\boldsymbol{g}+\boldsymbol{k})(\boldsymbol{g}'+\boldsymbol{k})U_{3,\boldsymbol{k}}(\boldsymbol{g}') \tag{5.53}$$

式中的 $\Omega=\dfrac{\omega}{\left(\dfrac{2\pi}{a}\right)\sqrt{\dfrac{\bar{C}_{44}}{\bar{\rho}}}}$、$\Delta C_{44}=\dfrac{C_{44A}-C_{44B}}{\bar{C}_{44}}$、$\Delta\rho=\dfrac{\rho_{\mathrm{A}}-\rho_{\mathrm{B}}}{\bar{\rho}}$ 都是无量纲参量。

类似地,针对 XY 模式的控制方程式(5.37),也可做同样的变换。由式(5.53)不难看出,计算无量纲频率 $\Omega$ 与无量纲布洛赫波矢 $\boldsymbol{k}$ 的关系要更为方便一些。例如,对于柱状散射体的方形阵列而言,二维无量纲矢量 $\boldsymbol{g}$(或 $\boldsymbol{g}'$)可以表示为 $\boldsymbol{g}=l\boldsymbol{e}_1+m\boldsymbol{e}_2$(或 $\boldsymbol{g}'=l'\boldsymbol{e}_1+m'\boldsymbol{e}_2$),$l$ 和 $m$(或 $l'$和 $m'$)为整数(参见文献[VAS 94])。在数值求解式(5.37)和式(5.38)的过程中,考虑 $-\mathrm{MT}\leqslant(l,l')\leqslant+\mathrm{MT}$ 和 $-\mathrm{MT}\leqslant(m,m')\leqslant+\mathrm{MT}$,其中的 MT 为一个正整数,这就意味着在截断后的傅里叶级数中计入了 $(2\mathrm{MT}+1)^2$ 个 $\boldsymbol{g}$ 或 $\boldsymbol{g}'$矢量。因此,当给定某个简约波矢 $\boldsymbol{k}$(描述了不可约布里渊区中的主传播方向,在方形阵列的不可约布里渊区中的 $\Gamma$ 点、$X$ 点和 $M$ 点处分别为 $\boldsymbol{k}_\Gamma=(0,0)$、$\boldsymbol{k}_X=(1/2,0)$ 和 $\boldsymbol{k}_M=(1/2,1/2)$[VAS 94]),对于 Z 模式来说可以获得 $(2\mathrm{MT}+1)^2$ 个实本征频率,而对于 XY 模式来说则可得到 $2(2\mathrm{MT}+1)^2$ 个。求解式(5.53)需要针对每个 $\boldsymbol{k}$ 值去计算广义本征值问题,该问题中包含的矩阵维数及 MT 值的选择是十分重要的,它们关系到傅里叶级数的收敛性,进而也就关系到本征频率 $\Omega$ 的数值精度,我们将在 5.3.2 小节中对此加以讨论。

### 5.3.2 平面波展开法的局限性

平面波展开法是计算声子晶体能带结构的一种非常有用的工具,其数值实现较为简单,主要困难在于如何正确列出所需求解的广义本征值问题中包含的那些矩阵。目前在网络上已经可以找到很多基于平面波展开法的能带结构计算程序,例如,有的采用 Fortran 或 C 语言,有的嵌入在 Matlab 软件中,尽管大多数程序是针对光子晶体研发的,不过很容易进行转换从而用于声子晶体。平面波展开法本质上具有一般性，能够适用于一维、二维和三维结构的计算，同时也适用于不同形状的散射体和不同形式的阵列几何。散射体和基体不限于各向同性或立方晶系对称性介质，可以具有更为复杂的晶体对称性[LIN 11]。不仅如此，除了被动式弹性组分材料之外，该方法也适合于处理主动式材料情形，如压电材料[WIL 02]和磁弹性材料[BOU 12]。不过需要指出的是，这一方法也存在一些局限性，主要是跟截断后的傅里叶级数的收敛性以及组分材料的选取有关。

#### 5.3.2.1 截断后的傅里叶级数的收敛性

如同5.3.1.3节末尾处所提及的，虽然在理论上傅里叶级数应当是无限型的，不过在数值计算过程中却只能计入有限个倒格矢，因而这里需要分析一下这种级数截断处理对计算出的本征值的影响。

为此，考察一种特殊的声子晶体结构的Z传播模式(由式(5.53)描述)，该结构是由性质差异非常显著的组分材料组成的，散射体为钢柱，以方形阵列形式插入树脂基体中，填充比为$f=0.55$。如图5.7所示，其中给出了前10条能带的

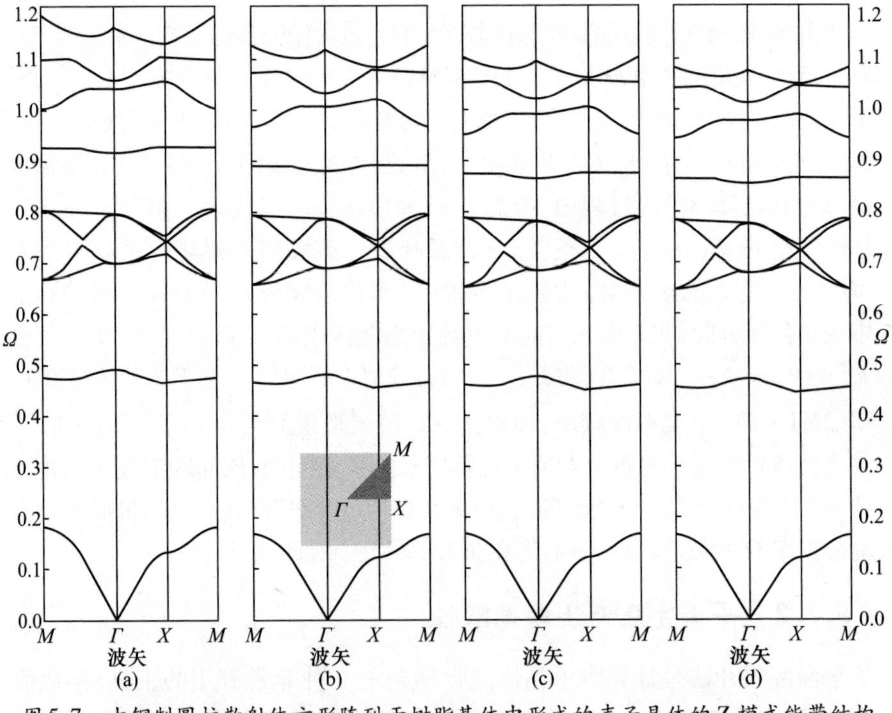


图5.7　由钢制圆柱散射体方形阵列于树脂基体中形成的声子晶体的Z模式能带结构(其他参数为$\rho_A=7780\text{kg/m}^3$、$C_{44,A}=8.1\times10^{10}\text{N/m}^{-2}$、$\rho_B=1142\text{kg/m}^3$、$C_{44,B}=0.148\times10^{10}\text{N/m}^2$和$f=0.55$，插图给出了方形布里渊区)

(a) MT=6；(b) MT=8；(c) MT=10；(d) MT=12。

计算结果，是沿着不可约布里渊区中的主传播方向计算得到的，考虑了不同的整数 MT 值(分别取6、8、10和12)。从中不难观察到，尽管能带结构的总体形状几乎是相同的，不过一些能带的频率位置会受到 MT 值的显著影响，对于 $\Omega$ 影响更显著一些，如 $\Omega$ 值为0.2、0.45和1.0附近就是如此。这种较为缓慢的收敛过程主要是由密度和弹性模量的级数逼近导致的，这些参数是非连续型函数，利用有限个正弦型连续函数的求和来实现准确逼近显然是较为困难的[SÖZ 92]，一般也称为“吉布斯现象”，可以从图5.8中清晰地认识到这一点。图5.8给出的是以下函数的曲线，即

$$\rho_{\mathrm{truncated}}(\boldsymbol{r}) = \sum_{|\boldsymbol{G}| \leqslant G_{\max}} \rho(\boldsymbol{G}) \mathrm{e}^{\mathrm{i}\boldsymbol{G}\cdot\boldsymbol{r}} \tag{5.54}$$

式中：$G_{\max} = \frac{2\pi}{a}\sqrt{\mathrm{MT}^2 + \mathrm{MT}^2} = \frac{2\pi}{a}\mathrm{MT}\sqrt{2}$，考虑了不同数量的倒格矢(MT=6、8、10、12)。从图中不难看出，无论 MT 取何值，$\rho_{\mathrm{truncated}}$ 都跟 $\rho(\boldsymbol{r})$ 很不相同。

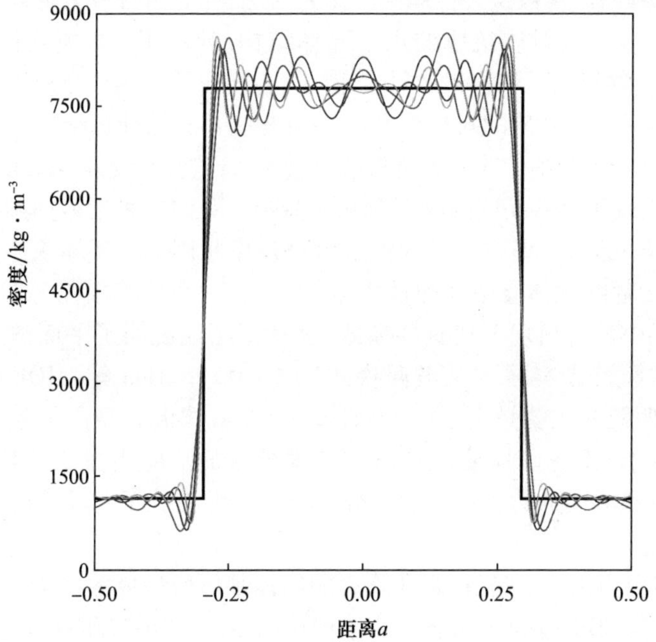


图5.8　针对由钢柱散射体方形阵列于树脂基体中形成的声子晶体($f$=0.55)，单胞内 $x_1 = x_2$ 方向上的 $\rho(\boldsymbol{r})$(黑色)和 $\rho(\boldsymbol{r})_{\mathrm{truncated}}$(绿色对应于 MT=6，红色对应于 MT=8，蓝色对应于 MT=10，青色对应于 MT=12 的情形)(见彩图)

显然，当采用平面波展开法时，有必要确定一个合适的 MT 值，使我们能够

在收敛性与计算时间这两个方面获得较好的平衡。对于组分材料性质差异极其显著的情况,如钢和树脂,截断的傅里叶级数的收敛性尤为重要。这种情况下,MT 值至少应取 10 才能计算出令人满意的本征频率。为提高平面波展开法的收敛速度,一些研究人员还提出了若干替代算法,参见文献[CAO 04]和文献[DEY 13]中的第 11 章。

**5.3.2.2 材料的选取**

前面各节中均假定了所有组分材料都是弹性固体,实际上声子晶体也可以由流体(液体或气体)与固体所组成,这种情况下平面波展开法可能是不可靠的。

不妨考虑一种二维声子晶体结构,其固体基体中带有柱状孔阵列,孔中注入了液体。我们当然可以将液体散射体建模成一种各向同性的"固体"介质,由于该介质中不存在横波模式,因而 $C_{44}=0$。然而,平面波展开法还假定了柱状散射体中的横波模式应具有非零而有限的位移场,因此引入 $C_{44}=0$ 将会导致平面波展开法计算程序出现数值失稳现象。作为示例,针对由带有方形圆柱孔阵列的铝基体和水银柱散射体组成的声子晶体结构,计算了 XY 模式能带结构,如图 5.9所示。这里已经将水银散射体建模为各向同性的固体介质,且 $C_{44}=0$,而 $\rho$ 和 $C_{11}$为实际水银介质的对应参数。平面波展开法的计算结果中出现了平直能带,当傅里叶级数中计入的倒格矢数量增大时,这些平直能带的数量也随之增大,此外还出现了一些无明确物理意义的能带。我们也采用另一种方法进行了计算,如有限元方法,即在 COMSOL 软件环境中将固体介质和液体介质均按照其实际弹性特性(固体有两个弹性模量,液体有一个压缩模量)进行建模。能带计算结果中没有出现上述这些模式,这就清晰地说明了平面波展开法计算结果中的这些模式实际上是虚假模式[TAN 00]。Hou 等[HOU 06]曾经指出,这些虚假模式主要是由于(针对此类固体/液体混合型声子晶体的平面波展开法计算中)不正确地使用布洛赫定理导致的。应当注意的是,在有限元计算中固体和液体的边界条件是严格满足的,而在平面波展开法中却没有考虑这些条件。

进一步应当指出的是,由带孔阵列的固体基体所构成的声子晶体存在着诸多方面的优点,其制备非常方便。由于前述的原因,如果将孔中的空气柱建模成 $C_{44}$为零的固体介质,那么基于平面波展开法也会得到虚假的平直能带,如图 5.10(a)所示,其中给出的是 XY 模式能带结构,针对的是铝基体中带有方形孔阵列的声子晶体结构。不过,人们也曾指出[VAS 08],对于这种情形来说,为了保证平面波展开法的精度,更好的做法是将空气柱替换为真空柱,并将真空柱建模成一种弹性模量和密度非常低的伪固体介质。事实上,将真空模化为弹性

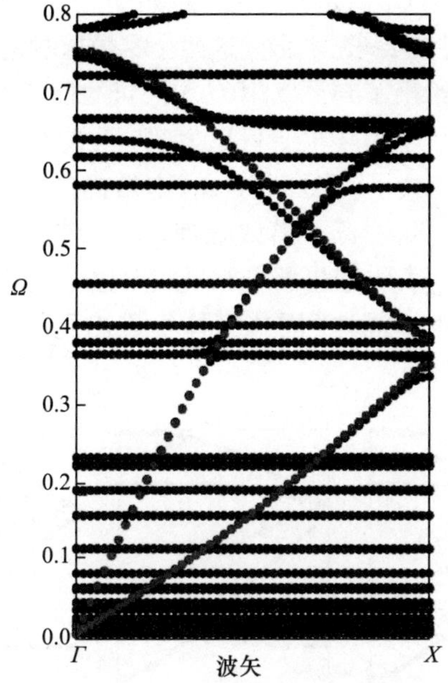


图 5.9 针对由带有方形圆柱孔阵列的铝基体和水银柱散射体组成的声子晶体结构计算得到的 $\Gamma X$ 方向上的 XY 模式能带结构(不可约布里渊区,$f=0.4$)(黑色圆点代表的是 PWE 计算结果,水银介质作为各向同性固体,$C_{44}=0$,MT = 8;红色圆点代表的是有限元计算结果,水银介质作为实际流体。基于 PWE 方法会导致非物理的模式,不能准确预测出这一流体/固体混合型二维声子晶体的传播模式。其他相关参数为 $\rho_A=13600\text{kg/m}^3$、$C_{11,A}=2.86\times10^{10}\text{N/m}^2$、$\rho_B=2700\text{kg/m}^3$、$C_{44,B}=2.61\times10^{10}\text{N/m}^2$、$C_{11,B}=11.09\times10^{10}\text{N/m}^2$(见彩图)

模量和密度近乎为零的介质会导致本征值问题出现非物理解。为简洁起见,这种模化后的低阻抗介质(LIM)一般假定为弹性各向同性的,并通过纵波波速 $C_l$ 和横波波速 $C_t$(或者 $C_{11}=\rho C_l^2$ 和 $C_{44}=\rho C_t^2$)来描述。这些参数值的选取应由固体介质和真空散射体之间的边界条件决定。实际上,我们知道这个分界面必须是应力自由的,因而要求真空散射体满足 $C_{11}=0$ 和 $C_{44}=0$。于是,在平面波展开法的计算过程中利用 LIM 来模拟真空,这些非零参数值就必须尽可能小,并且 LIM 的弹性模量与任何构成该声子晶体的固体介质的弹性模量之比值必须接近于零。可以令 $C_l$ 和 $C_t$ 远大于常见固体介质中的声速,这样就能够限制声波向固体的传播。对于 LIM,较大的声速和较小的弹性模量将要求其具有非常低的质量密度。例如,可以选择 $\rho=10^{-4}\text{kg/m}^3$,$C_l=C_t=10^5\text{m/s}$,也即该 LIM 的声阻抗等于 $10\text{kg/(m}^2\text{s)}$,由此可得 $C_{11}=C_{44}=10^6\text{N/m}^{-2}$,显然,常见固体介质的弹性常数(一般位于$10^{10}\text{N/m}^2$数量级)要比该 LIM 的弹性常数大很多,约为$10^4$

倍。此处所选择的 $C_{11}$ 和 $C_{44}$ 值是一个较好的折中，能够获得令人满意的收敛性，同时仍然满足边界条件的要求。另外，这两个参数取相同的值，也更为方便。如图 5.10(b)所示，其中给出了与图 5.10(a)相同的能带结构，不过孔阵列中的散射体介质被模化成上述 LIM 了。可以发现，图 5.10(a)中出现的平直能带在图 5.10(b)中已经消失了。图 5.10(c)中给出的是有限元计算结果，该方法仅对铝基体占据的空间进行了离散处理，这一计算结果跟图 5.10(b)所示结果是相当一致的。这表明如果将孔阵列中的空气介质替换为 LIM，那么平面波展开法对于此类声子晶体(固体基体上制出孔阵列)的能带结构计算也是适用的。

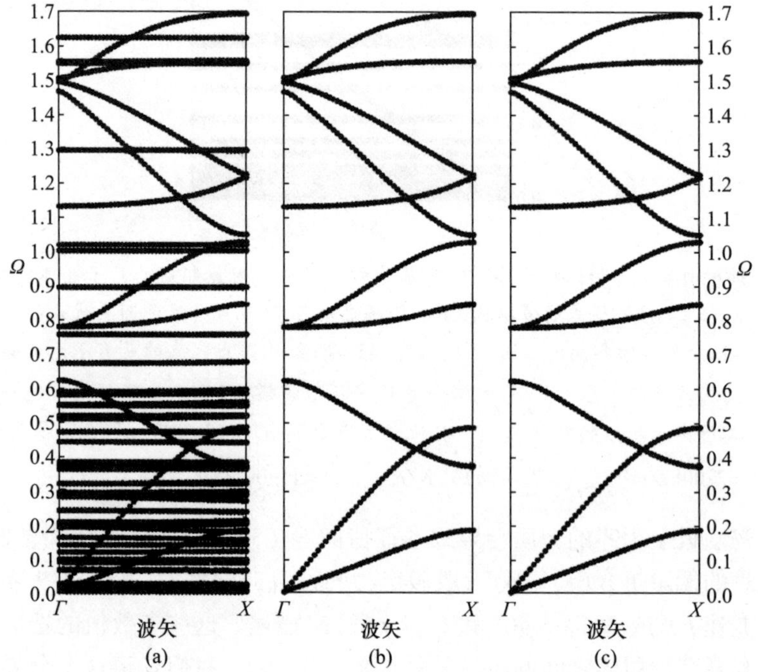


图 5.10　针对由带有方形圆柱孔阵列的铝基体结构计算得到的 ΓX 方向上的 XY 模式能带结构(不可约布里渊区，$f=0.4$)

(a) PWE 计算结果(孔中介质为空气，$C_{44}=0$，$C_{11}=1.49\times10^5\mathrm{N/m^2}$，$\rho=1.3\mathrm{kg/m^3}$，MT = 6)；(b) PWE 计算结果(孔中介质为低阻抗介质(LIM)，$C_{11}=C_{44}=10^6\mathrm{N/m^2}$，$\rho=10^{-4}\mathrm{kg/m^3}$，MT = 6；(c) 有限元方法计算结果。

也有许多声子晶体结构是由固体散射体阵列于空气基体中构成的，相关的实验工作有很多。类似地，如果将空气基体介质视为 $C_{44}=0$ 的固体，则也会导致出现非物理的计算结果。然而，由于固体和空气介质的物理特性差异巨大，所以固体散射体可以视为刚性介质，密度和弹性模量非常大。由此也就意味着声波无法透射进入到此类散射体之中，进而声波将局限在空气域内，以纵波方式传播。于是，对于由刚性散射体置入到空气基体所构成的周期结构来说，就可以将其视为一种非均匀的流体介质，此类介质中的声波传播方程[KUS 98a]可以表示为

$$-\frac{1}{C_{11}(\boldsymbol{r})}\frac{\partial^2 p(\boldsymbol{r},t)}{\partial t^2} = -\frac{\omega^2}{C_{11}(\boldsymbol{r})}p(\boldsymbol{r}) = \nabla\cdot\left(\frac{1}{\rho(\boldsymbol{r})}\nabla p(\boldsymbol{r},t)\right) \tag{5.55}$$

式中：$p(\boldsymbol{r},t) = \mathrm{e}^{\mathrm{i}\omega t}p(\boldsymbol{r})$为该非均匀流体介质中的声压场。

对于周期性流体介质来说，式(5.55)可以进行傅里叶变换处理，由此不难得到

$$\omega^2\sum_{\boldsymbol{G}'}C_{11}^{-1}(\boldsymbol{G}-\boldsymbol{G}')p_{\boldsymbol{K}}(\boldsymbol{G}') = \sum_{\boldsymbol{G}'}\rho^{-1}(\boldsymbol{G}-\boldsymbol{G}')\begin{bmatrix}(G_1+K_1)(G'_1+K_1)+\\(G_2+K_2)(G'_2+K_2)+\\(G_3+K_3)(G'_3+K_3)\end{bmatrix}p_{\boldsymbol{K}}(\boldsymbol{G}') \tag{5.56}$$

不难看出，当所考虑的是刚性柱状散射体二维阵列于空气基体中的情况时，将有 $G_3 = G'_3 = K_3 = 0$，于是上面这个方程将变为

$$\omega^2\sum_{\boldsymbol{G}'}C_{11}^{-1}(\boldsymbol{G}-\boldsymbol{G}')p_{\boldsymbol{K}}(\boldsymbol{G}') = \sum_{\boldsymbol{G}'}\rho^{-1}(\boldsymbol{G}-\boldsymbol{G}')\begin{bmatrix}(G_1+K_1)(G'_1+K_1)+\\(G_2+K_2)(G'_2+K_2)\end{bmatrix}p_{\boldsymbol{K}}(\boldsymbol{G}') \tag{5.57}$$

显然，此时完全可以跟二维声子晶体（弹性固体）中的 Z 模式传播方程进行类比，即式(5.49)中的$\rho$、$C_{44}$和$U_{3,\boldsymbol{K}}$分别对应于式(5.57)中的$C_{11}^{-1}$、$\rho^{-1}$和$p_{\boldsymbol{K}}$。于是，通过这一类比，借助前面针对 Z 模式所建立的数值计算程序，就能轻松地计算能带结构了，如图 5.11 所示，其中示出了针对钢柱方形阵列于空气基体这一构型的计算结果。由于在可听声频率范围内存在着一个很宽的带隙，因而此类声子晶体结构可以作为声屏障来应用，很多学者都对此进行了研究[GOF 03, PEI 16]。

上述这种将固体散射体（基体为空气）视为刚性的做法，其可靠性已经得到了证实，参见文献[VAS 09]中的图 2。然而需要注意的是，如果流体基体不是空气，而是类似水这样密度和刚性比空气大得多的流体介质时，则在绝大多数情况下（不同的散射体阵列形式、不同的填充比等）上述做法都会导致不合理的结果。另外，还可以注意到，式(5.56)也可用于计算仅包含流体组分的声子晶体

能带结构,如水基体中周期阵列空气散射体的构型[KUS 98a,KUS 98b]。

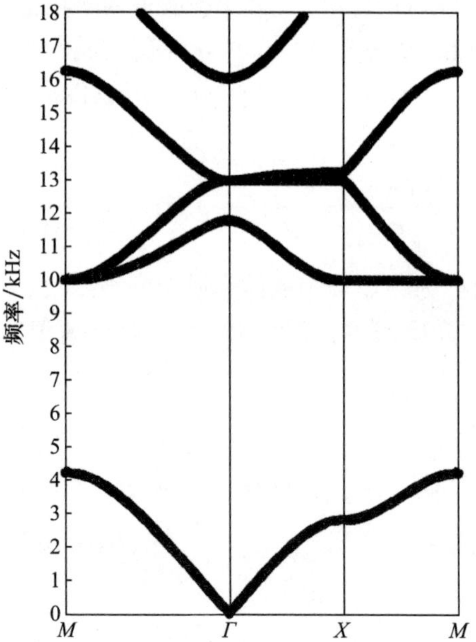


图 5.11　针对钢柱散射体方形阵列于空气中形成的声子晶体(晶格常数为 $a=2.7\text{cm}$,散射体半径为 $R=1.29\text{cm}$)基于 PWE 方法计算得到的能带结构(假定了散射体为纯刚性的,MT = 10。应注意到在可听声频段内存在着一个很大的绝对禁带)

### 5.3.3　用于复能带计算的修正平面波展开法

在经典的平面波展开法中(参见 5.3.1.2 节),我们是针对给定的波矢 $\boldsymbol{K}$ 去计算一系列实本征频率 $\omega(\boldsymbol{K})$,这意味着根据这种方法只能导出波矢为实数的行波模式。为此,人们已经对平面波展开法进行了修正,使之不仅可以计算行波模式,而且还能够计算凋落波模式[ROM 10a,ROM 10b],这些凋落波模式的波矢具有非零的虚部。

前面已经指出,针对声子晶体中的弹性波传播方程进行傅里叶变换处理之后,可以得到一个广义本征值方程,其形式为 $\omega^2\overleftrightarrow{\boldsymbol{B}}\boldsymbol{u}=\overleftrightarrow{\boldsymbol{A}}\boldsymbol{u}$,其中矩阵 $\overleftrightarrow{\boldsymbol{A}}$ 和 $\overleftrightarrow{\boldsymbol{B}}$ 的元素包含了依赖于波矢 $\boldsymbol{K}$ 的项。总可以将矩阵 $\overleftrightarrow{\boldsymbol{A}}$ 表示为 $\overleftrightarrow{\boldsymbol{A}}=K_\alpha^2\overleftrightarrow{\boldsymbol{A}}_1+K_\alpha\overleftrightarrow{\boldsymbol{A}}_2+\overleftrightarrow{\boldsymbol{A}}_3$,其中的 $K_\alpha$ 为该波矢的一个分量,$\overleftrightarrow{\boldsymbol{A}}_1$、$\overleftrightarrow{\boldsymbol{A}}_2$ 和 $\overleftrightarrow{\boldsymbol{A}}_3$ 是跟 $\overleftrightarrow{\boldsymbol{A}}$ 维度相同的矩阵。于是,广义本征值方程 $\omega^2\overleftrightarrow{\boldsymbol{B}}\boldsymbol{u}=\overleftrightarrow{\boldsymbol{A}}\boldsymbol{u}$ 可以改写为 $K_\alpha^2\overleftrightarrow{\boldsymbol{A}}_1\boldsymbol{u}=(\omega^2\overleftrightarrow{\boldsymbol{B}}-K_\alpha\overleftrightarrow{\boldsymbol{A}}_2-\overleftrightarrow{\boldsymbol{A}}_3)\boldsymbol{u}$,或者也可以表示为

$$K_\alpha\begin{pmatrix}\overleftrightarrow{\boldsymbol{I}} & \overleftrightarrow{\boldsymbol{0}}\\ \overleftrightarrow{\boldsymbol{0}} & \overleftrightarrow{\boldsymbol{A}}_1\end{pmatrix}\begin{pmatrix}\boldsymbol{u}\\ K_\alpha\boldsymbol{u}\end{pmatrix}=\begin{pmatrix}0 & \overleftrightarrow{\boldsymbol{I}}\\ \omega^2\overleftrightarrow{\boldsymbol{B}}-\overleftrightarrow{\boldsymbol{A}}_3 & -\overleftrightarrow{\boldsymbol{A}}_2\end{pmatrix}\begin{pmatrix}\boldsymbol{u}\\ K_\alpha\boldsymbol{u}\end{pmatrix}\tag{5.58}$$

式中:$\overleftrightarrow{\boldsymbol{I}}$ 为单位矩阵。

式(5.58)也是一个广义本征值问题,其本征值是前述波矢的分量 $K_\alpha$,方程两边的矩阵维度都是 $\overleftrightarrow{\boldsymbol{A}}$ 和 $\overleftrightarrow{\boldsymbol{B}}$ 的 2 倍。对于给定的圆频率 $\omega$,由此可以求解出一组复本征值 $K_\alpha$。为进一步阐明上述思想,这里考虑一种二维声子晶体中的 Z 模式传播情况,该周期结构是由柱状散射体以方形阵列形式置入固体基体中而构成的,晶格常数为 $a$。若令 $K_3=0$,那么这些模式将由式(5.53)决定,其中的 $\omega$ 依赖于两个变量,即 $K_1$ 和 $K_2$。另外,此处考虑的是弹性波沿着不可约布里渊区的 $\Gamma X$ 方向的传播,因而有 $K_2=0$ 和 $0\leqslant\mathrm{Re}(K_1)\leqslant\pi/a$。于是,根据式(5.53)可得

$$\begin{aligned}&\omega^2\sum_{\boldsymbol{G}'}\rho(\boldsymbol{G}-\boldsymbol{G}')U_{3,\boldsymbol{K}}(\boldsymbol{G}') =\\ &\sum_{\boldsymbol{G}'}C_{44}(\boldsymbol{G}-\boldsymbol{G}')[(G_1+K_1)(G'_1+K_1)+G_2G'_2]U_{3,\boldsymbol{K}}(\boldsymbol{G}')\end{aligned}\tag{5.59}$$

进而可以改写成

$$\begin{aligned}&K_1^2\sum_{\boldsymbol{G}'}C_{44}(\boldsymbol{G}-\boldsymbol{G}')U_{3,\boldsymbol{K}}(\boldsymbol{G}') =\\ &\sum_{\boldsymbol{G}'}\{\omega^2\rho(\boldsymbol{G}-\boldsymbol{G}')-(G_1G'_1+G_2G'_2)C_{44}(\boldsymbol{G}-\boldsymbol{G}')\}U_{3,\boldsymbol{K}}(\boldsymbol{G}')-\\ &K_1\sum_{\boldsymbol{G}'}(G_1+G'_1)C_{44}(\boldsymbol{G}-\boldsymbol{G}')U_{3,\boldsymbol{K}}(\boldsymbol{G}')\end{aligned}\tag{5.60}$$

或者以下矩阵形式,即

$$K_1\begin{pmatrix}\overleftrightarrow{\boldsymbol{I}} & \overleftrightarrow{\boldsymbol{0}}\\ \overleftrightarrow{\boldsymbol{0}} & \overleftrightarrow{\boldsymbol{A}}_1\end{pmatrix}\begin{pmatrix}\boldsymbol{u}\\ K_1\boldsymbol{u}\end{pmatrix}=\begin{pmatrix}0 & \overleftrightarrow{\boldsymbol{I}}\\ \omega^2\overleftrightarrow{\boldsymbol{B}}-\overleftrightarrow{\boldsymbol{A}}_3 & -\overleftrightarrow{\boldsymbol{A}}_2\end{pmatrix}\begin{pmatrix}\boldsymbol{u}\\ K_1\boldsymbol{u}\end{pmatrix}\tag{5.61}$$

式中

$$\begin{cases}B_{\boldsymbol{G},\boldsymbol{G}'}=\rho(\boldsymbol{G}-\boldsymbol{G}')\\ A_{1_{\boldsymbol{G},\boldsymbol{G}'}}=C_{44}(\boldsymbol{G}-\boldsymbol{G}')\\ A_{2_{\boldsymbol{G},\boldsymbol{G}'}}=C_{44}(\boldsymbol{G}-\boldsymbol{G}')(G_1+G'_1)\\ A_{3_{\boldsymbol{G},\boldsymbol{G}'}}=C_{44}(\boldsymbol{G}-\boldsymbol{G}')(G_1G'_1+G_2G'_2)\end{cases}\tag{5.62}$$

对于 XY 模式的传播来说，也可对其控制方程进行傅里叶变换进而做跟上述相似的转换处理。针对给定的任意 $\omega$，通过数值求解方程式(5.61)即可得到 $2N$ 个(如果矩阵 $\overleftrightarrow{\boldsymbol{A}}$ 和 $\overleftrightarrow{\boldsymbol{B}}$ 的维度是 $N\times N$ 的)复数的 $K_1=\mathrm{Re}(K_1)-\mathrm{iIm}(K_1)$。这里所计算的本征值能够将那些隶属于不可约布里渊区，并且当 $x_1\to\infty$ 时幅值趋于零的波动成分包括进来，即 $0\leqslant\mathrm{Re}(K_1)\leqslant\pi/a$ 且 $\mathrm{Im}(K_1)\geqslant0$ 的波动成分。如图 5.12 所示，其中同时给出了 $\omega(\boldsymbol{K})$ 和 $\boldsymbol{K}(\omega)$ 这两种计算方式得到的能带结构，由此不难体会到 $\boldsymbol{K}(\omega)$ 计算方式是能够分析凋落波模式的。令人特别感兴趣的是，在图 5.12 的右图中($\Omega\approx1.1$)存在着一些附加能带，它们在经典的 $\omega(\boldsymbol{K})$ 计算方式(红点线)中是没有给出的，这些振动模式具有非零的 $\mathrm{Im}(K_1)$。$\boldsymbol{K}(\omega)$ 方法要求在计算本征值时仅考虑波矢 $\boldsymbol{K}$ 的单个分量，这就需要令其他分量保持不变或者给出它们之间的某种线性关系。例如，对于方形阵列的不可约布里渊区的 $\Gamma M$ 方向，可以给出 $K_1=K_2$ 这一关系，并仅将 $K_1$ 作为本征值进行计算。借助类似的方式，也能求解任意传播方向，而不限于高对称方向。如果针对某个给定的频率值将对应的所有 $K_1$ 和 $K_2$ 值绘制出来，那么可得到该声子晶体的等频线(EFC)。例如，针对一种声子晶体结构(钢柱以三角形阵列方式置入树脂基体，参见图 5.13(a))，计算了两个频率点处的等频线，如图 5.13(c)所示，图 5.13(b)所示为该结构的 XY 模式能带结构。可以注意到，这些等频线都是较为理想的圆形，这表明了该声子晶体结构将表现出奇特的折射特性[CRO 11]。

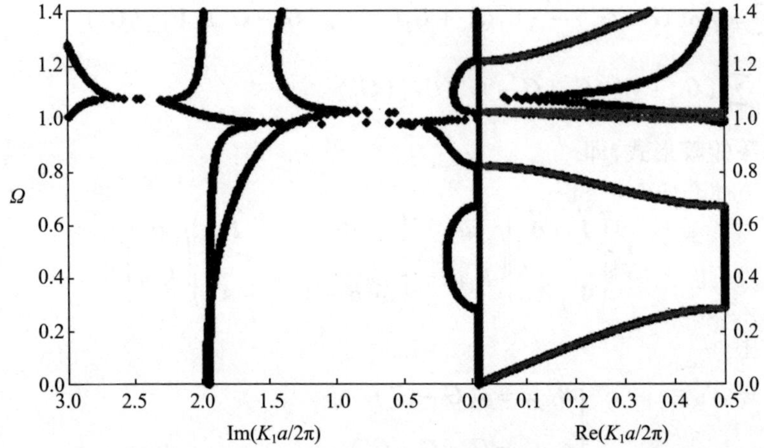


图 5.12　针对由圆柱孔方形阵列于硅基体中而形成的声子晶体计算得到的不可约布里渊区内 $\Gamma X$ 方向($K_2=0$)上的 Z 模式能带结构(红色圆点代表的是 $\omega(\boldsymbol{K})$ 方法的结果，黑色圆点代表的是 $\boldsymbol{K}(\omega)$ 方法的结果)(见彩图)

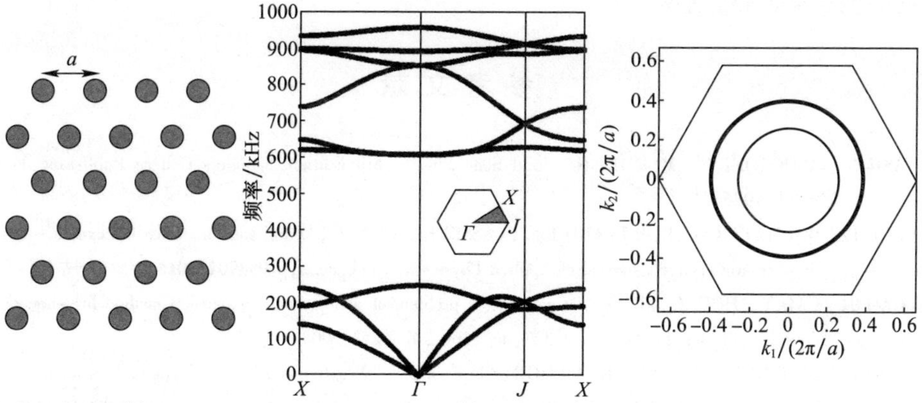


(a) (b) (c)

图 5.13 一种声子晶体结构示例

(a)钢柱散射体三角阵列于树脂(晶格常数为 $a=2.84\text{mm}$,散射体半径为 $R=1\text{mm}$)形成的声子晶体的横截面示意图;(b)基于 $\omega(\boldsymbol{K})$ 方法得到的 XY 模式能带结构(插图给出的是六边形布里渊区);(c)基于 $\boldsymbol{K}(\omega)$ 方法得到的等频线(780kHz 处为粗实线,800kHz 处为细实线)。

最后应当指出的是,这种 $\boldsymbol{K}(\omega)$ 方式的平面波展开法还可用于考察弹性模量依赖于频率的情况,并且对于由黏弹性材料构成的声子晶体来说,其能带结构的计算必须采用这一方法[MOI 11]。

## 5.4 本章小结

本章详尽地介绍了平面波展开法,在计算像声子晶体这样的周期结构的色散曲线时它是一种非常有用的工具。平面波展开法的实现非常方便,不过在傅里叶级数的收敛性方面和组分材料的选取方面仍然存在着一些局限性。对于由固体或流体介质组成的声子晶体来说,该方法是可靠的,然而它不太适合于绝大多数的混合型声子晶体(流体和固体介质同时存在)。对于这些混合情形,其他计算手段可能更为实用,如时域有限差分法或有限元方法。虽然如此,不过也介绍了一些分析技巧,可用于准确地分析计算那些带孔阵列的固体或固体散射体阵列于空气基体中的构型。另外,经典的平面波展开法还可拓展用于考察带隙内的凋落波模式以及计算任何周期结构的等频线(面)。

## 致 谢

C. Croënne(IEMN, Villeneuve d'Ascq,法国)提供了数值计算方面的帮助,在

此向他表示衷心的感谢!

# 参考文献


[ASH 76] ASHCROFT N. , MERMIN N. , Solid State Physics, 8th Edition, Saunders College Publishing, Fort Worth, 1976.

[BOU 12] BOUMATAR O. , ROBILLARD J. F. , VASSEUR J. O. et al. , "Band gap tunability of magneto – elastic phononic crystal", Journal of Applied Physics, vol. 111, no. 5, p. 054901, 2012.

[CAO 04] CAO Y. , HOU Z. , LIU Y. , "Convergence problem of plane – wave expansion method for phononic crystals", Physics Letters A, vol. 327, no. 2, pp. 247 – 253, 2004.

[CRO 11] CROENNE C. , MANGA E. D. , MORVAN B. et al. , "Negative refraction of longitudinal waves in a two – dimensional solid – solid phononic crystal", Physical Review B, vol. 83, no. 5, p. 054301, 2011.

[DEY 13] DEYMIER P. , Acoustic Metamaterials and Phononic Crystals, Springer Series in Solid – State Sciences 173, Springer, Berlin – Heidelberg, 2013.

[GOF 03] GOFFAUX C. , MASERI F. , VASSEUR J. O. et al. , "Measurements and calculations of the sound attenuation by a phononic band gap structure suitable for an insulating partition application", Applied Physics Letters, vol. 83, no. 2, pp. 281 – 283, 2003.

[HOU 06] HOU Z. , FU X. , LIU Y. , "Singularity of the Bloch theorem in the fluid/solid phononic crystal", Physical Review B, vol. 73, no. 2, p. 024304, 2006.

[KIT 04] KITTEL C. , Introduction to Solid State Physics, 8th edition, Wiley, USA, 2004.

[KUS 93] KUSHWAHA M. , HALEVI P. , DOBRZYNSKI L. et al. , "Acoustic band structure of periodic elastic composites", Physical Review Letters, vol. 71, no. 13, pp. 2022 – 2025, 1993.

[KUS 98a] KUSHWAHA M. , DJAFARI – ROUHANI B. , "Giant sonic stop bands in two – dimensional periodic system of fluids", Journal of Applied Physics, vol. 84, no. 9, pp. 4677 – 4683, 1998.

[KUS 98b] KUSHWAHA M. , DJAFARI – ROUHANI B. , DOBRZYNSKI L. , "Sound isolation from cubic arrays of air bubbles in water", Physics Letters A, vol. 248, no. 2, pp. 252 – 256, 1998.

[LIN 11] L IN S. – C. S. , H UANG T. J. , "Tunable phononic crystals with anisotropic inclusions", Physical Review B, vol. 83, no. 17, p. 174303, 2011.

[MOI 11] MOISEYENKO R. P. , LAUDE V. , "Material loss influence on the complex band structure and group velocity in phononic crystals", Physical Review B, vol. 83, no. 6, p. 064301, 2011.

[PEI 16] PEIRÒ – TORRES M. , REDONDO J. , BRAVO J. et al. , "Open noise barriers based on sonic crystals. Advances in noise control in transport infrastructures", Transportation Research Procedia, vol. 18, no. Supplement C, pp. 392 – 398, 2016.

[RAY 87] RAYLEIGH L. , "XVII. On the maintenance of vibrations by forces of double frequency, and on the propagation of waves through a medium endowed with a periodic structure", Philosophical Magazine, Series 5, vol. 24, no. 147, pp. 145 – 159, 1887.

[ROM 10a] ROMERO – GARCÍA V. , SÁNCHEZ – PÉREZ J. , GARCIA – RAFFI L. , "Evanescent modes in Sonic Crystals: Complex dispersion relation and supercell approximation", Journal of Applied Physics, vol. 108, p. 044907, 2010.

[ROM 10b] ROMERO – GARCÍA V. , SÁNCHEZ – PÉREZ J. , NEIRA IBÁÑEZ S. C. et al. , "Evidences of evanescent Bloch waves in Phononic Crystals", Applied Physics Letters, vol. 96, p. 124102, 2010.

[ROY 99] ROYER D., DIEULESAINT E., Elastic Waves in Solids I, Free and Guided Propagation, Springer, Berlin – Heidelberg, 1999.

[SÖZ 92] SÖZÜER H. S., HAUS J. W., INGUVA R., "Photonic bands: Convergence problems with the plane – wave method", Physical Review B, vol. 45, no. 24, pp. 13962 – 13972, 1992.

[SIG 92] SIGALAS M., ECONOMOU E., "Elastic and acoustic wave band structure", Journal of Sound and Vibration, vol. 158, no. 2, pp. 377 – 382, 1992.

[TAN 00] TANAKA Y., TOMOYASU Y., TAMURA S., "Band structure of acoustic waves in phononic lattices: Two – dimensional composites with large acoustic mismatch", Physical Review B, vol. 62, no. 11, pp. 7387 – 7392, 2000.

[VAS 94] VASSEUR J. O., DJAFARI – ROUHANI B., DOBRZYNSKI L. et al., "Complete acoustic band – gaps in periodic fibre reinforced composite materials: The carbon/epoxy composite and some metallic systems", Journal of Physics: Condensed Matter, vol. 6, no. 42, pp. 8759 – 8770, 1994.

[VAS 08] VASSEUR J. O., DEYMIER P. A., DJAFARI – ROUHANI B. et al., "Absolute forbidden bands and waveguiding in two – dimensional phononic crystal plates", Physical Review B, vol. 77, no. 8, p. 085415, 2008.

[VAS 09] VASSEUR J., DEYMIER P. A., BEAUGEOIS M. et al., "Experimental observation of resonant filtering in a two – dimensional phononic crystal waveguide", Zeitschrift für Kristallographie, vol. 220, nos 9 – 10, pp. 829 – 835, 2009.

[WAN 07] WANG Y. – Z., LI F. – M., HUANG W. – H. et al., "Effects of inclusion shapes on the band gaps in two – dimensional piezoelectric phononic crystals", Journal of Physics: Condensed Matter, vol. 19, no. 49, p. 496204, 2007.

[WIL 02] WILM M., BALLANDRAS S., LAUDE V. et al., "A full 3D plane – wave – expansion model for 1 – 3 piezoelectric composite structures", The Journal of the Acoustical Society of America, vol. 112, no. 3, pp. 943 – 952, 2002.

# 第6章　多重散射理论导论

Logan SCHWAN, Jean - Philippe GROBY

在光子晶体和声子晶体以及与此有关的诸多研究中,多重散射理论是一种相当重要的理论分析与计算技术。本章将介绍这一理论的发展情况,并将其应用于从简单到复杂的一系列二维问题的分析之中,如由一簇不透声的障碍物产生的声波散射问题、周期堆叠构型导致的平面声波散射问题及其能带的计算。另外,本章也将介绍一些必要的处理技巧,以帮助我们高效地实现这一方法。

## 6.1　引　　言

多重散射理论很大程度上源自于瑞利爵士所进行的相关研究工作,即完全相同的圆柱作周期排布情况下的势流问题研究[RAY 92]。这种方法有时也被称为瑞利多极法,后来被各个波动物理领域所广泛开发和使用,如电磁波、水波和声波领域等,特别是受到了快速发展中的光子晶体和声子晶体研究工作的显著推动。这些晶体结构通常是由散射体在基体中作周期排布而构成的,这些散射体大多采取一些简单的形状,如圆形截面的柱或球体,而基体可以是介电、弹性或流体介质。在已有的诸多分析方法中,一些特殊的仅适用于特定散射体几何形式的方法对于上述晶体结构的研究来说是非常有优势的,原因在于它们能够给出高精度的分析结果,并且计算时间相对更少。多重散射理论就是这些特殊方法中相当成功的一种,能够高效和巧妙地将任意散射体附近的规则场与散射体簇和外部波源的辐射场关联起来,并针对周期系统进行晶格求和处理[BOT 03]。目前这一方面的研究文献相当繁多,如读者可以去参阅文献[MAR 06, BOT 03]以获得更多的认识,或者也可学习在线课程[TOR 17]。

本章的目的并不是对多重散射理论这种方法在声学领域中的可能应用做全面而详尽的回顾[TOU 00],而是希望阐明一些基本的理论基础,从而帮助读者理解和应用,由多重散射理论而延伸出的匀质化过程没有纳入本章。我们将细致地阐明这一方法,将其用于一个声波散射问题的分析中,该问题中的二维构型非常简单,是由不透声的圆柱散射体的周期阵列构成的。由此,我们将进一步考察多重散射理论在更加复杂情况下的应用,这些情况涉及共振单元[SCH 18]、弹性介质[SAI 05,WU 08]、多孔介质[GRO 08b]和弹性多孔介质[WEI 16,ALE 16]及三维构型等。本章的安排如下:6.2 节主要介绍一些跟多重散射理论有关的基本概念和原理,6.3 节针对一簇圆柱状障碍物的散射问题给出了求解过程,并阐明了用于该求解过程的正交关系、利用边界条件生成散射矩阵以及 Graf 加法定理等内容。特别地,还将针对入射平面波场和线声源辐射场求解相应的散射问题。6.4 节将讨论一行周期布置的障碍物对平面波的散射行为,将强调指出 Schlömilch 级数在计算散射系数(在正空间中)中的重要性,同时还将建立其与笛卡儿坐标系中的布洛赫波之间的联系。6.5 节主要考察的是周期堆叠构型的散射问题,采用了传递矩阵方法,并进行了能带计算。最后,6.6 节还给出了一个声子晶体实例,针对各个波场的描述清晰地说明了其适用范围。

## 6.2 问题描述

### 6.2.1 多重散射概念

当声波的传播路径上存在着某个障碍物时,一部分声波会偏离原有的传播路线[LAN 87,MOR 68],如图 6.1(a)所示,我们称声波被该障碍物散射了。这一现象可以称为单散射,不存在障碍物时的波场称为未扰场,而障碍物向各个方向辐射出的波场则称为散射场。因此,在障碍物外部所观测到的实际波场将是未扰场和散射场的叠加,这两个波场是相互作用的。

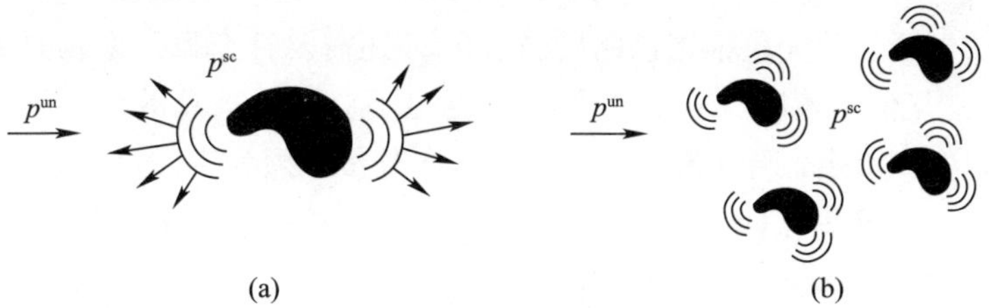


图 6.1 单散射与多重散射

(a)单散射示意图;(b)多重散射示意图:$p^{un}$—未扰场;$p^{sc}$—散射场。

当声波的传播路径上存在着很多障碍物时,每个障碍物都会对声波进行散射,这一现象称为多重散射,如图 6.1(b)所示。未扰场仍然是指无障碍物情况下的原始波场,而散射场则包含了每一个障碍物散射所形成的波场。需要注意的是,这些障碍物是彼此相互影响的,即:每个障碍物不仅位于未扰场中,同时也处在所有其他障碍物的散射场中。多重散射理论的目的正是希望完整而精确地描述这种交叉影响。

### 6.2.2 亥姆霍兹方程和边界条件

这里所讨论的问题是均匀各向同性介质 $\Omega$ 中的 $N$ 个障碍物对声波传播行为的影响。每个障碍物可以通过一个正整数 $j \in [1,N]$ 来标记，用 $\Omega_j$ 表示，它与介质 $\Omega$ 的分界面可表示为 $\Gamma_j$，分界面上的外法矢记为 $\boldsymbol{n}_j$。每个障碍物的位置、形状、力学性质以及表面 $\Gamma_j$ 上的边界条件都可认为是已知的。此处的分析是在线性时谐范畴内（频率为 $\omega/2\pi$）进行的，并采用了复数记法。介质 $\Omega$ 中的压力 $p\mathrm{e}^{-\mathrm{i}\omega t}$ 和粒子速度 $\boldsymbol{v}\mathrm{e}^{-\mathrm{i}\omega t}$ 是由如下质量守恒方程和动量守恒方程所决定的，即

$$\mathrm{div}(\boldsymbol{v}) = \mathrm{i}\omega \frac{p}{K}, \quad -\mathrm{i}\omega\rho\boldsymbol{v} = -\mathrm{grad}(p) \tag{6.1}$$

式中：$\rho$ 和 $K$ 分别为介质 $\Omega$ 的密度和体积模量。

介质 $\Omega$ 可以是任何流体或类流体材料，如空气就是一种，环境条件下的空气介质的参数为 $\rho = 1.213\mathrm{kg/m^3}$ 和 $K = \gamma P_0$，其中 $\gamma = 1.4$ 为绝热系数，$P_0 = 1.013 \times 10^5\mathrm{Pa}$ 为大气压力。气饱和多孔介质（刚性骨架）是另一实例，由于微孔洞存在着黏性和热效应，因而该类介质的 $\rho$ 和 $K$ 的等效值是依赖于频率的复数[LEV 77,SAN 80]。无论何种情况，根据上述质量守恒方程和动量守恒方程，都可以导出所谓的亥姆霍兹方程，其形式为

$$\Delta(p) + k^2 p = 0 \tag{6.2}$$

式中：$\Delta(\cdot) = \mathrm{div}(\mathrm{grad}(\cdot))$ 为拉普拉斯算子；$k = \omega/c$ 为波数；$c = \sqrt{K/\rho}$ 为介质 $\Omega$ 中的声速。为完整描述该问题，式(6.2)还需要补充障碍物表面 $\Gamma_j$ 上的边界条件。这里假定障碍物是无运动的，并且也不会被介质 $\Omega$ 的粒子所侵入，这就意味着在障碍物表面 $\Gamma_j$ 上粒子速度 $\boldsymbol{v}$ 的法向分量必须为零，即在 $\Gamma_j$ 上 $\boldsymbol{v} \cdot \boldsymbol{n}_j = 0$ $(j \in [1,N])$。利用式(6.1)中的动量守恒方程，这一边界条件就可以改写为以下形式（称为 Neumann 型边界），即

$$\forall j \in [1,N], \mathrm{grad}(p) \cdot \boldsymbol{n}_j = 0 \quad (\text{在 } \Gamma_j \text{ 上}) \tag{6.3}$$

当然，其他类型的边界条件也是可以考虑的，如这些障碍物可被声波透射的情况就是一种，将在 6.3.8 节对此加以讨论。不过，这里从 Neumann 型边界条件这种最简单的情形开始分析。实际上，亥姆霍兹方程式(6.2)和 Neumann 型边界条件式(6.3)在很多物理领域中都可以见到，如电磁学和光学领域就是如此，因此多重散射理论具有广泛的适用性，而不仅仅局限于声学领域。

### 6.2.3 未扰场、散射场与辐射条件

在 6.2.1 节中已经指出,亥姆霍兹方程式(6.2)和 Neumann 型边界条件式(6.3)中出现的声压场 $p$ 是介质 $\Omega$ 中的实际压力,它是由未扰场声压 $p^{\mathrm{un}}$ 和总散射场声压 $p^{\mathrm{sc}}$ 求和得到的,后者则是由每个障碍物 $\Omega_j$ 所形成的散射场 $p_j^{\mathrm{sc}}$ 叠加得到的。因此,声压场 $p$ 可以通过以下数学表达式来描述,即

$$p(\boldsymbol{x}) = p^{\mathrm{un}}(\boldsymbol{x}) + p^{\mathrm{sc}}(\boldsymbol{x}), p^{\mathrm{sc}}(\boldsymbol{x}) = \sum_{j\in[1,N]} p_j^{\mathrm{sc}}(\boldsymbol{x}) \tag{6.4}$$

式中:$\boldsymbol{x}$ 为位置矢量(在给定坐标系$(O,\boldsymbol{x})$中)。

$p^{\mathrm{un}}(\boldsymbol{x})$是不存在障碍物时的原始波场,它满足亥姆霍兹方程式(6.2),由于是在线性范畴内进行分析,因而每一个散射场 $p_j^{\mathrm{sc}}(\boldsymbol{x})$也是满足该方程的。实际上,$p_j^{\mathrm{sc}}(\boldsymbol{x})$是障碍物 $\Omega_j$ 针对 $p^{\mathrm{un}}(\boldsymbol{x})$而辐射形成的,因此式(6.4)中的求和满足边界条件式(6.3)。$p_j^{\mathrm{sc}}(\boldsymbol{x})$对应于那些向远离 $\Omega_j$ 方向传播的波,并在距离足够大时趋于零。为了反映这一特征,一般假定 $p_j^{\mathrm{sc}}(\boldsymbol{x})$满足所谓的 Sommerfeld 辐射条件,即

$$(r_j)^d\left(\frac{\partial p_j^{\mathrm{sc}}}{\partial r_j} - \mathrm{i}kp_j^{\mathrm{sc}}\right)\to 0 \quad (\text{当 } r_j\to\infty \text{ 时}) \tag{6.5}$$

式中:$r_j$ 为空间某点到障碍物 $\Omega_j$ 中心 $O_j$ 的距离,$d=1$ 或 $d=1/2$ 分别对应于三维问题和二维问题。粗略地理解,式(6.5)意味着随着距离的增大,$p_j^{\mathrm{sc}}$ 按 $1/r_j$(三维问题)或 $1/\sqrt{r_j}$(二维问题)不断衰减。

### 6.2.4 多重散射理论中的波函数

多重散射理论的核心在于选取合适的坐标系来同时描述波场和障碍物(下称散射体)的形状。实际上,这一理论针对每一个散射体 $\Omega_j$ 都定义了一个局部坐标系$(O_j,\boldsymbol{r}_j)$,在该坐标系中:

(1) 可以定义亥姆霍兹方程的两个相互独立的基本解$(\psi_n)$和$(\zeta_n)$,它们都是分离变量形式的;

(2) 基本解$(\psi_n)$代表的是远离散射体的外行波,它们满足 Sommerfeld 辐射条件;

(3) 基本解$(\zeta_n)$在散射体附近是正则的;

(4) 散射体 $\Omega_j$ 的界面 $\Gamma_j$ 对应于某个坐标上的一系列常数值,而$(\psi_n)$和$(\zeta_n)$关于其他坐标满足正交性关系。

基本解$(\psi_n)$和$(\zeta_n)$一般称为波函数。外行波函数$(\psi_n)$通常作为函数基用

于散射场 $p_j^{\mathrm{sc}}$ 的展开处理，即

$$p_j^{\mathrm{sc}}(\boldsymbol{r}_j) = \sum_n A_n^j \psi_n(\boldsymbol{r}_j) \tag{6.6}$$

式中：复数幅值 $A_n^j$ 一般称为散射体 $\Omega_j$ 的散射系数。

正则波函数($\zeta_n$)通常用于未扰场 $p^{\mathrm{un}}$ 和散射场 $p_{i\neq j}^{\mathrm{sc}}$(除了 $\Omega_j$ 之外的所有其他散射体的散射场)的展开处理(至少在 $\Omega_j$ 附近)，即

$$p^{\mathrm{un}}(\boldsymbol{r}_j) = \sum_n U_n \zeta_n(\boldsymbol{r}_j) \quad p_{i\neq j}^{\mathrm{sc}}(\boldsymbol{r}_j) = \sum_n B_n^{i\neq j} \zeta_n(\boldsymbol{r}_j) \tag{6.7}$$

式中：$U_n$ 为根据已知的未扰场信息导得的系数；$B_n^{i\neq j}$ 为依赖于散射体 $\Omega_{i\neq j}$ 的散射系数 $A_n^{i\neq j}$ 的幅值。$B_n^{i\neq j}$ 和 $A_n^{i\neq j}$ 这两个系数之间的关系可根据加法定理导出[BAT 53，ABR 64]。

最后，考虑散射体的形状以及($\psi_n$)和($\zeta_n$)所满足的正交条件，通过建立 $\Gamma_j$ 上的边界条件即可得到一组线性方程，由此不难计算出散射系数 $A_n^{i\neq j}$。

需要注意的是，分离变量处理会给多重散射理论带来一些限制，主要体现在可处理的散射体形状上。事实上，针对散射体的散射问题，基于亥姆霍兹方程的分离变量解仅在两种二维坐标系和 4 种三维坐标系情况下才能导出[MAR 06]，与这些坐标系相对应的(可求解的)散射体形状是二维的圆形和椭圆形以及三维的球体和椭球体(共四种)。下面将多重散射理论应用于二维问题中的圆形边界，相关的基本原理对于其他几何形状也是适用的。

## 6.3 一簇圆柱散射体导致的声散射

本节主要考察一簇圆柱散射体 $\Omega_{\mathrm{cl}}$ 的多重声散射问题。如图 6.2 所示，$\Omega_{\mathrm{cl}}$ 包含了 $N$ 个圆柱散射体，这些散射体以 $\Omega_j(j\in[1,N])$ 表示，它们的轴线都是平行的，且指向单位矢量 $\boldsymbol{e}_z$ 的方向。这里只考虑垂直于散射体轴线的平面 $P=(O,\boldsymbol{e}_x,\boldsymbol{e}_y)$ 内的声传播行为，$O$ 为笛卡儿坐标系($\boldsymbol{e}_x,\boldsymbol{e}_y$)的原点，$\boldsymbol{e}_x \wedge \boldsymbol{e}_y = \boldsymbol{e}_z$。显

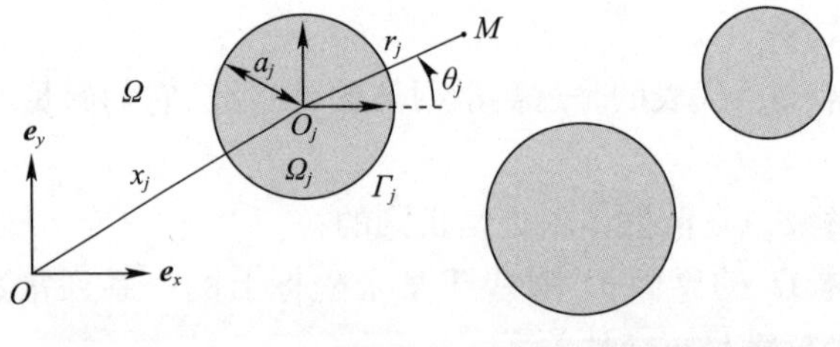


图 6.2 $N$ 个圆柱散射体构成的簇及其横截面示意

然，当这些散射体足够长时，就可以认为在 $\boldsymbol{e}_z$ 方向上波场是具有平移不变性的，进而该问题可以在平面 $P$ 内求解，在该平面内圆柱 $\Omega_j$ 的形状为圆形，半径为 $a_j$，其圆心 $O_j$ 的位置矢量为 $\boldsymbol{x}_j=\overrightarrow{\boldsymbol{OO}_j}$。

### 6.3.1 极坐标系中的柱面波函数

局部坐标系$(O_j,\boldsymbol{r}_j)$是固连在散射体 $\Omega_j$ 上的，$\boldsymbol{r}_j=\overrightarrow{\boldsymbol{O}_j\boldsymbol{M}}$是点 $M\in P$ 的位置矢量，参见图 6.2。这里采用的是极坐标 $\boldsymbol{r}_j=(r_j,\theta_j)$，因而 $r_j=|\boldsymbol{r}_j|$为点 $O_j$ 到点 $M$ 的距离，$\theta_j$ 为 $\boldsymbol{r}_j$ 与 $\boldsymbol{e}_x$ 的夹角（极角）。不难看出，散射体 $\Omega_j$ 的边界 $\Gamma_j$ 可以通过常数值 $r_j=a_j$ 来描述，该线上的法向矢量为 $\boldsymbol{n}_j=\boldsymbol{r}_j/a_j$。在介质 $\Omega$ 中，采用极坐标系下的拉普拉斯算子描述，那么亥姆霍兹方程式(6.2)可以表示为

$$\frac{\partial^2 p}{\partial r_j^2}+\frac{1}{r_j}\frac{\partial p}{\partial r_j}+\frac{1}{r_j^2}\frac{\partial^2 p}{\partial \theta_j^2}+k^2 p=0 \tag{6.8}$$

为了确定波函数 $\psi_n$ 和 $\zeta_n$，考虑分离变量形式的解 $p(\boldsymbol{r}_j)=f(\theta_j)g(r_j)$，其中的 $f(\theta_j)$ 和 $g(r_j)$ 是标量函数。将该形式解代入式(6.8)中，不难导得

$$\frac{r_j^2}{g(r_j)}\frac{\partial^2 g(r_j)}{\partial r_j^2}+\frac{r_j}{g(r_j)}\frac{\partial g(r_j)}{\partial r_j}+k^2 r_j^2=-\frac{1}{f(\theta_j)}\frac{\partial^2 f(\theta_j)}{\partial \theta_j^2} \tag{6.9}$$

式(6.9)左边仅依赖于坐标 $r_j$，而右边则只跟坐标 $\theta_j$ 有关，因此两边应等于同一个常值，一般称为分离常数，可以记为 $\alpha^2$。由于跟这个常数值相关，因此函数 $f$ 和 $g$ 可以有多种形式，不妨将其记为 $f_\alpha(\theta_j)$ 和 $g_\alpha(r_j)$。于是，根据式(6.9)不难导出关于 $f_\alpha(\theta_j)$ 和 $g_\alpha(r_j)$ 的微分方程，即

$$\begin{cases}\dfrac{\partial^2 f_\alpha}{\partial \theta_j^2}+\alpha^2 f_\alpha=0\\[2ex]\dfrac{\partial^2 g_\alpha}{\partial r_j^2}+\dfrac{1}{r_j}\dfrac{\partial g_\alpha}{\partial r_j}+\left(k^2-\dfrac{\alpha^2}{r_j^2}\right)g_\alpha=0\end{cases} \tag{6.10}$$

对于 $f_\alpha(\theta_j)$ 所满足的微分方程，其通解形式可取指数函数 $\mathrm{e}^{\pm \mathrm{i}\alpha\theta_j}$。应当注意的是，任何坐标为$(r_j,\theta_j)$的点 $M\in P$ 与坐标位置$(r_j,\theta_j+2\pi n)$（$n$ 为整数）实际上是相同的点。由于平面 $P$ 内每一个点处的波场应当是唯一的，因此对于任何整数 $n$ 来说，$f_\alpha(\theta_j)=f_\alpha(\theta_j+2\pi n)$这一关系应当是成立的。这就意味着 $f_\alpha(\theta_j)$ 是一个以 $2\pi$ 为周期的函数，从而分离常数就只能选择整数值了，即 $\alpha=n\in\mathbb{Z}$，于是有 $f_\alpha(\theta_j)=f_n(\theta_j)=\mathrm{e}^{\mathrm{i}n\theta_j}$。

当 $\alpha=n\in\mathbb{Z}$ 时，$g_\alpha$ 所满足的微分方程（参见式(6.10)）就是 $n$ 阶贝塞尔方程，该方程的解可以表示为两个相互独立的函数的线性组合，这两个函数分别称

为第一类贝塞尔函数和第二类贝塞尔函数,即 $\mathrm{J}_n(kr_j)$ 和 $\mathrm{Y}_n(kr_j)$。贝塞尔函数可以视为不断衰减的驻波,这一点从其渐近性质(当 $kr_j \to \infty$ 时)是不难看出的,即

$$\mathrm{J}_n(kr_j) \to \sqrt{\frac{2/\pi}{kr_j}}\cos(kr_j - \phi_n),\mathrm{Y}_n(kr_j) \to \sqrt{\frac{2/\pi}{kr_j}}\sin(kr_j - \phi_n),\phi_n = \frac{n\pi}{2} + \frac{\pi}{4} \tag{6.11}$$

类似于由正弦函数和余弦函数所构成的复指数函数那样,可以定义第一类和第二类 $n$ 阶汉克尔函数,即 $\mathrm{H}_n^{(1)}(kr_j) = \mathrm{J}_n(kr_j) + \mathrm{i}\mathrm{Y}_n(kr_j)$ 和 $\mathrm{H}_n^{(2)}(kr_j) = \mathrm{J}_n(kr_j) - \mathrm{i}\mathrm{Y}_n(kr_j)$。由于是贝塞尔函数的线性组合,因此这些汉克尔函数也是满足贝塞尔方程的,并且根据式(6.11)不难看出,当 $kr_j \to \infty$ 时它们具有以下渐近特性,即

$$\mathrm{H}_n^{(1)}(kr_j) \to \sqrt{\frac{2/\pi}{kr_j}}\mathrm{e}^{\mathrm{i}(kr_j - \phi_n)},\mathrm{H}_n^{(2)}(kr_j) \to \sqrt{\frac{2/\pi}{kr_j}}\mathrm{e}^{-\mathrm{i}(kr_j - \phi_n)} \tag{6.12}$$

这一渐近特性表明,汉克尔函数描述的是行波,且 $\mathrm{H}_n^{(1)}(kr_j)$ 为外行波而 $\mathrm{H}_n^{(2)}(kr_j)$ 为内行波(若采用的时间项为 $\mathrm{e}^{-\mathrm{i}\omega t}$)。贝塞尔函数和汉克尔函数具有非常丰富的数学性质[BAT 53,ABR 64],特别地,当 $r_j \to 0$ 时 $\mathrm{J}_n(kr_j)$ 是正则的,而 $\mathrm{Y}_n(kr_j)$、$\mathrm{H}_n^{(1)}(kr_j)$ 和 $\mathrm{H}_n^{(2)}(kr_j)$ 都是奇异的。根据这些性质,可以定义以下形式的柱面波函数,即

$$\forall n \in \mathbb{Z},\psi_n(\boldsymbol{r}_j) = \mathrm{H}_n^{(1)}(kr_j)\mathrm{e}^{\mathrm{i}n\theta_j},\zeta_n(\boldsymbol{r}_j) = \mathrm{J}_n(kr_j)\mathrm{e}^{\mathrm{i}n\theta_j} \tag{6.13}$$

这些柱面波函数满足 6.2.4 节给出的所有要求,实际上它们是亥姆霍兹方程的分离变量形式解,波函数 $\psi_n(\boldsymbol{r}_j)$ 代表了从散射体 $\Omega_j$ 出发的外行波,且满足 Sommerfeld 辐射条件式(6.5),当 $r_j \to 0$ 时,波函数 $\zeta_n(\boldsymbol{r}_j)$ 是正则的,散射体 $\Omega_j$ 的边界 $\Gamma_j$ 对应于一系列常数坐标值 $r_j = a_j$。此外,这些波函数关于坐标 $\theta_j$ 都具有以下正交关系,即

$$\forall (m,n) \in \mathbb{Z}^2, \quad \int_0^{2\pi} \mathrm{e}^{\mathrm{i}m\theta_j}\mathrm{e}^{\mathrm{i}n\theta_j}\mathrm{d}\theta_j = 2\pi\delta(m+n) \tag{6.14}$$

式中:$\delta$ 为克罗内克函数,当 $m+n=0$ 时,$\delta(m+n)=1$,否则 $\delta(m+n)=0$。

为了简洁起见,下面把 $n$ 阶第一类汉克尔函数 $\mathrm{H}_n^{(1)}(kr_j)$ 表示成 $\mathrm{H}_n(kr_j)$。

### 6.3.2 散射系数和加法定理

按照 6.2.4 节所给出的方法,需要将一簇散射体 $\Omega_{\mathrm{cl}}$ 中的每一个散射体所产生的散射场在外行柱面波函数这个函数基上展开。对于两个不同的散射体($\Omega_j$

和 $\Omega_i, i\neq j$)，散射场($p_j^{sc}$ 和 $p_i^{sc}$)的展开形式为

$$p_j^{sc}(\boldsymbol{r}_j) = \sum_{n\in\mathbf{Z}} A_n^j \psi_n(\boldsymbol{r}_j), \quad p_i^{sc}(\boldsymbol{r}_i) = \sum_{m\in\mathbf{Z}} A_m^i \psi_m(\boldsymbol{r}_i) \tag{6.15}$$

式中：$(m,n)\in\mathbf{Z}^2$ 分别用于标记跟 $\Omega_j$ 和 $\Omega_i$ 相关的散射系数与波函数，这些符号的选择对结果没有影响。为了施加 $\Omega_j$ 界面 $\Gamma_j(r_j=a_j)$ 上的边界条件，场 $p_i^{sc}$ 必须在固连于 $\Omega_j$ 上的极坐标系 $(O_j,\boldsymbol{r}_j)$ 中进行表达。为此，将位置矢量 $\boldsymbol{r}_i$ 表示为 $\boldsymbol{r}_i=\boldsymbol{r}_i^j+\boldsymbol{r}_j$，其中的 $\boldsymbol{r}_i^j=\overrightarrow{\boldsymbol{O}_i\boldsymbol{O}_j}$ 在 $(O_i,\boldsymbol{r}_i)$ 坐标系下的坐标为 $\boldsymbol{r}_i^j=(r_i^j,\theta_i^j)$，$r_i^j$ 为 $O_i$ 和 $O_j$ 之间的距离，$\theta_i^j$ 为矢量 $\overrightarrow{\boldsymbol{O}_i\boldsymbol{O}_j}$ 与 $\boldsymbol{e}_x$ 的夹角(图 6.3)。

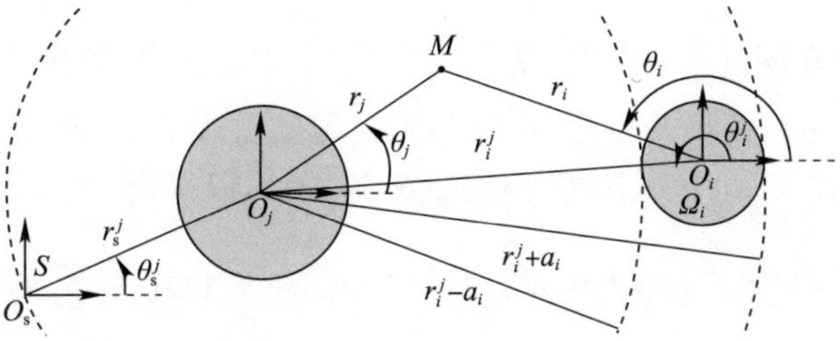


图 6.3 针对两个圆形横截面的散射体和一个线声源的情形应用 Graf 加法定理

进一步，需要利用 Graf 加法定理[BAT 53, ABR 64]。该定理表明，根据距离 $r_j$ 的不同，外行波函数 $\psi_m(\boldsymbol{r}_i)$ 可以借助外行波函数 $\psi_n(\boldsymbol{r}_j)$ 或正则波函数 $\zeta_n(\boldsymbol{r}_j)$ 展开，即

$$\psi_m(\boldsymbol{r}_i) = \psi_m(\boldsymbol{r}_i^j+\boldsymbol{r}_j) = \begin{cases} \sum_{n\in\mathbb{Z}} \psi_{m-n}(\boldsymbol{r}_i^j)\zeta_n(\boldsymbol{r}_j) & |\boldsymbol{r}_j| < |\boldsymbol{r}_i^j| \\ \sum_{n\in\mathbb{Z}} \zeta_{m-n}(\boldsymbol{r}_i^j)\psi_n(\boldsymbol{r}_j) & |\boldsymbol{r}_j| > |\boldsymbol{r}_i^j| \end{cases} \tag{6.16}$$

值得注意的是，由于这些散射体具有有限而非零的半径 $a_i$，因而在 $|r_i^j-a_i|\leqslant|\boldsymbol{r}_j|\leqslant|r_i^j+a_i|$ 范围内不应采用上述加法定理，在该范围内存在着散射体 $\Omega_i$，这使得我们难以借助以 $\Omega_j$ 为中心的柱面波函数 $\zeta_n(\boldsymbol{r}_j)$ 和 $\psi_n(\boldsymbol{r}_j)$ 来描述波场[FEL 94]。因此，只有式(6.15)才是在整个域 $\Omega$ 内都有效的波场描述，当需要在全域内考察波场时这一描述是更合适的。

除了跟波数 $k$ 有关以外，式(6.16)中的系数 $\psi_{m-n}(\boldsymbol{r}_i^j)$ 和 $\zeta_{m-n}(\boldsymbol{r}_i^j)$ 只与散射体的中心位置 $O_i$ 和 $O_j$ 相关。为了施加 $\Gamma_j(r_j=a_j)$ 上的边界条件，这里应采用式(6.16)中针对 $|\boldsymbol{r}_j|<|\boldsymbol{r}_i^j|$ 的展开式。将该展开式代入式(6.15)，可以得到 $(O_j,\boldsymbol{r}_j)$ 坐标系下的极径 $r_j\in[a_j,r_i^j-a_i]$ 处的散射场 $p_i^{sc}$ 表达式，即

$$p_i^{sc}(\boldsymbol{r}_j) = \sum_{n\in\mathbb{Z}}\sum_{m\in\mathbb{Z}} C_{nm}^{j,i}A_m^i\zeta_n(\boldsymbol{r}_j), C_{nm}^{j,i} = \psi_{m-n}(\boldsymbol{r}_i^j) \tag{6.17}$$

最后,这里还假定了未扰场 $p^{\mathrm{un}}$ 可以在正则波函数 $\zeta_n(\boldsymbol{r}_j)$ 构成的函数基上进行展开(至少在散射体 $\Omega_j$ 的附近),即

$$p^{\mathrm{un}}(\boldsymbol{r}_j) = \sum_n U_n^j \zeta_n(\boldsymbol{r}_j), \quad a_j \leqslant r_j < r_j^{\lim} \tag{6.18}$$

式中:$r_j^{\lim}$ 为从点 $O_j$ 到这一展开仍然有效所对应的位置之间的极限距离。系数 $U_n^j$ 和 $r_j^{\lim}$ 实际上依赖于未扰场的特征,6.3.5 节和 6.3.6 节将分别针对入射平面波与线声源激励这两种情形给出它们的表达式。

### 6.3.3 边界条件的施加

前面已经在固连于散射体 $\Omega_j$ 的极坐标系$(O_j,\boldsymbol{r}_j)$中,利用柱面波函数对未扰场和散射场进行了展开表达,在此基础上需要引入 $\Gamma_j(r_j = a_j)$ 上的边界条件式(6.3)。将式(6.4)代入边界条件式(6.3)中,可以得到

$$\forall j \in [1,2,\cdots,N], \forall \boldsymbol{r}_j \in \Gamma_j, \frac{\partial}{\partial r_j}\left[p^{\mathrm{un}}(\boldsymbol{r}_j) + p_j^{\mathrm{sc}}(\boldsymbol{r}_j) + \sum_{i \neq j} p_i^{\mathrm{sc}}(\boldsymbol{r}_j)\right] = 0 \tag{6.19}$$

在式(6.19)中不难看出,这里已经将 $\Omega_j$ 的散射场 $p_j^{\mathrm{sc}}$ 与该散射体所经受的外场 $p_j^{\mathrm{ext}}$ 做了区分,后者包含未扰场 $p^{\mathrm{un}}$ 和除了 $\Omega_j$ 以外的所有散射体(即 $\Omega_{i\neq j}$)的散射场 $p_i^{\mathrm{sc}}$。利用式(6.17)和式(6.18)所给出的场 $p_i^{\mathrm{sc}}$ 和 $p^{\mathrm{un}}$ 的表达式,不难导得极坐标系$(O_j,\boldsymbol{r}_j)$下外场 $p_j^{\mathrm{ext}}$ 的以下形式(对于 $\Omega_j$ 附近的位置点),即

$$\forall j \in [1,2,\cdots,N], p_j^{\mathrm{ext}}(\boldsymbol{r}_j) = p^{\mathrm{un}}(\boldsymbol{r}_j) + \sum_{i \neq j} p_i^{\mathrm{sc}}(\boldsymbol{r}_j) = \sum_{n \in \mathbf{Z}} \varepsilon_n^j \zeta_n(\boldsymbol{r}_j) \tag{6.20}$$

其中,

$$\varepsilon_n^j = U_n^j + \sum_{i \neq j} \sum_{m \in \mathbf{Z}} C_{nm}^{j,i} A_m^i \tag{6.21}$$

于是,借助式(6.15)和式(6.20)所给出的 $p_j^{\mathrm{sc}}$ 与 $p_j^{\mathrm{ext}}$ 的展开式,边界条件式(6.19)可以化为

$$\forall j \in [1,2,\cdots,N], \forall \boldsymbol{r}_j \in \Gamma_j, \sum_{n \in \mathbf{Z}} \left\{A_n^j \frac{\partial \psi_n(\boldsymbol{r}_j)}{\partial r_j} + \varepsilon_n^j \frac{\partial \zeta_n(\boldsymbol{r}_j)}{\partial r_j}\right\} = 0 \tag{6.22}$$

进一步把式(6.13)给出的柱面波函数 $\psi_n(\boldsymbol{r}_j)$ 和 $\zeta_n(\boldsymbol{r}_j)$ 的表达式代入式(6.22)中,有

$$\forall j \in [1,2,\cdots,N], \forall \theta_j, \sum_{n \in \mathbf{Z}} k\{A_n^j H'_n(ka_j) + \varepsilon_n^j J'_n(ka_j)\} e^{in\theta_j} = 0 \tag{6.23}$$

式中：$J'_n$ 和 $H'_n$ 分别为函数 $J_n$ 和 $H_n$ 对其宗量的导数。根据贝塞尔函数和汉克尔函数的性质[BAT 53,ABR 64]可知

$$H'_n = \frac{(H_{n-1} - H_{n+1})}{2}, \quad J'_n = \frac{(J_{n-1} - J_{n+1})}{2} \tag{6.24}$$

最后，利用式(6.14)所描述的指数函数的正交性，对于所有的阶次 $n \in \mathbb{Z}$，式(6.23)中括号内的项应为零，即

$$\forall j \in [1,2,\cdots,N], \forall n \in \mathbb{Z}, A_n^j H'_n(ka_j) + \varepsilon_n^j J'_n(ka_j) = 0 \tag{6.25}$$

如果通除以 $H'_n(ka_j)$，那么式(6.25)还可以改写为

$$\forall j \in [1,2,\cdots,N], \forall n \in \mathbb{Z}, A_n^j = D_n^j \varepsilon_n^j, D_n^j = -\frac{J'_n(ka_j)}{H'_n(ka_j)} \tag{6.26}$$

式中的系数 $D_n^j$ 将散射体 $\Omega_j$ 的外场系数 $\varepsilon_n^j$ 与散射系数 $A_n^j$ 联系了起来。这个系数实际上是由边界 $\Gamma_j$ 上所施加的边界条件所决定的，对于不透声的散射体来说，其形式如式(6.26)所示，对于可透声的散射体而言，将在 6.3.8 节给出其表达式。

### 6.3.4 矩阵描述

式(6.26)和式(6.21)包含了无数个方程，据此可以求解系数 $U_n^j$ 所对应的未扰场条件下形成的散射系数 $A_n^j$。为更适合于计算，可以把该方程组表示成矩阵形式，为此应定义包含散射系数 $A_n^j$ 和未扰场系数 $U_n^j$ 的两个无限型矢量 $\boldsymbol{A}^j$ 和 $\boldsymbol{U}^j$，其形式为

$$\begin{cases} \boldsymbol{A}^j = \{\cdots, A_{n-1}^j, A_n^j, A_{n+1}^j, \cdots\}^{\mathrm{T}} \\ \boldsymbol{U}^j = \{\cdots, U_{n-1}^j, U_n^j, U_{n+1}^j, \cdots\}^{\mathrm{T}} \end{cases} \tag{6.27}$$

式中的上标 T 代表转置运算。另外，还需要定义一个由系数 $D_n^j$ 组成的对角矩阵 $\boldsymbol{D}^j$ 和一个由系数 $C_{nm}^{j,i}$ 组成的矩阵 $\boldsymbol{C}^{j,i}$，即

$$\begin{cases} \boldsymbol{D}^j = \mathrm{diag}_{n \in \mathbf{Z}}\{D_n^j\} \\ [\boldsymbol{C}^{j,i}]_{nm} = C_{nm}^{j,i} = \psi_{m-n}(\boldsymbol{r}_i^j) \end{cases} \tag{6.28}$$

在引入这些定义之后，就可以将式(6.26)和式(6.21)重新表示为

$$\forall j \in [1,2,\cdots,N], \boldsymbol{A}^j = \boldsymbol{D}^j \boldsymbol{E}^j, \boldsymbol{E}^j = \boldsymbol{U}^j + \sum_{i \neq j} \boldsymbol{C}^{j,i} \boldsymbol{A}^i \tag{6.29}$$

矩阵 $\boldsymbol{D}^j$ 通常称为散射体 $\Omega_j$ 的单散射矩阵，它把散射系数矢量 $\boldsymbol{A}^j$ 和外部激励系数矢量 $\boldsymbol{E}^j$ 联系了起来。

式(6.29)代表了 $N$ 个矢量方程，它们可以综合到单个矢量方程中，只需定义以下整体散射系数矢量和整体未扰场系数矢量，即

$$\begin{cases} \boldsymbol{A} = \{\boldsymbol{A}^1, \cdots, \boldsymbol{A}^j, \cdots, \boldsymbol{A}^N\}^{\mathrm{T}} \\ \boldsymbol{U} = \{\boldsymbol{U}^1, \cdots, \boldsymbol{U}^j, \cdots, \boldsymbol{U}^N\}^{\mathrm{T}} \end{cases} \tag{6.30}$$

整体单位矩阵 $\boldsymbol{I}$ 和整体单散射矩阵 $\boldsymbol{D}$ 为

$$\boldsymbol{I} = \begin{bmatrix} \boldsymbol{I}_{\mathrm{d}} & \boldsymbol{0} & \boldsymbol{0} \\ \boldsymbol{0} & \boldsymbol{I}_{\mathrm{d}} & \boldsymbol{0} \\ \boldsymbol{0} & \boldsymbol{0} & \boldsymbol{I}_{\mathrm{d}} \end{bmatrix}, \quad \boldsymbol{D} = \begin{bmatrix} \boldsymbol{D}^1 & \boldsymbol{0} & \boldsymbol{0} \\ \boldsymbol{0} & \boldsymbol{D}^j & \boldsymbol{0} \\ \boldsymbol{0} & \boldsymbol{0} & \boldsymbol{D}^N \end{bmatrix} \tag{6.31}$$

以及散射体之间的耦合矩阵 $\boldsymbol{C}$ 为

$$\boldsymbol{C} = \begin{bmatrix} \boldsymbol{0} & C^{1,2} & C^{1,3} & \cdots & C^{1,N} \\ C^{2,1} & \boldsymbol{0} & C^{2,3} & \cdots & C^{2,N} \\ \vdots & C^{j,j-1} & \boldsymbol{0} & C^{j,j+1} & \vdots \\ C^{N-1,1} & \cdots & C^{N-1,N-2} & \boldsymbol{0} & C^{N-1,N} \\ C^{N,1} & C^{N,2} & \cdots & C^{N,N-1} & \boldsymbol{0} \end{bmatrix} \tag{6.32}$$

式中：$\boldsymbol{I}_{\mathrm{d}}$ 和 $\boldsymbol{0}$ 分别为单位矩阵和零矩阵，它们的维度跟矩阵 $\boldsymbol{D}^j$ 和 $\boldsymbol{C}^{j,i}$ 相对应。

由于矩阵 $\boldsymbol{C}$ 不是对角形式的，因此每个散射体的每个散射系数都会跟其他散射体的任何一个散射系数相互耦合。利用上述定义，式(6.29)即可改写为

$$\boldsymbol{IA} = \boldsymbol{DE}, \quad \boldsymbol{E} = \boldsymbol{U} + \boldsymbol{CA} \tag{6.33}$$

求解式(6.33)中的散射系数可得

$$\boldsymbol{A} = \boldsymbol{MU}, \quad \boldsymbol{M} = (\boldsymbol{I} - \boldsymbol{DC})^{-1}\boldsymbol{D} \tag{6.34}$$

式中的矩阵 $\boldsymbol{M}$ 称为该散射体簇的多重散射矩阵，值得指出的是，矩阵 $\boldsymbol{M}$ 并不依赖于未扰场。

由于矩阵 $\boldsymbol{M}$ 中涉及求逆运算，因而一般需要进行数值求解。于是，式(6.15)、式(6.17)和式(6.18)中的无限项求和就必须做截断处理，即设定 $n$、$m \in [-M, -M+1, \cdots, M]$，$M$ 为正整数。只有借助收敛性分析，才能确定是否选择了足够大的 $M$ 值，也就是足够多的波函数来计算波场，不过对于不透声的散射体情况而言，可以采用以下估计式[BAR 90]，即

$$M = \mathrm{floor}(ka_{\max} + 4.05\,(ka_{\max})^{1/3}) + 10, \quad a_{\max} = \max_{j \in [1,2,\cdots,N]} (a_j) \tag{6.35}$$

最后可以看出，在式(6.34)中，当系数矩阵 $\boldsymbol{U}$ 确定之后，矩阵 $\boldsymbol{A}$ 中的散射系数也就可以计算得到了。在6.3.5节和6.3.6节中，将分别针对入射平面波与线声源激励这两种不同情况导出其对应的系数矩阵 $\boldsymbol{U}$。

### 6.3.5 入射平面波情况下的未扰场系数

如果未扰场是单位幅值的平面波，在平面 $P$ 内的波矢为 $\boldsymbol{k}$，那么可以在笛卡儿坐标系 $(O,\boldsymbol{e}_x,\boldsymbol{e}_y)$ 中将其表示为

$$p^{\mathrm{un}}(\boldsymbol{x}) = \mathrm{e}^{\mathrm{i}\boldsymbol{k}\cdot\boldsymbol{x}}, \quad \boldsymbol{k} = k_x\boldsymbol{e}_x + k_y\boldsymbol{e}_y, \quad \boldsymbol{x} = x\boldsymbol{e}_x + y\boldsymbol{e}_y \tag{6.36}$$

由于未扰场满足亥姆霍兹方程，因而必有 $k_x^2 + k_y^2 = k^2$ 成立，于是可以令 $k_x = k\cos\vartheta$ 和 $k_y = k\sin\vartheta$，其中的 $\vartheta$ 反映了入射波的传播方向。另外，可以将位置矢量表示成 $\boldsymbol{x} = \boldsymbol{x}_j + \boldsymbol{r}_j$，其中 $\boldsymbol{r}_j = r_j\cos(\theta_j)\boldsymbol{e}_x + r_j\sin(\theta_j)\boldsymbol{e}_y$。因此，式(6.36)可化为

$$p^{\mathrm{un}} = \mathrm{e}^{\mathrm{i}\boldsymbol{k}\cdot\boldsymbol{x}_j}\mathrm{e}^{\mathrm{i}kr_j\{\cos\theta_j\cos\vartheta + \sin\theta_j\sin\vartheta\}} = \mathrm{e}^{\mathrm{i}\boldsymbol{k}\cdot\boldsymbol{x}_j}\mathrm{e}^{\mathrm{i}kr_j\cos(\theta_j-\vartheta)} \tag{6.37}$$

式中：$\mathrm{e}^{\mathrm{i}\boldsymbol{k}\cdot\boldsymbol{x}_j}$ 为复数幅值，它依赖于散射体 $\Omega_j$ 在全局笛卡儿坐标系中的位置 $\boldsymbol{x}_j$。

进一步，采用 Jacobi - Anger 展开式[BAT 53，ABR 64]将 $\mathrm{e}^{\mathrm{i}kr_j\cos(\theta_j-\vartheta)}$ 在贝塞尔函数基上展开，即

$$\mathrm{e}^{\mathrm{i}kr_j\cos(\theta_j-\vartheta)} = \sum_{n\in\mathbf{Z}} i^n J_n(kr_j)\mathrm{e}^{\mathrm{i}n(\theta_j-\vartheta)} = \sum_{n\in\mathbf{Z}} i^n \mathrm{e}^{-\mathrm{i}n\vartheta}\zeta_n(\boldsymbol{r}_j) \tag{6.38}$$

将式(6.38)代入式(6.37)，即可得到未扰场在固连于 $\Omega_j$ 的极坐标系 $(O_j,\boldsymbol{r}_j)$ 中的以下展开式（基于正则波函数 $\zeta_n(\boldsymbol{r}_j)$），即

$$p^{\mathrm{un}}(\boldsymbol{r}_j) = \mathrm{e}^{\mathrm{i}\{\boldsymbol{k}\cdot\boldsymbol{x}_j + kr_j\cos(\theta_j-\vartheta)\}} = \sum_{n\in\mathbf{Z}} U_n^j\zeta_n(\boldsymbol{r}_j), \quad U_n^j = i^n\mathrm{e}^{\mathrm{i}(\boldsymbol{k}\cdot\boldsymbol{x}_j - n\vartheta)} \tag{6.39}$$

应当注意的是，上面这个展开式对于所有满足 $r_j \geqslant a_j$ 的点都是有效的，这意味着该展开所适用的极限距离是 $r_j^{\mathrm{lim}} = \infty$。

### 6.3.6 线声源情况下的未扰场系数

线声源在实际场合中是相当重要的，这里考察它所导致的未扰场。如图6.3所示，此处所考察的二维问题中的未扰场是由位于平面 $P$ 内的点 $O_s$ 处的声源 $S$ 所发出的。在声源处定义了一个极坐标系 $(O_s,\boldsymbol{r}_s)$，$\boldsymbol{r}_s = (r_s,\theta_s)$。若令 $\boldsymbol{x}_s = \overrightarrow{\boldsymbol{OO}_s}$ 表示笛卡儿坐标系 $(O,\boldsymbol{x})$ 中声源的位置矢量，那么未扰场应满足以下亥姆霍兹方程，即

$$\Delta p^{\mathrm{un}} + k^2 p^{\mathrm{un}} = \delta(\boldsymbol{x} - \boldsymbol{x}_s) \Rightarrow p^{\mathrm{un}}(\boldsymbol{r}_s) = \frac{1}{4i}H_0(kr_s) = \frac{\psi_0(\boldsymbol{r}_s)}{4\mathrm{i}} \tag{6.40}$$

式中：$\delta(\boldsymbol{x} - \boldsymbol{x}_s)$ 为狄拉克函数，当 $\boldsymbol{x} = \boldsymbol{x}_s$ 时等于1，否则等于0。

位置矢量 $\boldsymbol{r}_s$ 可以表示为 $\boldsymbol{r}_s=\boldsymbol{r}_s^j+\boldsymbol{r}_j$，其中 $\boldsymbol{r}_s^j=\overrightarrow{\boldsymbol{O}_s\boldsymbol{O}_j}$ 在$(O_s,\boldsymbol{r}_s)$系中的坐标为 $\boldsymbol{r}_s^j=(r_s^j,\theta_s^j)$，$r_s^j$是声源位置 $O_s$ 到散射体中心 $O_j$ 的距离，$\theta_s^j$是$\overrightarrow{\boldsymbol{O}_s\boldsymbol{O}_j}$与 $\boldsymbol{e}_x$ 之间的夹角。利用 Graf 加法定理式(6.16)，未扰场就可以在固连于散射体 $\Omega_j$ 的极坐标系$(O_j,\boldsymbol{r}_j)$中展开成

$$p^{\text{un}}=\frac{1}{4\mathrm{i}}\psi_0(\boldsymbol{r}_s^j+\boldsymbol{r}_j)=\begin{cases}\dfrac{1}{4\mathrm{i}}\displaystyle\sum_{n\in\mathbb{Z}}\psi_{0-n}(\boldsymbol{r}_s^j)\zeta_n(\boldsymbol{r}_j) & r_j<r_s^j\\ \dfrac{1}{4\mathrm{i}}\displaystyle\sum_{n\in\mathbb{Z}}\zeta_{0-n}(\boldsymbol{r}_s^j)\psi_n(\boldsymbol{r}_j) & r_j>r_s^j\end{cases}\tag{6.41}$$

为了施加界面 $\Gamma_j(r_j=a_j)$ 上的边界条件，只需考虑针对 $r_j<r_s^j$的展开式，于是未扰场可以在散射体 $\Omega_j$ 的附近（极限距离 $r_j^{\lim}=r_s^j$）展开为

$$p^{\text{un}}=\frac{\mathrm{H}_0(kr_s)}{4\mathrm{i}}=\sum_{n\in\mathbb{Z}}U_n^j\zeta_n(\boldsymbol{r}_j),\quad U_n^j=\frac{\psi_{0-n}(\boldsymbol{r}_s^j)}{4\mathrm{i}},r_j<r_s^j\tag{6.42}$$

一簇圆柱散射体在线声源入射条件下的波场是非常有物理内涵的，该波场实际上就是这一系统的格林函数。因此，在完成了该问题的分析计算之后，就能借助该系统的格林函数来求解类似于散射体簇中的缺陷定位分析这样的反问题[GRO 08a]，或者用于分析态密度[ASA 03]。

### 6.3.7 总散射场和实际声压场

根据未扰场可以确定相关的系数 $U_n^j$，根据式(6.34)可以计算出散射系数 $A_n^j$，在此之后就不难得到空间任意位置处的总散射场 $p^{\text{sc}}$ 和实际声压场 $p=p^{\text{un}}+p^{\text{sc}}$了。联立式(6.4)和式(6.15)，利用多个极坐标系$(O_j,\boldsymbol{r}_j)$下的波场描述，即可按照以下关系式计算出散射场 $p^{\text{sc}}$，即

$$p^{\text{sc}}(\boldsymbol{x})=\sum_{j\in[1,2,\cdots,N]}p_j^{\text{sc}}(\boldsymbol{r}_j),p_j^{\text{sc}}(\boldsymbol{r}_j)=\sum_{n\in\mathbb{Z}}A_n^j\psi_n(\boldsymbol{r}_j)\tag{6.43}$$

式中：位置矢量 $\boldsymbol{x}=\boldsymbol{x}_j+\boldsymbol{r}_j,j\in[1,2,\cdots,N]$。这个波场表达是唯一一个在 $\Omega$ 全域内有效的描述，如果希望在单个坐标系中描述 $p^{\text{sc}}(\boldsymbol{x})$，那么需要利用 Graf 加法定理式(6.16)，不过必须要注意这些波场表达的有效域。为了说明这一点，可以定义散射体簇的中心 $O_{\text{cl}}$，其位置矢量为

$$\boldsymbol{x}_{\text{cl}}=\sum_{j\in[1,2,\cdots,N]}\frac{S_j}{S_{\text{cl}}}\boldsymbol{x}_j,\quad S_j=\pi a_j^2,S_{\text{cl}}=\sum_{j\in[1,2,\cdots,N]}S_j\tag{6.44}$$

式中：$S_j$ 为 $\Omega_j$ 横截面的面积；$S_{\text{cl}}$为散射体簇所占据的总面积。进一步，建立固连于该中心位置的极坐标系$(O_{\text{cl}},\boldsymbol{r}_{\text{cl}})$，在该坐标系中散射体 $\Omega_j$ 的中心 $O_j$ 的位置矢量为 $\boldsymbol{r}_{\text{cl}}^j=\overrightarrow{\boldsymbol{O}_{\text{cl}}\boldsymbol{O}_j}$。针对位于散射体簇之外的点，即对于 $|\boldsymbol{r}_{\text{cl}}|\geqslant r_{\text{cl}}^{\min}$（$r_{\text{cl}}^{\min}=\max_j$

$(|\boldsymbol{r}_{\mathrm{cl}}^j|+a_j)$）的点，利用 Graf 加法定理式(6.16)，散射体簇所形成的散射场可以写为

$$p^{\mathrm{sc}}(\boldsymbol{r}_{\mathrm{cl}}) = \sum_{j\in[1,2,\cdots,N]}\sum_{m\in\mathbb{Z}} A_m^j \psi_m(\boldsymbol{r}_{\mathrm{cl}}^j+\boldsymbol{r}_{\mathrm{cl}}) = \sum_{n\in\mathbb{Z}} A_n^{\mathrm{cl}}\psi_n(\boldsymbol{r}_{\mathrm{cl}}), \quad |\boldsymbol{r}_{\mathrm{cl}}|\geqslant r_{\mathrm{cl}}^{\min} \tag{6.45}$$

式中：$A_n^{\mathrm{cl}}$ 为散射体簇的散射系数，即

$$A_n^{\mathrm{cl}} = \sum_{j\in[1,2,\cdots,N]}\sum_{m\in\mathbb{Z}} A_m^j \zeta_{m-n}(\boldsymbol{r}_{\mathrm{cl}}^j) \tag{6.46}$$

因此，对于散射体簇外部的位置矢量（$|\boldsymbol{r}_{\mathrm{cl}}|\geqslant r_{\mathrm{cl}}^{\min}$），可以将该散射体簇视为一个结构化的整体散射体，其散射系数取决于它所包含的各个散射体的散射系数。特别地，上述过程往往被用于推导低频范围内散射体簇的等效参数[BER 80,TOR 06]。

### 6.3.8 透声散射体

值得指出的是，式(6.29)或式(6.34)涵盖了全部多重散射问题，而不限于不透声散射体情形。实际上，改变一个或多个散射体 $\Omega_j$ 的特性只需对与之相关的单散射矩阵 $\boldsymbol{D}^j$ 进行重新定义即可。

为了阐明这一点，不妨假定散射体 $\Omega_j$ 是由均匀各向同性介质所构成的，其（等效）体积模量和密度分别为 $K_j$ 和 $\rho_j$。由于 $\Omega_j$ 是透声的，因此其内部会存在声压场 $p_j^{\mathrm{in}}$，并且该声压场必须满足亥姆霍兹方程式(6.2)，波数为 $k_j=\omega/c_j$，其中的 $c_j=\sqrt{K_j/\rho_j}$ 为 $\Omega_j$ 内的声速。考虑到 $p_j^{\mathrm{in}}$ 在域 $\Omega_j$ 上必定是正则的，因而仅在正则柱面波函数基上将其展开（也称为瑞利假设），即

$$p_j^{\mathrm{in}} = \sum_{n\in\mathbb{Z}} X_n^j \zeta_n^j(\boldsymbol{r}_j), \quad \zeta_n^j(\boldsymbol{r}_j) = J_n(k_j r_j)\mathrm{e}^{\mathrm{i}n\theta_j} \tag{6.47}$$

式中：$X_n^j$ 为复系数。

进一步，可以把界面 $\Gamma_j$ 上的 Neumann 型边界条件式(6.3)替换成以下关于声压与粒子速度法向分量的连续性条件，即

$$\forall \boldsymbol{r}_j\in\Gamma_j, \quad p_j^{\mathrm{in}} = p_j^{\mathrm{sc}}+p_j^{\mathrm{ext}}, \quad \frac{1}{\rho_j}\frac{\partial p_j^{\mathrm{in}}}{\partial r_j} = \frac{1}{\rho}\frac{\partial(p_j^{\mathrm{sc}}+p_j^{\mathrm{ext}})}{\partial r_j} \tag{6.48}$$

式中：散射体 $\Omega_j$ 的散射声压场 $p_j^{\mathrm{sc}}$ 及其承受的外部激励场 $p_j^{\mathrm{ext}}$ 分别由式(6.15)和式(6.20)给出。

类似于 6.3.3 节所给出的过程，利用边界条件式(6.48)与式(6.47)、式(6.15)以及式(6.20)所给出的波场表达，不难得到

$$
\begin{cases}
\forall n \in \mathbb{Z}, \quad X_n^j \mathrm{J}_n(k_j a_j) = A_n^j \mathrm{H}_n(ka_j) + \varepsilon_n^j \mathrm{J}_n(ka_j) \\
\forall n \in \mathbb{Z}, \quad \dfrac{k_j}{\rho_j} X_n^j \mathrm{J}'_n(k_j a_j) = \dfrac{k}{\rho}\{A_n^j \mathrm{H}'_n(ka_j) + \varepsilon_n^j \mathrm{J}'_n(ka_j)\}
\end{cases} \tag{6.49}
$$

根据式(6.49)求解 $A_n^j$ 和 $X_n^j$ 可得

$$
\begin{cases}
A_n^j = \breve{D}_n^j \varepsilon_n^j, \qquad \breve{D}_n^j = \dfrac{-\mathrm{J}'_n(ka_j)\mathrm{J}_n(k_j a_j) + \sigma_j \mathrm{J}_n(ka_j)\mathrm{J}'_n(k_j a_j)}{\mathrm{H}'_n(ka_j)\mathrm{J}_n(k_j a_j) - \sigma_j \mathrm{H}_n(ka_j)\mathrm{J}'_n(k_j a_j)} \\
X_n^j = \Theta_n^j \varepsilon_n^j, \qquad \Theta_n^j = \dfrac{\mathrm{J}_n(ka_j)\mathrm{H}'_n(ka_j) - \mathrm{J}'_n(ka_j)\mathrm{H}_n(ka_j)}{\mathrm{H}'_n(ka_j)\mathrm{J}_n(k_j a_j) - \sigma_j \mathrm{H}_n(ka_j)\mathrm{J}'_n(k_j a_j)}
\end{cases} \tag{6.50}
$$

式中：$\sigma_j = (\rho c)/(\rho_j c_j)$ 为介质 $\Omega$ 的阻抗($\rho c$)与散射体 $\Omega_j$ 的介质阻抗($\rho_j c_j$)的比值。

式(6.50)中 $A_n^j = \breve{D}_n^j \varepsilon_n^j$ 这一关系跟不透声散射体情况中得到的式(6.26)是类似的，特别地，当 $\sigma_j \to 0$ 时 $\breve{D}_n^j \to D_n^j$。因此，6.3.4 节所描述的过程也可以应用于此处的透声散射体情况中，只需将 $D_n^j$ 换成 $\breve{D}_n^j$。值得指出的是，对于透声散射体情况而言，此处可以再次获得对角形式的单散射矩阵。虽然这也是比较常见的情形，不过需要引起注意的是，可以设计出一些特殊的结构化散射体，使它们的单散射矩阵不再是对角形式的，同时并不会使 6.3.4 节所给出的分析过程产生任何形式上的变化，如亥姆霍兹谐振腔或开口环谐振器[KRY 11,SCH 18]就是如此。

## 6.4 散射体簇构成的行周期结构的声散射——单格栅阵列

当大量完全相同的散射体在 $\boldsymbol{e}_x$ 方向上等距布置时，将这一阵列结构理想化为无限型行周期结构是恰当的。本节将考察由柱状散射体构成的单格栅阵列所形成的声散射问题，这些散射体在平面 $P$ 内的截面是圆形的。这个阵列结构在 $\boldsymbol{e}_x$ 方向上的周期常数为 $\ell$，每个周期是由 $N$ 个散射体组成的簇 $\Omega_{\mathrm{cl}}$，如图 6.4 所示。将第 $q$ 个周期记为 $\Omega_{\mathrm{cl}}^q (q \in \mathbb{Z})$，而在簇 $\Omega_{\mathrm{cl}}^q$ 内的各个散射体可以借助下标 $j \in 1,2,\cdots,N$ 来标记，即 $\Omega_{j,q}$。因为存在着周期性，所以 $\Omega_{j,q}$ 的半径 $a_j$ 与 $q$ 是无关的，其中心 $O_{j,q}$ 位于笛卡儿坐标系($O,\boldsymbol{e}_x,\boldsymbol{e}_y$)中的以下位置，即

$$
\boldsymbol{x}_{j,q} = \boldsymbol{x}_j + q\ell \boldsymbol{e}_x, q \in \mathbb{Z}, \boldsymbol{x}_j = x_j \boldsymbol{e}_x + y_j \boldsymbol{e}_y \tag{6.51}
$$

式中：$\boldsymbol{x}_j$ 为参考簇 $\Omega_{\mathrm{cl}}^0$ 的中心位置 $O_{j,0}$。为了简化描述，下面将记 $\Omega_j = \Omega_{j,0}$ 和 $O_j = O_{j,0}$。另外，选择笛卡儿坐标系的原点 $O$，使参考簇 $\Omega_{\mathrm{cl}}^0$ 中的散射体 $\Omega_j$ 都位于 $x \in$

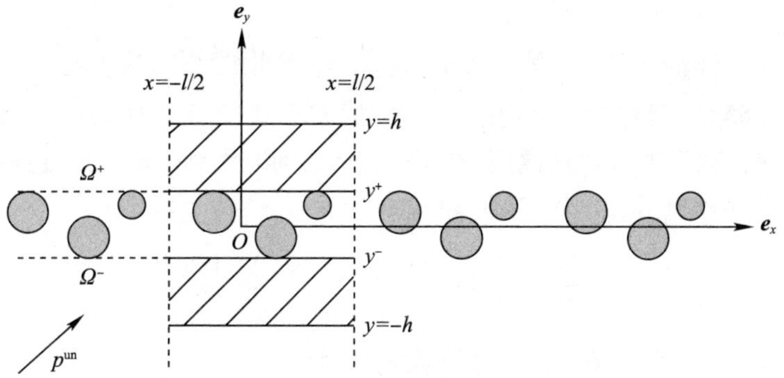


图 6.4　由 $N$ 个散射体组成的簇进行周期为 $\ell$ 的阵列

$[-\ell/2,\ell/2]$ 区域，即对于所有的 $j\in 1,2,\cdots,N$ 来说，有 $|x_j|+a_j<\ell/2$，而簇 $\Omega_{\mathrm{cl}}^0$ 的质心 $O_{\mathrm{cl}}^0$ 则位于 $(O,\boldsymbol{e}_x)$ 轴上。在本节的分析中，均假定入射场 $p^{\mathrm{inc}}$ 是具有单位幅值的平面波，且其波矢为 $\boldsymbol{k}=k_x\boldsymbol{e}_x+k_y\boldsymbol{e}_y$，于是有

$$p^{\mathrm{inc}}(\boldsymbol{x})=\mathrm{e}^{\mathrm{i}\boldsymbol{k}\cdot\boldsymbol{x}}=\mathrm{e}^{\mathrm{i}k_x x+\mathrm{i}k_y y} \tag{6.52}$$

### 6.4.1　准周期性

利用叠加原理，实际声场 $p$ 可以表示为未扰场 $p^{\mathrm{un}}=p^{\mathrm{inc}}$ 和阵列结构的散射场 $p^{\mathrm{sc}}$ 的叠加，后者实际上还可以写成各个散射体 $\Omega_{j,q}$ 形成的散射场 $p_{j,q}^{\mathrm{sc}}$ 的总和形式，于是有以下关系式，即

$$p(\boldsymbol{x})=p^{\mathrm{un}}(\boldsymbol{x})+p^{\mathrm{sc}}(\boldsymbol{x}),p^{\mathrm{sc}}(\boldsymbol{x})=\sum_{j=1,2,\cdots,N}\sum_{q\in\mathbb{Z}}p_{j,q}^{\mathrm{sc}}(\boldsymbol{x}) \tag{6.53}$$

进一步，针对每个散射体 $\Omega_{j,q}$ 建立一个局部坐标系 $(O_{j,q},\boldsymbol{r}_{j,q})$，$\boldsymbol{r}_{j,q}=(r_{j,q},\theta_{j,q})$ 是极坐标系。于是，散射场 $p_{j,q}^{\mathrm{sc}}$ 可以在一组外行柱波函数 $\psi_n(\boldsymbol{r}_{j,q})$ 上进行展开，其形式为

$$\forall j=1,2,\cdots,N,\quad \forall q\in\mathbb{Z},p_{j,q}^{\mathrm{sc}}(\boldsymbol{r}_{j,q})=\sum_{n\in\mathbb{Z}}A_n^{j,q}\psi_n(\boldsymbol{r}_{j,q}) \tag{6.54}$$

式中：$A_n^{j,q}$ 为 $\Omega_{j,q}$ 的散射系数。为了减少需要确定的散射系数个数，这里可以利用阵列的周期性，不过只有当未扰场以某种方式呈现出这种周期性时才是可行的。对于平面波入射情况来说正是如此，此时可以利用准周期条件，下面将会对此加以解释。

式(6.52)中的未扰场是平面波，因而将使阵列中两个相继的簇 $\Omega_{\mathrm{cl}}^q$ 和 $\Omega_{\mathrm{cl}}^{q+1}$ 之间的相位差为 $\mathrm{e}^{\mathrm{i}k_x\ell}$，于是散射系数也将继承这一特性，其形式为 $A_n^{j,q+1}=A_n^{j,q}\mathrm{e}^{\mathrm{i}k_x\ell}$。由此不难看出，散射体 $\Omega_{j,q}$ 的散射系数 $A_n^{j,q}$ 就可以根据参考簇 $\Omega_{\mathrm{cl}}^0$ 中的

散射体 $\Omega_j$ 的散射系数导得，即

$$\forall j=1,2,\cdots,N,\quad \forall q\in\mathbb{Z},\quad A_n^{j,q}=A_n^j \mathrm{e}^{\mathrm{i}qk_x\ell},\quad A_n^j=A_n^{j,0} \tag{6.55}$$

式(6.55)一般称为准周期条件。显然，根据式(6.54)就能够确定散射体参考簇 $\Omega_{\mathrm{cl}}^0$ 中的散射体 $\Omega_j$ 的散射系数 $A_n^j$ 了，从而问题得到求解。联立式(6.53)和式(6.55)，不难计算出实际声场，即

$$p=p^{\mathrm{un}}+\sum_{j=1,2,\cdots,N}\sum_{q\in\mathbb{Z}}p_{j,q}^{\mathrm{sc}},p_{j,q}^{\mathrm{sc}}(\boldsymbol{r}_{j,q})=\sum_{n\in\mathbb{Z}}A_n^{j,q}\mathrm{e}^{\mathrm{i}qk_x\ell}\psi_n(\boldsymbol{r}_{j,q}) \tag{6.56}$$

### 6.4.2 晶格求和与阵列的散射系数

为了在散射体 $\Omega_j$ 的边界面 $\Gamma_j$ 上施加边界条件，可以将式(6.56)中的声场 $p$ 以柱波函数形式在极坐标系$(O_j,\boldsymbol{r}_j)$中展开，其中 $\boldsymbol{r}_j=\boldsymbol{r}_{j,0}$。对于式(6.56)，应当将参考簇 $\Omega_{\mathrm{cl}}^0$ 中的散射体 $\Omega_j$ 的散射场 $p_{j,0}^{\mathrm{sc}}$ 与它所经受的外部场 $p_{j,0}^{\mathrm{ext}}$ 区分开来。不仅如此，还要认识到这个外部场 $p_{j,0}^{\mathrm{ext}}$ 包括了哪几个部分的贡献，它们包括：①未扰场 $p^{\mathrm{un}}$；②簇内的外部场 $p_{j,0}^{\mathrm{intra}}$（位于参考簇 $\Omega_{\mathrm{cl}}^0$ 内除了 $\Omega_j$ 之外的其他散射体，即 $\Omega_{i\neq j}$ 的散射场 $p_{i\neq j,0}^{\mathrm{sc}}$ 所形成的）；③簇外的外部场 $p_{j,0}^{\mathrm{exo}}$（除了参考簇 $\Omega_{\mathrm{cl}}^0$ 外，位于簇 $\Omega_{\mathrm{cl}}^{q\neq 0}$ 内的散射体 $\Omega_i^{q\neq 0}$ 的散射场 $p_{i,q\neq 0}^{\mathrm{sc}}$ 所形成的）。于是，有以下关系，即

$$p=p_{j,0}^{\mathrm{sc}}+p_{j,0}^{\mathrm{ext}},\quad p_{j,0}^{\mathrm{ext}}=p^{\mathrm{un}}+p_{j,0}^{\mathrm{intra}}+p_{j,0}^{\mathrm{exo}} \tag{6.57}$$

其中：

$$p_{j,0}^{\mathrm{intra}}=\sum_{i\neq j}p_{i,0}^{\mathrm{sc}},\quad p_{j,0}^{\mathrm{exo}}=\sum_{i=1,2,\cdots,N}\sum_{q\neq 0}p_{i,q}^{\mathrm{sc}} \tag{6.58}$$

进一步，将这些场在跟 $\Omega_j$ 附连的极坐标系中加以描述。利用式(6.39)，未扰场可以在正则波函数 $\zeta_n(\boldsymbol{r}_j)$ 上展开为

$$p^{\mathrm{un}}(\boldsymbol{r}_j)=\sum_{n\in\mathbb{Z}}U_n^j\zeta_n(\boldsymbol{r}_j),\quad U_n^j=\mathrm{i}^n\mathrm{e}^{\mathrm{i}(\boldsymbol{k}\cdot\boldsymbol{x}_j-n\vartheta)} \tag{6.59}$$

利用 Graf 加法定理式(6.16)，可以将外行波函数 $\psi_m(\boldsymbol{r}_{i,q})$ 在 $\zeta_n(\boldsymbol{r}_j)$ 上展开$(i、j=1,2,\cdots,N)$，即

$$\psi_m(\boldsymbol{r}_{i,q})=\psi_m(\boldsymbol{r}_{i,q}^{j,0}+\boldsymbol{r}_j)=\sum_{n\in\mathbb{Z}}\psi_{m-n}(\boldsymbol{r}_{i,q}^{j,0})\zeta_n(\boldsymbol{r}_j),\quad |\boldsymbol{r}_j|<\min_i|\boldsymbol{r}_{i,q}^{j,0}-a_i| \tag{6.60}$$

式中：$\boldsymbol{r}_{i,q}^{j,0}=\overrightarrow{\boldsymbol{O}_{i,q}\boldsymbol{O}_{j,0}}$。

利用式(6.60)，在 $\Omega_j$ 附近将存在以下关系，即

$$\forall i\neq j,\quad p_{i,0}^{\mathrm{sc}}(\boldsymbol{r}_j)=\sum_{n\in\mathbb{Z}}\sum_{m\in\mathbb{Z}}C_{nm}^{j,i}A_m^i\zeta_n(\boldsymbol{r}_j) \tag{6.61a}$$

$$\forall i = 1,2,\cdots,N, \quad \sum_{q \neq 0} p_{i,q}^{\text{sc}}(\boldsymbol{r}_j) = \sum_{n \in \mathbb{Z}} \sum_{m \in \mathbb{Z}} S_{nm}^{j,i} A_m^i \zeta_n(\boldsymbol{r}_j) \tag{6.61b}$$

其中：

$$C_{nm}^{j,i} = \psi_{m-n}(\boldsymbol{r}_{i,0}^{j,0}), \quad S_{nm}^{j,i} = \sum_{q \in \mathbb{Z}, q \neq 0} \mathrm{e}^{\mathrm{i}qk_x\ell} \psi_{m-n}(\boldsymbol{r}_{i,q}^{j,0}) \tag{6.62}$$

这里的 $C_{nm}^{j,i}$ 是参考簇 $\Omega_{\text{cl}}^0$ 中的散射体 $\Omega_j$ 与 $\Omega_{i \neq j}$ 之间的耦合系数，其形式跟式(6.17)（针对无界域中的簇）中的耦合系数是相同的。与此不同的是，式(6.62)中的系数 $S_{nm}^{j,i}$ 是晶格求和，它反映了位于所有外部簇 $\Omega_{\text{cl}}^{q \neq 0}$ 内的散射体 $\Omega_{i,q}$ 的散射场对 $\Omega_j$ 附近声场的贡献。特别地，反映散射体 $\Omega_j$ 在所有单胞（除了参考单胞）内的周期重复性的 $S_{nm}^{j,j}$ 项一般还称为 Schlömich 级数①。此处已经将簇内和簇外的相互作用区分开来，从而得到了耦合系数 $C_{nm}^{j,i}$ 和 $S_{nm}^{j,i}$，参见式(6.62)，其他形式的声场划分可以参阅相关文献。值得注意的是，在已有文献中，人们还经常定义绝对晶格求和为 $\hat{S}_{nm}^{j,j} = S_{nm}^{j,j}$、相对晶格求和为 $\hat{S}_{nm}^{j,i} = C_{nm}^{j,i} + S_{nm}^{j,i}\ (i \neq j)$ [BOT 00, BOT 03, GRO 11]。不管怎样，将式(6.61)代入式(6.58)可以得到

$$p_{j,0}^{\text{intra}}(\boldsymbol{r}_j) = \sum_{i \neq j} \sum_{n \in \mathbb{Z}} \sum_{m \in \mathbb{Z}} C_{nm}^{j,i} A_m^i \zeta_n(\boldsymbol{r}_j) \tag{6.63a}$$

$$p_{j,0}^{\text{exo}}(\boldsymbol{r}_j) = \sum_{i=1,2,\cdots,N} \sum_{n \in \mathbb{Z}} \sum_{m \in \mathbb{Z}} S_{nm}^{j,i} A_m^i \zeta_n(\boldsymbol{r}_j) \tag{6.63b}$$

将式(6.57)、式(6.59)和式(6.63)联立起来，不难得到以下形式的外部声场 $p_{j,0}^{\text{ext}}$，即

$$p_{j,0}^{\text{ext}}(\boldsymbol{r}_j) = \sum_{n \in \mathbb{Z}} \varepsilon_n^j \zeta_n(\boldsymbol{r}_j) \tag{6.64a}$$

其中：

$$\varepsilon_n^j = U_n^j + \sum_{i \neq j} \sum_{m \in \mathbb{Z}} C_{nm}^{j,i} A_m^i + \sum_{i=1,2,\cdots,N} \sum_{m \in \mathbb{Z}} S_{nm}^{j,i} A_m^i \tag{6.64b}$$

式(6.64a)与针对孤立的散射体簇情形的式(6.20)是相似的，因此可以借助相同的过程通过单散射矩阵施加 $\Gamma_i$ 上的边界条件，无论散射体是6.3.3节的不透声情形还是6.3.8节的可透声情形均是如此。利用类似于6.3.4节所给出的矩阵描述，无须指定散射体的性质（透声或不透声），最终的问题都可以表示为

---

① 由于晶格求和的对称性特征，这个求和可以简化为针对 $q \leqslant 1$ 进行，值得指出的是，对于非耗散介质来说，晶格求和的收敛是较慢的，在此类介质中，即便在距离参考簇非常远的位置，散射体也会形成显著的散射场，当对式(6.62)中的求和项进行截断处理（即 $\sum_{q \in \mathbb{Z}, q \in [-Q,Q], q \neq 0}$）时，需要计入大量的散射体簇，关于如何有效计算晶格求和，相关的数学过程可以参阅文献[TWE 61, MCP 00, LIN 06]。

$$\boldsymbol{IA}=\boldsymbol{D\varepsilon},\quad \boldsymbol{\varepsilon}=\boldsymbol{U}+\boldsymbol{CA}+\boldsymbol{SA} \tag{6.65}$$

式中：$\boldsymbol{I}$ 为单位矩阵；$\boldsymbol{D}$ 为参考簇 $\Omega_{\mathrm{cl}}^{0}$ 中散射体的单散射矩阵；矢量 $\boldsymbol{A}$ 包含了待求的散射系数 $A_n^j$；矢量 $\boldsymbol{\varepsilon}$ 和 $\boldsymbol{U}$ 分别包含的是外部声场和未扰场的系数，即 $\varepsilon_n^j$ 和 $U_n^j$；$\boldsymbol{C}$ 为参考簇 $\Omega_{\mathrm{cl}}^{0}$ 中的散射体之间的耦合矩阵(簇内相互作用)，其形式跟针对孤立簇情形的式(6.32)中的形式是相同的；$\boldsymbol{S}$ 为反映参考簇 $\Omega_{\mathrm{cl}}^{0}$ 中的散射体与所有其他簇 $\Omega_{\mathrm{cl}}^{q\neq 0}$ 中的散射体之间的耦合效应的矩阵(簇外相互作用)。应当注意，跟矩阵 $\boldsymbol{C}$ 不同的是，矩阵 $\boldsymbol{S}$ 的分块对角项不是 $\boldsymbol{O}$，即

$$\boldsymbol{S}=\begin{bmatrix}\boldsymbol{S}^{1,1} & \cdots & \boldsymbol{S}^{1,N}\\ \vdots & \boldsymbol{S}^{j,i} & \vdots\\ \boldsymbol{S}^{N,1} & \cdots & \boldsymbol{S}^{N,N}\end{bmatrix},\quad \boldsymbol{S}^{j,i}=S_{nm}^{j,i} \tag{6.66}$$

求解式(6.65)中的矢量 $\boldsymbol{A}$ 可得

$$\boldsymbol{A}=\boldsymbol{M}^{\infty}\boldsymbol{U},\quad \boldsymbol{M}^{\infty}=[\boldsymbol{I}-\boldsymbol{D}(\boldsymbol{C}+\boldsymbol{S})]^{-1}\boldsymbol{D} \tag{6.67}$$

式中：$\boldsymbol{M}^{\infty}$ 为阵列的多散射矩阵，它将参考簇 $\Omega_{\mathrm{cl}}^{0}$ 中散射体的散射系数矢量 $\boldsymbol{A}$ 与来自于平面波激励的激励系数向量 $\boldsymbol{U}$ 联系了起来。

从计算角度来说，如同式(6.35)那样，需要将针对角模式的无限求和运算做截断处理，而在散射体簇的整个空间周期分布域上所进行的晶格求和则是独立进行的[TWE 61,MCP 00]。这里应当再次指出的是，在整个域 $\Omega$ 内唯一有效的场描述是由式(6.56)所给出的，也就是说，这个场是在正空间(即空间域)中表达的。不过，由于结构存在周期性且其几何也适合于笛卡儿坐标描述，因此人们往往更倾向于在倒空间(即波数域)中给出场的表达式。

### 6.4.3 布洛赫波和 Wood 异常现象

当未扰场入射到阵列结构上时，一些波会被反射回去，而另一些波则会透射出去。利用式(6.57)不难计算出任意位置处的声压场，并且能够借助数值方法识别出反射场和透射场。然而，针对大量位置处的散射体的散射场进行求和运算却是非常繁琐的，并且也并不能帮助我们更深刻地认识受未扰场激励的散射体簇的总体行为机制。这里在阵列上方和下方的两个半空间域($\Omega_+$ 和 $\Omega_-$)中，将其散射场 $p^{\mathrm{sc}}$ 以平面波形式展开，也就是分别在满足 $y>y^+$ 和 $y<y^-$ 的位置处展开，其中的 $y^+=\max_j(y_j+a_j)$、$y^-=\max_j(y_j-a_j)$，如图 6.4 所示。对于这些平面波来说，并不是所有的波矢都是允许的，通过布洛赫－弗洛凯分析[FLO 83, BLO 28]可知，由于阵列的周期性和 $\boldsymbol{e}_x$ 方向上未扰场所指定的波数 $k_x$，只有一组离散的波矢才是可行的，即 $k_x^v\boldsymbol{e}_x\pm k_y^v\boldsymbol{e}_y$，其中：

$$\forall v \in \mathbb{Z}, \quad k_x^v = k_x + \frac{2\pi v}{\ell}, \quad k_y^v = \sqrt{k^2 - (k_x^v)^2}, \quad \mathrm{Re}(k_y^v) \geqslant 0 \tag{6.68}$$

于是,散射场 $p^{sc}$ 的平面波展开形式为

$$p^{sc}(x,y) = \begin{cases} \sum_{v \in \mathbb{Z}} E_v^+ \mathrm{e}^{\mathrm{i}k_x^v x} \mathrm{e}^{\mathrm{i}k_y^v y}, 若\ y > y^+ \\ \sum_{v \in \mathbb{Z}} E_v^- \mathrm{e}^{\mathrm{i}k_x^v x} \mathrm{e}^{-\mathrm{i}k_y^v y}, 若\ y < y^- \end{cases} \tag{6.69}$$

式中:$E_v^{\pm}$ 为阵列向自由半空间 $\Omega_{\pm}$ 所辐射出的外行波的复数幅值。这些平面波的波数均由式(6.68)所规定,通常被称为布洛赫波。现在的问题是如何确定布洛赫波的幅值 $E_v^{\pm}$ 与式(6.67)所给出的散射系数 $A_n^j$ 之间的关系。为此,可以借助格林-克希霍夫积分定理来进行分析,其中利用了二维的周期为 $\ell$ 的格林函数。推导过程稍微有些烦琐,具体过程可以参阅本书附录2。由此得到的布洛赫波的幅值具有以下形式,即

$$E_v^{\pm} = \sum_{j=1,2,\cdots,N} \sum_{m \in \mathbb{Z}} K_{v,m}^{\pm,j} A_m^j \tag{6.70a}$$

式中

$$K_{v,m}^{\pm,j} = \frac{2(-\mathrm{i})^m \mathrm{e}^{\pm \mathrm{i}m\vartheta^v}}{k_y^v \ell} \mathrm{e}^{-\mathrm{i}(k_x^v x_j \pm k_y^v y_j)} \tag{6.70b}$$

式(6.70b)中的角度 $\vartheta^v$ 满足 $k_x^v = k\cos(\vartheta^v)$ 和 $k_y^v = k\sin(\vartheta^v)$。利用式(6.69),实际声场的形式为

$$p(x,y) = \begin{cases} \sum_{v \in \mathbb{Z}} \{T_v^0 \mathrm{e}^{\mathrm{i}k_y^v y}\} \mathrm{e}^{\mathrm{i}k_x^v x}, & 若\ y > y^+ \\ \sum_{v \in \mathbb{Z}} \{\delta(v) \mathrm{e}^{\mathrm{i}k_y^0 y} + R_v^0 \mathrm{e}^{-\mathrm{i}k_y^v y}\} \mathrm{e}^{\mathrm{i}k_x^v x}, & 若\ y < y^- \end{cases} \tag{6.71}$$

式中:$\delta(v)\mathrm{e}^{-\mathrm{i}k_y^0 y}\mathrm{e}^{\mathrm{i}k_x^v x}$ 为自由空间 $\Omega_-(y<y^-)$ 中的未扰场;$R_v^0 = E_v^-$ 和 $T_v^0 = \delta(v) + E_v^+$ 分别为单一格栅阵列的反射系数和透射系数(参考平面位于 $y=0$)。值得注意的是,对于基本布洛赫模式($v=0$),未扰场对透射系数的贡献为 $T_0^0 = 1 + E_0^+$,而高阶布洛赫模式($v \neq 0$)仅仅源自于阵列自身的散射场,即 $T_v^0 = E_v^+$ ($v \neq 0$)。

最后需要指出的是,散射场 $p^{sc}$ 的布洛赫波展开(布洛赫波幅值由式(6.70)给出)并不是在每一个频率处都是有效的。实际上,当 $k_y^v = 0$ 时,式(6.70b)所给出的系数 $K_{v,m}^{\pm,j}$ 是奇异的。根据式(6.68)可知,这一情形发生在以下频率处,即

$$\omega_v^{\mathrm{W}} = \frac{2\pi v c/\ell}{\pm 1 - \cos\theta}, \quad v \in \mathbb{Z} \tag{6.72}$$

例如,在法向入射条件下,$\theta=\pi/2$,系数 $K_{v,m}^{\pm,j}$ 出现奇异的最低频率值将为 $\omega_1^{\mathrm{W}}=2\pi c/\ell$,此时入射波的波长恰好等于晶格尺寸 $\ell$。在这一频率处,反射波和透射波将局限在阵列附近,并沿着 $\pm\boldsymbol{e}_x$ 方向传播(此处没有给出实例演示)。换言之,此时的波场实际上是受到阵列导向的凋落波,人们将这一现象称为 Wood 异常[WOO 02,CUT 44]。

从计算层面来说,上述异常现象一般可以通过在 Wood 异常点附近针对参数 $k$ 引入一个较小的虚部来回避。式(6.69)和式(6.71)中的无限求和运算必须经过截断处理,即令 $v$ 取 $-N^-\sim N^+$ 范围内的整数值,从而确保收敛性,其中:

$$N^{\pm}=\mathrm{floor}(3k\mp k_x)+10 \tag{6.73}$$

### 6.4.4 阵列与平面边界的相互作用

将散射场 $p^{\mathrm{sc}}$ 以布洛赫波形式展开(参见式(6.69)),这一做法使我们能够更好地分析和考察单格栅阵列与平行于该格栅的平面边界 $\Gamma_{\mathrm{b}}$ 之间的相互作用,参见图 6.5。此处假定该平面边界 $\Gamma_{\mathrm{b}}$ 位于 $y=b$ 处,$b(b>y^+)$ 为该边界到直线 $y=0$(阵列是沿着该直线放置的)的距离。另外,这里还假定了这一平面边界对于 $\Omega$ 中的粒子是不可侵入的,因而在 $y=b$ 处有 $\boldsymbol{v}\cdot\boldsymbol{e}_y=0$。

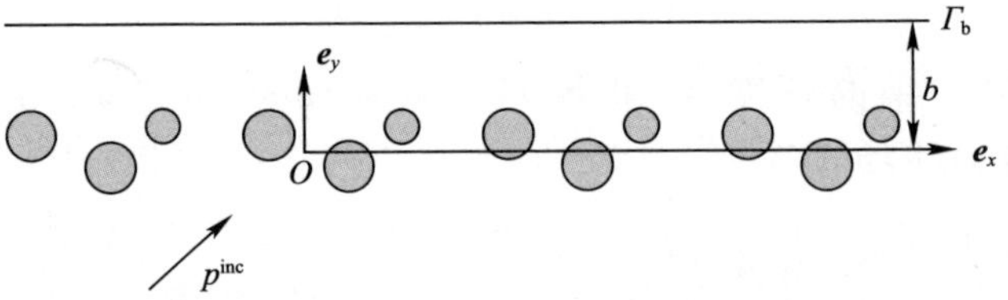


图 6.5 放置于一个刚性平面边界处的周期簇(簇中包含 $N$ 个散射体,周期常数为 $\ell$)

当不存在阵列结构时,入射场 $p^{\mathrm{inc}}=\mathrm{e}^{\mathrm{i}k_x x+\mathrm{i}k_y y}$ 将会被平面边界 $\Gamma_{\mathrm{b}}$ 反射回来,形成的波场为 $\mathrm{e}^{\mathrm{i}k_x x-\mathrm{i}k_y(y-2b)}$,于是,未扰场就可以表示为

$$p^{\mathrm{un}}(x,y)=\{\mathrm{e}^{\mathrm{i}k_y y}+\mathrm{e}^{-\mathrm{i}k_y(y-2b)}\}\mathrm{e}^{\mathrm{i}k_x x} \tag{6.74}$$

且在 $\Gamma_{\mathrm{b}}$ 上有 $\dfrac{\partial p^{\mathrm{un}}}{\partial y}=0$。

在上述未扰场的作用下,阵列中的散射体会导致以下辐射波场,即

$$p^{\mathrm{sc}}(\boldsymbol{x})=\sum_{j=1,2,\cdots,N}\sum_{q\in\mathbb{Z}}p_{j,q}^{\mathrm{sc}}(\boldsymbol{x}),\quad p_{j,q}^{\mathrm{sc}}(\boldsymbol{r}_{j,q})=\sum_{n\in\mathbb{Z}}A_n^j\mathrm{e}^{\mathrm{i}qk_x\ell}\psi_n(\boldsymbol{r}_{j,q}) \tag{6.75}$$

式中:$A_n^j$ 为参考簇 $\Omega_{\mathrm{cl}}^0$ 中的散射体的散射系数,是待确定的参量。

散射场 $p_{j,q}^{\mathrm{sc}}$ 之间的相互作用将导致形成布洛赫波,于是可以像式(6.69)那样将散射场 $p^{\mathrm{sc}}$ 重新表示为

$$p^{\mathrm{sc}}(x,y)=\begin{cases}\sum_{v\in\mathbb{Z}}E_v^+\mathrm{e}^{\mathrm{i}k_x^v x+\mathrm{i}k_y^v y}, & 若\ y\in[y^+,b]\\ \sum_{v\in\mathbb{Z}}E_v^-\mathrm{e}^{\mathrm{i}k_x^v x-\mathrm{i}k_y^v y}, & 若\ y<y^-\end{cases}\tag{6.76}$$

式中：$E_v^+$ 为布洛赫波幅值，由式(6.70)给出。

然而，需要指出的是，由于存在着平面边界 $\Gamma_{\mathrm{b}}$，因此从阵列发出的每个布洛赫波 $E_v^+\mathrm{e}^{\mathrm{i}k_x^v x+\mathrm{i}k_y^v y}$ 将会被这一边界反射回来，由此形成的辐射场为

$$p_\Gamma^{\mathrm{sc}}(x,y)=\sum_{v\in\mathbb{Z}}E_v^+\mathrm{e}^{\mathrm{i}2k_y^v b}\mathrm{e}^{\mathrm{i}k_x^v x-\mathrm{i}k_y^v y}\tag{6.77}$$

且在边界 $\Gamma_{\mathrm{b}}$ 处有 $\dfrac{\partial(p^{\mathrm{sc}}+p_\Gamma^{\mathrm{sc}})}{\partial y}=0$。

显然，参考簇 $\Omega_{\mathrm{cl}}^0$ 内的散射体 $\Omega_j$ 将受到式(6.74)所给出的未扰场 $p^{\mathrm{un}}$、式(6.58)所给出的簇内波场 $p_{j,0}^{\mathrm{intra}}$ 和簇外波场 $p_{j,0}^{\mathrm{exo}}$ 以及平面边界 $\Gamma_{\mathrm{b}}$ 散射回来的波场 $p_\Gamma^{\mathrm{sc}}$ 的共同作用。为了在 $\Omega_j$ 的边界面 $\Gamma_j$ 上施加边界条件，可以在 $\Omega_j$ 的附近将所有这些波场展开成正则波函数 $\zeta_n(\boldsymbol{r}_j)$ 的形式。因此，利用6.3.5节所给出的 Jacobi - Anger 展开方法，不难得到以下关系式，即

$$\mathrm{e}^{\mathrm{i}k_x^v x\pm\mathrm{i}k_y^v y}=\sum_{n\in\mathbb{Z}}L_{n,v}^{j,\pm}\zeta_n(\boldsymbol{r}_j),\quad L_{n,v}^{j,\pm}=(\mathrm{i})^n\mathrm{e}^{\mp\mathrm{i}n\vartheta^v}\mathrm{e}^{\mathrm{i}k_x^v x_j\pm\mathrm{i}k_y^v y_j}\tag{6.78}$$

非常有趣的是，式(6.70b)中的系数 $K_{v,m}^{\pm,j}$ 和式(6.78)中的 $L_{m,v}^{j,\pm}$ 是满足 $K_{v,m}^{\pm,j}L_{m,v}^{j,\pm}=2/(k_y^v\ell)$ 这一关系的。如果将式(6.78)代入未扰场 $p^{\mathrm{un}}$ 和背向散射场 $p_\Gamma^{\mathrm{sc}}$ 的表达式(参见式(6.74)和式(6.77))中，并利用式(6.70a)，将可得到以下展开形式，即

$$p^{\mathrm{un}}(\boldsymbol{r}_j)=\sum_{m\in\mathbb{Z}}U_n^j\zeta_n(\boldsymbol{r}_j),\quad U_n^j=L_{n,0}^{j,+}+\mathrm{e}^{\mathrm{i}2k_y b}L_{n,0}^{j,-}\tag{6.79a}$$

$$p_\Gamma^{\mathrm{sc}}(\boldsymbol{r}_j)=\sum_{i=1,2,\cdots,N}\sum_{n\in\mathbb{Z}}\sum_{m\in\mathbb{Z}}B_{n,m}^{j,i}A_m^i\zeta_n(\boldsymbol{r}_j)\tag{6.79b}$$

$$B_{n,m}^{j,i}=\sum_{v\in\mathbb{Z}}L_{n,v}^{j,-}K_{v,m}^{+,i}\mathrm{e}^{\mathrm{i}2k_y^v b}\tag{6.79c}$$

最后，根据式(6.64a)所给出的簇内波场 $p_{j,0}^{\mathrm{intra}}$ 和簇外波场 $p_{j,0}^{\mathrm{exo}}$ 的展开形式，即可导出 $\Omega_j$ 附近的外部场 $p_{j,0}^{\mathrm{ext}}(\boldsymbol{r}_j)$，其形式为

$$p_{j,0}^{\mathrm{ext}}(\boldsymbol{r}_j)=\sum_{n\in\mathbb{Z}}E_n^j\zeta_n(\boldsymbol{r}_j)\tag{6.80a}$$

$$E_n^j=U_n^j+\sum_{i\neq j}\sum_{m\in\mathbb{Z}}C_{nm}^{j,i}A_m^i+\sum_{i=1,2,\cdots,N}\sum_{m\in\mathbb{Z}}(S_{nm}^{j,i}+B_{n,m}^{j,i})A_m^i\tag{6.80b}$$

进一步，按照正常的过程在边界面 $\Gamma_i$ 上施加边界条件，就能够得到以下所

示的问题,此处是以矩阵形式描述的,相关过程和参量定义可以参见 6.3.4 节和 6.4.2 节。

$$\boldsymbol{IA} = \boldsymbol{DE}, \boldsymbol{E} = \boldsymbol{U} + \boldsymbol{CA} + \boldsymbol{SA} + \boldsymbol{BA} \tag{6.81}$$

式中:矩阵 $\boldsymbol{B}$ 反映了参考簇 $\Omega_{\mathrm{cl}}^{0}$ 中的散射体与平面边界 $\Gamma_{\mathrm{b}}$ 的背向散射场之间的耦合行为,其形式为

$$\boldsymbol{B} = \begin{bmatrix} \boldsymbol{B}^{1,1} & \cdots & \boldsymbol{B}^{1,N} \\ \vdots & \boldsymbol{B}^{j,i} & \vdots \\ \boldsymbol{B}^{N,1} & \cdots & \boldsymbol{B}^{N,N} \end{bmatrix}, \quad [\boldsymbol{B}^{j,i}]_{nm} = B_{nm}^{j,i} \tag{6.82}$$

在根据式(6.81)计算出散射系数之后,就可以得到实际波场了,即 $p = p^{\mathrm{un}} + p^{\mathrm{sc}} + p_{\Gamma}^{\mathrm{sc}}$。

上述这一实例分析表明,在存在平面边界 $\Gamma_{\mathrm{b}}$ 的情况下,不能将未扰场简化成入射场来进行分析,散射体会经受 $\Gamma_{\mathrm{b}}$ 的背向散射场的作用。实际上,平面边界 $\Gamma_{\mathrm{b}}$ 这个角色类似于一个障碍物,所产生的布洛赫平面波起到的是跟其外形相适应的波函数作用。虽然这里将 $\Gamma_{\mathrm{b}}$ 视为不可侵入的边界,不过针对单格栅阵列与平面边界之间的相互作用所进行的上述分析仍然具有一般性,这一过程可以拓展到柔性边界情况,如两种介质的分界面。

## 6.5 多格栅阵列的声散射

将包含 $N$ 个散射体的簇 $\Omega_{\mathrm{cl}}$ 在 $\boldsymbol{e}_x$ 方向上进行周期排列(周期长度为 $\ell_x$),然后将这一行阵列结构再在 $\boldsymbol{e}_y$ 方向上等间距(中心之间的距离为 $\ell_y$)阵列 $N_y$ 次,所得结构如图 6.6 所示。显然,各簇的质心将位于以下位置,即

$$\boldsymbol{x}_{\mathrm{cl}}^{(q,g)} = q\ell_x\boldsymbol{e}_x + g\ell_y\boldsymbol{e}_y, \quad q \in \mathbf{Z}, \quad g = 0, 1, \cdots, N_y - 1 \tag{6.83}$$

将位于点 $\boldsymbol{x}_{\mathrm{cl}}^{(q,g)}$ 的簇记为 $\Omega_{\mathrm{cl}}^{(q,g)}$,而 $\Omega_{\mathrm{cl}}^{(q,g)}$ 内的散射体则记为 $\Omega_{(j,q,g)}$, $j = 1, 2, \cdots, N$。$\Omega_{(j,q,g)}$ 的中心 $O_{(j,q,g)}$ 位于点 $\boldsymbol{x}_{(j,q,g)} = \boldsymbol{x}_j + q\ell_x\boldsymbol{e}_x + g\ell_y\boldsymbol{e}_y$,其中 $\boldsymbol{x}_j = x_j\boldsymbol{e}_x + y_j\boldsymbol{e}_y$ 是 $\Omega_{(j,0,0)}$ 所处的位置。散射体 $\Omega_{(j,q,g)}$ 的半径可以记为 $a_j$,并假定晶格尺寸 $\ell_x$ 和 $\ell_y$ 满足 $\ell_x/2 > \max_j(|x_j| + a_j)$ 和 $\ell_y/2 > \max_j(|y_j| + a_j)$。为了考察这一多格栅阵列针对入射平面波 $p^{\mathrm{inc}}(\boldsymbol{x}) = \mathrm{e}^{\mathrm{i}k_x x + \mathrm{i}k_y(y - \ell_y/2)}$ 所形成的散射场,不妨定义一个"超簇"(super clusters),即 $\Omega_{\mathrm{cl}*}^{q} = \cup\{\Omega_{\mathrm{cl}}^{(q,g)} | g = 0, 1, 2, \cdots, N_y - 1\}$,于是 6.4 节所给出的结果也将适用于由这个超簇所构成的单格栅阵列结构了[GRO 08b, GRO 11]。不过,在这个超簇中存在着 $N_y \times N$ 个散射体,显然这就需要进行大量的计算,尤其是当 $N_y$ 很大时。本节将介绍另一种分析方法,该方法建立在针对

单格栅阵列(一行)的传递矩阵描述这一基础之上,只需将这些传递矩阵联合起来即可推导出多格栅阵列所形成的反射波场和透射波场。还有一种方法利用的是散射矩阵描述[BOT 00],其本质也是相似的,只是散射矩阵的乘法运算比较烦琐而已。

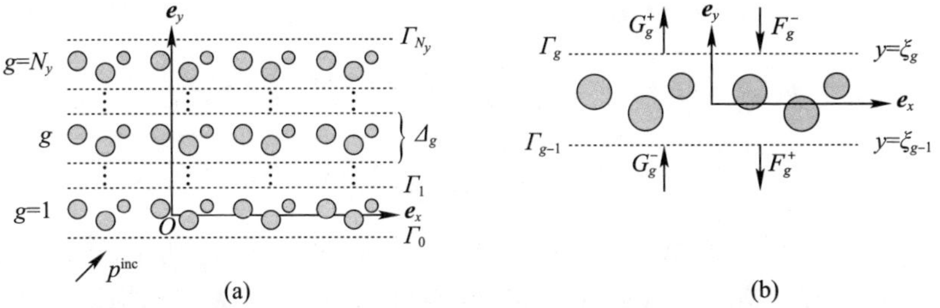


图 6.6　多格栅阵列所得结构

(a)多格栅周期簇(周期常数为 $\ell$,簇中包含 $N$ 个散射体);(b)单格栅 $\Delta_g$。

### 6.5.1　针对单格栅的传递矩阵描述

这里从多格栅阵列中单独抽取出一个单格栅 $\Delta_g = \cup \{\Omega_{\text{cl}}^{(q,g)} | q \in \mathbb{Z}\}$ 进行分析,如图 6.6 所示。这个单格栅将同时受到两个入射场的作用,分别是位于其下方的 $\hat{p}_g^+$ 和上方的 $\hat{p}_g^-$,它们可以表示为

$$\hat{p}_g^+ = \sum_{v \in \mathbb{Z}} F_{g,v}^+ \mathrm{e}^{\mathrm{i}k_x^v x + \mathrm{i}k_y^v (y-\xi_g)}, \quad y < y_g^- \tag{6.84a}$$

$$\hat{p}_g^- = \sum_{v \in \mathbb{Z}} F_{g,v}^- \mathrm{e}^{\mathrm{i}k_x^v x - \mathrm{i}k_y^v (y-\xi_{g+1})}, \quad y > y_g^+ \tag{6.84b}$$

式中:$y_g^+ = g\ell_y + \max_j(y_j + a_j)$,$y_g^- = g\ell_y + \min_j(y_j - a_j)$,它们限定了布洛赫波展开只能在格栅外部进行;$F_{g,v}^{\pm}$ 为复数幅值;$\xi_g = g\ell_y - \ell_y/2$ 为位于 $y = \xi_g$ 处的格栅 $\Delta_{g+1}$ 与 $\Delta_g$ 之间的虚拟边界。

在入射场的作用下,格栅 $\Delta_g$ 将生成以下形式的波场,即

$$p_g^+ = \sum_{\mu \in \mathbb{Z}} G_{g,\mu}^+ \mathrm{e}^{\mathrm{i}k_x^\mu x + \mathrm{i}k_y^\mu (y-\xi_{g+1})}, \quad y > y_g^+ \tag{6.85a}$$

$$p_g^- = \sum_{\mu \in \mathbb{Z}} G_{g,\mu}^- \mathrm{e}^{\mathrm{i}k_x^\mu x - \mathrm{i}k_y^\mu (y-\xi_g)}, \quad y < y_g^- \tag{6.85b}$$

为了确定幅值 $G_{g,\mu}^{\pm}$,可以利用 6.4 节给出的相关结果。在格栅 $\Delta_g$ 中,参考簇($q=0$)内的散射体 $\Omega_{(j,0,g)}$ 在受到外部波场 $p_{(j,0,g)}^{\text{ext}}$ 的作用下,将会产生散射波场 $p_{(j,0,g)}^{\text{sc}}$。此处的 $p_{(j,0,g)}^{\text{ext}}$ 是多个波场的叠加,其中包含未扰场 $p^{\text{un}} = \hat{p}_g^+ + \hat{p}_g^-$、簇

内外部场 $p_{(j,0,g)}^{\text{intra}}$ 以及簇外波场 $p_{(j,0,g)}^{\text{exo}}$。在 $\Omega_{(j,0,g)}$ 的附近,若采用附连于 $\Omega_{(j,0,g)}$ 的极坐标系($O_{(j,0,g)}$,$\boldsymbol{r}_{(j,0,g)}$),那么这些波场可以表示为

$$p_{(j,0,g)}^{\text{sc}}(\boldsymbol{r}_{(j,0,g)}) = \sum_{n\in\mathbb{Z}} A_n^{(j,0,g)}\psi_n(\boldsymbol{r}_{(j,0,g)}) \tag{6.86a}$$

$$p^{\text{un}}(\boldsymbol{r}_{(j,0,g)}) = \sum_{n\in\mathbb{Z}} U_n^{(j,0,g)}\zeta_n(\boldsymbol{r}_{(j,0,g)}) \tag{6.86b}$$

$$p_{(j,0,g)}^{\text{intra}}(\boldsymbol{r}_{(j,0,g)}) = \sum_{i\neq j}\sum_{n\in\mathbb{Z}}\sum_{m\in\mathbb{Z}} C_{nm}^{j,i}A_m^{(j,0,g)}\zeta_n(\boldsymbol{r}_{(j,0,g)}) \tag{6.86c}$$

$$p_{(j,0,g)}^{\text{exo}}(\boldsymbol{r}_{(j,0,g)}) = \sum_{i=1,2,\cdots,N}\sum_{n\in\mathbb{Z}}\sum_{m\in\mathbb{Z}} S_{nm}^{j,i}A_m^{(j,0,g)}\zeta_n(\boldsymbol{r}_{(j,0,g)}) \tag{6.86d}$$

式中:$C_{nm}^{j,i}$ 为簇内耦合系数;$S_{nm}^{j,i}$ 为晶格求和,它们跟格栅 $\Delta_g$ 的下标 $g$ 是无关的(因为它们只涉及格栅中散射体的相对位置),并且可以表示成以下形式(其中 $r_{(i,q,g)}^{(j,0,g)} = \overrightarrow{O_{(i,q,g)}O_{(j,0,g)}}$),即

$$C_{nm}^{j,i} = \psi_{m-n}(r_{(i,q,g)}^{(j,0,g)}),\ S_{nm}^{j,i} = \sum_{q\in\mathbb{Z},q\neq 0} \mathrm{e}^{\mathrm{i}qk_x\ell_x}\psi_{m-n}(r_{(i,q,g)}^{(j,0,g)}) \tag{6.87}$$

特别地,式(6.86b)可从未扰场 $p^{\text{un}} = \hat{p}_g^+ + \hat{p}_g^-$(拓展到整个空间,即 $y\in(-\infty,+\infty)$)的 Jacobi - Anger 展开(参见式(6.78))导出。利用式(6.85),不难得到

$$U_n^{(j,0,g)} = \sum_{v\in\mathbb{Z}}(L_{n,v}^{j,+}F_{g,v}^+ + L_{n,v}^{j,-}F_{g,v}^-) \tag{6.88a}$$

$$L_{n,v}^{j,\pm} = (\mathrm{i})^n \mathrm{e}^{\mp \mathrm{i}n\vartheta^v}\mathrm{e}^{\mathrm{i}k_x^v x_j \pm \mathrm{i}k_y^v(y_j \mp \ell_y/2)} \tag{6.88b}$$

值得注意的是,式(6.88b)中给出的系数 $L_{n,v}^{j,\pm}$ 不依赖于所抽取出的格栅 $\Delta_g$ 的下标 $g$。最后,针对格栅 $\Delta_g$ 的参考簇($q=0$)中的每个散射体 $\Omega_{(j,0,g)}$,在其边界面上施加了边界条件之后,利用 6.4.2 节所述的矩阵描述方法,将可得到

$$\boldsymbol{A}^g = \boldsymbol{M}^\infty \boldsymbol{U}^g,\quad \boldsymbol{M}^\infty = [\boldsymbol{I} - \boldsymbol{D}(\boldsymbol{C}+\boldsymbol{S})]^{-1}\boldsymbol{D} \tag{6.89}$$

式中:$\boldsymbol{M}^\infty$ 为多散射矩阵,它跟所抽取出的格栅 $\Delta_g$ 的下标 $g$ 是无关的;$\boldsymbol{A}^g$ 和 $\boldsymbol{U}^g$ 中分别包含的是散射系数 $A_n^{(j,0,g)}$ 和激励系数 $U_n^{(j,0,g)}$。现在再利用 6.4.3 节给出的相关结果,就可以将格栅 $\Delta_g$ 的散射场 $p_g^{\text{sc}}$ 以布洛赫波的形式加以展开,其形式为

$$p_g^{\text{sc}} = \begin{cases} \displaystyle\sum_{\mu\in\mathbb{Z}}\left[\sum_{j=1,2,\cdots,N}\sum_{m\in\mathbb{Z}} K_{\mu,m}^{+,j}A_m^{(j,0,g)}\right]\mathrm{e}^{\mathrm{i}k_x^\mu x + \mathrm{i}k_y^\mu(y-\xi_{g+1})}, & y\geqslant y_g^+ \\ \displaystyle\sum_{\mu\in\mathbb{Z}}\left[\sum_{j=1,2,\cdots,N}\sum_{m\in\mathbb{Z}} K_{\mu,m}^{-,j}A_m^{(j,0,g)}\right]\mathrm{e}^{\mathrm{i}k_x^\mu x - \mathrm{i}k_y^\mu(y-\xi_g)}, & y\leqslant y_g^- \end{cases} \tag{6.90}$$

式中:系数 $K_{\mu,m}^{+,j}$ 跟格栅 $\Delta_g$ 的下标 $g$ 是无关的,可以表示为

$$K_{\mu,m}^{\pm,j}=\frac{2\left(-\mathrm{i}\right)^{m}\mathrm{e}^{\pm\mathrm{i}m\vartheta^{\mu}}}{k_{y}^{\mu}\ell_{x}}\mathrm{e}^{-\mathrm{i}\left(k_{x}^{\mu}x_{j}\pm k_{y}^{v}\left(y_{j}\mp\ell_{y}/2\right)\right)}\tag{6.91}$$

现在可以把半空间 $y>y_g^+$ 和 $y<y_g^-$ 中的总波场 $p$ 重新表示为

$$p=\begin{cases}\hat{p}_g^++\hat{p}_g^-+p_g^{\mathrm{sc}}=\hat{p}_g^-+p_g^+, & y\geqslant y_g^+\\ \hat{p}_g^++\hat{p}_g^-+p_g^{\mathrm{sc}}=\hat{p}_g^++p_g^-, & y\leqslant y_g^-\end{cases}\tag{6.92}$$

式(6.92)实际上给出了波场 $p_g^{\pm}$ 的以下形式,即

$$p_g^+=\hat{p}_g^+(y\geqslant y_g^+)+p_g^{\mathrm{sc}}(y>y_g^+),\quad p_g^-=\hat{p}_g^-(y<y_g^-)+p_g^{\mathrm{sc}}(y<y_g^-)\tag{6.93}$$

将式(6.84)、式(6.85)和式(6.90)代入式(6.93)中,并利用布洛赫波的正交性(参见附录2中的式(A2.15)),不难得到

$$\forall\mu\in\mathbb{Z},G_{g,\mu}^{\pm}=G_{g,\mu}^{\pm}\mathrm{e}^{\mathrm{i}k_y^{\mu}\ell_y}+\sum_{j=1,2,\cdots,N}\sum_{m\in\mathbb{Z}}K_{\mu,m}^{\pm,j}A_m^{(j,0,g)}\tag{6.94}$$

这里可以定义幅值分别为 $F_{g,v}^{\pm}$ 和 $G_{g,\mu}^{\pm}$ 的两个矢量 $\boldsymbol{F}_g^{\pm}$ 和 $\boldsymbol{G}_g^{\pm}$,即

$$\boldsymbol{F}_g^{\pm}=\{\cdots,F_{g,v-1}^{\pm},F_{g,v}^{\pm},F_{g,v+1}^{\pm},\cdots\}^{\mathrm{T}}\tag{6.95a}$$

$$\boldsymbol{G}_g^{\pm}=\{\cdots,G_{g,\mu-1}^{\pm},G_{g,\mu}^{\pm},G_{g,\mu+1}^{\pm},\cdots\}^{\mathrm{T}}\tag{6.95b}$$

并建立两个矩阵 $\boldsymbol{K}^{\pm}$ 和 $\boldsymbol{L}^{\pm}$,即

$$\boldsymbol{K}^{\pm}=\begin{bmatrix}\boldsymbol{K}_{\mu-1}^{\pm,1} & \cdots & \boldsymbol{K}_{\mu-1}^{\pm,N}\\ \boldsymbol{K}_{\mu}^{\pm,1} & \boldsymbol{K}_{\mu}^{\pm,j} & \boldsymbol{K}_{\mu}^{\pm,N}\\ \boldsymbol{K}_{\mu+1}^{\pm,1} & \cdots & \boldsymbol{K}_{\mu+1}^{\pm,N}\end{bmatrix},\quad \boldsymbol{L}^{\pm}=\begin{bmatrix}\boldsymbol{L}_{v-1}^{1,\pm} & \boldsymbol{L}_{v}^{1,\pm} & \boldsymbol{L}_{v+1}^{1,\pm}\\ \vdots & \boldsymbol{L}_{v}^{j,\pm} & \vdots\\ \boldsymbol{L}_{v-1}^{N,\pm} & \boldsymbol{L}_{v}^{N,\pm} & \boldsymbol{L}_{v+1}^{N,\pm}\end{bmatrix}\tag{6.96}$$

其中的行矢量 $\boldsymbol{K}_{\mu}^{\pm,j}$ 和列矢量 $\boldsymbol{L}_v^{j,\pm}$ 分别为

$$\boldsymbol{K}_{\mu}^{\pm,j}=\{\cdots,K_{\mu,m-1}^{\pm,j},K_{\mu,m}^{\pm,j},K_{\mu,m+1}^{\pm,j},\cdots\}\tag{6.97a}$$

$$\boldsymbol{L}_v^{j,\pm}=\{\cdots,L_{n-1,v}^{j,\pm},L_{n,v}^{j,\pm},L_{n+1,v}^{j,\pm},\cdots\}^{\mathrm{T}}\tag{6.97b}$$

进一步,再定义以下对角矩阵 $\boldsymbol{\varphi}$,即

$$\boldsymbol{\varphi}=\underset{\mu\in\mathbb{Z}}{\mathrm{diag}}(\mathrm{e}^{\mathrm{i}k_y^{\mu}\ell_y})\tag{6.98}$$

利用上面所定义的这些参量,并考虑到式(6.30)和式(6.27)所给出的矢量 $\boldsymbol{A}^g$ 与 $\boldsymbol{U}^g$ 的结构形式,就可以将式(6.88a)和式(6.94)表示成

$$\boldsymbol{U}^g=\boldsymbol{L}^+\boldsymbol{F}_g^++\boldsymbol{L}^-\boldsymbol{F}_g^-,\quad \boldsymbol{G}_g^{\pm}=\boldsymbol{\varphi}\boldsymbol{F}_g^{\pm}+\boldsymbol{K}^{\pm}\boldsymbol{A}^g\tag{6.99}$$

只需将式(6.89)和式(6.99)联立起来,即可得到

$$\boldsymbol{G}_g^+=\boldsymbol{T}^+\boldsymbol{F}_g^++\boldsymbol{R}^+\boldsymbol{F}_g^-,\quad \boldsymbol{G}_g^-=\boldsymbol{R}^-\boldsymbol{F}_g^++\boldsymbol{T}^-\boldsymbol{F}_g^-\tag{6.100}$$

式中:$\boldsymbol{T}^{\pm}$为广义透射矩阵;$\boldsymbol{R}^{\pm}$为广义反射矩阵。它们可以表示为

$$\boldsymbol{T}^{\pm}=\boldsymbol{\varphi}+\boldsymbol{K}^{\pm}\boldsymbol{M}^{\infty}\boldsymbol{L}^{\pm},\quad \boldsymbol{R}^{\pm}=\boldsymbol{K}^{\pm}\boldsymbol{M}^{\infty}\boldsymbol{L}^{\mp} \tag{6.101}$$

矩阵 $\boldsymbol{T}^{\pm}$ 和 $\boldsymbol{R}^{\pm}$ 与单格栅 $\Delta_g$ 的下标 $g$ 都是无关的,在知道了入射到格栅 $\Delta_g$ 上的布洛赫波之后,借助式(6.100)即可计算出该格栅所形成的反射与透射布洛赫波幅值。在6.5.2 小节中将指出,根据传递矩阵方法,将矩阵 $\boldsymbol{T}^{\pm}$ 和 $\boldsymbol{R}^{\pm}$ 组合使用就能够有效地分析多格栅阵列结构的反射和透射布洛赫波了。

### 6.5.2 多格栅阵列的声散射

为了推导出多格栅阵列所形成的反射场和透射场,这里针对指标 $g=0,1,2,\cdots,N_y$,在 $y=\xi_g$ 处定义虚拟边界 $\Gamma_g$。内部边界 $\Gamma_g(g=1,2,\cdots,N_y-1)$代表的是格栅 $\Delta_g$ 与 $\Delta_{g+1}$的分界面,而 $\Gamma_0$ 和 $\Gamma_{N_y}$则分别是整个多格栅阵列的下边界和上边界,参见图 6.6(b)。

在内部边界 $\Gamma_g(g=1,2,\cdots,N_y-1)$ 的下方,即考虑格栅 $\Delta_g(y\in[y_g^+,\xi_{g+1}])$,根据6.5.1 小节的介绍可以将实际波场 $p$ 表示为

$$p=\sum_{v\in\mathbb{Z}}\left[F_{g,v}^{-}\mathrm{e}^{-\mathrm{i}k_y^v(y-\xi_{g+1})}+G_{g,v}^{+}\mathrm{e}^{\mathrm{i}k_y^v(y-\xi_{g+1})}\right]\mathrm{e}^{\mathrm{i}k_x^v x} \tag{6.102}$$

类似地,在内部边界 $\Gamma_g$ 的上方,即考虑格栅 $\Delta_{g+1}(y\in[\xi_{g+1},y_{g+1}^-])$,可以把实际波场 $p$ 表示为

$$p=\sum_{v\in\mathbb{Z}}\left[F_{g+1,v}^{+}\mathrm{e}^{\mathrm{i}k_y^v(y-\xi_{g+1})}+G_{g+1,v}^{-}\mathrm{e}^{-\mathrm{i}k_y^v(y-\xi_{g+1})}\right]\mathrm{e}^{\mathrm{i}k_x^v x} \tag{6.103}$$

显然,在边界 $\Gamma_g$ 处,即 $y=\xi_g$ 处,式(6.102)与式(6.103)必须是相互匹配的。考虑到在这一边界处的法向速度分量和声压的连续性要求,利用布洛赫波的正交性,不难建立界面协调条件为

$$\boldsymbol{F}_g^-=\boldsymbol{G}_{g+1}^-,\quad \boldsymbol{G}_g^+=\boldsymbol{F}_{g+1}^+ \tag{6.104}$$

另外,利用式(6.100)和矩阵描述,还可以得到

$$\begin{pmatrix}\boldsymbol{F}_g^-\\ \boldsymbol{G}_g^+\end{pmatrix}=\begin{bmatrix}\boldsymbol{O} & \boldsymbol{I}_{\mathrm{d}}\\ \boldsymbol{T}^+ & \boldsymbol{R}^+\end{bmatrix}\begin{pmatrix}\boldsymbol{F}_g^+\\ \boldsymbol{F}_g^-\end{pmatrix},\quad \begin{pmatrix}\boldsymbol{G}_g^-\\ \boldsymbol{F}_g^+\end{pmatrix}=\begin{bmatrix}\boldsymbol{R}^- & \boldsymbol{T}^-\\ \boldsymbol{I}_{\mathrm{d}} & \boldsymbol{O}\end{bmatrix}\begin{pmatrix}\boldsymbol{F}_g^+\\ \boldsymbol{F}_g^-\end{pmatrix} \tag{6.105}$$

式中:$\boldsymbol{O}$ 为零矩阵;$\boldsymbol{I}_{\mathrm{d}}$ 为单位矩阵。它们的维数跟 $\boldsymbol{T}^{\pm}$ 和 $\boldsymbol{R}^{\pm}$ 是相同的。

联立式(6.104)和式(6.105)可以得到

$$\begin{pmatrix}\boldsymbol{G}_{g+1}^-\\ \boldsymbol{F}_{g+1}^+\end{pmatrix}=\boldsymbol{Y}\begin{pmatrix}\boldsymbol{G}_g^-\\ \boldsymbol{F}_g^+\end{pmatrix} \tag{6.106}$$

式中:$\boldsymbol{Y}$ 为传递矩阵,其表达式为

$$\boldsymbol{Y}=\begin{bmatrix}\boldsymbol{O} & \boldsymbol{I}_{\mathrm{d}}\\ \boldsymbol{T}^{+} & \boldsymbol{R}^{+}\end{bmatrix}\begin{bmatrix}\boldsymbol{R}^{-} & \boldsymbol{T}^{-}\\ \boldsymbol{I}_{\mathrm{d}} & \boldsymbol{O}\end{bmatrix}^{-1} \tag{6.107}$$

根据递归关系式(6.106),进一步可以得到

$$\forall g=0,1,2,\cdots,N_y,\quad \begin{pmatrix}\boldsymbol{G}_g^{-}\\ \boldsymbol{F}_g^{+}\end{pmatrix}=\begin{bmatrix}\boldsymbol{Y}_{\boldsymbol{GG}}^{(g)} & \boldsymbol{Y}_{\boldsymbol{GF}}^{(g)}\\ \boldsymbol{Y}_{\boldsymbol{FG}}^{(g)} & \boldsymbol{Y}_{\boldsymbol{FF}}^{(g)}\end{bmatrix}\begin{pmatrix}\boldsymbol{G}_0^{-}\\ \boldsymbol{F}_0^{+}\end{pmatrix} \tag{6.108}$$

也可以将式(6.108)中的矩阵以更简洁的形式来描述,即

$$\begin{bmatrix}\boldsymbol{Y}_{\boldsymbol{GG}}^{(g)} & \boldsymbol{Y}_{\boldsymbol{GF}}^{(g)}\\ \boldsymbol{Y}_{\boldsymbol{FG}}^{(g)} & \boldsymbol{Y}_{\boldsymbol{FF}}^{(g)}\end{bmatrix}=\boldsymbol{Y}^{g} \tag{6.109}$$

上式中的 $\boldsymbol{Y}^g$ 代表的是传递矩阵 $\boldsymbol{Y}$ 自乘 $g$ 次,且规定 $\boldsymbol{Y}^0$ 为单位矩阵。

在多格栅阵列的外部,实际波场可以表示为

$$p=\sum_{v\in\mathbb{Z}}\left[R_v\mathrm{e}^{-\mathrm{i}k_y^v(y-\xi_0)}+\delta(v)\mathrm{e}^{\mathrm{i}k_y^v(y-\xi_0)}\right]\mathrm{e}^{\mathrm{i}k_x^v x},\quad y\leqslant\xi_0 \tag{6.110a}$$

$$p=\sum_{v\in\mathbb{Z}}\left[T_v\mathrm{e}^{\mathrm{i}k_y^v(y-\xi_{N_y})}\right]\mathrm{e}^{\mathrm{i}k_x^v x},\quad y\geqslant\xi_{N_y} \tag{6.110b}$$

式中:$R_v$ 和 $T_v$ 分别为多格栅阵列的反射系数和透射系数。通过确定这些系数可以得到

$$\boldsymbol{G}_0^{-}=\bar{\boldsymbol{R}},\quad \boldsymbol{F}_0^{+}=\bar{\boldsymbol{I}},\quad \boldsymbol{G}_{N_y}^{-}=\bar{\boldsymbol{O}},\quad \boldsymbol{F}_{N_y}^{+}=\bar{\boldsymbol{T}} \tag{6.111}$$

式中的矢量 $\bar{\boldsymbol{R}}$、$\bar{\boldsymbol{I}}$、$\bar{\boldsymbol{T}}$ 和 $\bar{\boldsymbol{O}}$ 中,涉及针对反射系数的 $\bar{\boldsymbol{R}}_v=R_v$,针对入射场的 $\bar{\boldsymbol{I}}_v=\delta(v)$,针对透射系数的 $\bar{\boldsymbol{T}}_v=T_v$,且有 $\bar{\boldsymbol{O}}_v=0$,原因在于在上述实例中没有声波从上方入射到该阵列上。

进一步,利用式(6.109)($g=N_y$)和式(6.111),可以给出以下形式的反射系数和透射系数,即

$$\bar{\boldsymbol{R}}=\left[\boldsymbol{Y}_{\boldsymbol{GG}}^{(N_y)}\right]^{-1}\left[\boldsymbol{Y}_{\boldsymbol{GF}}^{(N_y)}\right]\bar{\boldsymbol{I}} \tag{6.112a}$$

$$\bar{\boldsymbol{T}}=\left\{\left[\boldsymbol{Y}_{\boldsymbol{FG}}^{(N_y)}\right]\left[\boldsymbol{Y}_{\boldsymbol{GG}}^{(N_y)}\right]^{-1}\left[\boldsymbol{Y}_{\boldsymbol{GF}}^{(N_y)}\right]+\left[\boldsymbol{Y}_{\boldsymbol{FF}}^{(N_y)}\right]\right\}\bar{\boldsymbol{I}} \tag{6.112b}$$

当反射系数和透射系数都确定之后,就可以针对阵列中的每行 $\Delta_g$ 推导出矢量 $\mathrm{G}_g^-$ 和 $\mathrm{F}_g^+$ 了,并且利用6.5.1节给出的相关结果也可以得到每个散射体的散射系数,不过人们很少进行这方面的计算,主要是因为通常来说反射系数和透射系数才是最重要的数据,可以跟实验结果进行对比。

跟笛卡儿坐标系下的求解方法相比，多重散射方法是十分强大的，它还能够用于计算线声源激励条件下一组格栅的散射系数，此时一般需要引入瓦尼尔函数（Wannier function）[WAN 37]，相关的研究文献目前是非常多的。

### 6.5.3 能带计算

借助 6.5.2 小节中所介绍的传递矩阵方法，能够针对完全铺设散射体簇 $\Omega_{\mathrm{cl}}$ 的介质 $\Omega$（即 $N_y=\infty$）推导出它的色散关系。为此，不妨假定在 $\boldsymbol{e}_x$ 方向上波数 $k_x=k\cos\theta$ 已经由一个假想的入射波所指定，入射角为 $\theta$，试图确定 $\boldsymbol{e}_y$ 方向上的波数 $k_y^{\mathrm{eff}}$，使得在该方向上能够满足以下准周期性条件，即

$$\begin{pmatrix}\boldsymbol{G}_{g+1}^{-}\\ \boldsymbol{F}_{g+1}^{+}\end{pmatrix}=\mathrm{e}^{\mathrm{i}k_y^{\mathrm{eff}}\ell_y}\begin{pmatrix}\boldsymbol{G}_{g}^{-}\\ \boldsymbol{F}_{g}^{+}\end{pmatrix} \tag{6.113}$$

基于这一准周期性条件，结合传递矩阵关系式(6.106)，可以得到

$$\boldsymbol{\Upsilon}\begin{pmatrix}\boldsymbol{G}_{g}^{-}\\ \boldsymbol{F}_{g}^{+}\end{pmatrix}=\eta\begin{pmatrix}\boldsymbol{G}_{g}^{-}\\ \boldsymbol{F}_{g}^{+}\end{pmatrix},\quad \eta=\mathrm{e}^{\mathrm{i}k_y^{\mathrm{eff}}\ell_y} \tag{6.114}$$

不难看出，这里的 $\eta$ 正是传递矩阵 $\boldsymbol{\Upsilon}$ 的特征值。通过求解这一特征值问题即可得到一组离散的 $\eta_\kappa$ 值（下标 $\kappa$ 为正整数），而允许的波数应为 $k_{y,\kappa}^{\mathrm{eff}}=-\mathrm{i}\ln(\eta_\kappa)/\ell_y$。针对大量的频率值 $\omega$ 进行这一过程的计算，就能够获得反映波数 $k_{y,\kappa}^{\mathrm{eff}}$ 与 $\omega$ 之间函数关系的色散曲线。另外，允许的总波数也可以根据 $k_\kappa^{\mathrm{B}}=\sqrt{(k_x)^2+(k_{y,\kappa}^{\mathrm{eff}})^2}$ 得到。

利用散射矩阵描述[BOT 01]或二维周期格林函数[POU 00]（建立在附录 2 所给出的类似特征的基础上），也可以计算得到完全周期布置情况下的能带图，不过这些方法主要是求解复色散关系的复根。常用的平面波展开方法[KUS 93，VAS 02，VAS 17]给出的是实频率和实波数之间的色散关系，只限于介质组分类型相同的情形，如流体基体和流体散射体构成的介质。相比而言，基于多重散射理论的这些方法能够处理不同类型介质组分的情况，并且可以得到复波数和实频率之间的色散关系。不仅如此，它们还能有效地用于分析所有耗散介质，而扩展的平面波展开方法[HSU 05，LAU 09，ROM 10a，ROM 10b]虽然也能够给出复波数和实频率之间的色散关系，但是仅限于低耗散型介质。此外，所有基于多重散射理论的方法都可以给出等频面信息，随后一般需要针对复波数进行分类处理。

## 6.6 在声子晶体分析中的应用

作为一个应用实例,本节考虑一个由半径为 $a=3.5\text{cm}$ 的圆柱以立方晶格形式阵列所构成的 7 层声子晶体结构,晶格常数为 $\ell=10\text{cm}$,分析其受到法向声波入射的情况,如图 6.7(a)所示。周围的介质为空气,且不考虑热黏性损耗的影响。显然,此处的散射体可以视为不透声的情形,而如果想计入热黏性损耗,可以采用基于线性化纳维-斯托克斯方程的高阶多重散射理论,将声势、熵势和涡势等考虑进来,或者更为简洁地借助阻抗边界条件来分析,如果相邻散射体的热黏性层厚度不会重叠的话[DUC 07]。

本节所考察的有限声子晶体结构要么是横向上为有限尺度(包含 10 行),要么是横向为无限尺度。在考虑无限尺度时,利用平面波展开法,不难计算出这种声子晶体的能带图,如图 6.7(b)所示,而针对 $\Gamma X$ 方向,可以利用 6.5.3 小节所给出的方法计算得到复波数/实频率能带图,为了便于跟平面波展开法进行比较,这里将该结果放在了图 6.7(c)中。令人感兴趣的是,基于多重散射理论的方法能够给出复波数,因而可以显示出带隙内波数为纯虚数这一特征。可以发现,该结构在 2000Hz 附近具有一个完全带隙,也就是说在该频带内所有方向上的波都无法在该结构中正常传播,另外还有两个带隙,分别位于 1500Hz 附近和 2750Hz 以上,不过它们是 $\Gamma X$ 方向上的带隙。这些频带都远低于 Wood 异常现象所对应的频率(大约在 3400Hz 附近出现),因此只有那些镜面反射和透射场才能在该声子晶体的上方和下方传播。在横向为有限尺度的声子晶体结构中,针对位于其上方和下方距离为 $\ell$ 的中心区域,可以利用 6.3 节给出的过程计算得到这些反射场和透射场,结果分别如图 6.7(d)和图 6.7(e)所示。虽然可以注意到带隙内的透射波幅值很小而反射波幅值很大,但是有限的横向边界却会导致衍射行为,进而使结果变得较为模糊,这也表明了有必要借助坡印廷矢量或在若干个周期上进行场平均处理(沿着横向)以展现出带隙行为。从这些波场的幅值(比 1 还要大)可以明显地观察到上述衍射效应,因为入射波的幅值是设定为 1 的。与此相反,针对横向为无限尺度的声子晶体,所计算出的反射系数和透射系数却能够清晰地反映出带隙内的低透射和高反射现象,如图 6.7(f)和图 6.7(g)所示。另外,针对这个 7 层的声子晶体结构,还可以在第一带隙以下频率处观察到 6 处明显的 Fabry-Perot 共振行为。

上述这一实例非常清晰地反映了多重散射理论在透彻分析有限型和无限型周期结构的声学响应工作中的有效性。

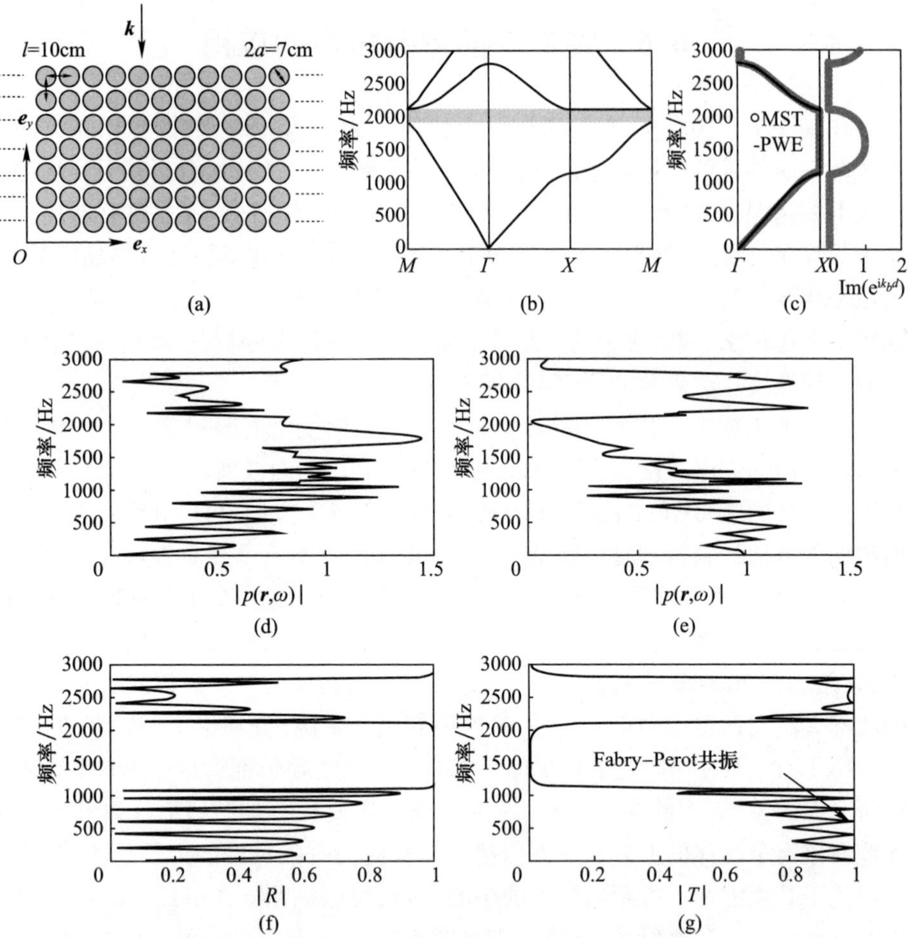


图 6.7　应用实例

(a)7 层有限声子晶体结构(柱状散射体的半径为 $a=3.5\text{cm}$,方形晶格,周期常数为 10cm);(b)基于 PWE 方法计算得到的无限情况下该声子晶体结构的能带图;(c)利用 6.5.3 小节所述方法计算得到的 $\Gamma X$ 方向上的能带图;(d)和(e)分别为反射场和透射场计算结果(针对的是有限横向尺寸(10 行)情况中位于其上方和下方距离为 $\ell$ 的中心区域);(f)和(g)分别为无限横向尺寸情况的反射系数和透射系数。

## 6.7　本章小结

本章通过一些简单的二维实例介绍了多重散射理论的一些基本原理,这些实例的复杂程度是逐步递增的,所探讨的重点是一些特定波场描述的有效域,并且针对该理论的实际实现阐述了每一步的分析方法和技巧。正如引言部分所指出的，借助完全相同的分析过程，多重散射理论还可以拓展用于更为复杂的构型研究。目前，这一技术已经成为光子晶体和声子晶体领域的研究人员非常有用的分析工具，由于它们采用了能够适应于特定几何且具有快速收敛性的波场展开方法，因而可以为我们提供高效、高精度的计算能力，在这一方面唯一存在的问题在于，对于散射体分布密度极高的情况，其建模工作需要在各个求和运算中引入大量的子项，才能保证所需的收敛性。当前，多重散射理论的一个重要进展是已经拓展到了三维问题的分析，其中涉及椭圆形散射体以及线声源激励下的构型。尽管在这一领域中人们已经开展了一些研究，但是针对此类问题如何进行规范的多重散射理论分析和求解，这一工作仍有待进一步推进和完善。此外，多重散射理论还需要面对一个巨大挑战，即如何将其有效地应用于共振系统的建模分析之中，如亥姆霍兹谐振腔系统[SCH 18]，这些系统的几何往往不适合于该理论的适用条件，并且随着超材料的快速发展，此类系统的建模过程中还会涉及非对角型的散射矩阵。总体而言，多重散射理论是声子晶体和超材料领域的一种非常有效的计算分析工具。

## 致　谢

本章的内容主要建立在 COST（欧洲科技合作计划）所支持的 COST Action DENORMS CA15125 项目工作基础之上，在此表示衷心的感谢！

## 参考文献

[ABR 64] ABRAMOWITZ M., STEGUN I. A., Handbook of Mathematical Functions With Formulas, Graphs and Mathematical Tables, National Bureau of Standards, Gaithersburg, 1964.

[ALE 16] ALEVIZAKI A., SAINIDOU R., REMBERT P. et al., "Phononic crystals of poroelastic spheres", Physical Review B, vol. 94, p. 174306, 2016.

[ASA 03] ASATRYAN A. A., BUSCH K., MCPHEDRAN R. C. et al., "Two - dimensional Green tensor and local density of states in finite - sized two - dimensional photonic crystals", Wave Random Complex, vol. 13, pp. 9 - 25, 2003.

[BAR 90] BARBER P. W., HILL S. C., Light Scattering By Particles: Computational Methods, World Scientific Publishing, London, 1990.

[BAT 53] BATEMAN H., Higher Transcendental Functions, McGraw - Hill, New York, 1953.

[BER 80] BERRYMAN J. G., "Long - wavelength propagation in composite elastic media I. Spherical inclusions", Journal of the Acoustical Society of America, vol. 68, pp. 1809 - 1819, 1980.

[BLO 28] BLOCH F., "Über die quantenmechanik der elektronen in kristallgittern", Zeitschrift für Physik, vol. 52, pp. 555 – 600, 1928.

[BOT 00] BOTTEN L. C., NICOROVICI N., ASATRYAN A. A. et al., "Formulation for electromagnetic scattering and propagation through grating stacks of metallic and dielectric cylinders for photonic crystal calculations. Part I. Method", Journal of the Optical Society of America, vol. 17, pp. 165 – 2176, 2000.

[BOT 01] BOTTEN L. C., NICOROVICI N. A., MCPHEDRAN R. C. et al., "Photonic band structure calculations using scattering matrices", Physical Review E, vol. 64, p. 046603, 2001.

[BOT 03] BOTTEN L. C., MCPHEDRAN R. C., NICOROVICI N. A. et al., "Rayleigh multipole methods for photonic crystal calculations", Progress in Electromagnetics Research, vol. 41, pp. 21 – 60, 2003.

[CUT 44] CUTLER C., Electromagnetic waves guided by corrugated structures, Report no. MM 44 – 160 – 218, Bell Telephone Lab, 1944.

[DUC 07] DUCLOS A., Diffusion multiple en fluide visco – thermique, cas du cristal phononique à deux dimensions, PhD thesis, Le Mans University, 2007.

[FEL 94] FELBACQ D., TAYEB G., MAYSTRE D., "Scattering by a random set of parallel cylinders", Journal of the Optical Society of America, vol. 11, pp. 2526 – 2538, 1994.

[FLO 83] FLOQUET G., "Sur les équations différentielles linéaires à coefficients périodiques", Ann. Sci. Éc. Norm. Supér., vol. 12, pp. 47 – 88, 1883.

[GRO 08a] GROBY J. – P., LESSELIER D., "Localization and characterization of simple defects in finite – sized photonic crystals", Journal of the Optical Society of America, vol. 25, pp. 146 – 152, 2008.

[GRO 08b] GROBY J. – P., WIRGIN A., OGAM E., "Acoustic response of a periodic distribution of macroscopic inclusions within a rigid frame porous plate", Wave Random Complex, vol. 18, pp. 409 – 433, 2008.

[GRO 11] GROBY J. – P., DAZEL O., DUCLOS A. et al., "Enhancing the absorption coefficient of a backed rigid frame porous layer by embedding circular periodic inclusions", Journal of the Acoustical Society of America, vol. 130, pp. 3771 – 3780, 2011.

[HSU 05] HSUE Y. – C., FREEMAN A. J., GU B. – Y., "Extended plane – wave expansion method in three – dimensional anisotropic photonic crystals", Physical Review B, vol. 72, p. 195118, 2005.

[KRY 11] KRYNKIN A., UMNOVA O., CHONG A. et al., "Scattering by coupled resonating elements in air", Journal of Physics D, vol. 44, p. 125501, 2011.

[KUS 93] KUSHWAHA M. S., HALEVI P., DOBRZYNSKI L. et al., "Acoustic band structure of periodic elastic composites", Physical Review Letters, vol. 71, pp. 2022 – 2025, 1993.

[LAN 87] LANDAU L. D., LIFSHITZ E. M., Fluid Mechanics (2nd edition), Butterworth Heinemann, Elsevier, Oxford, 1987.

[LAU 09] LAUDE V., ACHAOUI Y., BENCHABANE S. et al., "Evanescent Bloch waves and the complex band structure of phononic crystals", Physical Review B, vol. 80, p. 092301, 2009.

[LEV 77] LEVY T., SANCHEZ – PALENCIA E., "Equations and interface conditions for acoustic phenomena in porous media", Journal of Mathematical Analysis and Applications, vol. 61, pp. 813 – 834, 1977.

[LIN 06] LINTON C. M., "Schlömilch series that arise in diffraction theory and their efficient computation", Journal of Physics A: Mathematical and General, vol. 39, pp. 3325 – 3339, 2006.

[MAR 06] MARTIN P. A., Multiple Scattering. Interaction of Time – Harmonic Waves With N Obstacles, Cambridge University Press, Cambridge, 2006.

[MCP 00] MCPHEDRAN R. C., NICOROVIC N. A., "Lattice sums for gratings and arrays", Journal of Mathematical Physics, vol. 41, p. 7808, 2000.

[MOR 68] MORSE P. M., INGARD K. U., Theoretical Acoustics, McGraw – Hill, New York, 1968.

[POU 00] POULTON C. G., MOVCHAN A. B., MCPHEDRAN R. C. et al., "Eigenvalue problems for doubly periodic elastic structures and phononic band gaps", Proceedings of the Royal Society, vol. 456, pp. 2543 – 2559, 2000.

[RAY 92] RAYLEIGH L., "On the influence of obstacles arranged in rectangular order upon the properties of a medium", Philosophical Magazine, vol. 34, pp. 481 – 502, 1892.

[ROM 10a] ROMERO – GARCÍA V., SÁNCHEZ – PÉREZ J., GARCIA – RAFFI L., "Evanescent modes in sonic crystals: Complex dispersion relation and supercell approximation", Journal of Applied Physics, vol. 108, p. 044907, 2010.

[ROM 10b] ROMERO – GARCÍA V., SÁNCHEZ – PÉREZ J., NEIRA IBÁÑEZ S. C. et al., "Evidences of evanescent Bloch waves in Phononic Crystals", Applied Physics Letters, vol. 96, p. 124102, 2010.

[SAI 05] SAINIDOU R., STEFANOU N., PSAROBASA I. E. et al., "A layer – multiple – scattering method for phononic crystals and heterostructures of such", Computer Physics Communications, vol. 166, pp. 197 – 240, 2005.

[SAN 80] SANCHEZ – PALENCIA E., Non – Homogeneous Media and Vibration Theory, Springer – Verlag, Berlin Heidelberg, 1980.

[SCH 18] SCHWAN L., UMNOVA O., BOUTIN C. et al., "Nonlocal boundary conditions for corrugated acoustic metasurface with strong near – field interactions", Journal of Applied Physics, vol. 123, p. 091712, 2018.

[TOR 06] TORRENT D., HAKANSSON A., CERVERA F. et al., "Homogenization of Two – dimensional clusters of rigid rods in air", Physical Review Letters, vol. 96, p. 204302, 2006.

[TOR 17] TORRENT D., Multiple scattering theory, COST Action DENORMS Training School "Sound Waves in Metamaterials and Porous Media", Prague. Available at: https://slideslive.com/38898499/multiple – scattering – theory? subdomain = false, 2017.

[TOU 00] TOURIN A., FINK M., DERODE A., "Multiple scattering of sound", Waves Random Media, vol. 10, pp. R31 – R60, 2000.

[TWE 61] TWERSKY V., "Elementary function representations of Schlömilch series", Archive for Rational Mechanics and Analysis, vol. 8, pp. 323 – 332, 1961.

[VAS 02] VASSEUR J. O., DEYMIER P. A., KHELIF A. et al., "Phononic crystal with low filling fraction and absolute acoustic band gap in the audible frequency range: A theoretical and experimental study", Physical Review E, vol. 65, p. 056608, 2002.

[VAS 17] VASSEUR J. O., "Irreducible Brillouin zone / dispersion relations (band structures) in periodic structures / Plan Wave Expansion method", COST Action DENORMS Training School "Sound Waves in Metamaterials and Porous Media", Prague. Available at: https://slideslive.com/38898496/irreducible – brillouin – zonedispersion – relationship – in – periodic – structurespwe? subdomain = false, 2017.

[WAN 37] WANNIER G. H., "The structure of electronic excitation levels in insulating crystals", Physical Review, vol. 52, pp. 191 – 197, 1937.

[WEI 16] WEISSER T., GROBY J. – P., DAZEL O. et al., "Acoustic behavior of a rigidly backed poroelastic layer with periodic resonant inclusions by a multiple scattering approach", Journal of the Acoustical Society of America, vol. 139, pp. 617 – 630, 2016.

[WOO 02] WOOD R. W., "On a remarkable case of uneven distribution of light in a diffraction grating spectrum", Philosophical Magazine, vol. 4, pp. 396 – 402, 1902.

[WU 08] WU Y., LAI Y., WAN Y. et al., "Wave propagation in strongly scattered random elastic media: Energy equilibration and crossover from ballistic to diffusive behavior", Physical Review B, vol. 77, p. 125125, 2008.

# 第 3 部分

# 声学超材料的应用

# 第7章 面向工业应用的声学超材料

Clément LAGARRIGUE, Damien LECOQ

## 7.1 概 述

在过去的10年中，噪声抑制已经成为一个非常重要的社会问题。每个工业领域都需要考虑采用某些声学解决方案，不过往往会出现效率低下的问题，尤其是在较低频段上更是如此。这主要是由各种各样的限制所导致的，这些限制使人们难以采用厚度、质量或声学特性参数为最优的材料。超材料具有一系列异常的行为特性，近年来已经受到了科学界的不断关注。在声学方面，这些超材料有望成为一种非常有前景的能够替代传统声学解决方案的技术途径，特别是它们具有非常良好的亚波长行为特征。虽然目前这一领域的研究十分活跃，然而应当注意的是，这一技术仍然处于概念阶段，怎样与各类工业领域关联起来仍然是一个新颖的话题。实际上，大量工业场合对于能够实现噪声隔离或吸收功能的薄层材料的需求一直在增长，这里将从这一角度来阐述一些令人感兴趣的声学超材料研究结果。

## 7.2 工 业 场 景

声学超材料方面的科学研究工作是非常广泛的，这些研究工作已经揭示出声学超材料具有很多先进且强大的行为特性。然而，在绝大多数研究论文中所采用的实验构型都比较理想化，由此得到的一些研究结论在面对实际应用问题时不一定具有可拓展性。这实际上意味着超材料的研究发展应当考虑有限尺度的结构，并针对低频噪声(50~500Hz)进行控制，且厚度越小越好。找到能够满足所有这些特征的具有可行性的超材料，是一项非常困难的工作，这里将介绍一些研究案例，它们对于这项工作来说可能是具有启发意义的。

在大多数情况下，产品的声学特性一般只是次要的，然而在一些工业场景中，往往会涉及某些复杂产品的制备，这些产品常常需要具备某些特殊的声学特性。为此,本章将着重讨论最常见的两种声学特性:一种是吸声材料所产生的声学校正特性,通常面向封闭室内的噪声抑制;另一种是隔声材料所形成的传声损失,一般针对的是外部噪声的抑制。关于超材料的其他特性,如双负等效参数带来的负折射、隐身及波导向等,这里不做讨论。实际上,在本章中只是将超材料作为一类经典的声学材料进行考察,所关心的频率位于 50 ~ 4000Hz 范围,主要针对扩散声场和有限尺度情况进行分析。事实上,这些限定条件已经得到了广泛的采用,在评定工业材料性能的过程中可以作为测试规范。在本章的分析中,针对每种情况将选择几个参数对所有方案进行对比。

对于吸声情况,所采用的参数是吸声系数,通常是根据下式计算得到的,即

$$\alpha = 1 - |R|^2 \tag{7.1}$$

式中:$R$ 为入射声场与材料分界面处的声波反射系数;$\alpha$ 一般可以在混响室内根据 ISO 标准 354:2003[ISO03]测得。

对于隔声情况,所采用的参数是传声损失,即

$$\mathrm{STL} = 10\lg\left|\frac{W_{\mathrm{i}}}{W_{\mathrm{t}}}\right| \tag{7.2}$$

式中:$W_{\mathrm{i}}$ 为入射声波的功率;$W_{\mathrm{t}}$ 为透射声波的功率。实验测量过程中,通常需要将被测材料放置在两室之间,一般是两个混响室,或者一个混响室与一个消声室,测试过程主要依据 ISO 标准进行,如 NF EN ISO 10140 - 1、NF EN ISO 10140 - 2 和 NF EN ISO 717 - 1(法国规范)。也可以利用这些标准规范来计算插入损失 Rw($C$;$C_{\mathrm{tr}}$),这一参数在工业领域中也已经得到广泛的采用,它针对某种材料的传声损失给出了计权值,单位为 dB。

另外,本章还将考察材料的厚度与工作频段的内在关系,由此可以认识到所讨论的技术在亚波长层面的有效性。实际上,是通过引入以下参数来进行讨论的,即

$$\Lambda = \frac{\lambda}{h} \tag{7.3}$$

式中:$\lambda$ 为频率下边界处的波长(空气中);$h$ 为材料的厚度。

对于从事超材料技术研发和应用的工程技术人员和科研人员来说,应当熟悉上述内容,这样可以跟制造商们在相关术语方面保持一致。

## 7.3 吸声情况

在可听声频率范围内进行吸声处理,一种有效的解决方法就是敷设开孔型

多孔材料。这一方法针对所谓的 $\lambda/4$ 共振频率以上频带是有效的,在该频带内声能主要通过孔隙内部的黏性和热效应形成耗散。然而,在上述共振频率以下频带中,这一方法却是难以奏效的,为解决这一问题,人们往往采用多层吸声方案[JIN 16,CHE 16]。优良的多层吸声材料的声阻抗接近于空气的声阻抗,这样能够尽可能地抑制反射声波,使声波能量可以在材料内部获得足够的损耗。应当指出的是,设计和开发具有良好的阻抗失配性的高效低频吸声材料是十分困难的。一种可行的技术途径是将多种不同材料组合起来使用,其中的每种材料分别具有某种所需的特性。不过,这种组合设计方式通常会导致材料的厚度显著增大。

确定最优的吸声材料构型是非常重要的,目前已有一些研究工作对这方面进行了考察[TAN 06]。例如,近期人们重点关注了周期分层材料这一构型,它们能够诱发声学格栅现象,在低频范围内形成多方向宽带完美吸声效果[JIM 16b]。多层材料还可以把微穿孔板包括进来,从而能够在低频处构造出类似于质量 - 弹簧系统所具有的共振行为。这一技术在处理低频吸声时是有效的,然而同时也会导致较高频段的吸声系数变差(图 7.1)。为了拓宽吸声频带,人们已经进行了大量的研究[WAN 11,JUN 07,SAK 10],不过据我们所了解到的,目前还没有哪种方案能够在 50 ~ 4000Hz 频带内表现出理想的吸声性能。

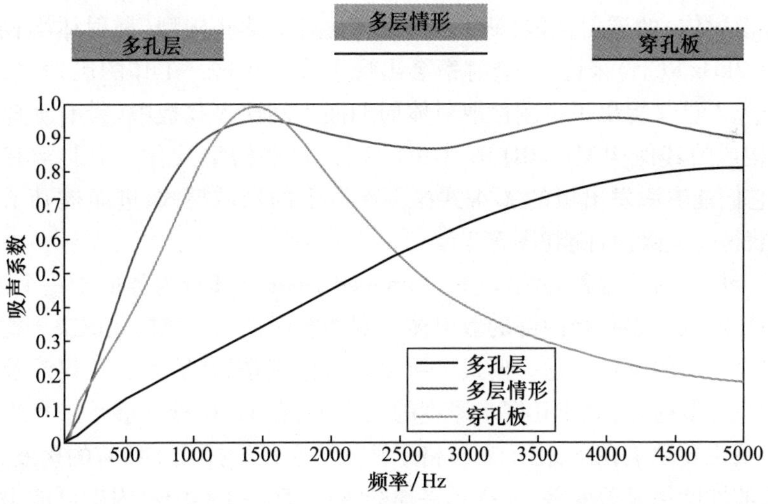


图 7.1　3 种经典方案的比较(黑色曲线为 2cm 厚的多孔层(刚性背衬,类似三聚氰胺的泡沫)情形;蓝色曲线为包含两种不同多孔材料(类似三聚氰胺的泡沫和类似玻璃棉的泡沫)与气隙的多层情形(每层厚度均为 $H=2$cm);红色曲线为 2cm 厚的多孔层(孔隙率为 5%,带有厚度为 1mm 的穿孔板))(见彩图)

另一种能够获得接近完美吸声性能的技术方法是采用非均匀材料，人们对此也做了一些研究，特别是针对双孔隙率多孔材料的若干分析工作[OLN 03, BOU 98]，在此类材料中通过大孔隙所激发出的微结构的共振行为能够提升其吸声系数。这种材料形式也类似于新近出现的所谓的超常多孔材料(metaporous materials)，其中的散射体起到了大孔隙的作用(图 7.2)。

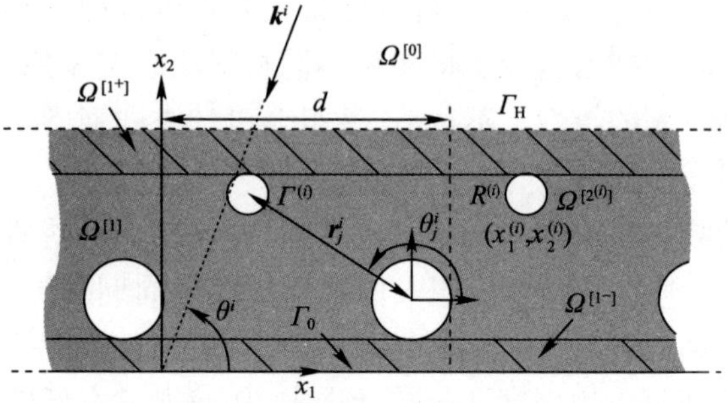


图 7.2　由嵌入刚性散射体的多孔层构成的超常多孔材料的横截面[GRO 11]

实际上，这种技术途径在利用多孔介质在高频范围内的强衰减特性的同时，还引入了跟格栅或局域共振相关的低频衰减特性。该项研究最早是 V. Tournal 等[TOU 04]所进行的，他们考察了一块刚性骨架的多孔介质(带有随机分布的小尺寸散射体)的透射性能，研究结果表明，对于某些构型(散射体半径为 $R$ = 0.8mm，2kHz 以上)来说，声透射率会出现下降。在这一工作的启发下，后续的一些研究人员又提出了由刚性散射体周期嵌入刚性多孔板中(带有理想刚性背衬)所构成的其他构型[GRO 09, GRO 11]。这些构型具有一个非常有趣的特性，即它们能够激发出板的 $\lambda/4$ 共振频率以下的局域模式，进而提升了吸声系数，并获得完美吸声性能(图 7.3)。

这个局域模式也称为陷波模式(trapped mode)，其行为类似于一个波导，能够把声压限制在多孔板内部的散射体与刚性壁面之间。该模式取决于构型的尺寸和多孔介质的参数。这一模式之所以令人感兴趣，是因为它仅仅涉及每个单胞中的少量散射体，对于几厘米厚度的板来说，在 1kHz 处能够带来相当不错的性能。其主要缺陷在于，由于布拉格干涉效应会反射掉几乎所有的声波，因而较高频段的性能将显著变差，如在感兴趣的频带(50 ~ 4000Hz)内就可能出现这种现象，当然这取决于散射体的周期参数。

Boutin 等和 Groby 等[BOU 13, GRO 15]将这一理念做了进一步的拓展，利用局域共振单元来丰富低频特性，并尽可能地减小布拉格干涉效应。文献[LAG 13b]也基于相同的思想，考察了刚性背衬的多孔板内带有周期布置的开口谐振

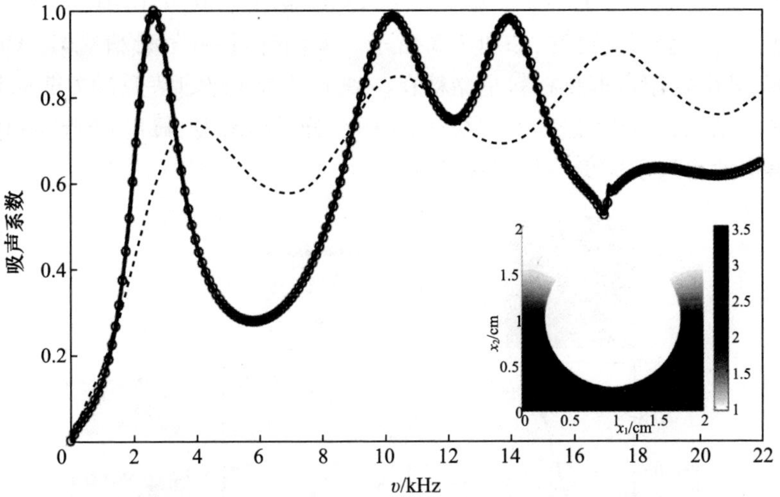


图 7.3 厚度为 $H=2\text{cm}$ 的多孔板(Fireflex 泡沫制成,背面带有刚性板)的吸声系数(虚线代表的是无散射体嵌入的情形,实线代表的是每个周期长度($d=2\text{cm}$)内嵌入一个半径为 $R=7.5\text{mm}$ 的圆柱散射体情形。考虑的是法向入射情况,单元底部为刚性背衬。右下方的图片为一阶共振点(2674Hz)处的声压场[GRO 11])

环的情况,目的是寻找能够在较宽频带内展现出高吸声性能的构型,多孔板的厚度仅为 2cm。根据构型的几何特征,该研究工作将其视为二维问题,并将多孔基体视为等效流体(Johnson - Champoux - Allard 模型[JOH 87,CHA 91]),另外还假定散射体是纯刚性的。在法向入射情况下,如开口谐振环的开口面向入射波的情形,研究人员发现了 3 类不同的现象。前两种现象类似于刚性散射体情况中所观测到的行为,声能仍然被局域在散射体与刚性背衬之间,并且较高频率处的布拉格干涉效应仍然十分显著;第三种现象称为开口谐振环的共振,它能够将声能束缚在散射体内,从而增大吸声系数,如图 7.4 所示。在自由场中,开口谐振环的共振频率仅仅取决于内半径和开口的尺寸。不过,在多孔板情形中,刚性背衬是能够改变这一工作频率的,当开口靠近刚性背衬时就是如此,此时将改变开口谐振环的辐射阻抗,降低共振频率。如果将具有不同共振频率的散射体混合使用,那么还能够借助非常简单的几何构型获得 1500 ~ 3500Hz 范围内很高的吸声系数,而多孔材料的厚度仅为 2cm。

进一步,文献[LAG 16]还利用优化算法得到了优良的构型,最终得到的结构中多孔材料的厚度仍然只有 2cm。优化后的单胞是由多种谐振子组成的,它们构成了一个超元胞,参见图 7.5。在构造超元胞时,人们首先只采用了两个开口谐振环,针对吸声频带最宽这一目标进行了优化分析,所得到的性能表现出了显著的改善。如果将更多的谐振单元引入这一超元胞中，如在刚性背衬情形中，那么吸声性能会得到提升，如图 7.5 所示。人们针对一个概念性验证实例进行了计算，其中的超常多孔材料是黏粘在一块波纹板上的，除了开口谐振环以外，这些波纹结构也可以起到谐振背腔的作用。分析结果表明，在 1500 ~ 7000Hz 范围内可以获得近乎完美的吸声效果。

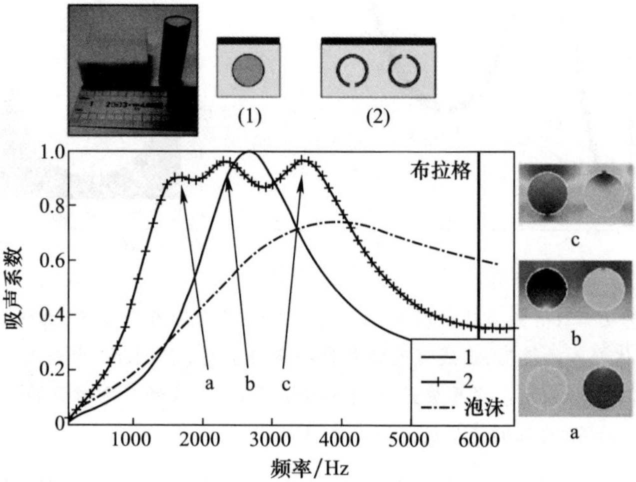


图 7.4　仿真分析得到的吸声系数（厚度为 $H=2$cm 的多孔板，三聚氰胺材料，背面带有刚性板，标记符号 x 代表的是无散射体嵌入的情形，实线代表的是带有半径为 $R=7.5$mm 的开口环的情形，考虑的是法向入射（即入射波从下方进入），单元上方有刚性背衬［LAG 13b］。上方的图为样件图片和相关视图，a、b 和 c 这 3 个插图为吸声谱中特定频率处的波场快照）（见彩图）

这一理念存在着两个方面的局限性。首先，在 1500Hz 以下频带内，吸声性能没有得到改善；其次，没有将多孔基体骨架的运动考虑进来。第一个方面主要源自于谐振子的几何限制，为了降低共振频率，这些谐振子的半径必须大于板的厚度。一种可行的解决方案是采用其他几何形式的谐振子［YAN 15a］，或者采用三维谐振子，如球状谐振构型。当然，借助穿孔圆管构造三维亥姆霍兹谐振子［GRO 15］也是可行的，它跟此处的理念是非常接近的。在这种情况下，谐振子的共振频率可以降低，不过其有效高度依赖于它的截面纵横比，如果采用小直径圆管构成的亥姆霍兹谐振子，那么很难在低频处达到 $\alpha=1$，参见图 7.6。

第二个方面的局限性更多地是从工程应用层面来考量的。在实验研究中，骨架的运动可能是不宜忽略不计的，它会影响到相关结果，特别是当样件是受到声波和振动激励的某种复杂产品的一个部分时更是如此。大尺寸的工业产品还

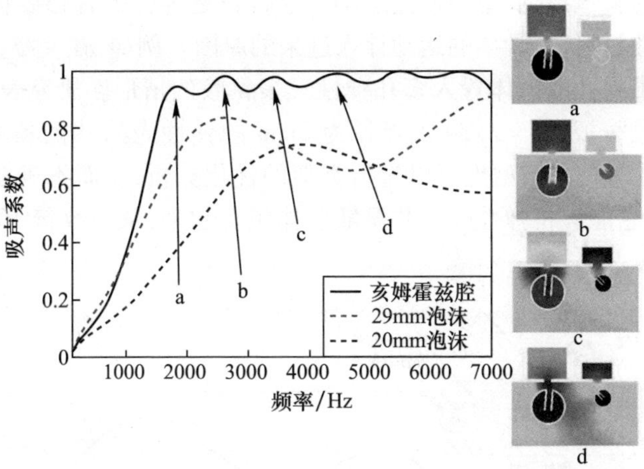


图 7.5　仿真分析得到的吸声系数(厚度为 $H=2$cm 的多孔板,三聚氰胺材料,单元背面上方带有波纹板,黑色虚线代表的是无散射体嵌入的情形,实线代表的是带有由二维亥姆霍兹谐振腔和背面空腔的最优几何情形,灰色虚线代表的是等效匀质泡沫情形(等效厚度包括泡沫板和背面空腔)[LAG 16]。在插图 a、b、c 和 d 中,法向入射波来自于下方)(见彩图)

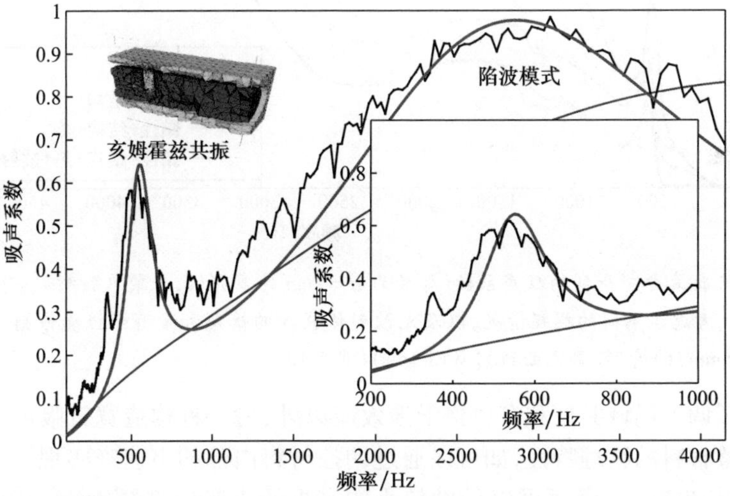


图 7.6　吸声系数的仿真结果和实验结果(厚度为 $H=2$cm 的多孔板,三聚氰胺材料,背面带有刚性板,蓝色曲线代表了无散射体嵌入的情形,黑色曲线和红色曲线分别代表了针对带有亥姆霍兹谐振腔的情形,在方形截面的阻抗管中进行实验测试的结果和有限元仿真结果[GRO 15])(见彩图)

会涉及较长的管道，它们也会产生运动。这也正是为什么有必要将多孔基体考虑成多孔弹性材料，把骨架的运动计入进来的原因。例如，在文献[WEI 16]中，人们就考察了弹性散射体置入多孔弹性三聚氰胺的情形。研究表明，对于 2cm 厚度的三聚氰胺板($H=\lambda/34$)，半径为 8mm 的弹性壳的共振频率位于 500Hz(图 7.7)。针对这一构型也可以进行类似的优化分析，从而不难获得最优的多孔弹性样件，它能够将弹性壳与共振散射体组合起来，从而改善 1000Hz 以下频带内的性能。

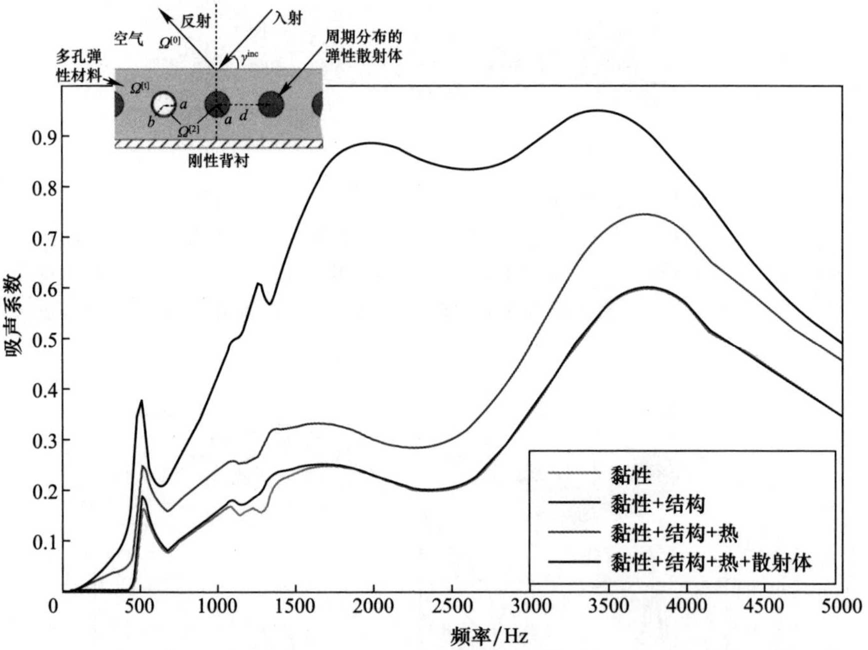


图 7.7　仿真分析得到的吸声系数(厚度为 $H=2$cm 的多孔板，三聚氰胺材料，背面带有刚性板，考虑了不同的损耗情况，以及无散射体嵌入的情形和带有弹性壳散射体(半径为 $a=8$mm)的情形(黑色曲线)[WEI 16])(见彩图)

除了调节局域共振和布拉格干涉效应以外，另一种构造宽带吸声装置的途径是调整材料的物理特性，如可以通过调控材料内部的声速来实现。当声速较小时，波长也较小，因而可以借助较小的谐振子来吸收低频噪声。文献[YAN 16]中给出了一个实例，其中采用 3cm 厚的分块多孔板获得了宽带声吸收特性。每个部分可以视为一个局域谐振子，类似于一种等效介质，其等效声速与均匀的多孔板有很大的不同，可以实现低频处的共振。宽带声吸收性能不仅可以通过对多孔介质进行分块处理(每块为均匀的)得到，而且也可以通过构造梯度分布构型来实现,其中每个等效层的共振行为跟某个给定的频率相对应,如图 7.8 所示。这一做法能够实现 1500 ~ 4000Hz($H=\lambda/8$)范围内良好的吸声性能,通过几何优化,此类装置还可以表现出更低频率处的吸声特性,并且是可调节的。它们在工业应用环境中的实际表现如何,尤其是在扩散声场情况中,目前还有待进一步研究。

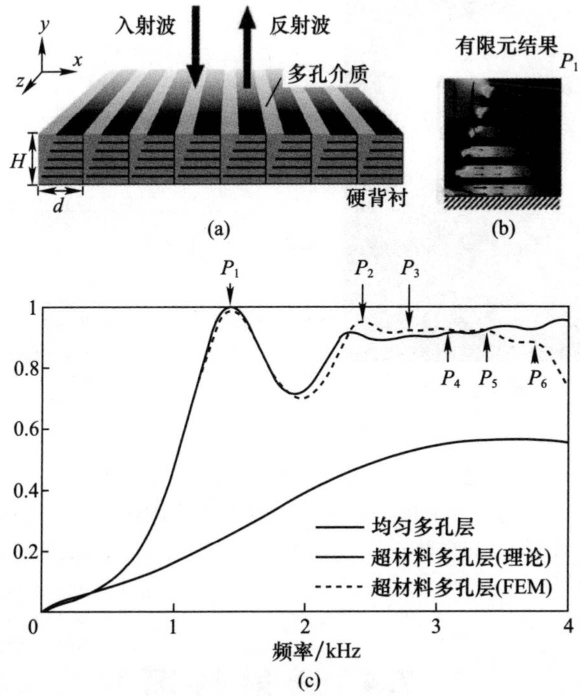


图 7.8 通过构造梯度分布构型实现宽带声吸收性能(见彩图)
(a)超材料多孔层示意图;(b)$P_1=1430$Hz 处的粒子速度场快照;(c)仿真分析得到的吸声系数(厚度为 $H=3$cm 的多孔层,背面带有刚性板,黑色曲线对应于无散射体嵌入的情形,蓝色曲线对应于分块处理的情形[YAN 16])。

基于相同的原理,一些研究人员还提出了另一种装置[JIM 16b,JIM 17],在 300 ~ 1000Hz 范围内获得了理想的吸声性能,该装置的厚度为 10cm($H=\lambda/13$),并且在扩散声场中是有效的。值得指出的是,这一装置只是由谐振子构造而成的,如图 7.9 所示,没有采用多孔材料去增强耗散。只需要调节结构的几何,就能够改变声速,使系统形成临界耦合(阻抗匹配),所形成的共振系统能够以极小的尺寸实现低频声吸收,300Hz 处为 2.6cm($H=\lambda/40$)甚至更小,如在文献[JIM 16a]中面板厚度为 1.1cm、频率为 338Hz($H=\lambda/88$)。跟其他材料不同的是,该装置可以单独工作,不需要刚性壁来确保零透射。由于声波会局限在材料内,因而能够获得零反射系数和透射系数。从另一角度来说,这一装置也是隔声应用方面的一个非常优良的选择。

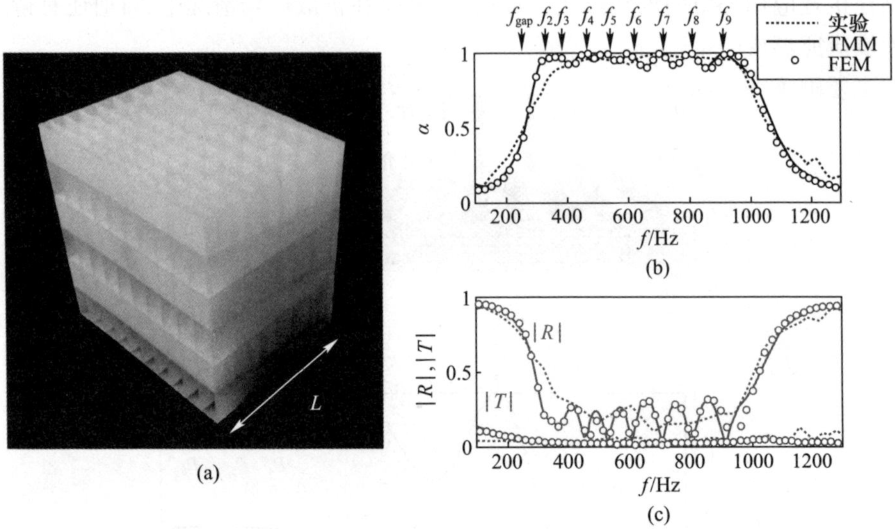


图 7.9　由谐振子构成的装置(见彩图)

(a)包含 10×3 个单胞的样件照片;(b)吸声系数(实线为 TMM 方法的计算结果,圆圈标记为 FEM 仿真结果,虚线为实验测试结果);(c)对应的反射系数幅值(红色曲线)和透射系数幅值(蓝色曲线)[JIM 17]。

## 7.4　透射情况

一般而言,较高的透射损耗可以借助重而硬的材料来实现。常见的做法有两种,分别是采用均匀材料制成的面板和多层面板(特别是双层面板)。第一种做法需要材料具有较高的杨氏模量和密度,如混凝土材料,不过这往往会导致结构变得非常笨重,很多场合中这是令人难以接受的。第二种做法在低频段的性能会变差,这跟所谓的质量-空气-质量或呼吸频率(breathing frequency)有关。这一现象是相当显著的,非常难以抑制。本节将介绍若干构型实例,它们能够用于替代正常的壁面或面板,也可以放置于双层面板内以提升隔声性能。

在抑制声透射方面,声子晶体是最为流行的超材料了,如图 7.10 所示,它们所具有的布拉格干涉效应能够生成带隙。一个非常著名的实例来自于文献[LIU 00,SHE 03],研究人员揭示了由橡胶和铅球制成的立方晶体结构存在着带隙行为，这种带隙是亚波长尺度的，这跟刚性柱置于空气中所构成的声子晶体结构是不同的。后者的带隙所处的频率范围取决于结构的周期尺度（一般为 $\lambda/2$）和填充比（一般位于 0.4 ~ 0.6 之间）[PHA 06]。因此，为了获得低频带隙，基于这一机理的构型就需要采用非常大的散射体和周期尺寸。即便如此，布拉格干涉效应所形成的带隙也不会覆盖 50 ~ 4000Hz 这个感兴趣的频带。人们所面临的主要困难在于，如何构造具有多个带隙的晶体结构，使之低透射频带变得更大一些。

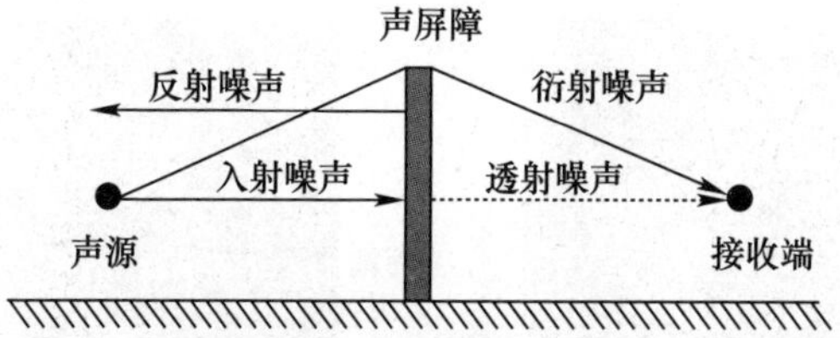


(a)

(b)

图 7.10 声子晶体所具有的布拉格干涉效应能够生成带隙

(a) 声屏障工作原理示意；(b) 声子晶体声屏障（SCAS）实例 [SÁN 15]。

近期的一些研究已经表明，带有多重局域共振的声子晶体 [LAG 13a, KRY 11, ELF 11] 能够表现出低频带隙，其原因在于这些共振散射体的共振行为能够覆盖更大的频带，不过在带隙以外的频率处透射率仍然很高，对于工业应用场合来说，这是一个实际的缺陷。由刚性柱置于空气中所构成的声子晶体结构可能只适用于抑制交通噪声的声屏障产品上，对于室内应用而言有些太厚了，实际上此类结构的行为更类似于一个带通滤波器。在这一方面，心理声学方面的研究应该是很有意义的，据此可以考察滤波处理后的噪声是否能够构成一个所需的声环境或者它们是否仍然是令人不悦的。无论如何，针对室外隔声应用这类声屏障目前已经通过了相关认证 [SÁN 15]，它们能够在 500 ~ 2500Hz 范围内实现显著的声抑制，吸声指标可达 $DL_R = 20dB$，对应于 B2 级，参见图 7.11。这一性能主要应当归因于采用了具有多种物理特性的散射体，它们是由声学谐振子（开口环）和用于包覆这些谐振子的穿孔板与多层材料所构成的组合结构[ROM 11，ROM 12]。可以对此类声屏障进行精心的设计，从而构造出非连续性的高效结构，并将其用于替换工业场景中所使用的传统隔声结构。即便此类结构物非常厚（如 76cm），但是从美学角度来看，它们在一些城市规划设计中仍然是适合的。

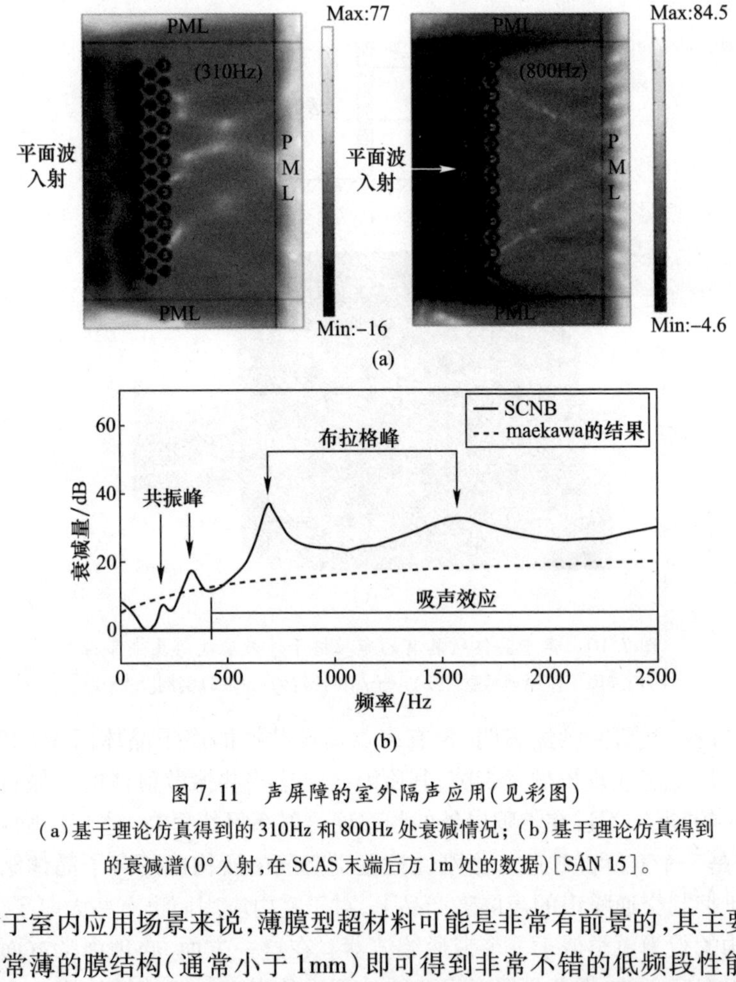


图 7.11　声屏障的室外隔声应用（见彩图）

（a）基于理论仿真得到的 310Hz 和 800Hz 处衰减情况；（b）基于理论仿真得到的衰减谱（0°入射，在 SCAS 末端后方 1m 处的数据）[SÁN 15]。

对于室内应用场景来说，薄膜型超材料可能是非常有前景的，其主要优势是利用非常薄的膜结构（通常小于 1mm）即可得到非常不错的低频段性能。这种类型的超材料一般是由周期布置的小块薄膜所制成的面板结构，这些薄膜起到了谐振子的作用。为了调控其共振频率，也可以在薄膜中部增设质量块，从而构造出质量 - 弹簧型谐振子[YAN 10，YAN 13]。此类面板结构的传声损失在共振频率处将达到最大,参见图 7. 12,并且如果将具有不同共振频率的多个面板堆叠起来,还可以在所感兴趣的全频带内获得较低的透射水平。例如,当采用 4 块面板堆叠时,厚度大约为 1cm,在 50 ~ 4000Hz 范围内的传声损失 STL 就可以达到 40dB 左右。比较而言,一块 10cm 厚的双层面板(由石膏和玻璃棉材料制成)这种经典结构,其 STL 值在 40 ~ 58dB(Rw 值)。这主要取决于质量定律,并且由于在低频段内存在着质量 - 空气 - 质量的共振行为,因而在某些特定频率处性能会变差[FAH 07]。

薄膜型超材料的研究所面临的主要困难之一是怎样才能设计出能够回避质量共振和(或)质量定律的高效薄膜构型。实际上,人们已经发现,此类共振装置在单独用于声透射场景时,是难以达到 100% 效率的。Ping Sheng 团队正在研究一种能够借助薄膜实现理想声吸收的方法[YAN 15b],研究表明只有当两种不同类型的谐振子发生耦合作用时,才可能达到 100% 的效率。这一研究指出,利用简并谐振结构是可以获得理想声吸收特性的,该结构包含了并存的单极和偶极谐振子,两者是临界耦合的,如图 7. 13 所示。如果这种临界耦合的简并谐振结构能够用于薄膜型面板,那么此类超材料将有望成功替代双层面板构型。

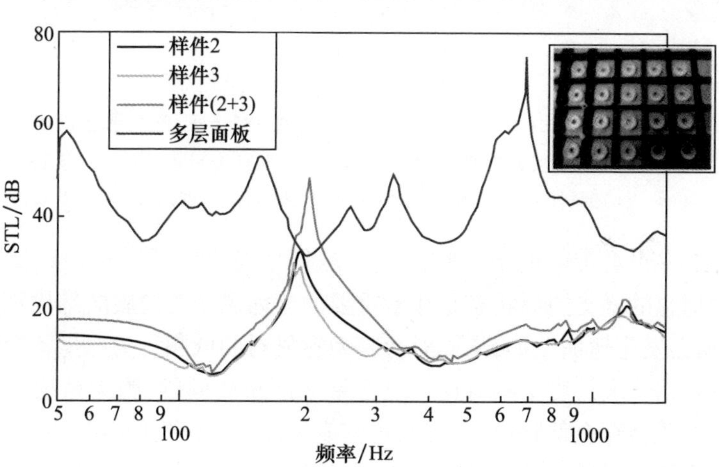


图 7. 12　传声损失(STL)谱(红色曲线和绿色曲线针对的是两个名义上相同的单层样件,蓝色曲线对应于这两个样件堆叠之后的结果,紫色曲线针对的是由 4 个单层面板构成的宽带声障情况[YAN 10])(见彩图)

在很多有关小尺寸薄膜的研究工作中,人们都观察到了有趣的低频行为特征,它可以使 STL 值在一阶共振频率以下变得较大[YAN 13,NAI 10],而基于质量定律的系统则是从 0 开始的。这一现象的形成原因在于,一阶共振频率以下薄膜会导致负密度的出现,其斜率和增益取决于薄膜的尺寸和特性。边界条件

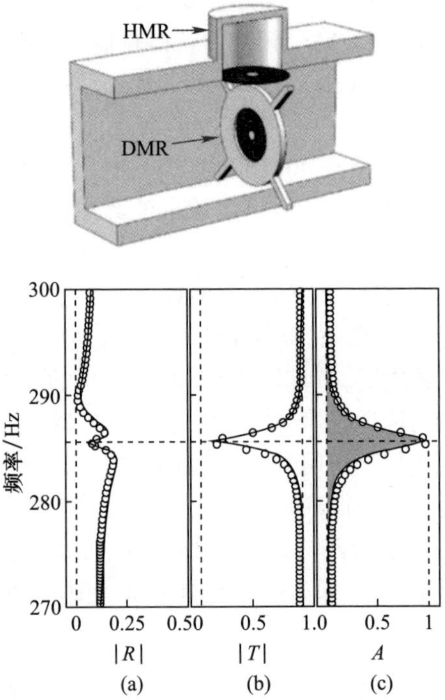


图 7.13 位于阻抗管内的薄膜(可以看到,在 285.6Hz 处几乎可以达到理想吸收(99.2%),实线是理论结果,圆圈标记为实验测试结果[YAN 15b])
(a)~(c)分别代表的是耦合薄膜情况下的反射系数、透射系数和吸声系数。

对于薄膜效率也会带来重要的影响,为了获得精确的数值分析结果,确保每块薄膜都处于理想的固支边界状态是非常重要的。如果安装薄膜的结构不是理想刚性的,它就会发生弯曲变形,从而对薄膜型超材料的低频行为产生不利影响。当此类超材料用于大尺度结构时这一点会带来严重的问题,因为结构在原一阶共振频率以下还会存在低频模态,因而负密度特性就会消失[ANG 16]。如果安装薄膜的结构具有足够大的刚性,那么在扩散声场中此类薄膜型超材料的实验结果一般是非常优秀的,甚至可以用于双层面板结构的内部[ANG 17],在 200~800Hz 范围内的若干频段上,跟标准的双层面板构型相比,能够获得 8~14dB 的改善。振声型超材料(vibro-acoustic metamaterial)面板也可以较好地抑制声透射水平,利用它们不难设计开发出单层或双层面板构型,跟其他超材料情况一样,它们也是基于相同的共振机理的,只是此类共振装置主要通过振动来使声辐射水平产生衰减[CLA 16]。例如,可以通过在面板上固定一个弹簧-质量形式的谐振子来生成带隙行为。从工业应用角度来看,这种思想是非常有意义的,因为面板内的波长要比空气中的波长更短一些，进而共振装置也就会更紧凑一些。人们已经针对这一思想进行了相关的实验测试工作，考察的是一块具有实际尺寸和实际边界状态的双层面板在扩散声场中的性能，结果表明，可以获得 4dB（Rw 值）的性能改善，如图 7.14 所示，这实际上反映了在 50 ~ 500Hz 频带内可以获得 4 ~ 10dB 的性能提升[HAL 17]。

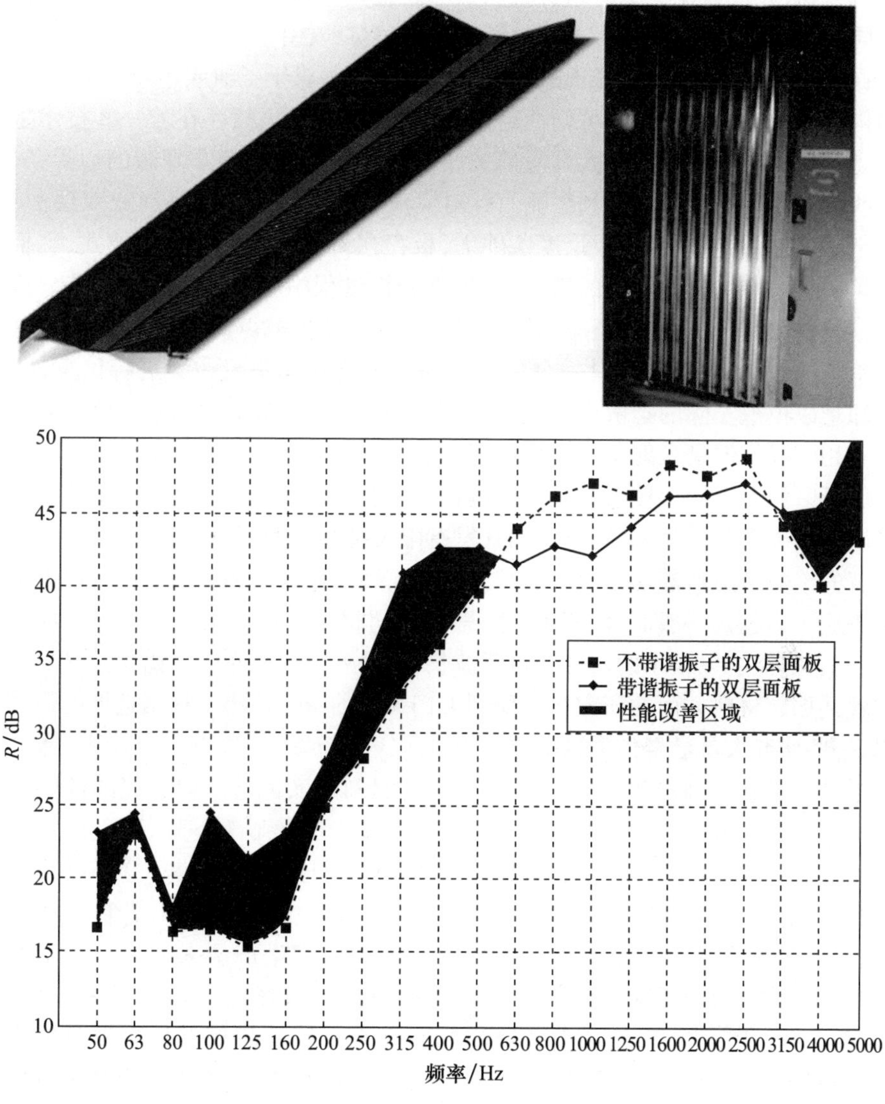


图 7.14　针对一块振声型超材料面板（固定在一块双层面板的内表面上）在扩散声场中测得的传声损失[HAL 17]

## 7.5 本章小结

本章主要介绍了已有文献中的一些比较突出的研究工作,这些研究针对的是可听声频段。为清晰起见,本章所探讨的仅限于少量材料构型,应当指出的是,仍然有大量其他类型的超材料也是非常值得关注的。本章着重阐述了两种不同的应用形式,分别是吸声超材料和隔声超材料,由于格栅和局域共振特征的存在,这些超材料都能够表现出亚波长行为特性。对于工业应用场景来说,整个结构的低频声学性能及其可调性是重要的,不过目前仍然存在着一些技术上的障碍。超材料领域的研究人员应当关注有限尺度的结构和非理想的边界条件,这些会对相关性能带来不利影响。针对隔声应用领域,在刚性板(或双层面板)的声学处理中,由于在有限尺度条件下,板存在着各种不同的振动模式,它们会对频率响应产生非常重要的影响,在仿真分析过程中应当将其考虑进来。进一步,超材料的研究和设计还应当针对工业环境中的扩散声场进行分析,然而在周期单胞的仿真计算(如针对一个单胞施加布洛赫 - 弗洛凯边界进行仿真计算)中却难以模拟实际的扩散声场,这是因为根据扩散声场的定义,它们应该是一些具有相同幅值但是入射角度和相位都是随机值的声波的叠加,且均匀分布在整个面板区域上。周期性边界条件所构造出的是周期声场,因而是不能满足这一扩散声场要求的。另外,在设计和开发有限尺度的薄型超材料过程中,要想获得很宽的绝对带隙目前还是比较困难的,当然,利用局域共振型散射体可以部分地解决这一问题。一般而言,基于这一思路的超材料的性能跟声波入射方向是无关的,它们能够以很小的尺寸获得亚波长行为特性,这也正是亥姆霍兹谐振子和内置共振超材料方面的研究再次受到人们关注的一个原因。根据近期的研究动态,一些研究人员已经借助这一方式设计了一些新颖的超材料,并利用三维打印技术进行了制备,研究结果也证实了此类超材料确实能够获得更好的性能。虽然在过去的 5 年中,这些超材料的设计制备成本已经显著下降,不过跟其他解决方案相比,未来它们是否能够具有足够的经济上的竞争优势,这一点我们仍然拭目以待。较为突出的一个问题是,三维打印设备目前还不能制备特大型材料,利用现有标准的工业过程人们也很难将它们生产出来。针对声学性能与经济成本之间所存在的矛盾,有必要根据目标市场的实际情况来权衡,因此,后续还应当重点研究如何才能将具有优良性能的超材料从原型向工业产品进行转化。当然,这一工作显然需要研究机构和工业部门加强彼此间的沟通和协作。

# 参考文献

[ANG 16] ANG L. Y. L. ,KOH Y. K. ,LEE H. P. ,"Sound transmission loss of a large – scale meta – panel with membrane acoustic metamaterial",Proceeding of ACOUSTICS,p. 47,2016.

[ANG 17] ANG L. Y. L. ,KOH Y. K. ,LEE H. P. ,"Broadband sound transmission loss of a large – scale membrane – type acoustic metamaterial for low – frequency noise control", Applied Physics Letters, vol. 111,no. 4,p. 041903,AIP Publishing,2017.

[BOU 98] BOUTIN C. ,ROYER P. ,AURIAULT J. ,"Acoustic absorption of porous surfacing with dual porosity", International Journal of Solids and Structures, vol. 35, nos 34 – 35, pp. 4709 – 4737, Elsevier,1998.

[BOU 13] BOUTIN C. ,"Acoustics of porous media with inner resonators",The Journal of the Acoustical Society of America,vol. 134,no. 6,pp. 4717 – 4729,ASA,2013.

[CHA 91] CHAMPOUX Y. ,ALLARD J. ,"Dynamictortuosityandbulkmodulusinair – saturated porous media", Journal of Applied Physics,vol. 70,no. 4,pp. 1975 – 1979,AIP,1991.

[CHE 16] CHEN W. ,LIU S. ,TONG L. et al. ,"Design of multi – layered porous fibrous metals for optimal sound absorption in the low frequency range", Theoretical and Applied Mechanics Letters, vol. 6, no. 1,pp. 42 – 48,Elsevier,2016.

[CLA 16] CLAEYS C. ,DECKERS E. ,PLUYMERS B. et al. ,"A lightweight vibro – acoustic metamaterial demonstrator:Numerical and experimental investigation", Mechanical Systems and Signal Processing, vol. 70,pp. 853 – 880,Elsevier,2016.

[ELF 11] ELFORD D. P. ,CHALMERS L. ,KUSMARTSEV F. V. et al. ,"Matryoshka locally resonant sonic crystal",ArXiv e – prints,p. 1102. 0399v1,February 2011.

[FAH 07] FAHY F. J. ,GARDONIO P. ,Sound and Structural Vibration:Radiation,Transmission and Response, 2nd edition,Academic Press,2007.

[GRO 09] GROBY J. – P. ,WIRGIN A. ,DE RYCK L. et al. ,"Acoustic response of a rigid – frame porous medium plate with a periodic set of inclusions", The Journal of the Acoustical Society of America, vol. 126,no. 2,pp. 685 – 693,ASA,2009.

[GRO 11] GROBY J. – P. ,DAZEL O. ,DUCLOS A. et al. ,"Enhancing the absorption coefficient of a backed rigid frame porous layer by embedding circular periodic inclusions",The Journal of the Acoustical Society of America,vol. 130,no. 6,pp. 3771 – 3780,ASA,2011.

[GRO 15] GROBY J. – P. ,LAGARRIGUE C. ,BROUARD B. et al. ,"Enhancing the absorption properties of acoustic porous plates by periodically embedding Helmholtz resonators",The Journal of the Acoustical Society of America,vol. 137,no. 1,pp. 273 – 280,ASA,2015.

[HAL 17] HALL A. ,DODD G. ,CALIUS E. ,"Diffuse field measurements of locally resonant partitions",Proceedings of ACOUSTICS,vol. 2017,2017.

[ISO 03] ISO,354:2003,Acoustics – Measurement of sound absorption in a reverberation room,British Standards Institution,2003.

[JIM 16a] JIMÉNEZ N. ,HUANG W. ,ROMERO – GARCÍA V. et al. ,"Ultra – thin metamaterial for perfect and quasi – omnidirectional sound absorption", Applied Physics Letters, vol. 109, no. 12, p. 121902, AIP

Publishing,2016.

[JIM 16b] JIMÉNEZ N. ,ROMERO – GARCÍA V. ,CEBRECOS A. et al. ,"Broadband quasi perfect absorption using chirped multi – layer porous materials", AIP Advances, vol. 6, no. 12, p. 121605, AIP Publishing,2016.

[JIM 17] JIMÉNEZ N. ,ROMERO – GARCÍA V. ,PAGNEUX V. et al. ,"Rainbow – trapping absorbers: Broadband, perfect and asymmetric sound absorption by subwavelength panels for transmission problems", Scientific Reports, vol. 7, no. 1, p. 13595, Nature Publishing Group, 2017.

[JIN 16] JINGFENG N. ,GUIPING Z. ,"Sound absorption characteristics of multilayer porous metal materials backed with an air gap", Journal of Vibration and Control, vol. 22, no. 12, pp. 2861 – 2872, SAGE Publication,2016.

[JOH 87] JOHNSON D. ,KOPLIK J. ,DASHEN R. ,"Theory of dynamic permeability and tortuosity in fluid – saturated porous media", Journal of Fluid Mechanics, vol. 176, no. 1, pp. 379 – 402, Cambridge University Press, 1987.

[JUN 07] JUNG S. S. ,KIM Y. T. ,LEE D. H. et al. ,"Sound absorption of micro – perforated panel", Journal of the Korean Physical Society, vol. 50, no. 4, pp. 1044 – 1051, Korean Physical Society, 2007.

[KRY 11] KRYNKIN A. ,UMNOVA O. ,CHONG A. et al. ,"Scattering by coupled resonating elements in air", Journal of Physics D: Applied Physics, vol. 44, no. 12, p. 125501, IOP Publishing, 2011.

[LAG 13a] LAGARRIGUE C. ,GROBY J. – P. ,TOURNAT V. ,"Sustainable sonic crystal made of resonating bamboo rods", The Journal of the Acoustical Society of America, vol. 133, no. 1, pp. 247 – 254, ASA,2013.

[LAG 13b] LAGARRIGUE C. ,GROBY J. – P. ,TOURNAT V. et al. ,"Absorption of sound by porous layers with embedded periodic arrays of resonant inclusions", The Journal of the Acoustical Society of America, vol. 134, no. 6, pp. 4670 – 4680, ASA, 2013.

[LAG 16] LAGARRIGUE C. ,GROBY J. – P. ,DAZEL O. etal. ,"Design of metaporous supercells by genetic algorithm for absorption optimization on a wide frequency band", Applied Acoustics, vol. 102, pp. 49 – 54, Elsevier, 2016.

[LIU 00] LIU Z. ,ZHANG X. ,MAO Y. et al. ,"Locally resonant sonic materials", Science, vol. 289, no. 5485, pp. 1734 – 1736, American Association for the Advancement of Science, 2000.

[NAI 10] NAIFY C. J. ,CHANG C. – M. ,MCKNIGHT G. et al. ,"Transmission loss and dynamic response of membrane – type locally resonant acoustic metamaterials", Journal of Applied Physics, vol. 108, no. 11, p. 114905, AIP, 2010.

[OLN 03] OLNY X. ,BOUTIN C. ,"Acoustic wave propagation in double porosity media", The Journal of the Acoustical Society of America, vol. 114, no. 1, pp. 73 – 89, ASA, 2003.

[PHA 06] PHANI A. ,WOODHOUSE J. ,FLECK N. ,"Wave propagation in two – dimensional periodic lattices", The Journal of the Acoustical Society of America, vol. 119, p. 1995, 2006.

[ROM 11] ROMERO – GARCÍA V. ,SÁNCHEZ – PÉREZ J. V. ,GARCIA – RAFFI L. M. ,"Tunable wideband bandstop acoustic filter based on two – dimensional multiphysical phenomena periodic systems", Journal of Applied Physics, vol. 110, no. 1, p. 014904, 2011. Available at: https://doi.org/10.1063/1.3599886.

[ROM 12] ROMERO – GARCÍA V. , CASTINEIRA – IBANEZ S. , SÁNCHEZ – PÉREZ J. et al. ,"Design of wideband attenuation devices based on sonic crystals made of multi – phenomena scatterers", Proceedings of the Acoustics 2012 Nantes Conference, 2012.

[SAK 10] SAKAGAMI K., YAMASHITA I., YAIRI M. et al., "Sound absorption characteristics of a honeycomb – backed microperforated panel absorber: Revised theory and experimental validation", Noise Control Engineering Journal, vol. 58, no. 2, pp. 157 – 162, Institute of Noise Control Engineering, 2010.

[SÁN 15] SÁNCHEZ – PÉREZ J. V., MICHAVILA C. R., GARCÍA – RAFFI L. M. et al., "Noise certification of a sonic crystal acoustic screen designed using a triangular lattice according to the standards EN 1793( –1; –2; –3)", Eur EuroNoise 2015, EuroNoise, p. 2357, 2015.

[SHE 03] SHENG P., ZHANG X., LIU Z. et al., "Locally resonant sonic materials", Physica B: Condensed Matter, vol. 338, nos 1 – 4, pp. 201 – 205, Elsevier, 2003.

[TAN 06] TANNEAU O., CASIMIR J., LAMARY P., "Optimization of multilayered panels with poroelastic components for an acoustical transmission objective", The Journal of the Acoustical Society of America, vol. 120, no. 3, pp. 1227 – 1238, ASA, 2006.

[TOU 04] TOURNAT V., PAGNEUX V., LAFARGE D. et al., "Multiple scattering of acoustic waves and porous absorbing media", Physical Review E, vol. 70, no. 2, p. 026609, APS, 2004.

[WAN 11] WANG C., HUANG L., "On the acoustic properties of parallel arrangement of multiple micro – perforated panel absorbers with different cavity depths", The Journal of the Acoustical Society of America, vol. 130, no. 1, pp. 208 – 218, ASA, 2011.

[WEI 16] WEISSER T., GROBY J. – P., DAZEL O. et al., "Acoustic behavior of a rigidly backed poroelastic layer with periodic resonant inclusions by a multiple scattering approach", The Journal of the Acoustical Society of America, vol. 139, no. 2, pp. 617 – 629, ASA, 2016.

[YAN 10] YANG Z., DAI H., CHAN N. et al., "Acoustic metamaterial panels for sound attenuation in the 50 – 1000 Hz regime", Applied Physics Letters, vol. 96, no. 4, p. 041906, AIP, 2010.

[YAN 13] YANG M., MA G., YANG Z. et al., "Coupled membranes with doubly negative mass density and bulk modulus", Physical Review Letters, vol. 110, no. 13, p. 134301, APS, 2013.

[YAN 15a] YANG J., LEE J. S., KIM Y. Y., "Metaporous layer to overcome the thickness constraint for broadband sound absorption", Journal of Applied Physics, vol. 117, no. 17, p. 174903, AIP Publishing, 2015.

[YAN 15b] YANG M., MENG C., FU C. et al., "Subwavelength total acoustic absorption with degenerate resonators", Applied Physics Letters, vol. 107, no. 10, p. 104104, AIP Publishing, 2015.

[YAN 16] YANG J., LEE J. S., KIM Y. Y., "Multiple slow waves in metaporous layers for broadband sound absorption", Journal of Physics D: Applied Physics, vol. 50, no. 1, p. 015301, IOP Publishing, 2016.

# 第 8 章　面向射频应用的弹性超材料

Sarah Benchabane, Alexandre Reinhardt

在射频(RF)系统中,与吉赫兹频段弹性波传播相关的微机电元器件已经应用得非常普遍了。这类射频系统中最为常见的就是移动电话,第一台用于人与人之间通信的 GSM 手机最早出现在 20 世纪 90 年代后期。自那时起,通信系统就不断更新换代,机器间的数据交换量也越来越庞大。第五代移动通信系统(5G)预计将在 21 世纪 20 年代全面建立,该系统可为人们提供接入各种无线设备的宽带网络接口。在这种纯粹的电学系统中,弹性波谐振腔已经成功地占据了一席之地,能够为该系统提供微型、低损耗、全被动式谐振器,可用于电路内的频率选择元件。这些元件是低损耗带通滤波器的组成模块,进而也是射频收发器的模拟端关键元件,由此可实现射频频谱相关部分的选择,并保持非常低的噪声水平,使接收端能够获得较高的灵敏度。

由于对微细指纹滤波性能要求的不断增长,人们很自然地想到可以将声子晶体或弹性超材料的相关概念引入射频频段的应用上。在滤波器、波导甚至多路复用器的可听声或超声频段内的应用案例,已经表明了基于声子芯片实现高级信号处理功能的可行性,这一点与光子领域中的发展是非常相似的。实际上,由于射频滤波器设计人员对于一维结构的色散特性定制和布拉格带隙等方面的认识已经十分准确而深入,因而上述这种概念上的引入和应用过程已经变得非常简单。不仅如此,周期结构在电 - 声装置中的应用也有着非常悠久而丰富的历史发展。例如,表面声波(SAW)换能器和反射器就是依靠金属电极的周期阵列来实现布拉格条件的;再如比较成熟的固态装配型体声波谐振器(SMR)采用了不同材料层的交替堆叠构型,这些材料层具有较大的弹性和密度差异,从而可以将体波限制在压电薄膜中。

进一步的问题是验证在射频范围内所谓特超声声子晶体(越来越多的研究人员采用这一名称)也存在二维和三维带隙,并分析它们的相关特征是怎样为我们带来概念上和技术上的显著突破的。这些突破往往能够令我们获得具有优异性能的高频 SAW 和体声波(BAW)装置。为此,需要考察基本结构(如特超声晶体)的弹性波传播特征,提出可用于模拟射频电子或光子设备中常用的传统射频装置的特殊结构并研究其弹性波行为,显然这些工作同时也将促进声子学领域的进一步发展。尽管相关研究发展曾陷入低谷,不过当前声子结构的思想在微机电系统(MEMS)的研究中已经受到了广泛关注,人们正在利用相关概念研发可用于构造 MEMS 元器件的一些组件。正因如此,在物理学和工程科学所涉及的大量学科中,当考察振动结构中的短波长弹性波或声子时,高频声子学再次引起了人们的重视,如 MEMS、光机学、微流体学、热传导甚至量子信息学等领域。

本章主要阐述特超声声子晶体的简要发展历史,重点是将相关概念拓展用于射频应用领域中。8.1 节首先介绍了吉赫兹频段的弹性波传播特性,并阐明了为什么这些特性能够在无线通信应用领域中发挥重要作用。8.2 节将讨论微米尺度结构的制备特点,并指出相关的技术突破,它们在首个特超声声子晶体的实现中是不可或缺的。8.3 节详细介绍了此类特超声声子晶体的特殊性,回顾了一些早期研究工作。这些工作主要受到了光子学或微波领域相关研究的启发,另外在 8.3 节中还将讨论为什么直接将相关概念移植到弹性波 RF 元器件中是不恰当的。作为比较,8.4 节进一步给出了一些 MEMS 或光子领域中所采用的声子晶体实例,这些结构较之以往的常用组件具有更为优异的性能。最后,进行了简要总结,对特超声超材料潜在而有趣的应用进行了讨论。

## 8.1 特超声弹性波及其应用

特超声有时也称为微声,通常是指以数百兆赫到数十吉赫频率传播的弹性波,这一新引入的频率范围目前尚无准确的定义,人们对此也没有达成一致。在该频率范围内,声波在水或空气等流体介质中的传播距离会由于黏性损耗的存在而难以达到较大的量值(如超过若干微米)。因此,特超声波的传播通常只限于固体介质或非常狭窄的微流控腔。一般来说,波长位于数十微米到数百纳米这一范围。在这一尺度上,晶界、位错甚至界面粗糙度等方面的材料缺陷通常是足够小的,不会出现太赫兹频段热声子的散射或扩散现象。于是,特超声波可以在相对较大的距离上进行传播,其数学和物理层面的描述仍然位于固体介质中弹性波传播的经典理论框架[CUF 12]之中,这也意味着传播介质的准粒子之间的相互作用是可以忽略不计的。

特超声频率范围与大多数射频传输所使用的电磁谱频段是一致的,如图 8.1所示。这些射频传输系统一般工作于兆赫到吉赫范围,这主要是考虑到电磁波在这一频率范围内能够在自由空间中传播相当长的距离(可达数千米),

大气产生的吸收效应相对较弱。这一频谱的下限附近,即 100 ~ 400MHz 范围通常是用于广播信号传输的,如调频广播或电视信号,在 400MHz ~ 3.5GHz 频段现在几乎已经完全被用于移动通信系统了,只有一些特殊的应用系统,如军事系统、传感系统甚至微波炉等所使用的频率穿插在上述频率范围中。在兆赫到吉赫范围内,射频信号载波频率是足够高的,可以确保相对带宽足够大,从而能够为无线通信系统提供令人满意的数据传输速率。

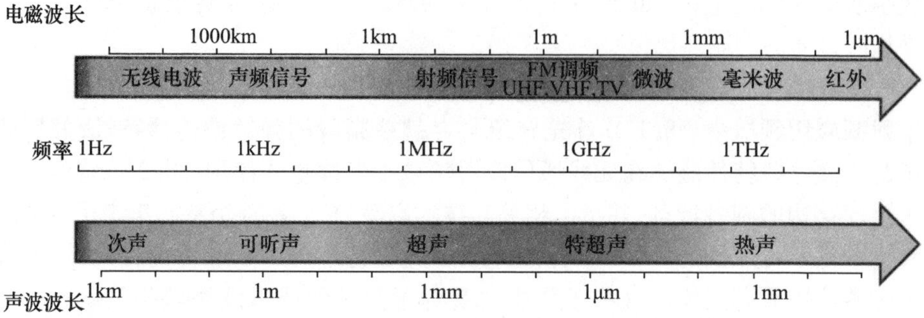


图 8.1　声波和电磁波的频率和波长分布范围
(彩图可以参见网址 www. iste. co. uk/romero/metamaterials. zip)

当电磁(EM)波作为信息载体且需进行滤波处理时,相关基本定律已经表明所需滤波器的特征尺寸与载波波长是相当的,进而会导致电磁滤波器难以集成到手持设备中。由于特超声波的波长是同频率电磁波波长的十万分之一等级,因而很早人们就曾经指出,若在信号处理设备中借助固体中的弹性波操控技术而不是针对电磁波进行处理,就有望显著减小设备尺寸。20 世纪 70—90 年代已经出现了大量表面声波元器件,如谐振器、滤波器、延迟线和识别标签等,随后这些元器件投入了大批量生产,并被用于搭建小型化模拟电子信号处理装置[MOR 07]。当前,绝大多数此类元器件已经被数字数据处理系统所替代,这主要是由于高速计算电路方面的发展所导致的。然而,当今的电信标准要求能够对高频信号进行采样,并且应具备足够的分辨率,从而确保能够检测数千米以外的基站所发出的有用弱信号。这些信号不应被强干扰信号所干扰,并且可能位于移动电话附近区域。数字信号处理当然是能够满足这一要求的,不过其代价是电功率消耗较大。对于手机设备的实现来说,这种代价很显然是不可接受的,因而射频信号仍然需要通过模拟电路来处理,这些电路能够在(数字化之前的)射频信号放大和下变频之前进行滤波。于是,现代数据传输电路仍然依赖于由微型声学谐振器构成的模拟带通滤波器,随着射频频谱不断地被细分,这些电路的数量甚至还在不断增长。在第五代移动通信框架下将采用的载波聚合①或能够进行电磁波束成形②的多输入输出(MIMO)天线这些技术路线,也同样需要在射频前端使用越来越多的声学元器件[YOL 17]。

应当注意的是,将电磁波的传播替换为弹性波的传播,需要通过高效的方式实现电信号与声波信号之间的相互转换。最有效的方式可能就是历史上偶然发现的压电换能机制了,即携带信号的电压量可以借助逆压电效应转换为具有相同时间依赖性的应变量,由此可以在压电材料中生成弹性行波,并会受到压电装置几何特征的调制作用。所生成的弹性波通常会传播到一组接收电极上,使这些电极处出现应力场,进而通过正压电效应转换为时变的电荷量,也就是携带信号的电流。人们有时也会采用静电机制、电致伸缩机制以及磁致伸缩机制等换能方式,不过它们的转换效应通常更弱一些,并且还需要偏置电压或磁场来进行工作,而压电装置则完全可以是被动式的。压电换能概念的最简单应用实例要属延迟线了,如图 8.2 所示,它使用了两个体声波换能器分别进行弹性波的发射和检测,这些换能器是由两个电极和电极之间的 ZnO 压电薄膜构成的。传播介质位于这两个换能器之间,即蓝宝石杆($Al_2O_3$),它只是提供足够的传播距离来实现传输信号的延迟(相对于电信号的直接传输)。在信号处理电路中,如早期雷达系统或模拟电视接收器等,所使用的绝大多数延迟线都是借助表面声波(SAW)来实现的。表面声波是指沿着半无限基体表面传播的振动,其幅值随着深度的增大而呈指数衰减。依赖于所关心的传播半空间情况,不同类型(不同波速和偏振方向)的表面波都是可能出现的。瑞利波可能要算最著名的表面波类型了,其偏振方向位于矢状面内,属于无色散的且理论上无耗散(假定基体自身无固有损耗或结构缺陷)的弹性波,自 20 世纪 60 年代开始,这种表面波就已经得到了应用。表面波的主要优点在于它们对基体表面上所发生的任何变化都能表现出本质上的敏感性,这实际上也就意味着可以借助平面型结构来直接调控其传播路径。在表面声波装置的研发设计过程中,一个关键元件就是所谓的叉指换能器(IDT),是由 White 和 Woltmer[WHI 65]于 1965 年发明的,通常需要采用高品质的单晶基体,可以借助成本低廉的光刻技术(源于微电子工业领域)来制备,这些将在 8.2.1 节中进一步详细介绍。叉指换能器包含了金属电极的周期阵列,这些电极交替连接在用于传输电势的两个汇流条上。如图 8.2(b)所示,其中给出了一个基本的表面声波延迟线。

对于给定的介质、弹性波传播模式和结构来说,可以定义一个机电耦合因

① 将射频信号带宽分解到若干个载波频率上,从而更有效地利用细分频谱。

② 实现空间滤波,进而容许不同位置(相对于同一个基站)的多个用户同时使用频谱的相同部分。

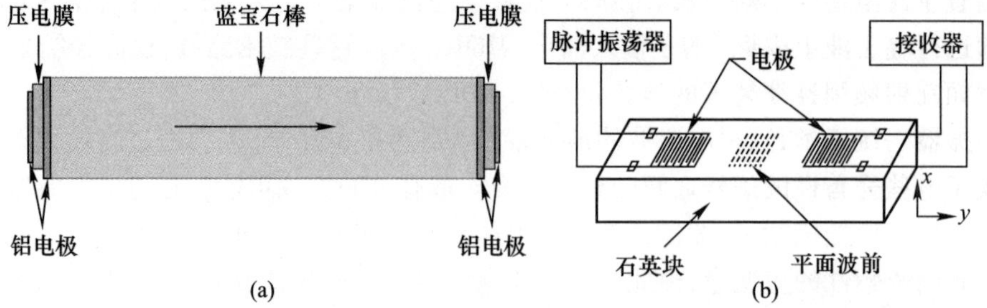


图 8.2　延迟线实例（本图源自于文献[WHI 65]，并经 AIP Publishing 许可使用）
（a）体声波延迟线；（b）表面声波延迟线。

子，它表示的是一个波周期内从一个域（电学或力学）转换到另一个域的功率比值。在高性能压电陶瓷中，这个因子最多可达 90% [YAM 08]，不过当工作于几兆赫以上频率时，这些压电陶瓷的介质损耗是相当大的，进而在射频通信设备中难以应用。单晶材料，如石英、铌酸锂或钽酸锂等，则是更为恰当的选择。从理论上说，铌酸锂或钽酸锂的机电耦合因子可以达到 50% 量级，不过根据实际应用需要而确定的基体方位和传播模式通常又会带来限制，使耦合因子低于 10% [DEF 01]。这就意味着只有大约 10% 的信号才会被有效处理，进而在信号处理元件的输出端转换回来，由此将导致这些元件的插入损耗可达 20dB 以上。这种情况是人们所不希望的，因为现代电信系统要求能够处理非常微弱的信号，并且衰减达到最小（当前移动通信工业中所使用的滤波器只允许 1dB 的损耗，最多 2dB）。为了克服机电耦合因子相对较小所带来的局限性，人们将相关结构设计成了共振型，这实际上是考虑到了在单个波周期内所能转换的功率百分比是较小的，不过可以通过共振型结构中的多个周期累积方式来抵消掉功率损耗。在表面声波情况下，共振结构可以利用位于两个反射器之间的叉指换能器来实现，而反射器只需通过简单布置另一个金属条周期阵列即可制备而成，通常也称为反射格栅，如图 8.3（a）所示。当格栅间距等于半波长时，也就是在满足布拉格条件时，将会发生高效的反射行为。不过，每个金属条的反射系数是相当小的（通常位于 1% ~4% 范围），这主要是因为反射的发生主要源自于电学边界状态的强调制与力学状态的弱扰动的共同作用。因此，表面声波反射器通常是由大约 100 个短路电极构成的。在体声波共振结构中（依赖于厚度模式共振），考虑到空气 - 固体分界面能够提供近乎完美的反射效应，最简单的方式就是制备一块悬空式的压电材料薄膜，当然，如果需要进行微细加工，那么就会变得更复杂了。这种结构现在一般称为薄膜体声波谐振器（FBAR），如图 8.3（b）所示。出于结构长度方面的考虑，人们还提出了另一种可行结构，在一维声学布拉格镜上放置了压电薄膜，其原理如图 8.3(c)所示，一般称为固态装配谐振器(SMR)，目前已经在工业上得到了应用。尽管人们还在持续地研发更为奇特的结构形式，然而在射频弹性波装置的工业场景中，当前仍然是上述这些表面声波或体声波谐振器一统天下，这一状况自 21 世纪早期就已经形成了稳定态势，此后只是出现了一些完善性的工作而已。

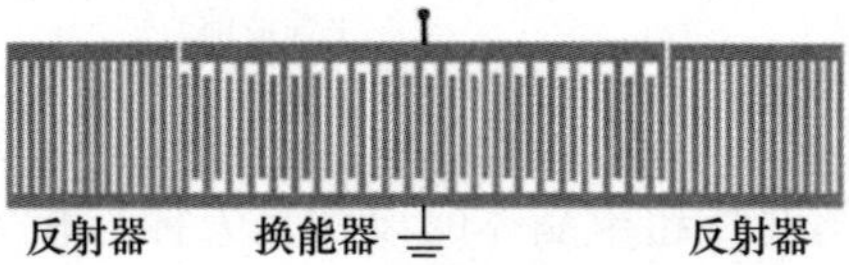

(a)

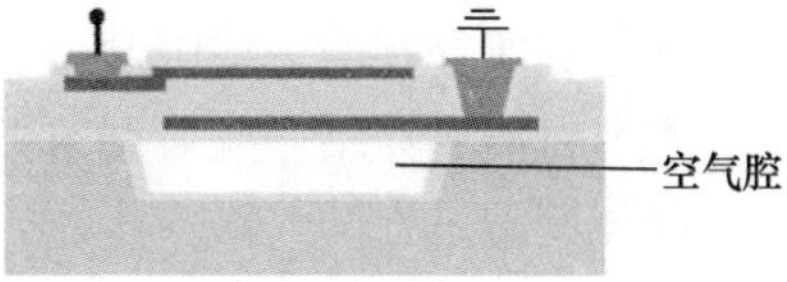

(b)

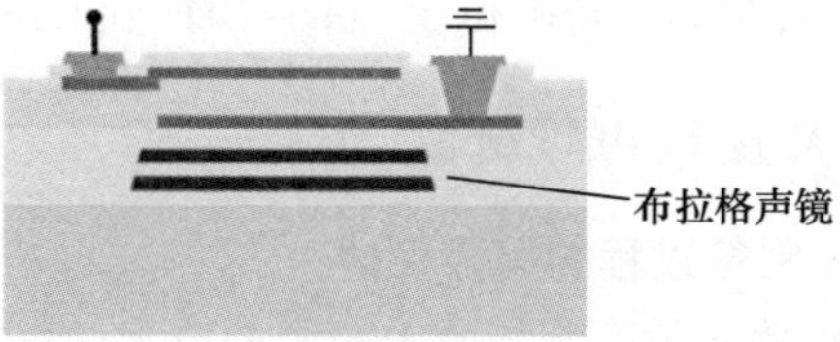

(c)

图 8.3　用于 RF 滤波工业中的主要共振结构类型

(a)SAW 共振装置；(b)FBAR；(c)SMR。

## 8.2　特超声晶体

20 世纪 90 年代晚期，研究人员首次在实验中观测到了位于可听声频段的声子带隙，由此人们十分清晰地认识到这一概念将可用于实现更为先进的信号处理技术。已有文献中最早期的研究文章主要是考察工作于声频或超声频范围的结构物，其原因在于此类结构物的制备比较容易，这一点与针对微波频段的光子晶体的早期研究情况也是类似的。如同引言部分所指出的，所谓的特超声频段是指工作频率位于 100MHz 到几 GHz 区间。在固体介质中，这一频段所对应的特征尺度为微米等级。显然，如果想把声子晶体概念拓展到更高的频段以获得更大量的应用可能，就必须解决微米尺度上结构制备所固有的一些技术问题。另外，对基于声学的射频无线设备(利用选定基体的压电效应)的实现而言，实际应用中通常还要求人们构造出紧凑而高效的装置或仪器。因此，一般来说典型的特超声晶体应当有以下特点：

(1) 微米尺度的设备或装置；

(2) 机电设备或装置，能够进行机-电换能(利用压电效应是较为理想的)；

(3) 能够完成特定功能的设备或装置,如谐振器、带通滤波器等;

(4) 便于大量制备的设备或装置。

总之,射频声子装置实际上应当是一种微机电系统(MEMS)。

对于这一长度尺度下的声子晶体制备而言,最自然的方法就是经典的洁净技术,传统的射频电声设备就是这么制备的,因此所面临的困难也是类似的。通常 MEMS 设计不仅需要考虑其所需实现的功能和具体运行状况,而且也需要考虑制造过程所存在的一些限制,包括公差。

本节将简要介绍一些典型的微细加工技术,它们已经被证明了是可以用于声子晶体制备过程的。进一步,本节还将阐明特超声晶体的设计是怎样与相关技术限制相互关联的。最后,会给出一些实际案例,这些案例是从声子晶体的相关文献中提取出来的,它们的带隙位于 Sub - GHz 到 GHz 这一频率范围。

### 8.2.1 微米尺度结构的制备

#### 1. 关于 MEMS 制备过程的简要评述

MEMS 技术是从微电子工业领域中的相关技术过程直接派生出来的。集成电路(IC)是利用了有限种材料的最基本平面型装置,相比而言,MEMS 装置却能够使用任何材料和任何几何形状,只要能够实现预期的功能。这一点也正是 MEMS 技术的一个主要优势,当然同时这也是导致其复杂性的一个方面。正因如此,MEMS 技术能够将各种各样的处理过程和材料综合到一起,用于构造非常多样化的能够展现出各种丰富物理特性的装置或设备。不过应当注意的是,MEMS 系统的这种复杂性也会使制备过程和设备运行过程的可预测性变得稍差。可以说,成功制备一套 MEMS 装置的关键就在于清晰地认识到,借助健壮的可重复的处理过程能够获得理想设计与实际制备结果之间何种程度的折中,其中甚至要把某些材料特性的不确定性考虑进来。

目前的微细加工技术已经非常多了,本章不打算逐一详尽地进行阐述,感兴趣的读者可以参阅其他资料,其中给出了更好、更全面的介绍。应当说,MEMS 装置目前还没有一个标准的制备方法,对于声子晶体而言尤其如此,事实上声子装置还处于非常早期的发展阶段。为此,这里将针对所涉及的一些技术简要介绍其基本思想。

前面已经提及,MEMS 技术起源于微电子工业领域中所使用的平面工艺。类似于集成电路的情形,这里的基本思路也是针对尺度不断缩小的 MEMS 装置寻求适合于大规模制造的简单工艺。MEMS 的制备工艺通常包含一系列基本工艺步骤,一般需要在衬底上重复多次才能完成。

MEMS 制备工艺包括两个主要工艺类型:第一个跟所谓的前端相关,也就是与洁净室相关的工艺步骤;第二个则与后端有关,也就是所制备装置的封装。

对于当今最先进的纳米电子制备生产线来说,理想的衬底一般采用商业化的晶圆,它是一个经过研磨、抛光、切片后形成的特定材料薄片,其直径从几英寸到400mm。在纳米电子学领域中,最常见的晶圆尺寸为300mm,电力电子领域或硅基MEMS中则为200mm,而在更特殊的衬底材料情况下(较为典型的是SAW工业中所采用的压电材料)还可为100mm,不过近年来人们正趋于采用150mm的直径了。在MEMS技术领域中,硅材料很明显已经占据了主导地位,实际上在微电子工业中多年来就已经利用这种半导体衬底了,并且已经建立了非常众多的可靠的工艺过程。不过,对于需要压电效应的电声装置来说,硅材料却并不是首选。在表面声波工业场合中,单晶压电衬底如石英、铌酸锂和钽酸锂等材料在市场上占据了主流地位。单晶材料一般是通过所谓的柴克劳司基(Czochralski)方法从超纯物质源生长得到的,当然多年以来人们也提出了其他一些有效的人工合成方法。以石英为例,它是借助1905年提出的水热法生长的,不过后续人们对该方法做了不断的改进。实际上从20世纪70年代开始,人们就已经能够合成和大规模生产具有自然晶体相关特性的人工晶体了。利用这些技术工艺人们已经制备出刚玉,并可进一步沿着精准的晶向进行切片和表面抛光处理。

前端制程的关键是在微米尺度上将期望的图样转移到衬底上。这一图样转移可以通过对衬底进行直接铣削加工来完成,不过更具一般性的是通过掩蔽物来间接完成,这些掩蔽物很容易成形并且在图样转移到晶圆上之后也很容易去除掉。

光刻技术是用于这些掩蔽物成形的常用工艺,该技术是从19世纪印刷工艺技术直接传承而来的。在MEMS制造工艺过程中,光刻技术的基本原理是对衬底进行以下一些工艺处理,参见图8.4。

(1) 光刻胶涂覆。在衬底上涂覆一层聚合物薄膜,称为光刻胶。该薄膜层很薄,为100nm ~ 10μm,并且可以通过离心法使其在整个样品区域上厚度分布得非常均匀。相关技术形式较多,包括在晶圆上喷洒光刻胶雾(对于获得黏度特别低的光刻胶层来说尤为有效,也称为喷雾涂胶);将衬底浸入高黏度光刻胶中,继而在衬底上获得较厚的涂层(也称为浸涂)或者实现衬底上的固态聚合物薄膜分层,后者对于已经包含可移动微结构的晶圆而言是特别有用的,这些微结构容易被任何与之接触的液体表面张力所损坏。在涂覆之后,光刻胶需要在电热板上经过几分钟的烘干处理,从而蒸发多余的溶剂并形成几乎为固态的薄膜。

(2) 对准。涂胶后的衬底需要进一步与所谓的光罩对准,光罩通常是一块透明的石英板[MAD 02](或某些热膨胀较小的玻璃板),板上覆盖了一薄层铬,并制成了需要转移到衬底上的结构图样，有时也可以是这些结构图样的逆像。衬底固定在光罩下方，最终需要光刻复现的光罩图样与衬底上已有结构相互对准。转移到晶圆上的第一个光刻图样通常包含的是一组对准标记，这样可为后续处理步骤提供参考。最先进的光刻设备已经可以进行自动化对准处理，该技术主要采用了机器模式识别手段，可提供的定位精度（配准）一般在 100 ~ 300nm 范围内。

（3）曝光。这一步需要对衬底和光罩进行照射处理。在接触式光刻处理中，光罩是直接与晶圆接触的，这种方式的成本相当低廉且技术已经非常成熟，可达到的分辨率在 1μm 以下，能够较好地满足大多数 MEMS 的制程要求，不过对于现代 SAW 设备的需求来说却明显是难以胜任的。工业上的另一种处理方式是投影式光刻或更准确的说是步进式光刻，其优势在于，由于避免了与衬底的直接接触，因而降低了光罩的磨损。通过利用相当复杂的高分辨率曝光系统，这种步进式光刻处理能够减少所需投影的图样，进而使我们可以在减少光罩制备限制的同时达到更高的分辨率，一般可达 250nm。无论是哪种情形，铬层图样都会遮挡紫外光（UV）的照射，而在未受保护的区域这种照射将会诱发涂胶中的化学反应，从而改变局部的化学性质。最简单的照射源是灯泡，不过 UV 照射由于波长更短（进而衍射极限更小）而更为合适，先进的光刻技术一般是依赖于深紫外光源的。为了实现极高的分辨率，目前也有其他的一些方式，如电子束光刻，主要是针对合适的感光胶进行电子辐照，这一技术是不需要光照的，而是采用高度聚焦的电子束（可达纳米尺度）在样品上移动扫描，以交替通断的方式直接绘制出所需的图样，其缺点在于需要在整个晶圆上进行长时间的高分辨率扫描，而不是一次性对整个区域进行光照处理。因此，电子束光刻技术只适合于尺寸极为关键的处理阶段，如在先进的纳米电子学领域中用于绘制纳米尺度的晶体管门电路。

（4）显影。这一步需要将衬底放入显影液中，显影液能够溶解经上一步曝光处理而发生化学性质变化的光刻胶，由此将保留未受影响的非光照区域，进而使铬层图样转移到光刻胶层。此后，应当在比烘干步骤更高温度处进行二次烘干处理，以稳定光刻胶的化学性质。

（5）图样转移。这一步进一步通过蚀刻等手段将光刻胶所携带的图样转移到晶圆上。针对暴露在衬底表面上且无光刻胶图样的区域，完成材料蚀刻的化学或物理处理过程，这一处理过程可以借助化学反应对材料进行溶解，一般是以液体相（即湿蚀刻）或气体相出现的。常用的技术方法还包括离子轰击（隶属于干蚀刻技术范畴），即利用经过加速的离子动能去除表面的物质。离子蚀刻技术通常会在表面上诱发一些化学反应，出现在高活性等离子体与衬底上的材料之间，因而人们也常称之为反应离子蚀刻。在上述两种技术方式中，光刻胶实际上对衬底部分区域进行了保护，从而使所需光罩上的图样最终转移到了衬底上。

(6) 去胶。在蚀刻处理之后，光刻胶图样还需要通过化学溶剂去除，从而只留下衬底，并为下一次光刻循环做好准备。

材料沉积、光刻和蚀刻过程占据了 MEMS 制程的大约 90%，通过有序地进行这些处理过程，就可以利用最常用的平面工艺来制备相当复杂的三维结构。这些技术工艺是针对一块完整的衬底一次性进行的，所制备的对象可以非常小，因而能够同时进行非常大的规模性制备，这是一个重要的优势。于是，洁净室处理工艺也可以称为超大规模集成（VLSI）。例如，BAW 滤波器一般占据的面积不超过 $1mm^2$，而制备时是在 200mm 直径的硅衬底上进行的，因而一次制备过程就可以同时生产超过 25000 个元件（每个晶圆）。

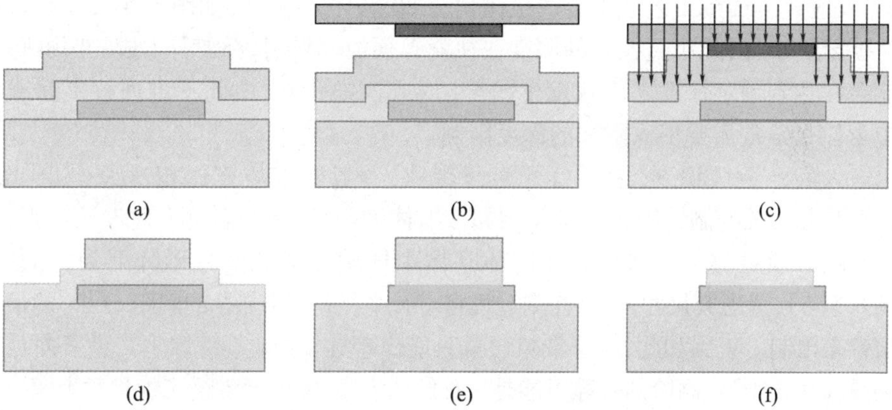


图 8.4　光刻技术的一般工艺过程

（彩图可以参见网址 www. iste. co. uk/romero/metamaterials. zip）

(a)光刻胶涂覆；(b)对准；(c)曝光；(d)显影；(e)蚀刻；(f)去胶。

2. 设计规则

虽然洁净室制备工艺过程适应性很强，但是并不能实现所有几何形式的制备，因此微米尺度结构（如声子晶体）的设计就必须遵循一定的设计规则，这些规则指明了哪些情形是可以制备的，并且往往还会对所希望制备的结构类型给出一定的限制。

对于微米尺度的声子结构来说，如多孔状声子晶体，这些设计规则主要源自于上面所提及的两个制备工艺的情况。

(1) 光刻工艺。就像进行大规模纳米电路集成时所遇到的，这一工艺始终存在着分辨率极限。即使当今最先进的设备已经能够借助电子束直写或深紫外线浸润式扫描技术来生成纳米尺度特征，然而这些设备在声子应用中还没有占据主流地位,它们的成本过高且需要专业性的实验室。由此不难认识到,现阶段较为合理的做法是采用不那么昂贵的设备,它们所能提供的分辨率是由 UV 或深 UV 的衍射极限决定的,最有利的条件下可达 250nm。此外,为了生成厚度或深度为微米级的特征,蚀刻工艺的选择性(或者希望蚀刻的材料去除率与光刻胶掩膜去除率的比率)还要求光刻胶层必须是微米尺度的。一般而言,利用光刻胶掩膜最终能够达到的分辨率与光刻胶厚度大体上处于同一等级。这就意味着所制备的声子晶体的最小几何尺寸应在 1 ~ 2μm 范围内,对于各个散射体或散射体间距来说也是如此。

(2) 蚀刻工艺。该工艺过程只能在若干非常特殊的情况下(硅或二氧化硅)才能生成光滑垂直的侧壁,在进行压电材料的图样制备时,如铌酸锂或氮化铝,反应离子蚀刻工艺通常会产生倾角为 80°左右的侧壁,如图 8.5(a)所示,有时甚至更小,因此小直径孔的深度往往就必须加以限制;否则所生成的圆锥孔可能会在达到预定深度之前就发生闭合(形成盲锥孔)。由此不难理解实际制备中为什么常常需要引入附加的深度限制。

人们已经认识到,为了打开声子带隙,一般要求填充比相对大一些[REI 11],与此相关的制约因素通常是相邻散射体的间距,为了满足上述设计规则,这一间距必须足够大。如果以在固体基体中蚀刻出的孔的方形阵列为例,参见图 8.5(b),考虑其尺寸,那么光刻过程将对孔半径 $r$ 和相邻孔的间距 $a-2r$ 的最小值带来限制。正因如此,声子带隙通常只能出现在 1GHz 频率以下。为了向更高频段移动,选择更高阶的带隙可能是一种解决方案,不过通常会牺牲相对带宽。

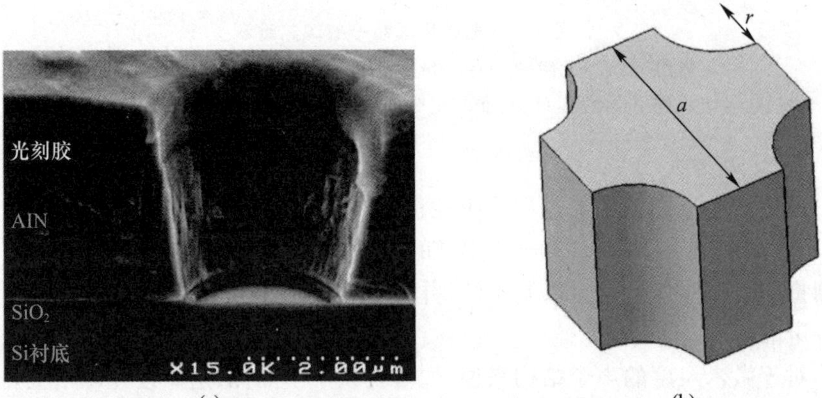

(a) (b)

图 8.5 固体基体中带有孔阵列的声子晶体示意(见彩图)
(a)针对蚀刻工艺得到的 AlN 膜中的孔(扫描电镜照片揭示出存在着侧壁倾角这一缺陷);(b)关键工艺尺寸。

### 8.2.2 特超声带隙的实验观测

虽然在吉赫兹频段具有较大带隙的声子晶体的制备存在着一些技术上的困难,但人们已经多次成功地实现了此类结构。早期的一些研究工作集中于一维结构的特性分析,如针对半导体超晶格或一维声子结构[BAR 98,DHA 00,OZG 01],真正开始进行二维声子结构的研究应当是 2005 年 Gorishnyy 等的工作[GOR 05]。他们首次制备了一种由三角晶格形式的孔阵列所构成的周期结构,填充比为 39%,该结构是在玻璃上涂覆的光刻胶中直接成形的。这些研究人员利用布里渊光谱仪通过实验确定了这一结构在 2GHz 区域的能带图,以及布里渊边界处的模式折叠行为。

此后,人们又提出了跟一些主要的弹性波谐振器类型相似的声子晶体并进行了实例验证。在 8.2.2.1 节中将介绍在单晶衬底上制备而成的声子晶体,它们适用于表面声波装置。8.2.2.2 节将进一步细致地阐述在悬空薄膜上制备而成的晶体,即所谓的声子晶体板,这些结构物可应用于很多 MEMS,特别是兰姆波谐振器中(这种谐振器已经经过了广泛的学术研究,不过人们仍然在寻求其工业应用)。最后,8.2.2.3 节将着重介绍少量面向体波的声子晶体实例,并讨论适合于 BAW 装置的声子晶体集成所面临的相关困难。

#### 8.2.2.1 面向表面声波的声子晶体

表面声波与压电单晶体如石英、钽酸锂($LiTaO_3$)或铌酸锂($LiNbO_3$)等的组合使用在无线通信和信号处理领域中已经占据了相当突出的地位。单晶衬底能够提供压电薄膜所难以匹敌的压电和机电耦合特性,而 Wu 等则从理论层面证实了二维声子晶体能够生成表面声波带隙[WU 05a],由此不仅为我们带来了十分丰富的应用前景,同时也为更多、更深入的基础研究打开了一个非常重要的研究领域。

尽管单晶衬底拥有着诸多令人非常感兴趣的特性,然而绝大多数情况下此类材料的加工制备却是较为困难的,它们大多是需要借助标准微细加工技术来处理的复合氧化物。除了制备方面是一个挑战以外,设计方面也并不那么容易。声波在压电材料中传播时会表现出强各向异性,这是此类材料的固有特性,再加上准横波和准纵波的存在,将使所设计的周期结构的几何参数受到非常严格的限制[WU 04,LAU 05]。

Benchabane 等[BEN 06]首次在实验中观测到表面声波在铌酸锂衬底上传播时的完全带隙。该声子晶体包含了直径为 9μm 的孔阵列(孔中为空气),阵列形式为正方形,周期常数为 10μm。在这一尺寸条件下,所观测到的带隙位于 203 ~226MHz 范围。研究人员借助由叉指换能器(IDT)构成的延迟线进行了传输率测试,进而验证了该带隙的存在性。实验中他们测量了两组延迟线:一组是经典延迟线构型,作为参考用于该实验设置的电学传输标定;另一组构型中则将该声子晶体引入了进来,如图 8.6 所示。通过对比测得的传输率结果,即接收 IDT 上测得的输出功率与发射 IDT 上的输入功率之比,如图 8.6(b)所示,其中的虚线为参考构型,粗实线为带有声子晶体的构型,他们发现在低频段,该声子晶体不会显著干扰传输率,而在带隙范围内,即图中灰色区域所示部分,两个换能器之间的传输率却出现了显著下降,由此也就证明了带隙的存在。这一实验为基于电学特性分析的高频声子晶体研究奠定了基础,并且其实验方案在较长时间内将可为进一步的研究提供良好的参考。

针对在铌酸锂衬底上蚀刻孔阵列这一方面,最传统的制备技术就是反应离子蚀刻,一般是借助六氟化硫($SF_6$)气体来提供反应离子($F^-$ 离子)[BEN 06]。由于铌酸锂具有很强的化学稳定性,并且制备过程中某些副产品(特别是 LiF)在工作温度下不易挥发,因而蚀刻过程主要应依靠撞击机制,将动能传递到样件表面以去除材料,而不是通过化学反应的途径。即便是在这种情况下,蚀刻速率也仅为 50nm/min(作为比较,硅蚀刻速率可达 50μm/min),这就意味着要想蚀刻 10μm 深的孔大约需要几个小时的时间。光刻胶掩模是难以承受这么长时间高能离子轰击的,因此蚀刻过程不得不采用更为复杂的 1μm 电镀镍掩模。不过即使如此,所得到的孔仍然是锥形的而不是圆柱形的,10μm 直径孔的侧壁斜度大约为 17%,从图 8.6(a)①中给出的局部放大图是不难观察到这一点的。

人们也引入了其他一些技术手段试图改进蚀刻过程,值得注意的是,电子辐照[ASS 08]原理是利用电子束直接绘制图样,类似于电子束光刻,不过这里不使用光刻胶。累积在表面上的电荷会迫使铌酸锂中的铁电畴发生局部反转,使材料对化学蚀刻(纯氢氟酸)更为敏感。不过,这一工艺过程所需的持续时间与反应离子蚀刻是相似的,并且所制备的孔也是锥形的,其侧壁斜度约为 12%。此外,散射体的形状也较难控制,其原因在于静电力会使铌酸锂表面的电子彼此扩散开。

由于在单晶压电材料上进行孔的蚀刻加工较为困难,人们在构造声子晶体用于表面声波研究时大多采用了硅衬底,该材料在微细加工中是十分常用的,更容易加工制备。Wu 等在硅衬底上激发了表面波,他们将压电氧化锌(ZnO)薄膜沉积在一块硅衬底上,并放置于发射和接收换能器下方[WU 05b]。借助特别适合于在硅衬底上蚀刻高深径比的孔的深反应离子蚀刻技术,他们制备了一块由深 80μm、直径仅为 3.5μm 的孔阵列所构成的声子晶体。另外,该研究工作还给出了实验设置方面的改进方案,如在文献[BEN 06]中需要 8 组延迟线(不同的 IDT 周期)才能覆盖完整的声子带隙及其邻近频段,如图 8.6(a2)所示,而在

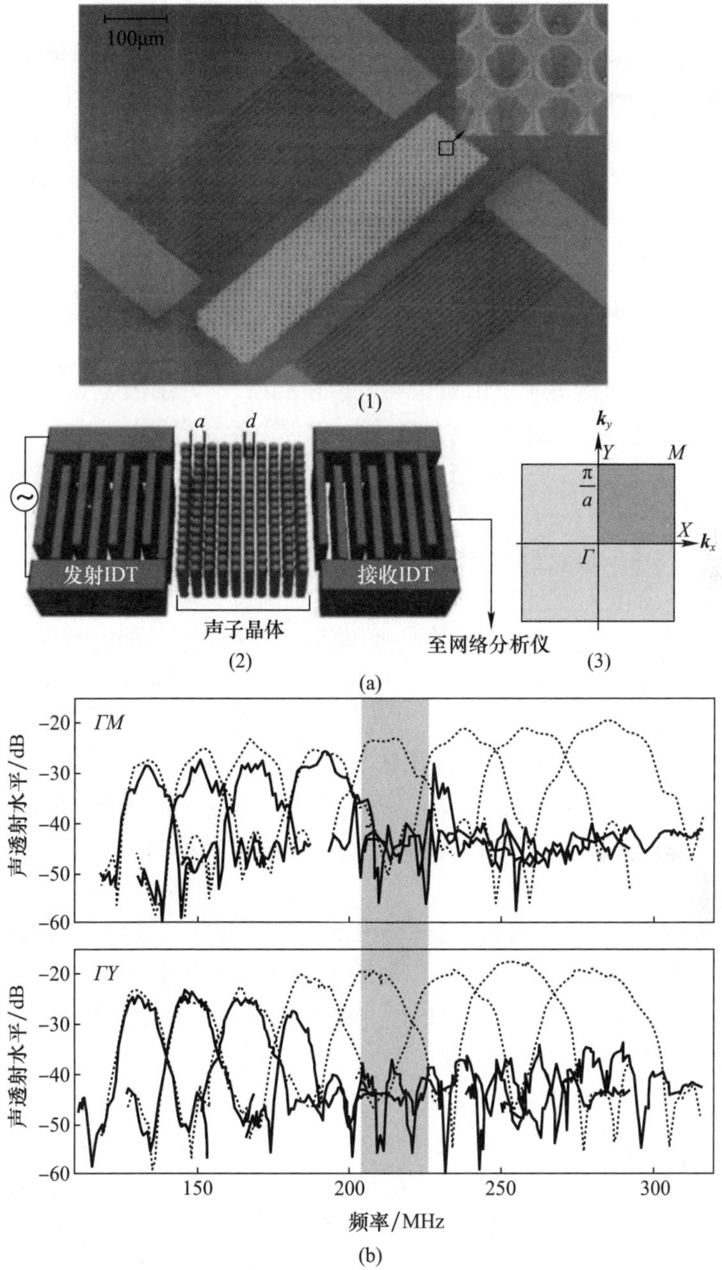


图 8.6　用于检测声子晶体(铌酸锂中带有孔的方形阵列)的表面声波延迟线[BEN 06]

(a)所制备装置的扫描电镜图像和实验设置;(b)若干延迟线的电学测试结果(实线为带有声子晶体的情形,虚线为不带声子晶体的情形,测试工作覆盖了包括带隙(灰色区域)在内的频带)。

文献[WU 05b]中所采用的换能器是斜指式的,可以同时激发出多种波长,因而一条延迟线即可直接覆盖很宽的频带,当然这也会导致总体电学传输减弱。

表面波与声子晶体的相互作用所表现出的一个特点可以从图 8.6(b)中清晰地观察到,即,在带隙上方,声波的传输不一定能够恢复。对于由周期分布于压电衬底上的孔阵列所构成的声子晶体来说,光学外差干涉测量表明,由于晶体起到了衍射格栅的作用,因而表面波会出现强烈的散射[KOK 07]。不过,当表面波色散曲线穿过所谓的声线时(即表面波比最慢的体波更快时),衰减将会达到最强,这些表面波将不再能够继续在表面附近传播了。此外,研究还表明了这些孔的有限深度和锥形形状将会增强与体波的耦合作用。

除了声子晶体能够生成由布拉格散射机制所导致的带隙行为以外,近期一些研究人员[LIU 14]还指出,包含局域共振的共振型超材料也能够打开特超声带隙。对于导波而言,这一思想可以视为众所周知的质量载荷效应在亚波长散射体上的延伸,通过在衬底表面上制备出褶皱形状或加工出大深径比结构,使表面弹性波的传播减慢,进而改变表面弹性波的色散行为[AUL 76,MAY 91,SOC 12]。例如,人们已经发现,对于由均匀表面上附着金属杆阵列而构成的声子晶体,除了阵列周期性导致的布拉格带隙以外,该结构还会表现出杆的局域共振所导致的杂化(hybridization)带隙[KHE 10a,ACH 11,YUD 16]。令人感兴趣的是,这一研究是在声线下方打开一个或多个带隙的,如图 8.7(a)所示。在 GHz 频段所进行的首个实验验证采用了由硅衬底和附着于其上的铝杆阵列所构成的结构[GRA 12],杆高 100nm,锥状杆的底部半径为 95nm,方形阵列的周期常数为 500nm,人们通过表面布里渊光散射确定了能带结构,证实了带隙位于 5GHz 附近,如图 8.7(b)所示。

一些研究人员还将局域共振行为引入到颗粒介质的研究中,考察了接触共振效应[BOE 13,HIR 16,ELI 16],如附着于衬底上的微米尺度的聚苯乙烯球簇,参见图 8.8(a)。相关实验是借助光学激励和光学干涉测量进行的,由此确定了表面声波在玻璃衬底上传播时随频率而变的衰减行为,并证实了在赫兹接触的共振频率处存在着衰减峰,如图 8.8(b)所示。

尽管可以借助共振带隙,或者设计布拉格带隙使之位于声线下方[YUD 12],又或者可以引入支持局域共振的环状模式以减小与其他模式的耦合[ASH 17],但是一些研究人员仍然认为面向表面声波的声子晶体是缺少垂向限制的,因而提出可以采用薄板(片)来提供这种限制,防止声波在衬底中的辐射,后来这种晶体结构被称为声子晶体板。

#### 8.2.2.2 声子晶体板

波在声子晶体板中的传播已经得到了大量研究。早在 2006 年,也就是在人

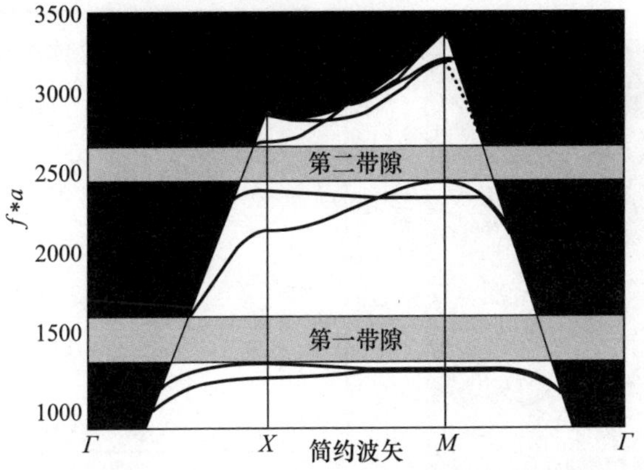


(a)

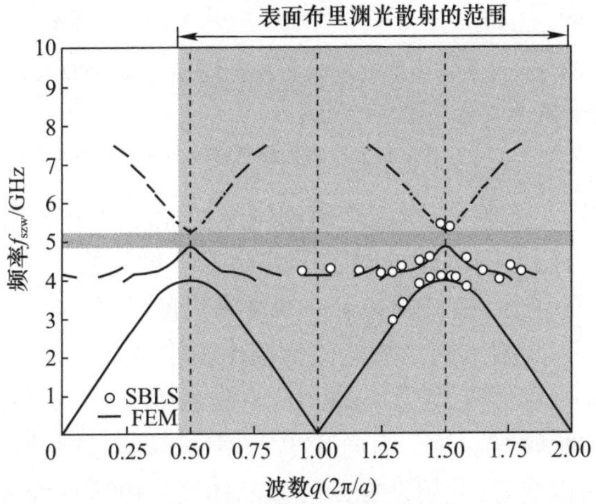


(b)

图 8.7　通过跟杆的局域共振发生耦合作用得到的表面声波带隙

（本图源自于文献［GRA 12］，并经 American Physical Society 许可使用）

（a）理论计算结果［KHE 10a］；（b）利用布里渊光散射技术得到实验测试结果。

们刚刚从理论层面揭示声子晶体具有表面波带隙之后，Hsu 等计算了带有柱状散射体周期阵列的薄板结构中兰姆波的色散曲线［HSU 06，HSU 07b］。他们从兰姆波色散曲线中得出结论：相对于无限结构而言，将板的无应力表面考虑进来将会显著改变能带结构。不过，他们也证实了对于相对较大的填充比来说，仍然可以获得带隙。

关于板波的声子晶体实验研究最早也是在 2006 年进行的，两个独立的研究团队分别开展了这方面的工作。Hsiao 等考虑了一块由钢球方形阵列于环氧树脂基体而构成的声子晶体板［HIS 07］，钢球直径为 4mm，所观测到的完全带隙

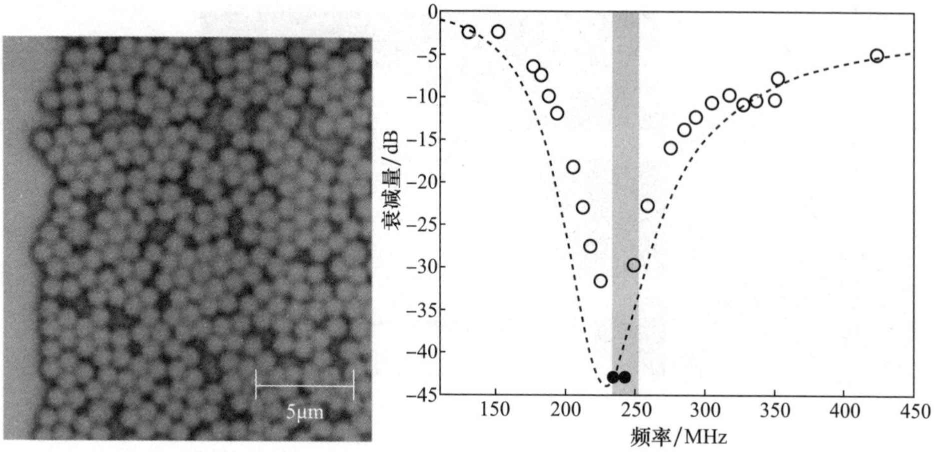


(a) (b)

图 8.8 针对表面声波的共振超材料(微米尺度的聚苯乙烯球簇附着于玻璃衬底上)(本图源自于文献[ELI 16],并经 AIP Publishing 许可使用)

(a)光学显微照片;(b)针对在 170μm 宽的超材料条上传播的瑞利波测得的衰减情况。

位于 300kHz 附近。实验中,声波是借助发射换能器激发的,并通过棱柱与该声子晶体板发生耦合,人们对此进行了干涉测量。更加接近特超声频段的是 Olsson 等[OLS 07]的工作,他们制备了一块微米尺度的晶体板,是由柱状钨(W)散射体以方形阵列形式嵌入到二氧化硅薄膜中而形成的,晶格常数为 45μm,散射体半径为 14.4μm,薄膜厚度为 4μm。这一材料的组合选择是为了与集成电路互连的工业制备相兼容。对于面向 SAW 的声子晶体,这些研究者还构建了一套完全集成化的测试装置,兰姆波在经过该晶体之后由延迟线进行测量,该延迟线是由二氧化硅薄膜与位于其上的氮化铝(AlN)换能器构成的,如图 8.9(a)所示。测量结果如图 8.9(b)所示,从中可以看出 59 ~ 76MHz 范围对应于一个带隙。

在早期的实验研究之后,其他一些研究团队又进一步提出了各种不同的材料组合和晶体结构,试图提高带隙的中心频率和增大其带宽,使其能够最终达到通信应用所处的频段(400 ~ 3500MHz)。Mohammadi 等[MOH 08]在 15μm 厚的硅薄膜上引入六边形晶格形式的圆柱孔阵列,晶格常数为 15μm,孔半径为 6.4μm,所构造的晶体板的衰减带位于 119 ~ 150MHz 范围,相对带宽为 23%。这一研究中采用了较小的晶格常数,从而使带隙频率更高,而由于采用的是六边形晶格,散射体填充比增大,因而使带隙的带宽也得以增大。Soliman 等[SOL 10b]采用更"激进"的尺寸设计了晶体板,在 1 ~ 1.8GHz 范围内获得了显著的声

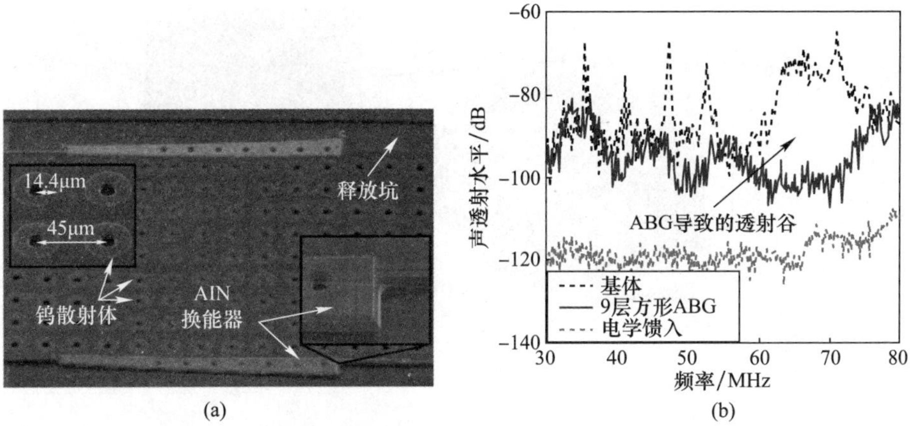


图 8.9 针对兰姆波的声子晶体（本图源自于文献[ELK 08]，并经 AIP Publishing 许可使用）
（a）由钨散射体置入二氧化硅薄膜中构成的晶体结构（插入到两个 AlN 换能器之间）的扫描电镜图像；（b）测得的透射情况揭示了 70MHz 附近存在着一个带隙。

传播衰减，该晶体板选择了 1.15μm 厚的硅薄膜作为基体，而钨散射体的直径为 0.65μm，这些散射体以方形晶格形式阵列于基体中，晶体常数为 2.5μm。

还有另一种研究思路是将声子晶体嵌入到声速很大的材料中，如 AlN，这种材料同时也是压电性的，于是声子晶体就可以直接与换能器集成到一起，这类似于早期关于表面波研究中的做法。Gorisse 等[GOR 11]在二氧化硅/氮化铝薄膜上引入了柱状孔的方形阵列，制备了一块声子晶体板，研究指出了兰姆波衰减频带位于 600～950MHz。与此同时，Kuo 等[KUO 11]在氮化铝薄膜中引入了 X 形孔的方形阵列（晶格常数为 5μm，薄膜厚度为 1μm，孔的尺寸为 4.2μm × 0.75μm），研究所得到的兰姆波衰减频带位于 850MHz～1.2GHz。

对于表面声波来说，人们也提出了局域共振型声子晶体，主要是在板的表面附着杆状结构，借助这些杆结构来打开带隙[HSU 07a]。一些针对薄板（相对于波长而言）的研究工作指出，杆的局域共振会与板的模式发生相互作用，进而以带隙的方式表现出来[PEN 08]。人们还考察了厚板中带有周期布置的薄圆板的构型，如图 8.10 所示，研究结果表明，该结构具有一个与薄板自身的横向模式相对应的慢波模式[SUN 10]。在上述两种情形中，最终都生成了位于布拉格带隙频率下方的带隙，其位置是由散射体的共振频率所决定的。显然，这种结构形式不宜直接用于生成 RF 应用所需的频率带隙。

声子晶体板的一个特征是它们都是在弹性板上实现的，作为基体的弹性板一般会支持一系列波动模式的传播，包括对称型和反对称型兰姆波以及水平剪切波（SH 波）。这一特征使声子晶体板的能带结构要比三维声子晶体或者面向

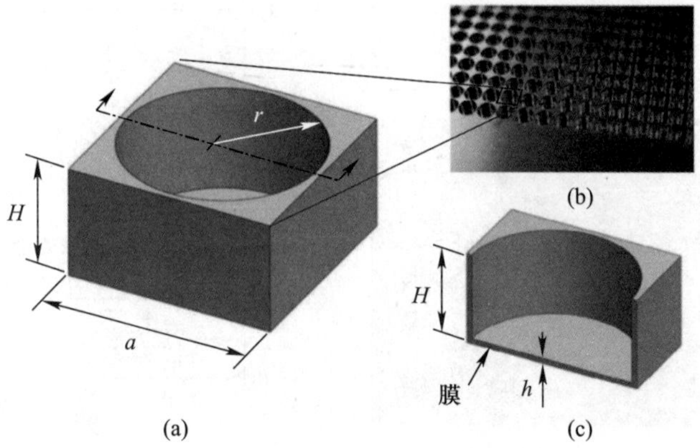


图 8.10　由周期薄膜以方形晶格形式构成的声子晶体板
（本图源自于文献[SUN 10]，并经 AIP Publishing 许可使用）
(a)单胞示意图；(b)所制备的样件；(c)单胞的横截面。

表面波的声子晶体复杂得多。为此，声子晶体与换能器之间的相互作用也要比针对表面波的声子晶体情形更加复杂。如图 8.11(a)所示，其中针对某声子晶体给出了兰姆波延迟线的电学传输测量结果，可以看出，在 600 ~ 900MHz 范围内存在着显著的传输衰减，而理论预测的带隙却位于 776 ~ 828MHz[GOR 11]。很明显，在将兰姆波转换成声子晶体的布洛赫波模式以及在输出端进行反向转换的过程中，发射换能器所生成的声功率有很大部分丢失了。由于人们预期这一行为仅会发生在带隙范围内(因为只有凋落型布洛赫波模式才能穿过该声子晶体传递能量)，因而在带隙以外出现这一现象是相当令人意外的。关于这一点，第一个解释是用来激发(或检测)声波的 AlN 或 ZnO 换能器只能激发出对称型兰姆波，而 SH 型布洛赫波模式(如图 8.11(b)中图(1)所示)没有被激发出来[SOL 10b，KUO 11]。另外，还有一些偏振方向为纵向或面外横向的布洛赫波模式也不会被激发，因为它们的模式形状与入射的(或发射的)兰姆波偏振方向是垂直的[GOR 11]。研究人员将上述模式统称为"聋带"[HIS 07]。最后，一些平直能带，如在图 8.11(a)中标注"a""b"和"c"的那些，将表现为局域化行为，它们不会在传输谱中形成高耸的传输峰。总之，上述原因使衰减频率范围得到了拓展(相对于声子晶体的理论带隙)，这在绝大多数应用场合中将会给我们带来十分有益的帮助，如那些将声子晶体作为反射器的应用就是如此。也正因如此，相比于面向表面波的声子晶体，声子晶体板的研究吸引了更多学者的关注，在 MEMS 领域得到了快速的发展，这一点在 8.3.2 节中将会得到清晰的体现。

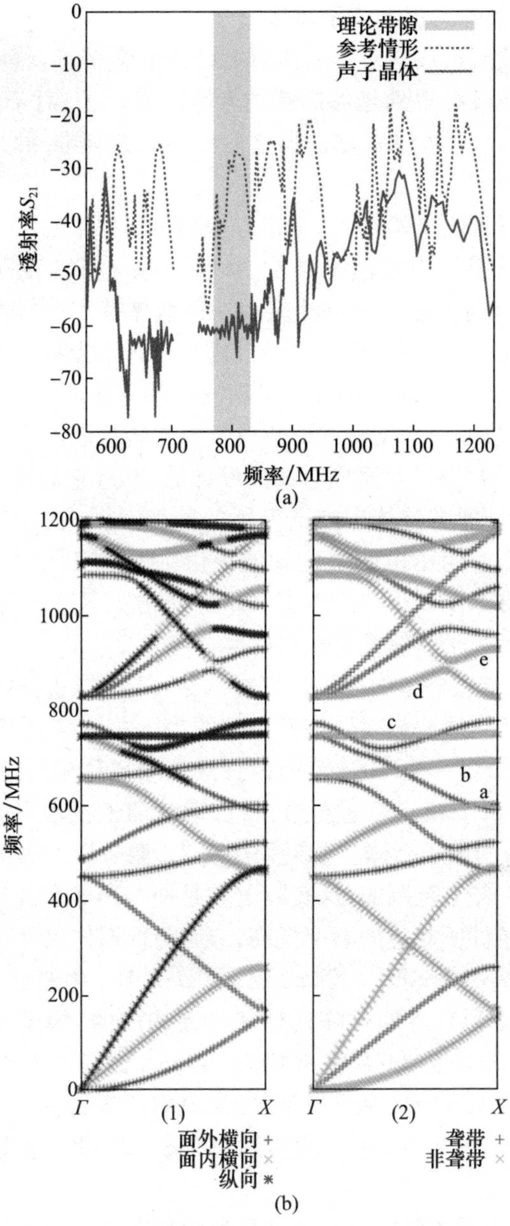


图 8.11　$SiO_2$/AlN 声子晶体板(本图源自于文献[GOR 11],
并经 AIP Publishing 许可使用,见彩图)

(a)通过一组兰姆波延迟线测得的透射率(红色实线为换能器之间带有声子晶体的情形,蓝色虚线为不带声子晶体的情形,黄色区域对应于理论带隙位置);(b)声子晶体的能带结构图(1)反映了布洛赫模式的偏振情况,图(2)反映了聋带情况。

#### 8.2.2.3 面向体声波的声子晶体

关于表面声波或板波的声子晶体研究已经非常多了,然而面向体声波谐振器的声子晶体却还没有得到足够广泛的考察。实际上,对于弹性波 RF 元器件来说,这一技术已经成为 SAW 滤波器之后的第二个标准,并且也要比兰姆波装置的发展更加成熟。

在体声波装置方面,1965 年人们已经提出了布拉格镜[NEW 65],用于隔离压电谐振腔。在薄膜体声波谐振器发明以后,这一概念在固态装配型谐振腔(SMR)技术领域得到了进一步广泛应用。目前该技术中所使用的反射镜与简单的 $\lambda/4$ 材料叠堆是不同的,通常是经过优化设计以提供能够针对所有垂向行波的带隙,从而减少谐振器任何可能出现的声功率泄漏(甚至包括在谐振器电极边缘处,主厚度拉伸模式反射过程中由于模式转换所产生的边缘厚度剪切波[MAR 05])。虽然只是针对垂向行波而设计的,不过它们对于横向上的行波也是有效的,这些行波通常是体声波谐振器的寄生波模式[TAL 06]。因此,人们进一步利用这一概念为压电膜中的导波提供垂向约束[KHE 08,KON 10,TAK 16],这一内容将在 8.4.2 小节中做更详尽的介绍。不过应当注意的是,不应将这种一维结构视为声子晶体或弹性超材料。

为了对 BAW 谐振器中的波提供三维约束或限制(进而提升其品质因数),可以借助能够在所用体波频率处打开带隙的声子晶体。然而,在工作频率处打开带隙,也就是在 1.5 ~ 3.5GHz 范围内打开带隙却是相当困难的,这一点已经在 8.2.1.2 节和 8.2.2.2 节中进行过讨论,微细加工技术只能制备带隙频率位于 1GHz 以下频带的声子晶体。如果采用更为"激进"一些的尺寸,从理论上来说是能够提高这一频率范围的,这实际上就是使与声子晶体空间周期参数相关联的布拉格反射条件所对应的频率提高,或者与散射体尺寸相关联的 Mie 散射所对应的频率提高[OLS 09]。例如,文献[OSE 18]中制备了一块声子晶体,是在硅基体中以方形晶格形式阵列柱状孔而构成的,为了打开位于 2 ~ 3GHz 的带隙,需要选择的参数为:晶格常数为 940nm;填充比为 76%。这个较大的填充比对于降低带隙频率(从几吉赫兹到 2GHz)来说是十分关键的,然而却会导致相邻孔的间距变得几乎不切实际(15nm),因此在实际应用中也是不可能实现的。

到目前为止,所报道的一个有效结构是建立在集成电路制造的工业过程基础上的[BAR 15],该结构是利用晶体管之间的金属互连(165nm 的铜条,间距 85nm,嵌入低介电率固体介电材料 SiOCH 中)制备而成的声子晶体。由于结构的高度微型化,能带结构计算结果表明了带隙位于 2.54 ~ 6.35GHz 范围,如图 8.12(b)所示。然而,这么精细的尺寸只是在人们付出了极大的努力使纳米电子工业经过了几十年的长足发展(不断地追求受摩尔定律所支配的集成电路微型化)之后才得以实现的。也正是因为工业领域的极大发展,这些材料的图样制备才变得相对成熟,并且可以经过优化处理以构造出亚微米等级的特征。应当指出的是,制备亚微米尺度的压电结构仍然是一项极具挑战性的任务,此类结构对于体声波谐振器和高频特超声晶体的联合使用来说将是必需的。

需要考虑的另一个问题是,BAW 谐振器所使用的材料叠堆构型(压电薄膜、电极、保护层以及布拉格反射镜层等)是针对滤波器主要功能进行优化之后的结果。对于这么复杂的材料组合来说,显然必须对声子晶体进行精心设计和调整,并应使之在提供声波约束的同时不会以任何其他方式影响到谐振器的核心性能。正因如此,适合于体波应用的特超声晶体目前仍然还是一个开放性的研究主题。

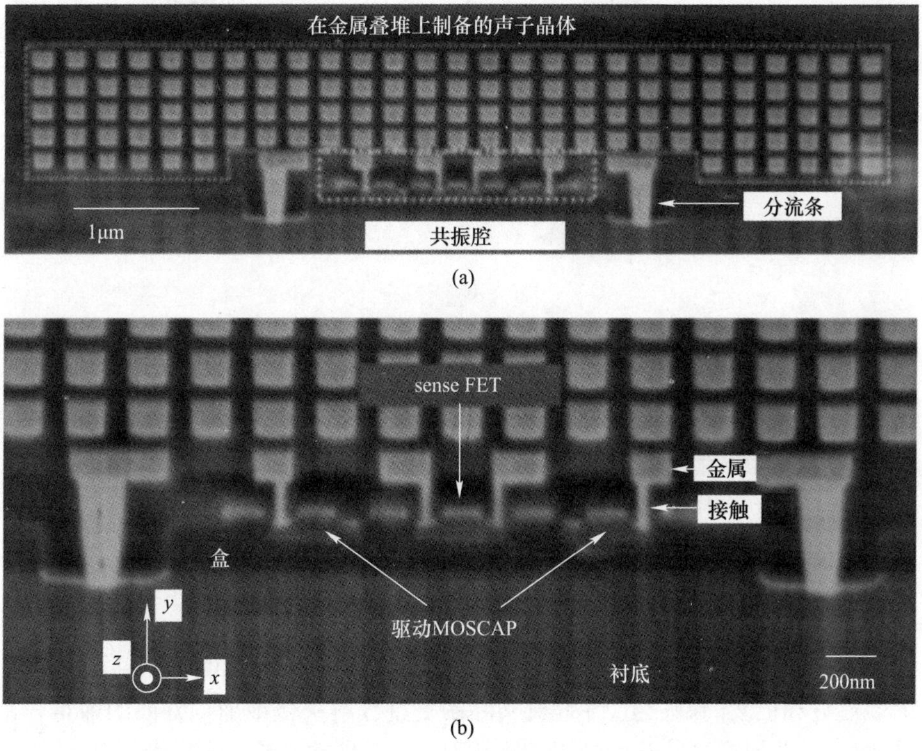


图 8.12　利用晶体管之间的金属互连制备而成的由 CMOS 互连构成的声子晶体(感谢普渡大学的集成 MEMS 研究团队,网址:https://engineering. purdue. edu/hybridmems,彩图可以参见网址 www. iste. co. uk/romero/metamaterials. zip)

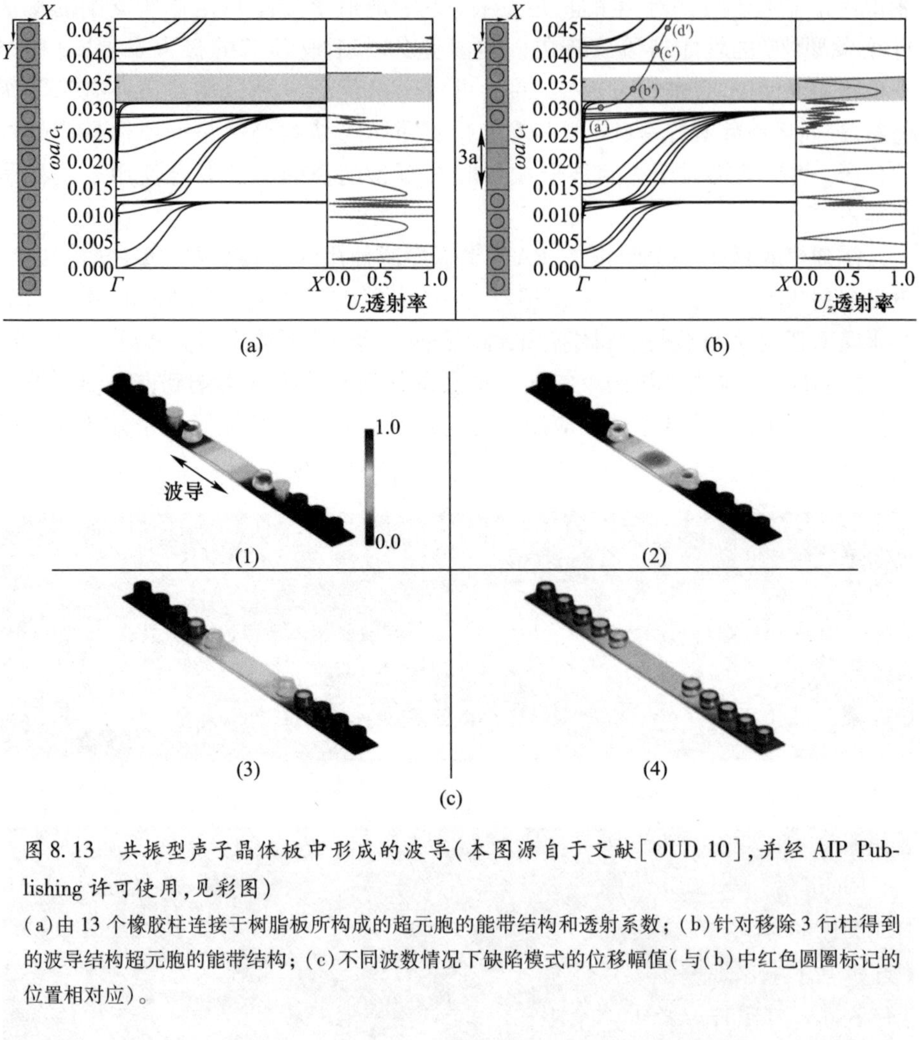


图 8.13 共振型声子晶体板中形成的波导（本图源自于文献［OUD 10］，并经 AIP Publishing 许可使用，见彩图）

（a）由 13 个橡胶柱连接于树脂板所构成的超元胞的能带结构和透射系数；（b）针对移除 3 行柱得到的波导结构超元胞的能带结构；（c）不同波数情况下缺陷模式的位移幅值（与（b）中红色圆圈标记的位置相对应）。

## 8.3 面向 RF 信号处理的声子学研究

早期的研究主要致力于揭示声子晶体在特超声频段的可行性，主要表现在对表面波和板波的调控上，并针对实际制备过程解决微细加工方面的困难。在此之后，一些研究团队开始密切关注基于这一新理念的若干应用研究。

声子晶体的主要特征体现在它们具有打开声子带隙的能力，在带隙中声波无法正常传播。实际上，这一特征可以追溯到很久以前的相关研究，那时人们已经观察到声波在特定几何结构中传播时会受到很强的限制或约束。研究人员从微波和光子学领域的相关研究中受到启发,利用这种对波动的约束特性提出了两种不同类型的功能结构,分别针对的是波导和谐振器。针对波导,结构中的声子晶体能够使波沿着特定的路径传播;针对谐振器,利用声子晶体将其完全包围起来,进而可以使其几乎完全被隔离。

### 8.3.1 声子波导

在理想的晶体结构中引入任何形式的缺陷都会在原有的能带结构中增加一条或多条曲线。特别地,如果移去声子晶体中完整一排散射体,将会使该结构可能出现局限在这一排位置的缺陷模式。换言之,如果波的频率位于包围该缺陷位置的晶体的带隙内部,那么它将会局限在该缺陷位置而不会逃逸出去。在光子晶体领域中这一特性已经被用于实现光的导向。受此启发,Kafesaki 等[KAF 00]从理论上证实了,通过在声子晶体中移去一排散射体所获得的缺陷模式,能够携带声能通过该晶体传播出去。令人感兴趣的是,这种传输是近乎理想的,因而这个线缺陷的作用就类似于高效波导了。与光子波导不同,这里的缺陷模式可能是剪切偏振成分或者纵向偏振成分,并且彼此间可以发生相互作用。由此可能打开次级带隙,也就是在形成波导的主带隙范围内,某些特定频率处波导的传输会显著衰减。这一波导生成机制不仅发生在传统的声子晶体上,而且人们从理论层面也证实了它会发生在局域共振型声子晶体上[OUD 10]。后者特别令人感兴趣,由于局域共振能够在布拉格带隙下方频率处打开带隙,因而这种波导能够保持单模式情形,即便是采用相当大的波导宽度也是如此,如移除 3 行局域共振单元,参见图 8.13。

Khelif 等[KHE 02]随后通过类比微波传输线研究指出,在主传输线上引入附加的侧向分支(桩线)会导致主传输线中的行波与进入附加分支(通常较短)中并被其末端反射回来的波之间发生干涉。因此,根据桩线的长度不同,这一干涉行为就会导致形成一个局部节点或反节点,进而在传输谱中引入类似于特定频率处的传输零点等特征。这实际上可以理解为面向可听声的亥姆霍兹谐振器在超声频段的对应物。文献[KHE 02]中还从理论层面证实了类似行为也能够发生在声子波导结构中,所考察的是一个带有侧向桩的波导,针对的是水中标量波的传播。如图 8.14(a)所示,其中示出了声波是如何从侧向桩末端反射回来并与入射波场发生相消干涉的。研究表明,这些侧向桩的长度或宽度会显著影响到传输零点的数量和频率位置,如图 8.14(b)所示,其中针对具有不同宽度的侧向桩情形给出了计算得到的传输谱。

人们针对上述思想做了进一步深入研究,提出了更为复杂的功能,并进行了实验分析。例如,Pennec 等[PEN 05]通过在声子晶体中移除一个散射体构造了缺陷腔，进而利用两个缺陷腔将两个波导耦合起来，参见图 8. 15。从波导中延伸向该腔的桩促进了这种耦合作用，在缺陷腔模式的共振点处，一个波导中的行波可以被重定向到第二个波导中，进而实现了多路分解功能。

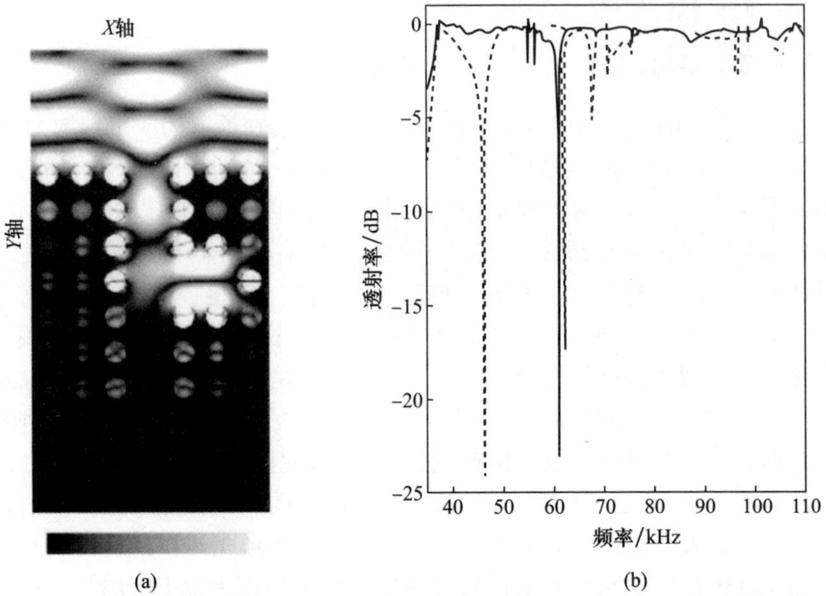


图 8. 14　带桩型的声子晶体波导[KHE 02]

(a)侧向桩导致透射率为零频率处的波场幅值分布；(b)透射系数随频率的变化情况（实线对应于侧向桩的宽度为一个单胞，虚线对应于侧向桩的宽度为两个单胞）。

2004 年研究人员[KHE 04]从实验层面揭示了线缺陷波导的导向性能，他们从置于水中的二维钢柱周期晶格构型中移去某些钢柱，从而构造了对应的波导结构，实验结果表明，完全带隙能够使声波沿着十分弯曲的路径传播。2007 年，Hsiao 等研究了一种声子晶体板[HIS 07]，通过在环氧树脂基体中置入钢球制备了一种声子晶体结构，可参阅 8. 2. 2. 2 节。通过对波幅值的干涉测量，结果表明当声波通过 6 个周期长的波导后大约有 45dB 的衰减，而对于声子晶体自身来说则为 60dB 左右，对于环氧树脂板自身约为 30dB。这些衰减量数值与频率存在着很强的相关性，在声子晶体带隙范围内并不是均匀一致的（由于波导的复杂能带结构）。另外，该波导比单纯的环氧树脂介质多出 15dB 的衰减显得过大了，不利于实际应用。由于在早期所进行的水下实验中没有观察到这种损耗，因而他们认为这种衰减可能是源自于波导入口或出口处的耦合损耗（在这些位置处会出现兰姆波或板波模式与晶体波动模式之间的转换），此外也有一部分来源于缺陷模式自身的固有损耗。

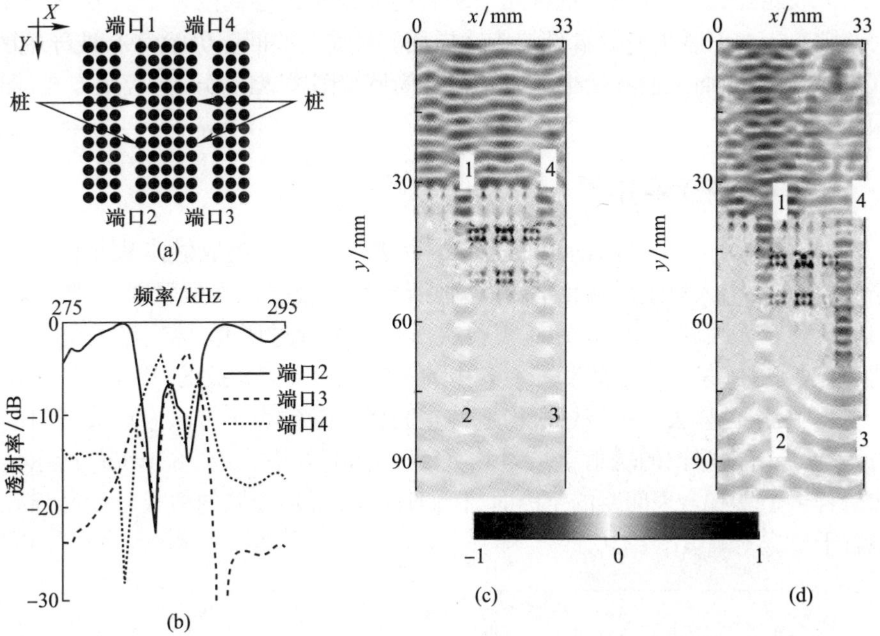


图 8.15 (a)两个带桩型波导通过共振腔(由声子晶体中的两个空腔所构成)发生耦合作用;(b)针对端口 1 处的输入激励计算得到的端口 2、3 和 4 处的透射谱;(c)283kHz 处的波场情况(在该频率处端口 2 和端口 3 的透射率下降,而端口 4 处的透射增强);(d)286kHz 处的波场情况(在该频率处端口 2 和端口 4 的透射率下降,而端口 3 处的透射增强)(本图源自于文献[PEN 05],并经 AIP Publishing 许可使用,见彩图)

上述这些研究主要是在 100 ~ 500kHz 范围内进行的,该频带远低于射频范围。唯一接近 1GHz 频率的相关研究是 Benchabane 等[BEN 15]进行的,考察的是表面波模式的导向。他们构造了以铌酸锂衬底为基体且带有方形晶格形式的孔阵列的结构,晶格常数为 2.1μm,孔径为 1.9μm,孔深 2.5μm,该结构存在着一个 650 ~ 950MHz 的带隙。表面波是借助啁啾换能器(激发的波频率可从 630Hz ~ 1.3GHz)激发出的,该换能器是利用电子束光刻技术制备而成的,从而可以保证金属电极具有足够精细的分辨率。他们利用激光扫描干涉仪对波的传播进行了成像处理,揭示了一条线缺陷在带隙内有效地实现了波导向(微米级)。低频实验中测得波导出、入口之间的衰减约为 10dB,研究人员认为这一衰减也是由于入射波、透射波与导波模式之间的失配而导致的。

虽然人们已经观察到有效的导波行为并认识到实现大弯曲传播的可能性,然而声子波导结构所表现出的传播损耗对于实际应用来说却有些过大了(至少超出一个数量级)。很明显,需要解决的一个主要问题应当是如何将缺陷模式与入射波匹配起来,从而尽量将几乎所有的能量都传递到波导中。另一个关键问题则在于如何减少波导自身的传播损耗。目前这些问题仍然尚未得到充分而有效地解决,因而人们开始把目光转移到局域缺陷模式的另一种应用方式,即谐振腔。

### 8.3.2 声子晶体腔

如果在具有完全带隙的声子晶体中移去一个或一组散射体从而构造出缺陷,那么将会引入高度局域化的模式,使所传播的波受到强烈限制,局限在缺陷内部及其紧邻区域。Khelif 等从实验层面对此进行过研究,他们考察的是一块超声声子晶体,是由水基体和浸入其中的钢柱方形阵列构成的[KHE 03]。研究结果表明,通过移去一根钢柱所构造的空腔将会导致声子带隙内形成高耸的透射峰,而原有带隙内的透射衰减量均处于 -20dB 左右,如图 8.16(a)所示。当构造若干个具有合理间距的空腔时,他们还发现了耦合腔的模式分裂会导致出现若干个透射峰。

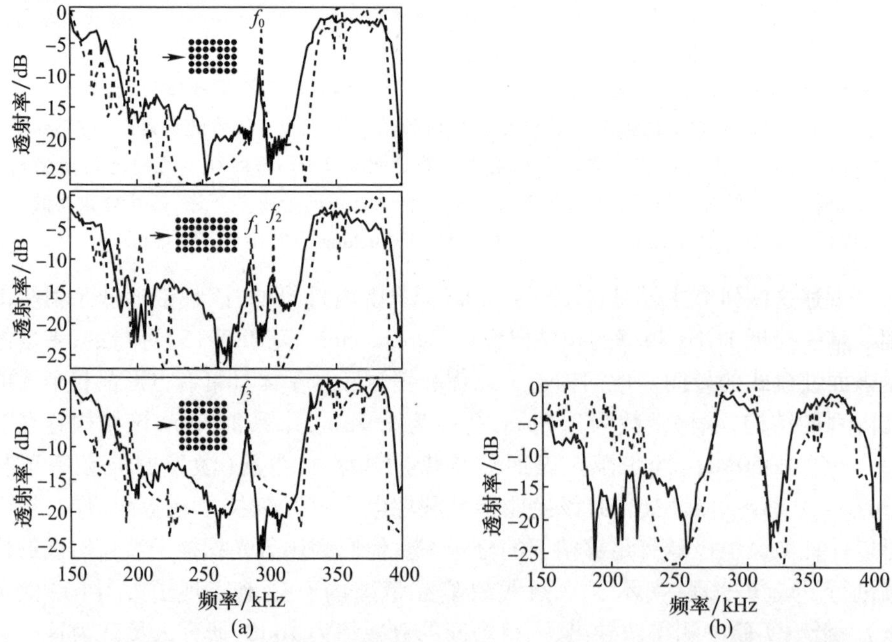


图 8.16 波在带有若干缺陷的钢/水型声子晶体中传播的透射谱[KHE 03]
(a)单个缺陷腔的情形以及两个缺陷之间的耦合情形;(b)缺陷阵列的耦合作用导致生成一个透射带。

最后,这些研究人员研究指出,当构造足够数量的空腔时,分裂的模式数量将足以在带隙内形成一个透射带。如图 8.16(b)所示,这一透射带大约覆盖了 275 ~ 305kHz 范围[KHE 03]。显然,这为我们提供了另一种实现波导的机制,而无须构造完整的线缺陷。在后续的工作中,这些研究人员还将单个空腔(通过移去一个散射体构造而成)替换成线缺陷,也就是在声子晶体两行单元之间插入一行空白区域(沿着所考虑的波传播方向的垂直方向)[KHE 10b]。该声子晶体的带隙能够确保波被限制在该线缺陷区域,并且各条线缺陷之间的耦合都是凋落性质的。实际上,前述波导结构也会表现出滤波行为,这是因为只有在单个空腔的共振频率附近才会形成通过一组谐振腔的透射现象。

另一种类型的谐振腔是法布里 - 珀罗型(F - P 型)谐振腔,是指两个声子晶体之间所插入的自由传播路径。Mohammadi 等[MOH 09]在声子晶体板中引入了 F - P 型谐振腔,利用图 8.17(a)所示的设置,他们测试了通过 F - P 型谐振腔的透射率,揭示了它们所支持的谐振模式,图 8.17(b)中给出了这一测试结果实例。Sun 等[SUN 09]研究指出,声子晶体板 F - P 谐振腔的谐振模式实际上就是基体板的传统兰姆波模式。由于这些模式不会与声子晶体中带隙内的任何模式发生耦合,因而只能局限在谐振腔中形成共振,且该共振的位移幅值和品质因数仅由声子晶体的有效透射系数和谐振腔的功率泄漏程度所决定。如图 8.17(b)所示,Mohammadi 等在 126MHz 处测量得到的品质因数(透射峰中心频率与透射峰值下降 3dB 所对应的带宽之比)为 6300,考虑的是 3 个周期的声子晶体情形[MOH 09]。这一数值对于硅微谐振器来说可能并不显得多么优越,不过如果采用更长的声子晶体还可以进一步增大它,从而获得更好的隔离性能。应当注意的是,文献[MOH 09]中给出的实验数据指出,虽然品质因数随着声子晶体周期数的增大而增大,但是 F - P 型谐振腔的透射却会下降。这实际上是可以预见到的,因为隔离效果越好,从外部探测受到强局域化的模式就会变得越困难。

为了能够充分利用这种高品质因数同时又能有效地激发和检测 F - P 型谐振腔的强局域化模式,Wu 等提出可以直接在谐振腔中插入换能器。为了验证这一思路,他们通过在硅衬底上蚀刻圆柱孔的方形阵列制备了声子晶体 F - P 型腔,并在其中插入了 ZnO/Si 表面声波延迟线[WU 09],参见图 8.18(a)。在这一配置中,他们没有去激发表面行波,而是利用叉指换能器激发出低损耗的谐振腔模式,从而使延迟线的传输性能提高了 7dB,如图 8.18(b)所示。此外,与表面波滤波器工业领域常用的传统电极格栅相比,该声子晶体提供了更为紧凑的反射器功能。不过,这也会导致电学传输出现深谷,它们主要源自于叉指换能器所同时激发出的多腔模式。

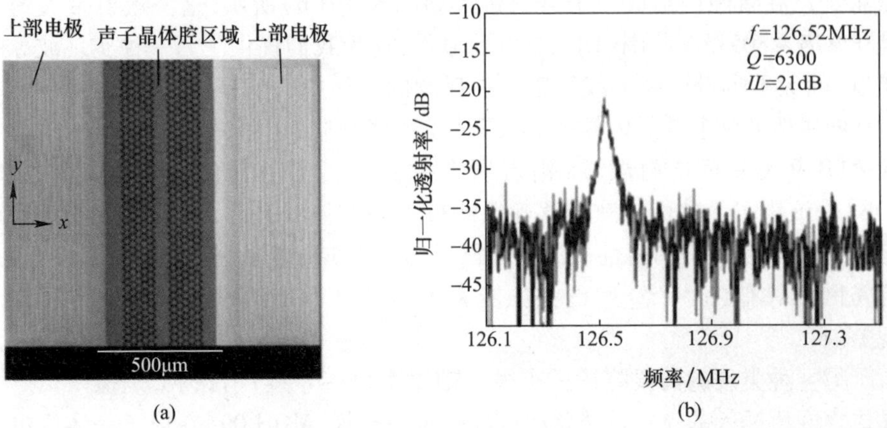


图 8.17　声子晶体板 Fabry – Perot 谐振腔

（本图源自于文献[MOH 09]，并经 AIP Publishing 许可使用）

（a）用于测试谐振腔的兰姆波延迟线的扫描电镜图像；

（b）位于在声子晶体带隙内的基本腔模式的测试结果。

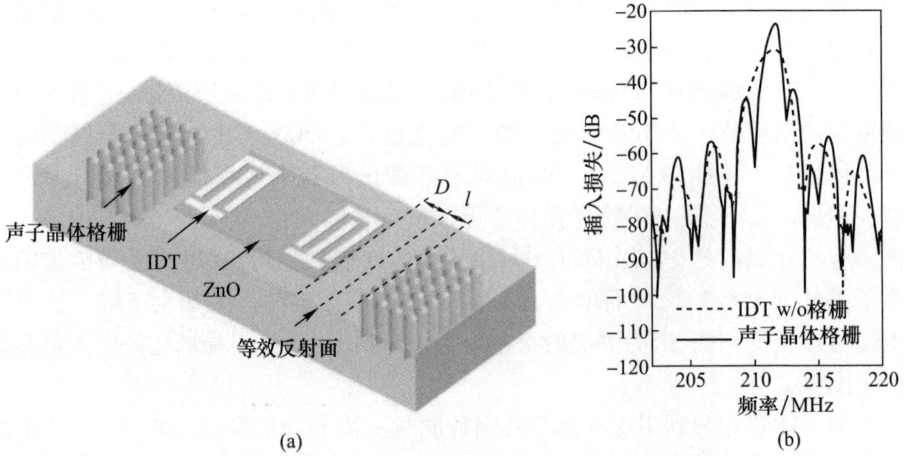


图 8.18　换能器直接插入一个 Fabry – Perot 谐振腔中（本图源自于文献[WU 09]，并经 AIP Publishing 许可使用，彩图可以参见网址 www.iste.co.uk/romero/metamaterials.zip）

（a）谐振腔插入两个声子晶体（作为反射器）之间；（b）谐振腔的插入损失（实线对应于带有声子晶体反射器的情形，虚线对应于带有传统的短路电极反射器情形）。

类似地，Mohammadi 等[MOH 11]将单个换能器插入一块声子晶体板构成的 F – P 型谐振腔内，如图 8.19（a）所示，所得到的品质因数与他们早期的实验（换能器位于谐振腔外部）结果[MOH 09]是类似的。对于兰姆波谐振器而言，这种声子晶体板所提供的约束或限制并不比传统的用于构成谐振腔边界的薄膜更好或更紧凑，参见图 8.20。不过，它为维系悬空薄膜与衬底的连接（通过支撑）提供了途径，能够防止波的能量从薄膜向周边介质泄漏，进而限制了采用固体系绳时所面临的锚固损耗。这一思路已经在 MEMS 领域中引起了极大的兴趣，将在 8.4.1 节中做进一步的讨论。

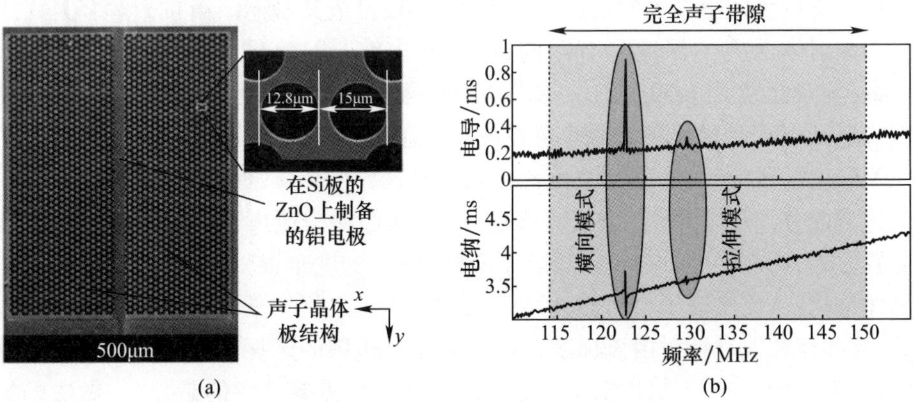


图 8.19　声子晶体作为反射器用于限定兰姆波谐振器的谐振腔

（本图源自于文献[MOH 11]，并经 Elsevier 许可使用）

（a）所制备装置的扫描电镜图像；（b）谐振器的电学响应测试结果。

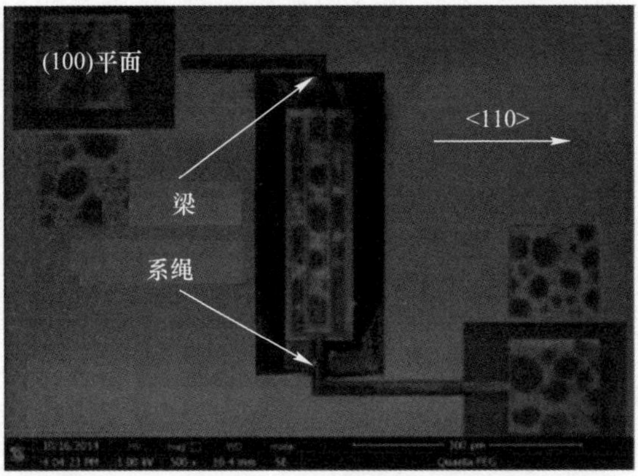


图 8.20　传统的兰姆波谐振器（谐振腔由传播介质的平直端部所限定）

（本图源自于文献[ZHU 19]，并经 Elsevier 许可使用）

为了全面起见，这里简要介绍一些类似的工作，也就是试图将传统的用于反射器（针对表面声波谐振器）的短路型电极格栅替换成声子晶体的研究，这些工作是在关于兰姆波谐振器的先驱性研究之后出现的。Liu 等提出了可在石英衬底上的二氧化硅膜内对勒夫波进行导向的声子晶体结构,并将其作为反射器使用[LIU 14],图 8.21 中给出了这一结构和电学响应实例,不过实验得到的品质因数几乎要比利用声子晶体作为反射器的兰姆波谐振器低一个数量级。关于这一点的第一个解释是,品质因数对晶体相对于电极的位置(为了保证电极处于最优位置以激发出较大的谐振腔的某特定模式)极其敏感。第二个解释是由于作为散射体的孔的深度是有限的,因而勒夫波与衬底体波存在着耦合行为。Wang 等对此做了详细的阐述,指出这种耦合效应主要发生在换能器所激发出的波入射到声子晶体上时,此时勒夫波(在他们的研究中是指蓝宝石衬底上的 GaN 层中的导波)与布洛赫波模式之间的模式转换会显著激发出辐射到衬底中的体波成分[WAN 15]。为了克服这一点,他们在构造声子晶体时采用了梯度布置方式,即在传播方向上设置若干不同直径(梯度布置)的散射体来设计声子晶体结构,从而实现了自由传播介质与声子晶体之间的平滑过渡。借助这一方式,这些研究人员针对由该梯度型声子晶体所包围的谐振器得到了 880 的品质因数,而在传统声子晶体情形下仅为 248。然而,需要注意的是,这一做法的缺点在于,当将谐振腔向换能器外部拓展时机电耦合因子会下降。这主要是因为换能效应不会覆盖整个腔,其效率也就削弱了。此外,尽管这种将晶体与谐振腔平滑过渡的做法能够提升品质因数,不过仍然要比基于传统的短路型电极反射器所能得到的数值小。不过就兰姆波谐振腔而言,其优点在于这种非常紧凑的声子晶体只需很小的空间。

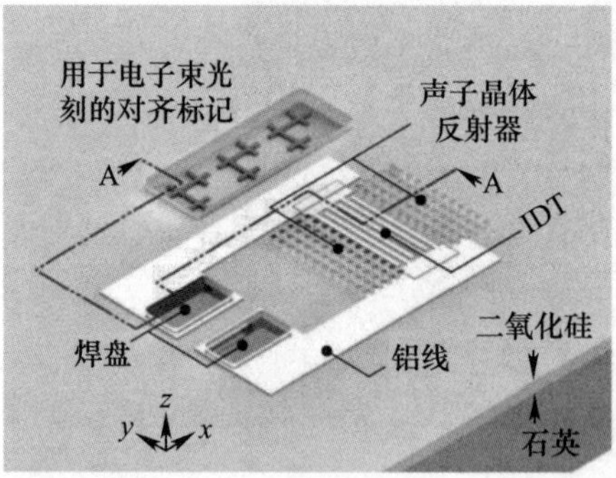

(a)

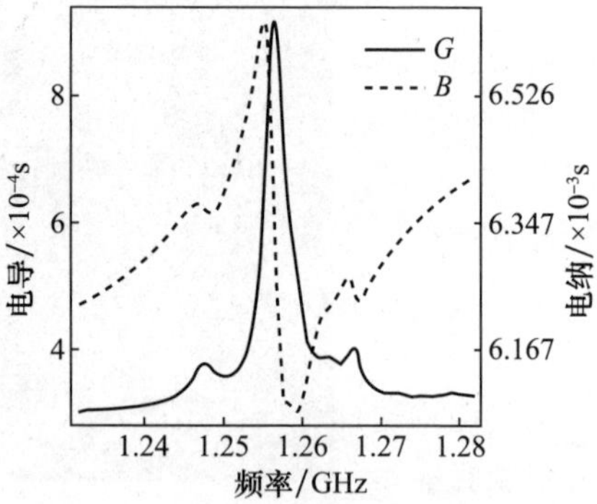

(b)

图 8.21 利用声子晶体作为反射器的勒夫波谐振器(本图源自于文献[LIU 14],在知识共享许可协议(CC BY 4.0)支持下出版,参见网址 https://creativecommons.org/licenses/by/4.0/。彩图可以参见网址 www.iste.co.uk/romero/metamaterials.zip)

(a)谐振器结构的示意图;(b)接近共振时的电学响应。

## 8.4 声子晶体的实际应用

很明显,21 世纪初人们对声子晶体的预期是很高的,主要受到声子通道的导波功能以及基于谐振腔或桩的波调控功能等方面的启发,然而它们却并没有满足 RF 通信系统领域的期望。可能的实际应用绝大多数局限于构造谐振结构(作为非常紧凑的反射器使用)。即便如此,这些声子晶体所提供的相关性能也往往受到质疑,因为在谐振器领域中人们已经广泛采用了更为简单且有效的反射器结构了。不过,声子晶体在 MEMS 谐振器、SAW 装置以及与光子学有关的领域中还是具有非常广阔应用前景的,本节将对此做一详细介绍。

### 8.4.1 面向 MEMS 谐振器的声子晶体

正如 8.3.2 小节中曾经指出的,对于声学谐振器而言,声子晶体并不比传统的反射器结构更加有效。这一点在兰姆波谐振器(或称面内伸缩模态谐振器)上体现得尤为明显,它们需要谐振腔末端为陡峭的固 - 气界面以实现理想的反射器功能。以悬空膜形式实现的此类谐振器一般需要合适的机械支撑以保持与衬底的连接,这些连接点可能为谐振器的声能泄漏提供了通道。为此,Sorenson 等提出可以将常用的直绳(支撑谐振器本体,参见图 8.20 给出的实例)替换成带隙位于谐振器谐振频率附近的声子晶体,从而将声波限制在谐振腔内。如图 8.22(a)所示,其中给出了这种声子晶体的首个实例,它是一排环状谐振结构[SOR 11]。利用这种连接方式,文献[QIN 16]中所考察的谐振器的品质因数将会从 2660(采用直绳)增大到 6250。不过,这往往也会带来一些小的寄生共振(在声子带隙的边界处)。Wu 等[WU 16]采用了一种葫芦状周期结构,如图 8.23(a)所示,其几何形状与传统的直绳区别不是非常大,他们得到的品质因数提升要少一些,从 1304(采用直绳)增大到了 1893,参见图 8.23(b)。另外,这些研究人员还致力于消除采用直绳的谐振器测试中所观测到的一些寄生共振。

如果设计得比较恰当,将能够获得较为显著的品质因数提升,这也就证实了声子晶体型系绳是能够有效抑制锚固损耗的。然而需要注意的是,更多的传统方法实际上也已经表明了它们具有类似的效果,最简单也是最直接的方法就是设计选用长度为 $\lambda/4$ 的直绳。Jansen 等[JAN 11]透彻地研究了谐振器品质因数随支撑系绳的长度的变化情况,考虑的是静电驱动长度伸缩谐振器。他们的研究表明,合理设计直绳可以使 MEMS 谐振器的品质因数从 3000 提升到 19000,由此揭示了可能没有必要将类似于声子晶体型系绳这样精细而复杂的设计引入进来。

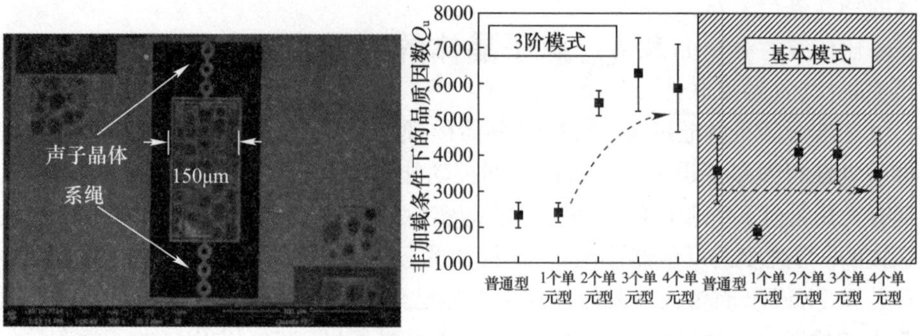


(a) (b)

图 8.22 (a)带有声子晶体系绳(一排环状谐振结构)的兰姆波谐振器；(b)系绳类型对品质因数测试结果的影响(本图源自于文献[ZHU 19],并经 Elsevier 许可使用,彩图可以参见网址 www. iste. co. uk/romero/metamaterials. zip)

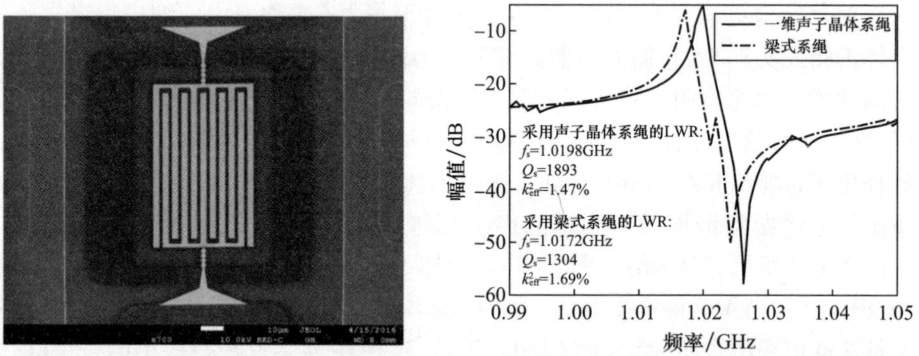


(a) (b)

图 8.23 带有葫芦状声子晶体系绳的兰姆波谐振器(本图源自于文献[WU 16],并经 AIP Publishing 许可使用,彩图可以参见网址 www. iste. co. uk/romero/metamaterials. zip)

(a)光学显微图像；(b)谐振器测试结果(红色实线)及其与带有传统系绳的参考结构(蓝色虚线)的对比。

Tu 等进一步研究指出[TU 12],孔的周期阵列虽然能够有效降低锚固损耗,不过也会导致热弹性阻尼出现一个数量级的增大,基体材料的压缩与剪切形变的耦合作用往往会增强。对于拉梅模式谐振器来说,这种增强的热弹性阻尼将会替代锚固损耗成为主要的损耗机制。

然而要注意的一点是,声子晶体型系绳能够提供一个很明显的附加优点,也就是热耗散。Campanella 等曾经研究过谐振腔由声子晶体所包围的兰姆波谐振器的行为特性,并将该谐振器的特性与传统的由固体 - 气体界面所限定的谐振器的特性进行了对比。当施加相对较高的电功率输入时,基于声子晶体的谐振器要比传统的温升更低一些。如果假定声子晶体不会影响谐振频率与温度之间的关联性(这种关联性源于整体结构的热膨胀以及弹性常数的温度依赖性),那么由于谐振频率的温度依赖性所导致的频移就会减小[CAM 14],进而也就表现出了更好的频率稳定性。这种情况的主要原因非常可能是由于声子晶体(尽管带有大量的孔)提供了附加的热耗散途径(相对于陡峭末端的谐振结构而言)所导致的。当然,这一方式的缺点是热弹性阻尼的增大会使线性度降低。

总之,将声子晶体结构作为反射器或系绳用于 MEMS 谐振器,很显然并不会比经过良好设计的传统的系绳或空气 - 固体界面型反射器方案更为有效,相反地,这种做法甚至还会导致热弹性阻尼的增大(相对于完全固体结构而言)。不过,在某些特殊情况下,该做法能够提供额外的热耗散途径,对于热稳定性要求较重要的场合可能是比较有益的。

### 8.4.2 面向表面声波谐振器的声子晶体

正如在 8.3.2 小节中所阐述的,针对 SAW 谐振器中所常用的短路型电极反射器,最初的替换思路并没能实现品质因数或机电耦合因子的显著提升。另外,如同 8.2.2.1 节所讨论过的,考虑到压电衬底上的此类晶体的制备工作会使 SAW 装置原有简洁的制备过程变得十分复杂,因而似乎这种替换思路很难适合于 SAW 滤波器工业领域,除非声子晶体能够为我们带来真正的技术或概念上的突破。

当前,SAW 工业领域正面临着技术上的挑战,它们与滤波器工作频率的不断提高有关。SAW 装置的工作频率所受到的主要限制体现在用于激励声波的叉指换能电极的分辨率上,当频率超过 1GHz 时这些电极已经处于亚微米尺度,这也是表面波相对较低的传播速度所带来的直接结果。当前 2.45GHz 的标准则要求手指尺寸达到近些年以来 SAW 工业中所使用的步进光刻机的加工极限,也就是 350nm。在集成电路工业领域以外,人们也提出了更先进的低成本投影光刻技术,目前正试图达到 250nm 的分辨率极限。应当注意的是,这种尺寸可能会带来相当显著的可靠性问题,因为亚微米间隙上的电场会迅速达到极大的量值,进而限制 SAW 装置的功率调控性能。因此,在过去的 40 年中,SAW 滤波器方面的研究人员一直在积极地考虑其他类型的具有更高相速度的波[HAG 72,TAN 07,CHI 10]。一种思路是在高波速的衬底(如硅、蓝宝石或金刚石)上沉积一薄层压电膜,在这一结构中,表面波模式会因为衬底的大刚度而具有较大的相速度,这一点可以从该模式的凋落尾模观察到。真正的导波模式大多通过内部反射而被约束在压电膜中并且表现出相当大的相速度,然而由于通常会受到较小的机电耦合因子的影响,所以很容易被人们忽视。

Khelif 等[KHE 08]详细分析了这一问题,提出可以引入声学布拉格镜在压电膜中对波进行完全的导向。他们以钨/铝多层结构为例,从理论层面证实了这种一维声子晶体能够打开一个全向带隙,进而可以在感兴趣的频带内阻止波向衬底的任何辐射行为。通过在超晶格上引入一层压电膜,可以生成局限在膜内的缺陷模式,进而使压电膜具备了波导的功能。他们针对这一点进行了论证,结果表明对于 1.2μm 周期的叉指电极来说,可以在 5.5GHz 处获得谐振。这一结构无论是在电极尺寸还是在超晶格的制备上都是合理可行的,并且只需要在衬底上沉积 6 层膜,该技术过程要比 RF BAW 工业领域中所使用的相关过程更为简单。

Koné 等[KON 10]进一步提出了一个相似的思路,不过他们所引入的布拉格镜不一定能够打开全向带隙。如果假定对于包含有纵向偏振和剪切偏振成分的波(波长与叉指换能器的周期相当)来说,从压电膜到衬底的透射保持在足够低的水平(通常应低于 -25dB,参见图 8.24(a)),那么布拉格镜将能充分发挥作用,把这些波有效地约束在压电膜内,可以参阅图 8.24(b)所给出的位移分布情况。在这一状态下,导波的行为非常类似于兰姆波,进而也会表现出非常大的相速度。在文献[KON 10]中,研究人员获得了 1.83GHz 的谐振频率,所采用的模式类似于压电板中的 S1 兰姆波模式,针对的电极周期为 8.4μm。

虽然能够达到较高的频率,然而上述这些初步的研究工作所得到的谐振器仍然受到相对较小的机电耦合因子的困扰(上面两种情况分别为 0.75% 和 2%)。这使它们难以应用于前端滤波器的综合之中。之所以机电耦合因子这么小,是因为氮化铝(在上述两项研究中将其作为压电膜)中的兰姆波本身就表现出了相对较弱的机电耦合。这种材料对于体波谐振器更适合。为此,Takai 等[TAK 16]将钽酸锂作为压电材料进行了分析,主要考虑的是该材料要比氮化铝的压电特性更强。钽酸锂材料不易沉积,作为替代,可以将一薄层 $LiTaO_3$ 单晶膜转移到衬底上。Takai 等利用这一技术在由二氧化硅和氮化铝或氮化硅制成的布拉格镜上引入了一层这样的薄膜,从而构造了谐振器,并在 1.9GHz 频率处进行了滤波。钽酸锂的固有损耗很低,再加上声反射器引入的强约束作用,使品质因数可以接近 4000,要比传统的在整块钽酸锂衬底上制备而成的 SAW 装置大 3 倍。不仅如此,由于在谐振器中引入了二氧化硅这种特殊材料(最令人感兴趣的是其刚度随温度增大而增大),由温度导致的频率漂移现象还得到了一定的补偿。正是因为所得到的这些重要参数有利于高性能滤波器的综合,因而这一方案也被人们称为“不可思议的高性能 SAW”(IHP - SAW),并受到了滤波器研究领域的广泛重视,成为当前的一个突出热点。

就一维超晶格或布拉格镜来说,还不能认为它们已经完全与声子学形成了关联,不过已有一些相关文献考虑了更高维度的声子晶体结构,指出了它们在

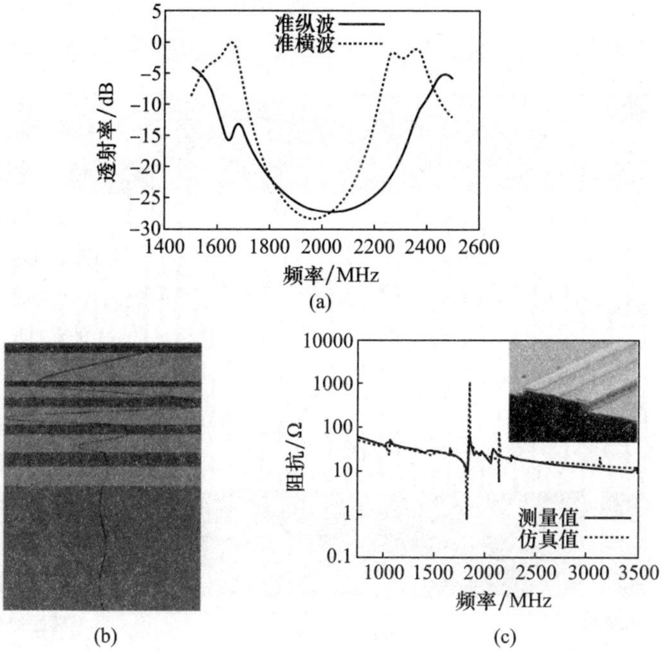


图 8.24　利用(置于 SiN/SiOC 布拉格镜上的氮化铝薄膜内的)导波的谐振器(本图源自于文献[KON 10],并经 AIP Publishing 许可使用)

(a)布拉格反射器的纵波和剪切波的透射系数;(b)层堆叠及感兴趣模式的垂向位移场随深度的变化情况;(c)谐振器的电学响应(实线)和仿真结果(虚线)(插图为谐振器的扫描电镜图像)。

SAW 谐振器方面具有很好的应用价值。Solal 等[SOL 10a]就曾进行过一项非常出色的研究,针对与 SAW 谐振器中出现的寄生共振现象相关的问题,他们提出了一种非常有效的方法。这种寄生共振现象主要源于电极格栅的衍射效应,会导致侧向驻波,进而干扰谐振器的电学响应,使此类元器件的品质因数减小,滤波器产生附加的传输损失。为此,这些研究人员在周期电极条的周期性基础上引入了另一种周期性,就是在叉指电极上面周期性引入一些钨塞,如图 8.25(a)所示。这种二维周期结构能够打开一个带隙,使波在垂直于预期表面波的方向上受到抑制,从而提升了 SAW 谐振器的品质因数。基于非常相似的方法,Yantchev 和 Plessky[YAN 13]将声衍射考虑了进来,不仅将电极格栅内的衍射作为 SAW 谐振器的损耗源,同时还计入了向谐振器外部的衍射。这些泄漏源来自于电极有限长度所导致的衍射行为,另外由于电极末端正对着汇流条,因而在预期传播方向的垂向上局部电场还会激发出横向行波。为了防止这些损耗的发生,这些研究人员还提出在 SAW 谐振器的汇流条上方进行加塞处理,截至目前他们的工作还只停留在理论层面上,在工业 SAW 滤波器领域中尚未引入声子结构来抑制寄生共振。

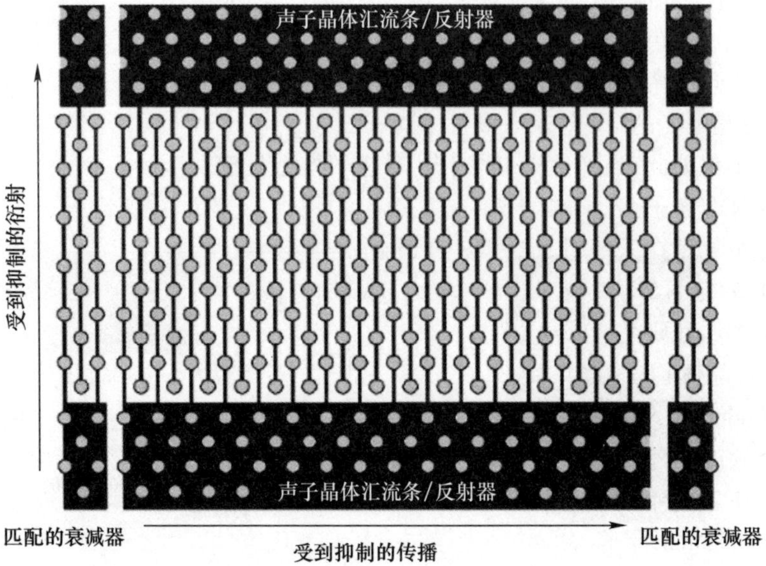


图 8.25　由钨塞(位于 SAW 谐振器电极上方)构成的声子晶体(可以抑制叉指换能器中的侧向波衍射行为)(本图源自于文献[YAN 13],并经 AIP Publishing 许可使用)

### 8.4.3　面向光子领域的声子晶体

最后再来观察一下图 8.1,可以发现其中的一个突出特征就是特超声波的波长与光波波长是相当的。实际上,除了空气传播之外,光学通信是另一条数据传输途径。由于射频声波的波长与光波波长相当,因而它们就可以在同一波长水平上发生相互作用,这就提供了操控带有射频信号光波的一种可行措施。

实际上,光波与弹性波的相互作用跟它们的波长是否具有可公度性是无关的。声光调制器这种已经得到广泛应用的元器件就能够说明这一点,即弹性波所引发的应变会使介质的折射率发生周期性变化,进而对光波的传播产生影响,这种元器件的行为通常可以视为一种时变衍射光栅。这种在周期区间上所出现的扰动起到了对光学信号的调制作用,目前已被广泛用于声光调制器中。商用声光调制器一般是基于衬底体内的相互作用的,其中带有一个独立于传播介质的压电换能层[XU 92]。很多文献中已经详细介绍了人们是如何将这些思想引入集成光学系统中的,所提出的集成调制器主要依靠表面声波来提供所需的应变,这主要是考虑到制备上的方便性,以及这种应变局限于衬底表面附近,光波导比较容易实现。如果衍射效率接近1[TSA 13],那么声光耦合效率就会较低,需要非常长的作用距离和更高的输入声功率才能获得令人满意的性能。对于这些不足,光子晶体和声子晶体概念和特性有望予以克服。例如,利用光子晶体可以改变光波的色散特性,由此得到所谓的慢光概念,即光子带隙边界附近的色散曲线所出现的弯曲使光波的群速度显著降低,进而增大与扰动源的相互作用时间,无论是电光的[ROU 06,BRO 08]还是声光的[RUS 03,LIM 05,COU 10]均是如此。不仅如此,当弹性应变与电磁场之间的相互作用因为声波和光波同时都局限在某个声子/光子波导或腔中而得以增强时,还可以获得更强的声光耦合。这一点最早是在一维超晶格[TRI 02]中被人们发现的,随后还在特殊设计的光子晶体纤维[KAN 09]和腔[FUH 11]中得到了观测,由此也启发了诸多研究人员开始关注和研究能够同时展现出光波带隙和弹性波带隙的晶体结构(也称为phoxonic 晶体)。

Maldolvan 和 Thomas[MAL 06a]从理论层面证实了无限二维方形或六边形晶格形式的孔阵列是能够生成完全的光子和声子带隙的。他们还指出,这种晶体可以用来使弹性波和光波同时局限在腔中[MAL 06b]。后来,Pennec 等[PEN 10]和 Mohammadi 等[MOH 10]研究指出,带有填充比较大的圆孔蜂窝晶格的硅板也能够实现同样的功能。他们还研究了其他的布置方式,针对某些特定偏振光才能得到带隙。El Hassouani 等[ELH 10]的研究表明,在二氧化硅板上引入硅柱阵列,各种晶格形式条件下都能够生成完全的光子和声子带隙,即 phoxonic 带隙。

通过对光和声的联合限制来增强相关的场,还为当前正在快速发展的光机械领域提供了十分有益的思路。光机械学主要建立在光辐射压力与机械运动的相互作用基础上,这种相互作用最初是用来实现超冷原子实验中的离子基态冷却,后来人们发现它能够用于控制微米或纳米尺度物体(具有相对较大的质量)的机械运动,进而为桌面量子实验[ASP 14]的实现提供了支持。在某些情况下,辐射压力可以很好地替代传统所使用的压电或静电换能机制用于纳米结构场合中,这些传统的换能机制在这种尺度下难以获得可行的尺寸,而对于质量很小的物体来说光辐射力是够用的。不仅如此,光辐射力操控在本质上就是无接触式的换能方式,谐振器中无需引入电极,这也使它特别适合于极精细的力学传感应用[KRA 12]。实际上,目前在此类实验中这已经成为一种比较标准的做法了。例如,Li 等[LI 08]利用电磁辐射力激励两端固支的硅梁使之产生振动,该电磁辐射力是由该梁与一个光波导在相互靠近时产生的,他们还通过光波导与该纳米梁之间的凋落波耦合检测了这一谐振装置的位移情况。这种测量方案的应用案例之一就是光学调制,即光辐射力引发的谐振器位移可以实现几何构型的时变性,进而能够对光子电路进行调整[ROS 09]。反过来,通过与力学非线性的相互作用(在纳米尺度的力学结构中是较强的),在某些构型中光辐射力还可以起到阻止机械结构运动的作用。显然,这样一来就能够平衡掉热声子浴所导致的纳米机械结构的运动了,由此也被称为光冷却[ARC 06]。

所有这些应用都需要具有很高品质因数的力学和光学结构来将相当弱的力转换成较大的位移,或者利用与热声子浴的弱耦合行为[FON 10]。这种高品质因数可以通过合理选择低阻尼材料来实现,如硅或应变氮化硅[FON 10]。另外,也可通过能够对光学模式和力学模式提供强局域化作用的梁结构来实现,这也正是 phoxonic 晶体的用武之地。在文献[EIC 09]中,研究人员采用了一维阶梯状晶体结构形式,是通过在一根硅纳米梁的长度方向上蚀刻出一系列近乎矩形的孔而构成的。后来人们还将基于声子晶体的声屏障与一维或二维光机械腔组合起来进行设计[SAF 10,CHA 12]。近期的一些研究中进一步提出了依赖于应变设计与机械解耦(相对于谐振器外部环境)的结构形式[GHA 18,FED 19]。应变的设计是指将纳米梁制备成锥状,从而使在波将要发生局域化的区域中应力集中并达到材料屈服强度。在高张力的状态下,材料会变得更刚硬,这就显著减小了它的机械阻尼。机械解耦是通过引入声子晶体来抑制锚固损耗实现的,与 MEMS 谐振器中的情形是类似的。为了与锥状纳米梁的色散性相容,以附加短柱形式设计的 phoxonic 晶体也是锥状的,如图 8.26 所示。这种精细的设计可以为我们提供的弹性模式的品质因数与频率的乘积可达 $10^{15}$ Hz(室温下),这要比迄今所报道的最好的机电谐振器高出一个数量级。这种高品质因数有望为人们设计具有极长声子相干时间的谐振器提供思路,另外足够少的热声子也揭示了在相对较大的力学物中存在着量子弹性效应,而无需借助低温条件。

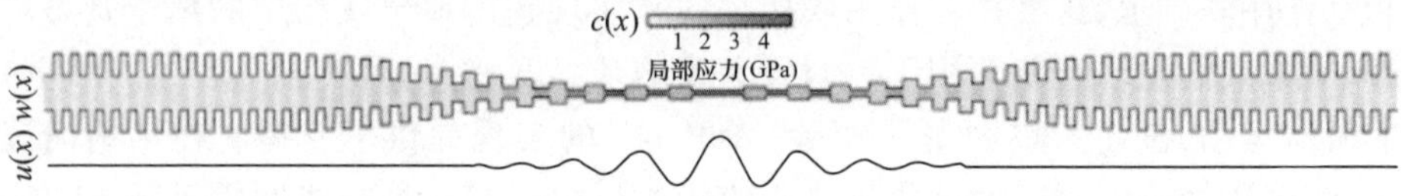


图 8.26 纳米-机械梁式谐振器(可以受益于应变设计,并且能够借助声子晶体来增大声子相干时间)(见彩图)(本图源自于文献[FED 19],并经 American Physical Society 许可使用)

从较短期的角度来展望,光机械系统已经证实了它们是能够用于实现射频信号处理设备的,只需在光学域和 RF 或微波域之间进行特征信息传递即可。然而,在信息和通信技术领域中的实际实现却要求更高水平的集成度,也就是将电学或压电作动集成到光机械系统中,从而通过外部较强的 RF 驱动场来驱动机械运动。在过去的几年中,这些光机械片上设备已经受到了人们越来越多的关注,并且正在趋于将更多的功能和自由度(包括 RF 和光学域)集成进来[WIN

11,BOC 13,XIO 13]。如果说光子晶体和声子晶体(或腔)在此类系统中的完全集成仍有待于验证,那么光子纳米梁和声子波导联合使用这一策略应当说已经能够说明,针对 RF 信号的光学和机械域的激励与检测实际上是完全可实现的[BAL 16]。令人感兴趣的是,在人们所提出的构架中已经集成了叉指换能器(工作频率 2.4GHz),该构型中引入了十分接近于经典压电 RF 元件的装置,从而为实现能够支持弹性行波的集成电路铺平了道路,并且也进一步拓宽了近期纳米光机电系统领域的研究[MID 18]所指明的阳光大道。当然,对于此类复杂的系统来说,将弹性超材料集成进来是否具有足够的价值,目前还是一个开放的问题。

## 8.5 展　　望

声子晶体,或者更一般地,弹性超材料在射频领域的应用过程完全遵循了研究和咨询公司 Gartner 所提出的技术成熟度模型“hype cycle”[GAR 16]。

早期关于声子晶体的研究工作属于“技术启动期”,人们开始时预期能够在声子波导电路上构建声子芯片,试图获得一些复杂的波调控功能,从而在尽可能最小化的水平上实现 RF 电子设备。21 世纪初的发展表明,我们是能够实现工作于特超声频段的声子晶体的,并且它们与已有的声学谐振结构,如 SAW 或 BAW 设备是能够相容的。在波导、带短柱的构型以及谐振腔得到了研究和验证之后,人们的信心也越来越强,直到 21 世纪 10 年代达到了“泡沫期”。然而,很快人们就从声子结构角度认识到它们是远远落后于 RF 通信系统需求的,在 RF 通信系统中诸如 SAW 和 BAW 设备方面的技术已经相当成熟了。波导受制于非常大的损耗,反射器虽然可以很紧凑,然而却不能提供比已有解决方案更好的约束性能,反而会引入更大的复杂性,并导致人们需要额外考虑其设计问题。即使是在 MEMS 领域中引入声子晶体来替换谐振器的锚固元件,通常来说也并不能完全满足人们的期望。这也就表明了“低谷期”已经到来。

对于射频弹性超材料来说,有迹象表明,当前的状态可能属于“爬升期”,尽管我们在判断技术成熟度曲线上的位置时只能是后验性地去认识。正如 8.4.2 小节所讨论过的,一些针对 SAW 装置的应用研究仍处于分析之中,当前人们对“不可思议的高性能 SAW 滤波器”的兴趣可能就是一个信号,虽然此类装置还没有进入到 2016 年末所预期[TAK 16]的大批量生产中。

我们可以简要地介绍一下在集成电路中进行机械谐振器集成的若干在研工作[BAR 15],其目的是在电路核心处直接实现微型化定时功能,或者进行机械信号处理,这样可以降低功率消耗(相对基于晶体管实现的相同功能而言)。这种机械装置是牢固地嵌入在晶体管的互连结构内的，它们依赖于特超声声子晶体来发挥作用，参见图 8.12(a)中所描述的结构。更一般地，通过半导体材料中的声波来操控电子或晶体管扰动(如调节门电压)，这一声电子学领域目前正在迅速成为一个热点领域。

8.4.3 节所介绍过的 phoxonics 或光机械领域也充满了希望。这些结构可以为光学通信和高灵敏度传感器以及量子信息处理等方面提供助力。在这类光机械系统中，力学上的限制或约束已经是一种必需的要求，从而为弹性超材料提供了应用场景。除了通过辐射压力进行作动以外，近期有关光机械平台的研究报告还引起了量子机电学领域的研究兴趣，其中涉及吉赫兹频段的相干波源。受半导体物理领域所使用的表面声波装置(电荷和自旋载流子[HER 11，MCN 11])的启发，电路量子电动力学(CQED，量子电动力学的固态等效)领域已经开始采用 SAW[GUS 14]和 BAW[CHU 17]装置作为机械运动源(与超导量子比特耦合)。在这一领域中，能够工作于吉赫兹频段，并且具备高品质因数的力学腔，这些是最关键的，可能会引起人们对特超声声子晶体腔的再次关注。

## 参考文献


[ACH 11] ACHAOUI Y., KHELIF A., BENCHABANE S. et al., "Experimental observation of locally - resonant and Bragg band gaps for surface guided waves in a phononic crystal of pillars", Physical Review B, vol. 83, p. 104201, American Physical Society, March 2011. Available at: https://doi.org/10.1103/PhysRevB.83.104201.

[ARC 06] ARCIZET O., COHADON P. - F., BRIANT T. et al., "Radiation - pressure cooling and optomechanical instability of a micro - mirror", Nature, vol. 444, p. 71, 2006. Available at: https://doi.org/10.1038/nature05244.

[ASH 17] ASH B. J., WORSFOLD S. R., VUKUSIC P. et al., "A highly attenuating and frequency tailorable annular hole phononic crystal for surface acoustic waves", Nature Communications, vol. 8, p. 174, 2017. Available at: https://doi.org/10.1038/s41467 - 017 - 00278 - 0.

[ASP 14] ASPELMEYER M., KIPPENBERG T. J., MARQUARDT F., "Cavity optomechanics", Reviews of Modern Physics, vol. 86, pp. 1391 - 1452, American Physical Society, December 2014. Available at: https://doi.org/10.1103/RevModPhys.86.1391.

[ASS 08] ASSOUAR B. M., VINCENT B. MOUBCHIR H., "Phononic crystals based on LiNbO 3 realised using domain inversion by electron - beam irradiation", IEEE Transactions on Ultrasonics, Ferroelectrics, and Frequency Control, vol. 55, no. 2, pp. 273 - 278, 2008. Available at: https://doi.org/10.1109/TUFFC.2008.645.

[AUL 76] AULD B., GAGNEPAIN J., "Horizontal shear surface 432waves on corrugated surfaces", Electronics Letters, vol. 12, pp. 650 - 433, 1976.

[BAL 16] BALRAM K. C., DAVANCO M. I., SONG J. D. et al., "Coherent coupling between radiofrequency, optical and acoustic waves in piezo – optomechanical circuits", Nature Photonics, vol. 10, pp. 346 – 352, 2016. Available at: https://doi.org/10.1038/nphoton.2016.46.

[BAR 98] BARTELS A., DEKORSY T., KURZ H. et al., "Coherent control of acoustic phonons in semiconductor superlattices", Applied Physics Letters, vol. 72, p. 2844, 1998. Available at: https://doi.org/10.1063/1.121476.

[BAR 15] BAR B., MARATHE R., WEINSTEIN D., "Theory and design of phononic crystals for unreleased CMOS – MEMS resonant body transistors", Journal of Microelectromechanical systems, vol. 24, pp. 1520 – 1533, 2015. Available at: https:// doi.org/10.1109/JMEMS.2015.2418789.

[BEN 06] BENCHABANE S., KHELIF A., RAUCH J. et al., "Evidence for complete surface wave band gap in a piezoelectric phononic crystal", Physical Review E, vol. 73, p. 065601, 2006. Available at: https:// doi.org/10.1103/PhysRevE.73.065601.

[BEN 15] BENCHABANE S., GAIFFE O., SALUT R. et al., "Guidance of surface waves in a micron – scale phononic crystal line – defect waveguide", Applied Physics Letters, vol. 106, p. 081903, 2015. Available at: https://doi.org/10.1063/1.4913532.

[BOC 13] BOCHMANN J., VAINSENCHER A., AWSCHALOM D. D. et al., Nanomechanical coupling between microwave and optical photons", Nature Physics, vol. 9, pp. 712 – 716, 2013. Available at: https:// doi.org/10.1038/nphys2748.

[BOE 13] BOECHLER N., ELIASON J. K., KUMAR A. et al., "Interaction of a contact resonance of microspheres with surface acoustic waves", Physical Review Letters, vol. 111, p. 036103, American Physical Society, July 2013. Available at: https://doi.org/ 10.1103/PhysRevLett.111.036103.

[BRO 08] BROSI J. – M., KOOS C., ANDREANI L. C. et al., "High – speed low – voltage electro – optic modulator with a polymer – infiltrated silicon photonic crystal waveguide", Optics Express, vol. 16, no. 6, pp. 4177 – 4191, OSA, 2008. Available at: https://doi.org/10.1364/OE.16.004177.

[CAM 14] CAMPANELLA H., WANG N., NARDUCCI M. et al., "Integration of RF MEMS resonators and phononic crystals for high frequency applications with frequency – selective heat management and efficient power handling", 2014 International Electron Device Meeting, pp. 566 – 569, 2014. Available at: https://doi.org/ 10.1109/IEDM.2014.7047102.

[CHA 12] CHAN J., SAFAVI – NAEINI A. H., HILL J. T. et al., "Optimized optomechanical crystal cavity with acoustic radiation shield", Applied Physics Letters, vol. 101, no. 8, p. 081115, 2012. Available at: https://doi.org/10.1063/1.4747726.

[CHI 10] CHIANG Y. – F., SUNG C. – C., RO R., "Effects of metal buffer layer on characteristics of surface acoustic waves in ZnO/metal/diamond structures", Applied Physics Letters, vol. 96, p. 154104, 2010. Available at: https://doi.org/10.1063/1.3400219.

[CHU 17] CHU Y., KHAREL P., RENNINGER W. H. et al., "Quantum acoustics with superconducting qubits", Science, vol. 358, pp. 199 – 202, 2017. Available at: https://doi.org/10.1126/science.aao1511.

[COU 10] COURJAL N., BENCHABANE S., DAHDAH J. et al., "Acousto – optically tunable lithium niobate photonic crystal", Applied Physics Letters, vol. 96, p. 131103, 2010. Available at: https://doi.org/ 10.1063/1.3374886.

[CUF 12] CUFFE J., CHAVEZ E., SHCHEPETOV A. et al., "Phonons in slow motion: Dispersion relations in ultrathin Si membranes", Nano Letters, vol. 12, pp. 3569 – 3573, 2012. Available at: https://doi. org/10. 1021/nl301204u.

[DEF 01] DEFRANOULD P., WRIGHT P., "Filtres à ondes de surface", Techniques de l'Ingénieur, Editions TI, 2001.

[DHA 00] DHAR L., ROGERS J. A., "High frequency one – dimensional phononic crystal characterized with a picosecond transient grating photoacoustique technique", Applied Physics Letters, vol. 77, p. 1402, 2000. Available at: https://doi. org/10. 1063/1. 1290388.

[DIE 01] DIEULESAINT E., ROYER D., "Dispositifs acousto – électroniques", Techniques de l'Ingénieur, Editions TI, 2001.

[EIC 09] EICHENFIELD M., CHAN J., COMACHO R. M. et al., "Optomechanical crystals", Nature, vol. 462, p. 78, 2009. Available at: https://doi. org/10. 1038/nature08524.

[ELH 10] EL HASSOUANI Y., LI C., PENNEC Y. et al., "Dual phononic and photonic band gaps in a periodic array of pillars deposited on a thin plate", Physical Review B, vol. 82, p. 155405, 2010. Available at: https://doi. org/10. 1103/PhysRevB. 82. 155405.

[ELI 16] ELIASON J., VEGA – FLICK A., HIRAIWA M. et al., "Resonant attenuation of surface acoustic waves by a disordered monolayer of microspheres", Applied Physics Letters, vol. 108, p. 061907, 2016. Available at: https://doi. org/10. 1063/1. 4941808.

[FED 19] FEDOROV S. A., ENGELSEN N. J., GHADIMI A. H. et al., Physical Review B, vol. 99, p. 054107, 2019. Available at: https://doi. org/10. 1103/PhysRevB. 99. 054107.

[FON 10] FONG K. Y., PERNICE H. P., LI M. et al., "High Q optomechanical resonators in silicon nitride nanophotonic circuits", Applied Physics Letters, vol. 97, p. 073112, 2010. Available at: https://doi. org/10. 1063/1. 3480411.

[FUH 11] FUHRMANN D. A., THON S. M., KIM H. et al., "Dynamic modulation of photonic crystal nanocavities using gigahertz acoustic phonons", Nature Photonics, vol. 5, pp. 605 – 609, 2011. Available at: https://doi. org/10. 1038/nphoton. 2011. 208.

[GAR 16] GARTNER, Availableat: https://www. gartner. com/en/research/methodologies/gartn er – hype – cycle, 2016.

[GHA 18] GHADIMI A. H., FEDOROV S. A., ENGELSEN N. J. et al., "Elastic strain engineering for ultralow mechanical dissipation", Science, vol. 360, pp. 764 – 768, 2018. Available at: https://doi. org/10. 1126/science. aar6939.

[GOR 05] GORISHNYY T., ULLAL C., MALDOVAN M. et al., "Hypersonic phononic crystals", Physical Review Letters, vol. 94, p. 115501, March 2005. Available at: https://doi. org/10. 1103/PhysRevLett. 94. 115501.

[GOR 11] GORISSE M., BENCHABANE S., TEISSIER G. et al., "Observation of band gaps in the GHz range and deaf bands in a hypersonic aluminium nitride phononic crystal slab", Applied Physics Letters, vol. 98, p. 234103, 2011. Available at: https://doi. org/10. 1063/1. 3598425.

[GRA 12] GRACZYKOWSKI B., MIELCAREK S., TRZASKOWSKA A. et al., "Tuning of a hypersonic surface phononic band gap using a nanoscale two – dimensional lattice of pillars", Physical Review B, vol. 86, p. 085426, 2012. Available at: https://doi. org/10. 1103/PhysRevB. 86. 085426.

[GUS 14] GUSTAFSSON M. V., AREF T., KOCKUM A. F. etal., "Propagating phonons coupled to an artificial atom", Science, vol. 346, no. 6206, pp. 207 – 211, American Association for the Advancement of Science, 2014. Available at: https://doi. org/10. 1126/science. 1257219.

[HAG 72] HAGON P. J., DYAL L., LAKIN K. M., "Wide band UHF compression filters using aluminum nitride on sapphire", Proceedings of the 1972 IEEE Ultrasonics Symposium, pp. 274 – 275, 1972. Available at: https://doi. org/10. 1109/ULTSYM. 1972. 196078.

[HER 11] HERMELIN S., TAKADA S., YAMAMOTO M. et al., "Electrons surfing on sound wave as a plateform for quantum optics with flying electrons", Nature, vol. 477, pp. 435 – 438, 2011. Available at: https://doi. org/10. 1038/nature10416.

[HIR 16] HIRAIWA M., ABI GHANEM M., WALLEN S. P. et al., "Complex contact – based dynamics of microsphere monolayers revealed by resonant attenuation of surface acoustic waves", Physical Review Letters, vol. 116, p. 198001, American Physical Society, May 2016. Available at: https://doi. org/10. 1103/PhysRevLett. 116. 198001.

[HSI 07] HSIAO F. – L., KHELIF A., MOUBCHIR H. et al., "Complete band gaps and deaf bands of triangular and honeycomb water – steel phononic crystals", Journal of Applied Physics, vol. 101, p. 044903, 2007. Available at: https://doi. org/10. 1063/1. 2472650.

[HSU 06] HSU J. – C., WU T. – T., "Efficient formulation for band – structure calculations of two – dimensional phononic crystal plates", Physical Review B, vol. 74, p. 144303, 2006. Available at: https://doi. org/10. 1103/physrevb. 74. 144303.

[HSU 07a] HSU J. – C., WU T. – T., "Lamb waves in binary locally resonant phononic plates with two – dimensional lattices", Applied Physics Letters, vol. 90, p. 201904, 2007. Available at: https://doi. org/10. 1063/1. 2739369.

[HSU 07b] HSU J. – C., WU T. – T., "Analysis of Lamb – wave dispersion and band gaps of two – dimensional piezoelectric phononic – crystal plates", Proceedings of the 2007 IEEE Ultrasonics Symposium, pp. 624 – 627, 2007. Available at: https://doi. org/10. 1109/ultsym. 2007. 162.

[JAN 11] JANSEN R., STOFFELS S., ROTTENBERG X. et al., "Optimal T – support anchoring for BAR – type BAW resonators", MEMS 2011, pp. 609 – 612, 2011. Available at: https://doi. org/10. 1109/memsys. 2011. 5734498.

[KAF 00] KAFESAKI M., SIGALAS M., GARCIA N., "Frequency modulation in the transmittivity of wave guides in elastic – wave band – gap materials", Physical Review Letters, vol. 85, pp. 4044 – 4047, 2000. Available at: https://doi. org/10. 1103/physrevlett. 85. 4044.

[KAN 09] KANG M. S., NAZARKIN A., BRENN A. et al., "Tightly trapped acoustic phonons in photonic crystal fibres as highly nonlinear artificial Raman oscillators", Nature Physical, vol. 5, pp. 276 – 280, 2009. Available at: https://doi. org/10. 1038/nphys1217.

[KHE 02] KHELIF A., DJAFARI – ROUHANI B., VASSEUR J. et al., "Transmittivity through straight and stublike waveguides in a two – dimensional phononic crystal", Physical Review B, vol. 65, p. 174308, 2002. Available at: https://doi. org/10. 1103/physrevb. 65. 174308.

[KHE 03] KHELIF A., CHOUJAA A., DJAFARI – ROUHANI B. et al., "Trapping and guiding of acoustic waves by defect modes in a full – band – gap ultrasonic crystal", Physical Review B, vol. 68, p. 214301, 2003. Available at: https://doi. org/10. 1103/physrevb. 68. 214301.

[KHE 04] KHELIF A., CHOUJAA A., BENCHABANE S. et al., "Guiding and bending of acoustic waves in highly confined phononic crystal waveguides", Applied Physics Letters, vol. 84, p. 4400, 2004. Available at: https://doi. org/10. 1063/1. 1757642.

[KHE 08] KHELIF A. , CHOUJAA A. , RAUCH J. – Y. et al. , "The OmniSAW device concept", IEEE Ultrasonics Symposium, 2008. Available at: https://doi. org/10. 1109/ultsym. 2008. 0075.

[KHE 10a] KHELIF A. , ACHAOUI Y. , BENCHABANE S. et al. , "Locally resonant surface acoustic wave band gaps in a two – dimensional phononic crystal of pillars on a surface", Physical Review B, vol. 81, p. 214303, 2010. Available at: https://doi. org/10. 1103/physrevb. 81. 214303.

[KHE 10b] KHELIF A. , MOHAMMADI S. , EFTEKHAR A. A. et al. , "Acoustic confinement and waveguiding with a line – defect structure in phononic crystal slabs", Journal of Applied Physics, vol. 108, p. 084515, 2010. Available at: https://doi. org/10. 1063/1. 3500226.

[KOK 07] KOKKONEN K. , KAIVOLA M. , BENCHABANE S. et al. , "Scattering of surface acoustic waves by a phononic crystal revealed by heterodyne interferometry", Applied Physics Letters, vol. 91, p. 083517, 2007. Available at: https://doi. org/10. 1063/1. 2768910.

[KON 10] KONÉ I. , DOMINGUE F. , REINHARDT A. et al. , "Guided acoustic wave resonators using an acoustic Bragg mirror", Applied Physics Letters, vol. 96, p. 223504, 2010. Available at: https://doi. org/10. 1063/1. 3440370.

[KRA 12] KRAUSE A. G. , WINGER M. , BLASIUS T. D. et al. , "A high – resolution microchip optomechanical accelerometer", Nature Photonics, vol. 6, pp. 768 – 772, 2012. Available at: https://doi. org/10. 1038/nphoton. 2012. 245.

[KUO 11] KUO N. – K. , PIAZZA G. , "1 GHz phononic band gap structure in air/aluminum nitride for symmetric Lamb waves", MEMS 2011, pp. 740 – 743, 2011. Available at: https://doi. org/10. 1109/memsys. 2011. 5734531.

[LAU 05] LAUDE V. , WILM M. , KHELIF A. et al. , "Full band gap for surface acoustic waves in a piezoelectric phononic crystal", Physical Review E, vol. 71, p. 036607, 2005. Available at: https://doi. org/10. 1103/physreve. 71. 036607.

[LI 08] LI M. , PERNICE W. H. P. , XIONG C. et al. , "Harnessing optical forces in integrated photonic circuits", Nature, vol. 456, pp. 480 – 484, 2008. Available at: https://doi. org/10. 1038/nature07545.

[LIM 05] DE LIMA JR M. M. , SANTOS P. V. , "Modulation of photonic structures by surface acoustic waves", Reports on Progress in Physics, vol. 68, no. 7, p. 1639, 2005.

[LIU 14] LIU T. – W. , TSAI Y. – C. , LIN Y. – C. et al. , "Design and fabrication of a phononic – crystal – based Love wave resonator in GHz range", AIP Advances, vol. 4, p. 124201, 2014. Available at: https://doi. org/10. 1063/1. 4902018.

[MAD 02] MADOU, MARC J. , Fundamentals of Microfabrication: The Science of Miniaturization, CRC Press, Boca Raton, 2002.

[MAL 06a] MALDOLVAN M. , THOMAS E. L. , "Simultaneous complete elastic and electromagnetic band gaps in periodic structures", Applied Physics B, vol. 83, p. 595, 2006. Available at: https://doi. org/10. 1007/s00340 – 006 – 2241 – y.

[MAL 06b] MALDOLVAN M. , THOMAS E. L. , "Simultaneous localization of photons and phonons in two – dimensional periodic structures", Applied Physics Letters, vol. 88, p. 251907, 2006. Available at: https://doi. org/10. 1063/1. 2216885.

[MAR 05] MARKSTEINER S. ,KAITILA J. ,FATTINGER G. G. et al. ,"Optimization of acoustic mirrors for solidly mounted BAW resonators", Proceedings of the IEEE Ultrasonics Symposium, pp. 329 – 332, 2005. Available at: https://doi. org/10. 1109/ULTSYM. 2005. 1602861.

[MAY 91] MAYER P. A. , ZIERAU W. , MARADUDIN A. , "Surface acoustic waves propagating along the grooves of a periodic grating", Journal of Applied Physics, vol. 69, no. 4, pp. 1942 – 1947, 1991. Available at: https://doi. org/10. 1063/1. 348969.

[MCN 11] MCNEIL R. P. G. ,KATAOKA M. ,FORD C. J. B. et al. ,"On – demand single – electron transfer between distant quantum dots", Nature, vol. 477, pp. 439 – 442, 2011. Available at: https://doi. org/10. 1038/nature10444.

[MID 18] MIDOLO L. , SCHLIESSER A. , FIORE A. , "Nano – opto – electro – mechanicalsystems", Nature Nanotechnology, vol. 13, pp. 11 – 18, 2018. Available at: https://doi. org/10. 1038/s41565 – 017 – 0039 – 1.

[MOH 08] MOHAMMADI S. ,EFTEKHAR A. A. , KHELIF A. et al. ,"Evidence of large high frequency complete phononic bandgaps in silicon phononic crystal plates", AppliedPhysicsLetters, vol. 92, p. 221905, 2008. Available at: https://doi. org/10. 1063/1. 2939097. [MOH 09] MOHAMMADI S. ,EFTEKHAR A. A. ,HUNT W. D. et al. ,"High – Q micromechanical resonators in a two – dimensional phononic crystal slab", Applied Physics Letters, vol. 94, p. 051906, 2009. Available at: https://doi. org/10. 1063/1. 3078284.

[MOH 10] MOHAMMADI S. ,EFTEKHAR A. A. ,KHELIF A. et al. ,"Simultaneous two – dimensional phononic and photonic band gaps in opto – mechanical crystal slabs", Optics Express, vol. 18, p. 9164, 2010. Available at: https://doi. org/10. 1364/oe. 18. 009164.

[MOH 11] MOHAMMADI S. ,EFTEKHAR A. A. ,POURABOLGHASEM R. et al. ,"Simultaneous high – Q confinement and selective direct piezoelectric excitation of flexural and extensional lateral vibrations in a silicon phononic crystal slab resonator", Sensors and Actuators A: Physical, vol. 167, 2011. Available at: https://doi. org/10. 1016/j. sna. 2011. 03. 014.

[MOR 07] MORGAN D. ,Surface Acoustic Wave Filters – With Applications to Electronic Communications and Signal Processing, 2nd edition, Academic Press, 2007.

[NEW 65] NEWELL W. ,"Face – mounted piezoelectric resonators", Proceedings of the IEEE, vol. 53, pp. 575 – 581, 1965. Available at: https://doi. org/10. 1109/proc. 1965. 3925.

[OLS 07] OLSSON R. H. , FLEMING J. G. , EL – KADY I. F. et al. , "Micromachined bulk wave acoustic bandgap devices", Transducers and Eurosensors '07, pp. 317 – 321, 2007. Available at: https://doi. org/10. 1109/sensor. 2007. 4300132.

[OLS 09] OLSSON R. H. ,EL – KADY I. ,"Microfabricated phononic crystal devices and applications", Measurement Science and Technology, vol. 20, p. 012002, 2009. Available at: https://doi. org/10. 1088/0957 – 0233/20/1/012002.

[OSE 18] OSEEV A. , MUKHIN N. V. , LUCKLUM R. et al. , "Towards macroporous phononic crystal based structures for FBAR applications. Theoretical investigation of technologically competitive solutions", Microsystem Technologies, vol. 24, pp. 2389 – 2399, 2018. Available at: https://doi. org/10. 1007/s00542 – 017 – 3616 – 1.

[OUD 10] OUDICH M. ,ASSOUAR M. B. ,HOU Z. ,"Propagation of acoustic waves and waveguiding in a locally resonant phononic crystal plate", Applied Physics Letters, vol. 97, p. 193503, 2010. Available at: https://doi. org/10. 1063/1. 3513218.

[OZG 01] OZGUR U., LEE C. – W., EVERITT H. O., "Control of coherent acoustic phonons in semiconductor quantum wells", Physical Review Letters, vol. 86, p. 5604, 2001. Available at: https://doi. org/10. 1103/physrevlett. 86. 5604.

[PEN 05] PENNEC Y., DJAFARI – ROUHANI B., VASSEUR J. et al., "Acoustic channel drop tunneling in a phononic crystal", Applied Physics Letters, vol. 87, p. 261912, 2005. Available at: https://doi. org/10. 1063/1. 2158019.

[PEN 08] PENNEC Y., DJAFARI – ROUHANI B., LARABI H. et al., "Low – frequency gaps in a phononic crystal constituted of cylindrical dots deposited on a thin homogeneous plate", Physical Review B, vol. 78, p. 104105, 2008. Available at: https://doi. org/10. 1103/physrevb. 78. 104105.

[PEN 10] PENNEC Y., DJAFARI – ROUHANI B., EL BOUDOUTI E. H. et al., Simultaneous existence of phononic and photonic band gaps in periodic crystal slabs", Optics Express, vol. 18, p. 14301, 2010. Available at: https://doi. org/10. 1364/oe. 18. 014301.

[QIN 16] QIN P., ZHU H., LEE J. E. – Y. et al., "Phase noise reduction in a VHF MEMS – CMOS oscillator using phononic crystals", Journal of the Electron Devices Society, vol. 4, p. 149, 2016. Available at: https://doi. org/10. 1109/jeds. 2016. 2527045.

[REI 11] REINKE C. M., SU M. F., OLSSON III R. H. et al., "Realization of optimal bandgaps in solid – solid, solid – air, and hybrid solid – air – solid phononic crystal slabs", Applied Physics Letters, vol. 98, p. 061912, 2011.

[ROS 09] ROSENBERG J., LIN Q., PAINTER O., "Static and dynamic wavelength routing via the gradient optical force", Nature Photonics, vol. 3, pp. 478 – 483, 2009. Available at: https://doi. org/10. 1038/nphoton. 2009. 137.

[ROU 06] ROUSSEY M., BERNAL M. – P., COURJAL N. et al., "Electro – optic effect exaltation on lithium niobate photonic crystals due to slow photons", Applied Physics Letters, vol. 89, p. 241110, 2006. Available at: https://doi. org/10. 1063/1. 2402946.

[RUS 03] RUSSELL P. S. J., MARIN E., DÍEZ A. et al., "Sonic band gaps in PCF preforms: Enhancing the interaction of sound and light", Optics Express, vol. 11, no. 20, pp. 2555 – 2560, OSA, October 2003. Available at: https://doi. org/10. 1364/oe. 11. 002555.

[SAF 10] SAFAVI – NAEINI A. H., PAINTER O., "Design of optomechanical cavities and waveguides on a simultaneous bandgap phononic – photonic crystal slab", Optics Express, vol. 18, no. 14, pp. 14926 – 14943, OSA, July 2010. Available at: https://doi. org/10. 1364/oe. 18. 014926.

[SOC 12] SOCIÉ L., BENCHABANE S., ROBERT L. et al., "Surface acoustic wave guiding in a diffractionless high aspect ratio transducer", Applied Physics Letters, vol. 102, p. 113508. 2013. Available at: https://doi. org/10. 1063/1. 4795939.

[SOL 10a] SOLAL M., GRATIER J., KOOK T., "A SAW resonator with two – dimensional reflectors", IEEE Transactions on Ultrasonics, Ferroelectrics, and Frequency Control, vol. 57, pp. 30 – 37, 2010. Available at: https://doi. org/10. 1109/freq. 2009. 5168174.

[SOL 10b] SOLIMAN Y., SU M., LESEMAN Z. et al., "Phononic crystals operating in the gigahertz range with extremely wide band gaps", Applied Physics Letters, vol. 97, p. 193502, 2010. Available at: https://

doi. org/10. 1063/1. 3504701.

[SOR 11] SORENSON L. ,FU J. L. ,AYAZI F. ,"One – dimensional linear acoustic bandgap structures for performance enhancement of AlN – on – Silicon micromechanical resonators",2011 16th International Solid – State Sensors, Actuators and Microsystems Conference, pp. 918 – 921, 2011. Available at: https://doi. org/10. 1109/transducers. 2011. 5969685.

[SUN 09] SUN J. – H. , WU T. – T. , "Lamb wave source based on the resonant cavity of phononic crystal plates", IEEE Transactions on Ultrasonics, Ferroelectrics, and Frequency Control, vol. 56, p. 121, 2009. Available at: https://doi. org/10. 1109/tuffc. 2009. 1011.

[SUN 10] SUN C. – Y. ,HSU J. – C. ,WU T. – T. ,"Resonant slow modes in phononic crystal plates with periodic membranes", Applied Physics Letters, vol. 97, p. 031902, 2010. Available at: https://doi. org/10. 1063/1. 3464955.

[TAK 16] TAKAI T. ,IWAMOTO H. ,TAKAMINE Y. et al. , "Incredible high performance SAW resonator on novel multi – latered substrate", Proceedings of IEEE Ultrasonics Symposium, pp. 456 – 459, 2016. Available at: https://doi. org/10. 1109/ultsym. 2016. 7728455.

[TAL 06] TALHAMMER R. ,"Spurious mode suppression in BAW resonators",Proceedings of IEEE Ultrasonics Symposium, pp. 456 – 459, 2006. Available at: https://doi. org/10. 1109/ultsym. 2006. 122.

[TAN 07] TANAKA A. ,YANAGITANI T. ,MATSUKAWA M. et al. ,"Propagation characteristics of SH – SAW in(11 – 20)ZnO layer/silica glass substrate structure",Proceedings of 2007 IEEE Ultrasonics Symposium, pp. 280 – 283, 2007. Available at: https://doi. org/10. 1109/ultsym. 2007. 81.

[TRI 02] TRIGO M. ,BRUCHHAUSEN A. ,FAINSTEIN A. et al. , "Confinement of acoustical vibrations in a semiconductor planar phonon cavity",Physical Review Letters, vol. 89, p. 227402, 2002. Available at: https://doi. org/10. 1103/physrevlett. 89. 227402.

[TSA 13] TSAI C. ,Guided – Wave Acousto – Optics: Interactions, Devices, and Applications, Springer Series in Electronics and Photonics, Springer Berlin Heidelberg, 2013. Available at: https://doi. org/10. 1117/1. oe. 30. 6. bkrvw1.

[TU 12] TU C. ,LEE J. E. – Y. ,"Increased dissipation from distributed etch holes in a lateral breathing mode silicon micromechanical resonator", Applied Physics Letters, vol. 101, p. 023504, 2012. Available at: https://doi. org/10. 1063/1. 4733728.

[WAN 15] WANG S. ,POPA L. C. ,WEINSTEIN D. ,"Tapered phononic crystal SAW resonator in GaN", Proceedings of 2015 IEEE MEMS Conference, pp. 1028 – 1031, 2015. Available at: https://doi. org/10. 1109/memsys. 2015. 7051137.

[WHI 65] WHITE R. ,WOLTMER F. ,"Direct piezoelectric coupling to surface elastic waves",Applied Physics Letters, vol. 7, p. 314, 1965. Available at: https://doi. org/10. 1063/1. 1754276.

[WIN 11] WINGER M. ,BLASIUS T. D. ,ALEGRE T. P. M. et al. ,"A chip – scale integrated cavity – electro – optomechanics platform", Optics Express, vol. 19, no. 25, pp. 24905 – 24921, OSA, December 2011. Available at: https://doi. org/10. 1364/oe. 19. 024905.

[WU 04] WU T. – T. ,HUANG Z. – G. ,LIN S. ,"Surface and bulk acoustic waves in two – dimensional phononic crystal consisting of materials with general anisotropy",Physical Review B, vol. 69, p. 094301, 2004. Available at: https://doi. org/10. 1103/physrevb. 69. 094301.

[WU 05a] WU T. – T. ,HSU Z. – C. ,HUANG Z. – G. ,"Band gaps and the electromechanical coupling coefficient of a surface acoustic wave in a two – dimensional piezoelectric phononic crystal", Physical Review B, vol. 71, p. 064303, 2005. Available at: https://doi. org/10. 1103/physrevb. 71. 064303.

[WU 05b] WU T. – T., WU L. – C., HUANG Z. – G., "Frequency band – gap measurement of two – dimensional air/silicon phononic crystals using layered slanted finger interdigital transducers", Journal of Applied Physics, vol. 97, p. 094916, 2005. Available at: https://doi. org/10. 1063/1. 1893209.

[WU 09] WU T. – T., WANG W. – S., SUN J. – H. et al., "Utilization of phononic crystal reflective gratings in a layered surface acoustic wave device", Applied Physics Letters, vol. 94, p. 101913, 2009. Available at: https://doi. org/10. 1063/1. 3100775.

[WU 16] WU G., ZHU Y., MERUGU S. et al., "GHz spurious mode free AlN Lamb wave resonator with high figure of merit using one dimensional phononic crystal tethers", Applied Physics Letters, vol. 109, p. 013506, 2016. Available at: https://doi. org/10. 1063/1. 4955410.

[XIO 13] XIONG C., FAN L., SUN X. et al., "Cavity piezootomechanics: Piezoelectrically excited, opticallytransduced optomechanicalresonators", AppliedPhysicsLetters, vol. 102, p. 021110, 2013. Available at: https://doi. org/10. 1063/1. 4788724.

[XU 92] XU J., STROUD R., Acousto – Optic Devices: Principles, Design, and Applications, New York, Wiley, 1992.

[YAM 08] YAMASHITA Y., HOSONO Y., "High effective lead perovskite ceramics and single crystals for ultrasonic imaging", in H EYWANG W., L UBITZ K., W ERSING W. (eds), Piezoelectricity: Evolution and Future of a Technology, Chapter 9, pp. 223 – 244, Springer, Berlin, 2008. Available at: https://doi. org/10. 1007/978 – 3 – 540 – 68683 – 5_9.

[YAN 13] YANTCHEV V., PLESSKY V., "Analysis of two dimensional composite surface grating structures with applications to low loss microacoustic resonators", Journal of Applied Physics, vol. 114, p. 074902, 2013. Available at: https://doi. org/10. 1063/1. 4818476.

[YOL 17] Yole Développement, RF Front – End modules and components for cellphones, 2017.

[YUD 12] YUDISTIRA D., PENNEC Y., DJAFARI ROUHANI B. et al., "Non – radiative complete surface acoustic wave bandgap for finite – depth holey phononic crystal in lithium niobate", Applied Physics Letters, vol. 100, p. 061912, 2012. Available at: https://doi. org/10. 1063/1. 3684839.

[YUD 16] YUDISTIRA D., BOES A., GRACZYKOWSKI B. et al., "Nanoscale pillar hypersonic surface phononic crystals", Physical Review B, vol. 94, p. 094304, American Physical Society, September 2016. Available at: https://doi. org/10. 1103/physrevb. 94. 094304.

[ZHU 19] ZHU H., LEE J. E. – Y., "Design of phononic crystal tethers for frequency – selective quality factor enhancement in AlN piezoelectric – on – silicon resonator", Procedia Engineering, vol. 120, pp. 516 – 519, 2019.

# 第 9 章　声学超材料在水声学领域中的应用

Christian AUDOLY

## 9.1　水声学中的材料及其应用

电磁波在水下环境中的传播能力是较差的，与此不同的是，声波却能够较好地在水中传播，即便是在距离发射端很远的位置也是如此，当然这也依赖于声源级和频率情况。在大约一个世纪之前，主要出于水下作战的需要，海军研发了第一套声呐系统和潜艇，自那时起水下声学就开始得到了广泛的研究与应用。近些年来，由于世界各国对能源和自然资源的需求不断增长，同时也由于经济的全球化发展，当前的海上交通与人类工业活动变得越来越繁忙。由此可能导致的水声对海洋生物的影响也引起了科学界的不断关注，进而也促使海事领域的政策制定者和利益相关方去认真考虑如何采取恰当的措施来降低此类影响。在这一场景下，将从以下 4 个方面来介绍声学材料及其应用情况：

（1）关于水下运载器辐射噪声的抑制；

（2）关于水下运载器声目标强度的抑制；

（3）关于声探测系统的集成；

（4）关于水声环境问题。

### 9.1.1　水下运载器辐射噪声的抑制

绝大多数水下运载器（如潜艇）都带有很多机械零部件，如螺旋桨等，这些零部件在工作过程中往往会导致噪声与振动，从而直接或透过船身向水中辐射声波。这些连续不断的声波在低频处强度很高，能够在水下传播很远的距离，由此所形成的水下声场很容易被敌方被动声呐探测到，如图 9.1 所示。辐射噪声的强度一般可以借助辐射噪声级（距离等效声中心 1m 处，单位为 dB，参考值为 $1\mu Pa^2$）来刻画，它是频率的函数。

为了降低被敌方被动声呐系统探测到的风险，海军对潜艇提出了一项非常重要的性能要求，即辐射噪声级不得超过供需双方经协商确定的极限值，通常是以频率曲线形式给出的。为了达到这一要求,人们在设计阶段采取了较多的有效措施,如选用安静型机械设备、利用弹性支座和零部件来降低传递到船身的振动水平以及设计安静型螺旋桨等。此外,使用外部敷设的隔声去耦覆盖层也是一种可行的手段,能够显著减小船身的辐射效率。这种覆盖层的厚度通常为几个厘米,声阻抗较低,如图 9.2 所示,它能够对传递路径 1(振动)和 3(空气声)产生影响,与此相关的频率范围可覆盖很低的频率到几十千赫。

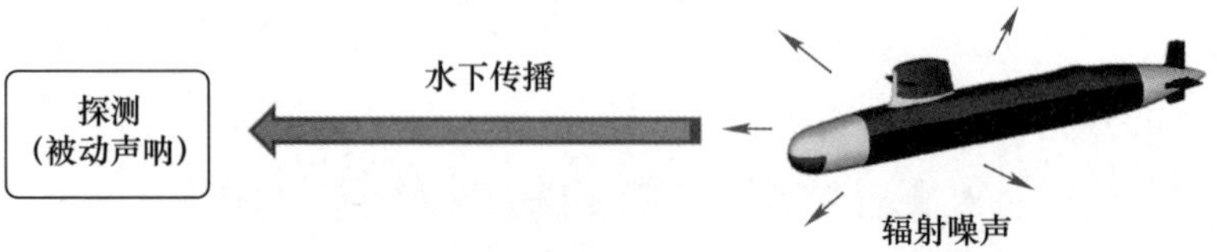


图 9.1 通过被动声呐系统对水下运载器进行探测

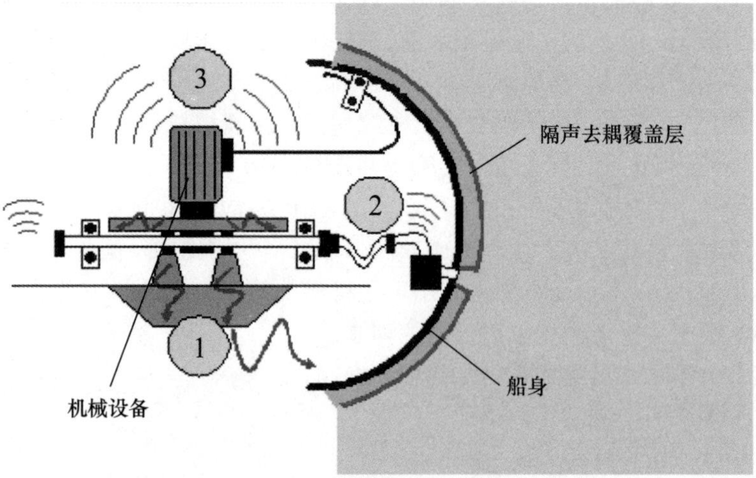


图 9.2 利用隔声去耦覆盖层来抑制船身的辐射噪声

### 9.1.2 水下运载器声目标强度的抑制

对于水下运载器而言,另一类威胁来自于低频主动声呐。此类声呐可发射出短脉冲形式的强大声波,这些声波将在海水中传播。当声波入射到足够大的水中结构物时,一般会产生回波,人们通常采用声目标强度来刻画这一行为,该指标是指反向散射能量与入射能量的比率。主动声呐可以通过接收天线和处理器来探测到这些回波信号,参见图 9.3。与此相关的频率范围通常覆盖了几千赫到 100kHz,不过一些全新的系统趋于采用更低的频率,目的是增大系统的探测范围。另外，这一技术所针对的水中目标不限于运载器，也可以是其他物体，如水雷。

目标强度主要依赖于目标物外表面的形状、尺寸和声反射系数以及入射波的方向。一种用于减小目标强度的解决方案是修改外形、加装声偏转器或声屏障等，不过这一方案并不总是可行的。加装消声覆盖层(消声瓦)是另一种可行方案，它能够吸收入射声波，从而降低目标物的目标强度，如图 9.4 所示。

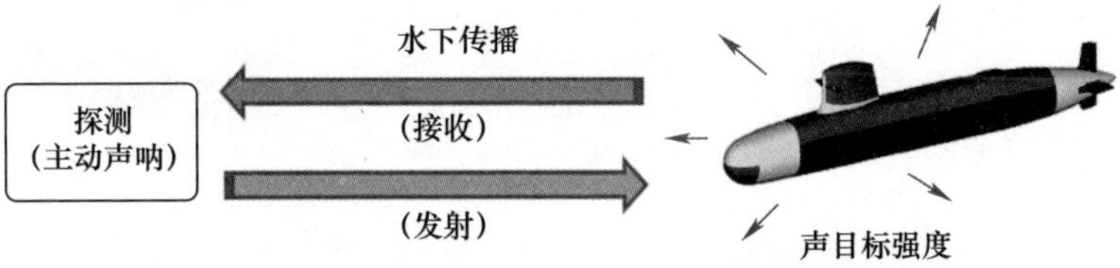


图 9.3　利用主动声呐系统对水下运载器进行探测

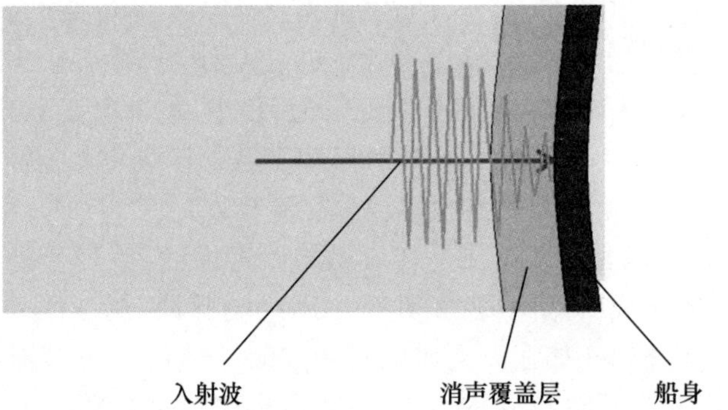


图 9.4　利用消声覆盖层来吸收入射波

### 9.1.3　声探测系统的集成

船舶和舰艇通常会安装一些声学系统，用于检测外部环境条件和其他水中目标物，也可用于辅助导航。在此类系统的集成设计中，声学材料或覆盖层往往是不可或缺的，它们有利于增强水听器(水下声学传感器)的声学响应或防止声基阵受到船舶所发出噪声(自噪声)的影响。如图 9.5 所示，其中给出了一些实际案例。图 9.5 中的左图针对的是民用情形，科考船的船身安装了不同的声学传感器，它们需要精心地集成一起，其中可能涉及一些声学材料；图 9.5 中的右图是为了消除可能干扰基阵响应的反射波而在恰当位置敷设了消声瓦。

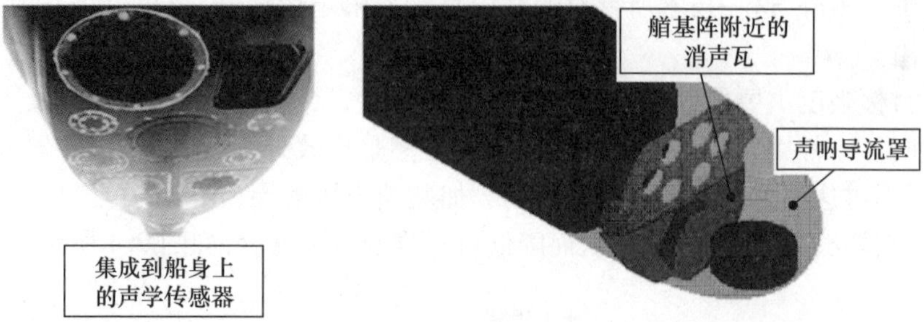


图 9.5　用于声学传感器集成的材料(左图为科考船;右图为潜艇艏部)
(彩图可以参见网址 www. iste. co. uk/remero/metamaterials. zip)

### 9.1.4　水声环境问题

当前,科学界越来越关注人类活动所带来的水下噪声污染问题及其对海洋生物的负面影响。2008 年欧盟发布了 MSFD(Marine Strategy Framework Directive,海洋战略框架指令),要求各成员国采取适当措施确保在 2020 年之前达到良好的环境状态[EUR 08]。在各种形式的污染中,包含水下噪声在内的能量污染已经受到了人们的广泛关注。实际上,大多数海洋动物都需要借助声波来实现某些生物机能,如寻找猎物和水下信息交流等。

一般来说,有两种主要情况是必须要加以考虑的,第一种是高强度的脉冲声,它可导致损伤或听觉障碍,尤其是主动声呐脉冲、海洋油气勘探用水下气枪以及海上打桩作业(如在海上风电场的安装建造过程中)等情况;第二种是强度较低的连续不断的噪声,除非海洋生物非常靠近声源,这种噪声一般不会导致损伤现象,然而却会带来听觉掩蔽和行为改变,从长期来看具有负面影响,商用船舶的交通和海洋可再生能源系统的运行所形成的噪声往往就属于这类情形。

水下声环境问题中涉及的频率范围是很宽的,不过低频段是最令人关注的,特别是几千赫兹以下这一范围。人们已经针对水下噪声的抑制问题进行了一些研究,提出了若干技术措施。例如,针对打桩作业导致的噪声,目前比较经典的抑制方案是利用气泡幕;另一种方案是使用橡胶泡沫球(或水下谐振器)组成的网状结构,如图 9.6 所示,其中给出了该方案的一个实例。

还有一种十分重要的水下噪声源来自于商业航运,在近期的合作项目[AUD 17]中人们已经开始研究与此相关的噪声影响抑制方案和策略,如在船身上安装去耦覆盖层就是一种可行手段。

图 9.6　利用橡胶泡沫球网状结构来抑制打桩作业导致的水下噪声
（左图为声波与球体的相互作用；中图为车间现场；
右图为海上布放现场）（本图源自于文献［KUH 13］）

## 9.2　相关定义和特性描述

### 9.2.1　概述

声学材料一般具有一个或多个以下所列特性。

（1）均匀性：材料内部各处的物理性质是完全相同的，与此不同的是，层合材料或复合材料一般是非均匀的。

（2）各向同性：材料内部各个方向上的声学性质是完全相同的，换言之，声学性质与方向无关，层合材料或复合材料一般是各向异性的。

（3）线性性：材料的物理性质与激励水平或强度是无关的。

（4）耗散性：当声波在材料内部传播时，在传播路径上存在着能量损耗，声波幅值不断衰减。

（5）色散性：声波波速与频率相关。

均匀各向同性材料通常可由体积质量和两个声速参数（横向与纵向）来描述。如果材料是耗散性的，那么在简谐激励条件下，声速可以借助一个复数量来表示。声子晶体属于一类非均匀介质，它们是由散射体周期性布置在基体介质（流体或固体）中而构成的。当改变频率时，可以观察到色散行为，一般可通过色散曲线来描述。周期材料的禁带是跟布拉格干涉效应相关的，在该频带内不存在长程相干传播行为。超材料也是一类人工复合物，其声学特性与自然材料或其组分材料相比存在着很大的不同，如超材料可以在某些频率范围内表现出负的体积质量和/或负的声速以及非常显著的损耗。跟声子晶体相比，超材料具有以下两个主要区别。

(1) 相关效应可以发生在较低频率范围,此时材料或覆盖层的厚度要比对应的波长小得多。

(2) 散射体的分布可以是随机的或者周期性的,而声子晶体必须是周期性布置。

### 9.2.2 声学斗篷概念

声学斗篷这一概念已经在现有文献中出现过很多次,但是应当注意的是,不应将其与超材料概念混淆。如图 9.7 所示,声学斗篷的主要目的在于通过扭转目标物的散射声场来实现理想的隐身。入射波不会透射进入目标物内,其传播路径将发生变化,局限在斗篷区域内部,并在目标物的后方重构成原有状态。此类斗篷(覆盖层)的设计一般有两种理论可供使用,分别是转换声学理论和散射相消理论。

转换声学理论针对包围目标物的空间域进行几何坐标变换,试图通过引入恰当的介质特性,迫使入射波透射进入该域内之后发生分离和扭曲,不再与目标物发生相互作用。这个空间域称为隐身斗篷区域,根据几何坐标变换可以发现,为了使入射波透射进入这一区域并偏离原来的传播路径(即发生扭曲,避免与目标物产生相互作用),其声学特性(密度和声速)必须经过精心选择。如图 9.8 所示,在原始的转换声学理论中,斗篷内的密度和声速参数需求使该区域应为一种非耗散的、异质的各向异性介质,并且越靠近目标物的表面,这些参数值还会不断增长[CUM 07]。

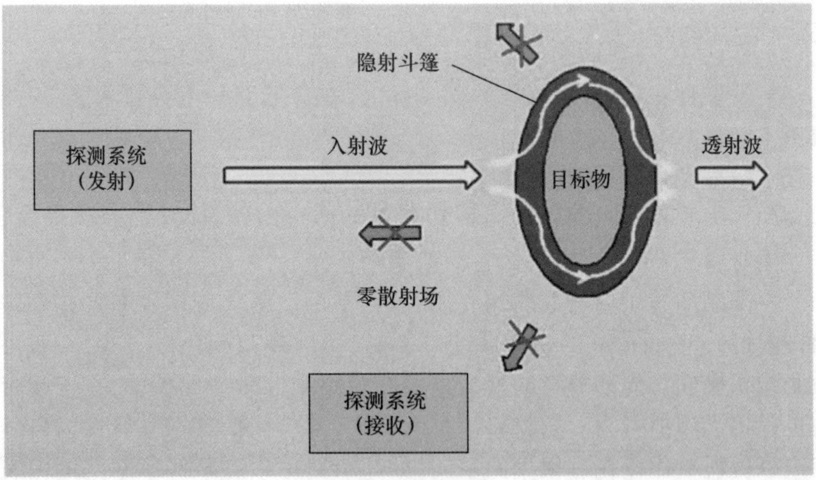


图 9.7 声学斗篷概念

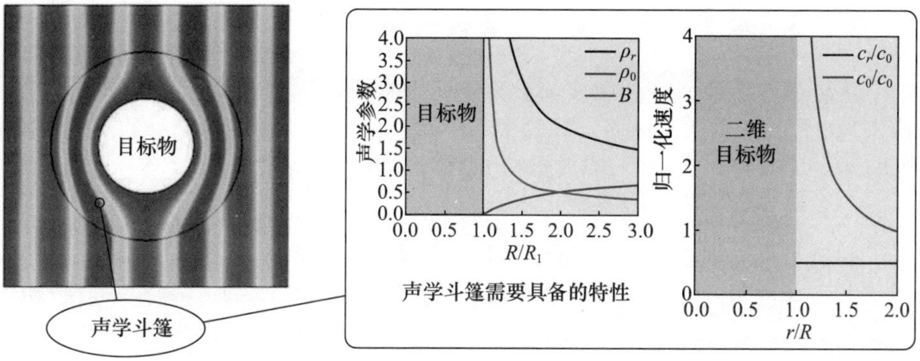


图 9.8　基于转换声学的声隐身(本图源自于文献[CUM 07],见彩图)

在基于散射相消理论的声学斗篷设计中,人们在目标物周围布置了一系列较小的物体或结构,试图迫使它们与目标物这一整体所导致的散射声场(远场)近似为零。如图 9.9 所示,其中给出了一个应用实例[SÁN 14],展示了仿真和实验结果。

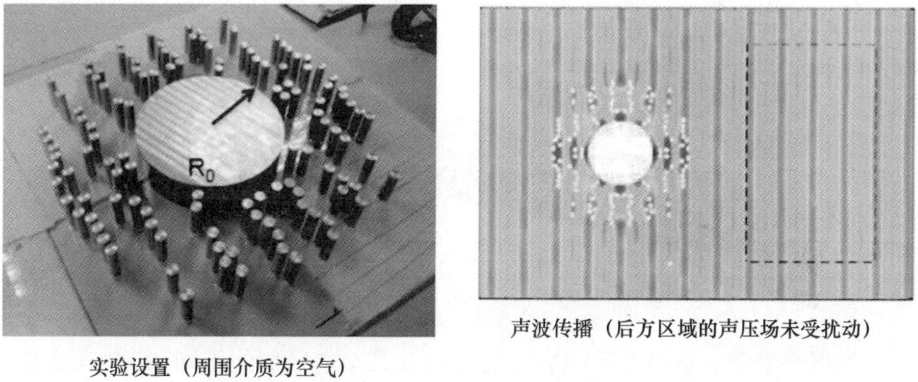


图 9.9　基于散射相消原理的声隐身(本图源自于文献[GAR 11],见彩图)

总体而言,为了获得预期的斗篷隐身效应,斗篷区域(覆盖层)必须具有特殊的声学性质,因而也就要求采用特殊的材料。从原理上看,声学超材料是实现此类特殊材料的一条可行的技术途径,不过从工业角度来说,我们认为在水声领域中完美斗篷这一概念的成熟度仍然不够,尚难以付诸实际应用。事实上,到目前为止,尽管也有一些研究人员存在不同意见,但是可以说已有的理论和实验研究工作都表现出了覆盖层较厚和/或有效频带较窄等缺点。正因如此,在本章中将只关注超材料问题,而不再去讨论斗篷隐身概念。

### 9.2.3 水声材料和覆盖层的性能要求

这里来考虑潜艇这一场景,这也是对性能和集成化问题要求最多的情形。首先,如图 9.10 所示,根据实际需要,声学覆盖层可以敷设到艇身的不同部位,如耐压艇壳、艇桥水平舵、艇桥围壳以及艏艉部位等[AUD 11]。

应当注意的是,首先,覆盖层的敷设位置不一定是刚硬的耐压壳体。例如,对于舰桥水平舵来说,其蒙皮通常采用的是复合材料,如 GRP(玻璃钢),它们在声学上是半透明的和非刚性的。其次,为了能够将覆盖层集成到艇身上,船舶建造者和船厂往往还会提出很多非声学层面的要求,举例如下:

(1) 覆盖层的厚度不应过大,通常应在几厘米以下;

(2) 覆盖层的密度不应过大;

(3) 应有足够的热导率;

(4) 当潜艇下潜时静态压缩率不应过大;

(5) 防火性;

(6) 海水环境的适应性;

(7) 适用于胶合工艺。

图 9.10 潜艇艇身外部的不同部位

根据声学覆盖层的类型(消声或去耦)及其集成区域的不同,其声学性能参数可以采用以下指标(图 9.11):

(1) 去耦效率或衰减量;

(2) 反射系数和/或透射系数;

(3) 消声系数(刚性背衬)。

这些性能参数是依赖于频率和入射角的,通常是以分贝表示的无量纲参量。人们一般是在水池中针对测试样件(1m × 1m 的面板,参见图 9.12)进行实验来测定这些性能参数。近期一些研究人员还进一步改进了这一测试技术。另外,由于难以直接测得去耦系数和消声系数,这些测试工作一般只能针对浸入水中的样件进行实验,并且往往需要借助后处理技术来导出感兴趣的信息[AUD 12]。

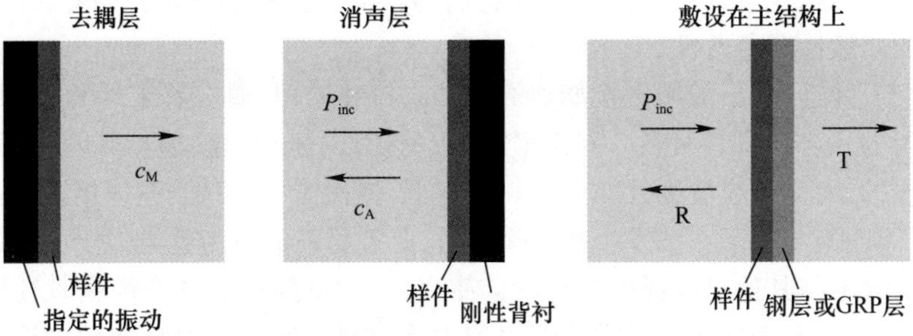


图 9.11　船身覆盖层的声学性能的确定

（彩图可以参见网址 www.iste.co.uk/romero/metamaterials.zip）

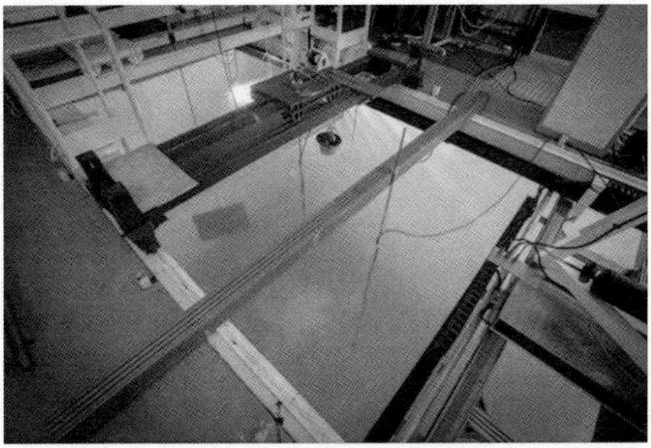

图 9.12　在水池中对声学材料制成的待测面板进行测试

（里尔高等电子与数字技术学院的设备）

## 9.3　现有技术概述

在水声学问题中，常见的介质或材料包括以下几种。

（1）流体：如水、海水、某些类型的油液等，此类介质是各向同性的，几乎不存在耗散性和色散性。

（2）气体：如空气和其他类型的气体，此类介质在海水中可以以气泡的形式存在，或者封装在弹性体等其他材料的内部，无论哪一种情形，这些气体都会表现出明显的声学效应，如气泡幕可以使水声传播产生很大的衰减。

（3）金属：如船身，它们通常是各向同性的，耗散性和色散性不明显。

(4) 结构化复合材料:如 GRP(玻璃钢),此类材料通常是各向异性的,存在较小的耗散性和色散性。

(5) 弹性体:一般用于换能器的防水或封装处理,通常属于均匀(或可以视为均匀的)、各向同性材料。对于横波(或剪切波)来说,这类材料是强色散的和强耗散的,而对于纵波则并非如此。实际上,弹性体中的纵波波速接近于水中的声速,因而当与水下声波发生相互作用时,此类材料的行为就类似于一种透明介质。如果不与其他材料或夹杂物联合使用,弹性体的声衰减或声吸收性能并不明显。因此,水声问题中所需的消声和去耦材料一般需要做特殊的设计。下面介绍两种比较经典的技术,即显微夹杂技术与 Alberich 型覆盖层。

### 9.3.1 显微夹杂型声学覆盖层

显微夹杂技术的基本原理是在弹性体基体中以微型空腔或球体(软壁面,典型尺寸在几十微米)的形式引入部分空气或气体介质。当然,炭黑和矿物介质等其他类型的夹杂物也可以引入进来,用于调节密度或实现某些非声学方面的要求。在各类弹性体材料中,聚氨酯是比较常用的,这主要是因为它们种类多样,并且无须特殊的热处理或高压处理即可实现零件成形。气体的体积百分比一般是消声覆盖层的百分之几,对于去耦层来说为 10% 或更多。在制备完毕之后,这些覆盖层表现为瓦片形式,可以借助胶合工艺过程将它们敷设到船身上。如果需要,还可以将覆盖层设计成包含若干显微夹杂材料层的形式,如图 9.13所示。每一层都属于异质、各向同性、色散和耗散的介质,不过,就此处所感兴趣的频率范围而言,该材料可以建模为一种等效的均匀材料,原因在于这些夹杂物的尺度要远小于感兴趣的波长,并且工作频率在共振点以下[KUS 74]。显然,不能将这种类型的材料视为超材料的一种。特别地,与其厚度/波数相联系的,该材料还存在着低频极限。此外,还必须注意,在承受静水压力时,气体的表观体积比会降低,进而将导致该复合材料的声学特性发生变化[BER 10]。

利用显微夹杂技术所制备的声学覆盖层的声学性能主要依赖于以下两个方面:

(1) 层的数量及其厚度;

(2) 每层材料的声学特性,特别是其密度和纵波波速,后者取决于频率和温度。

在性能预测和具体设计时,可以有以下两种分析途径:

(1) 基于前面曾经提及的准静态匀质化模型进行显微夹杂材料的等效参数分析;

(2) 带有平面分界面的多层介质内的平面波传播分析，如图 9.14 所示，其中给出了建模原理和仿真结果示例。

图 9.13　基于显微夹杂材料的声学覆盖层技术

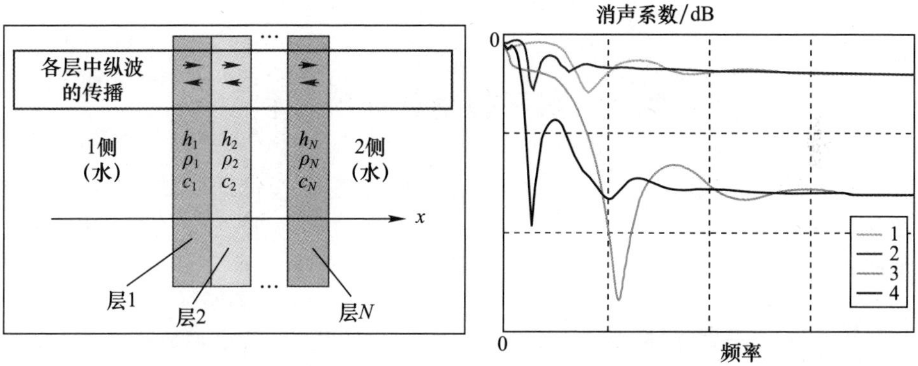


图 9.14　单层或多层显微夹杂覆盖层的声学特性预测结果
（右图中的 1～4 对应于不同的设计，其中 3 和 4 具有吸声性能）（见彩图）

### 9.3.2　Alberich 型声学覆盖层

由于显微夹杂材料的行为类似于匀质材料，因而它们的声学性能与简约频率（正比于厚度声速比）之间存在着直接联系，一般来说很难据此设计出适合于低频段的消声材料。Alberich 型声学覆盖层是另一种类型，这一名称来源于第二次世界大战期间安装在一艘德国潜艇上的橡胶覆盖层，如图 9.15 中的左图所示，它被设计成带有合适直径（对应于需要吸收的频率）的谐振腔阵列形式，一般由弹性体或橡胶基体和周期布置的空腔所构成。基于这一思路，就有可能设计出同时具备去耦和消声特性的覆盖层，并且利用共振行为还可改进其性能。不过需要注意的是，共振行为的利用也会带来一些局限性，主要体现在有效工作频带的宽度上。另外，与显微夹杂技术类似，由于存在着空腔这类夹杂物，因而该类覆盖层的性能会受到静水压力的影响。

对于 Alberich 型声学覆盖层来说，其声学性能可以借助有限元方法进行周期单元的建模分析来给出预测结果，首个数值计算程序[HLA 91]是在声学软件 ATILA 环境下完成的。

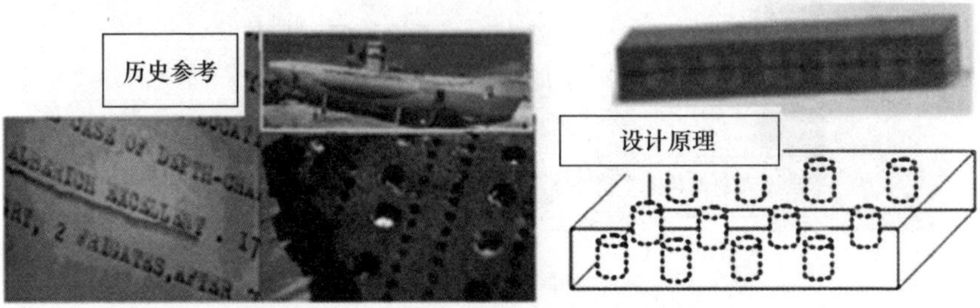


图 9.15　Alberich 型声学覆盖层技术

## 9.4　水声超材料研究实例

近年来，各国研究人员已经做了大量的研究工作，全面地回顾这些研究是困难的，因此这里只限于介绍法国所做的一些工作，其中包括 20 世纪 90 年代的早期研究。

### 9.4.1　柔性管格栅

柔性管格栅这一概念最早出现在美国(苏联也曾进行过研究)，主要用于设计潜艇舷侧阵声障，目的是减少从艇体到舷侧阵的噪声传递。该格栅由平直的谐振管周期阵列组成，管是金属材料或复合材料制备而成的。如果设计恰当，这些管子可以承受一定限度的静水压力，而其声学性能不会发生显著变化。此类构型的理论模型可以借助半解析的分域法[RAD 82]来构建，在作者的博士论文中，已经利用该方法和多重散射理论[AUD 89]给出了预测模型。需要注意的是，多重散射理论也可以用于处理非周期布置的情形。分析结果和实验结果的对比表明，在管横截面所对应的若干谐振频率处，透射系数是较低的，如图 9.16 所示。

为了拓宽低透射系数所处的频带，可以考虑采用具有不同横截面尺寸的多层布置形式。如图 9.17 所示，其中给出了双层柔性管格栅构型及其分析结果，该构型第二层中的管子与第一层是相似的，不过尺寸减小了一半[AUD 91]。另外，从集成化设计角度来说，这些管格栅还可以作为一个整体嵌入黏弹性层中。

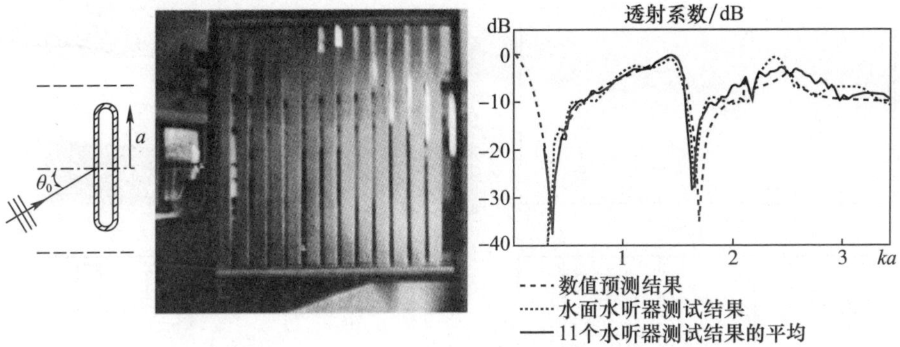


图 9.16　柔性管格栅的原理和实验结果

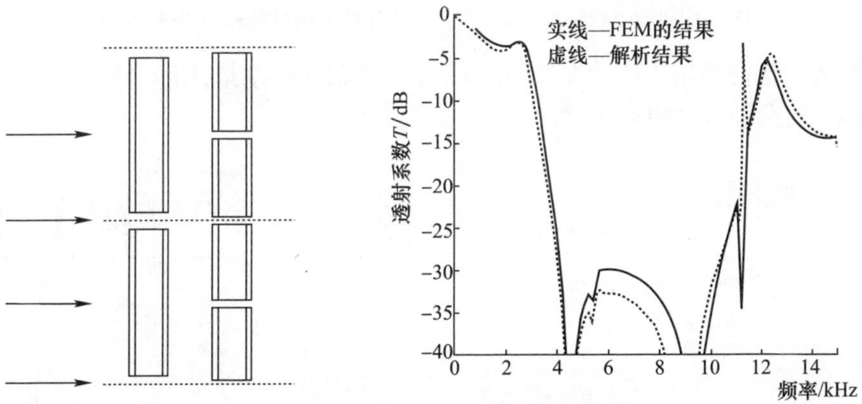


图 9.17　双层柔性管格栅

### 9.4.2　散射体在黏弹性基体内作周期布置所形成的超材料

前文中提及的 Alberich 声学覆盖层可以视为一类声学超材料。在基于 ATILA 环境的周期材料建模方面，为了优化性能指标或与实验结果对比，人们已经进行了很多研究。图 9.18 中给出了一个实例，该覆盖层是通过在聚氨酯层中引入两个方向上周期分布的短柱形空腔而制成的[HLA 91]。分析结果表明，在某个频带内出现了显著的声衰减，不过由于属于共振行为，因而该频带较窄。此外，如果基体介质的特性参数比较准确，还可以发现实验结果与数值模型的分析结果是相当吻合的。

近期人们又重新考察了黏弹性基体中嵌入共振散射体的这一设计理念，分析了带有散射体周期阵列的多层结构[MÉR 15]。该研究的目标之一是针对有限元所构建的周期材料提出可计算其色散曲线的方法，其中应能考虑基体的损

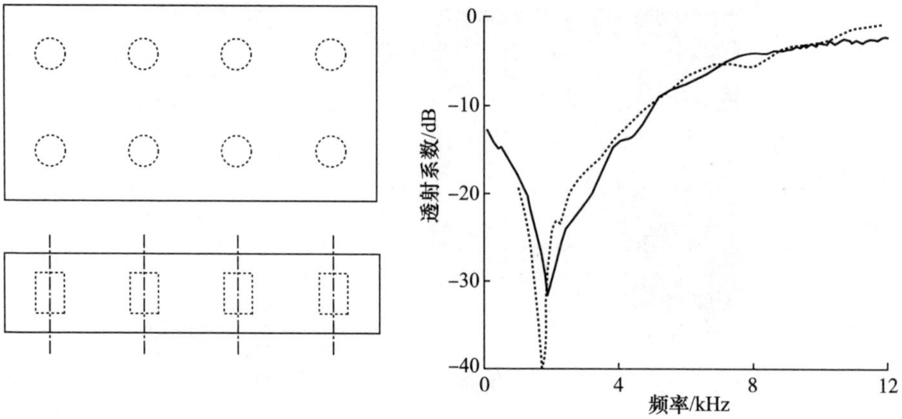


图 9.18　Alberich 材料的测试结果及其与有限元模型结果的比较[HLA 91]

耗行为。他们采用了两种方法,并得到了一致的分析结果,图 9.19 示出了一个实例。这两种方法如下:

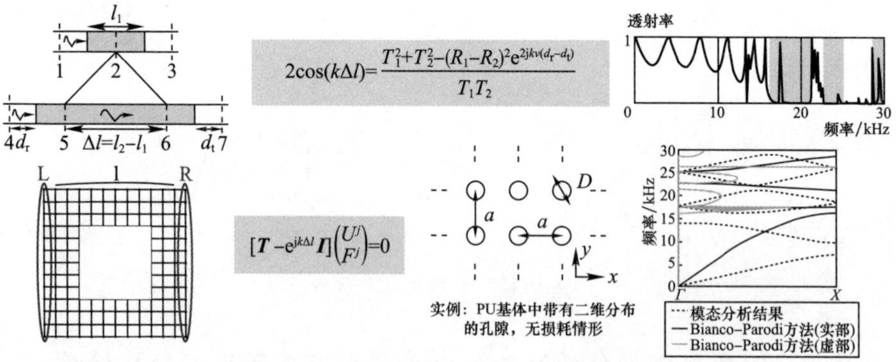


图 9.19　周期性声学超材料(有限元建模)中的等效声速的确定

(左图为两种方法的原理;右图为透射系数和色散曲线)

(本图源自于文献[MÉR 15],见彩图)

(1) Bianco - Parodi 方法,其中将两个不同层数的假想样件进行了对比;

(2) 传递函数方法,其中采用的是单个单元,计算要更耗时一些,不过能够给出更多信息(所有的解,包括等效横波波速)。

在文献[MÉR 15]中,研究人员针对不同层数和不同的基体损耗水平进行了参数影响分析,考虑了两种情况,即柱状孔隙和钢杆,分析结果可以参见图 9.20 中的左图。研究表明,当阻尼系数增大时,禁带和通带与反射系数和透射系数曲线的对应关系将不再明显,尤其是对于柱状孔隙情况更是如此。另外,对于由单层钢杆嵌入聚氨酯基体中所构成的样件(参见图 9.20 中的右图)来说,水池中的测试结果与数值预测结果取得了很好的一致性。

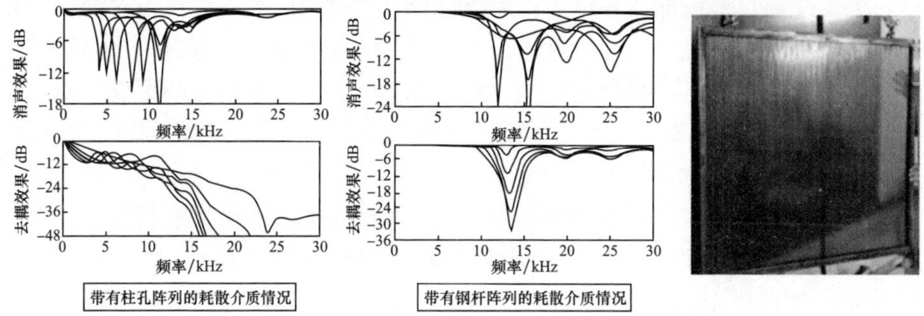


图 9.20 柱孔或钢杆置入黏弹性层中构成的周期格栅

(左图为基体损耗对声学性能的影响;右图为测试样件)[MÉR 15]

进一步,这些研究者还进行了带有更多层数构型参数影响研究,结果表明,利用刚性散射体是能够在较宽的频带内获得较低的透射系数的,这种刚性散射体情形对于静水压力也是不敏感的。不仅如此,利用所谓的“边界效应”还可以增强构型的性能,该方法也就是在两个最外层中采用直径更大一些的钢杆。另外,他们还考察了“芯 - 壳”型散射体,得到了其他一些分析结果,这种散射体是在杆上包覆了一层刚度小于基体的材料而构成的。图 9.21 中给出了一些分析结果。

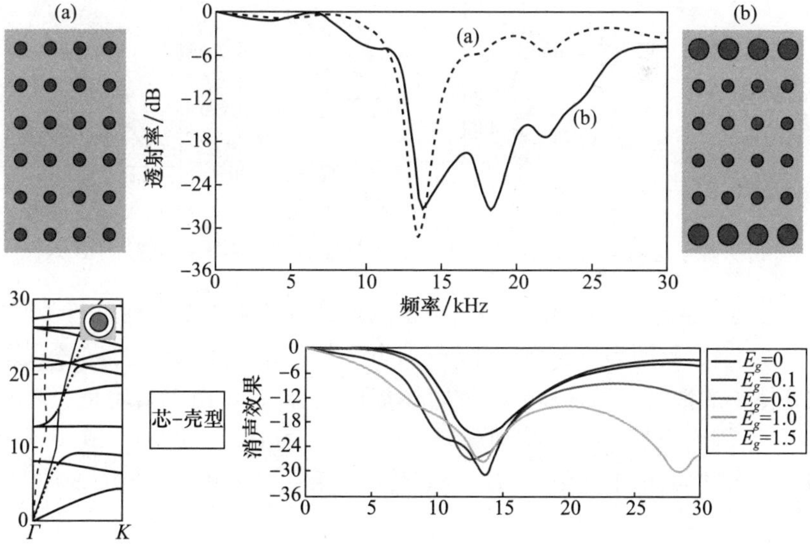


图 9.21 针对由散射体周期布置形成的超材料所进行的参数研究

(上图为刚性散射体情形和边界效应;下图为“芯 - 壳”型散射体情形)[MÉR 15]

### 9.4.3 散射体在黏弹性基体中随机布置而形成的超材料

为了改变材料内部的波传播行为，获得超材料特性，另一种可行途径是在黏弹性基体中引入随机分布的散射体。一些研究人员针对球形散射体情形，采用多重散射理论建立了一些分析模型。首先需要确定依赖于频率的等效介质参数（声速和密度），然后借助某种分析模型即可计算没入水中的有限厚度复合材料层的反射系数和透射系数了。

最早的相关研究出现在20世纪90年代，人们在黏弹性层中制出了多个空腔（空气散射体）[AUD 94]，根据实验结果反向预估其等效声速，并将结果与Waterman等的模型[WAT 61]进行了比较。如图9.22所示，分析结果证实了声速的显著变化是与散射体的局域共振密切相关的，不过在周期布置情形中，理论和实验结果还存在着较大的偏差，实际上在这种情形下有限元模型要更适用一些。

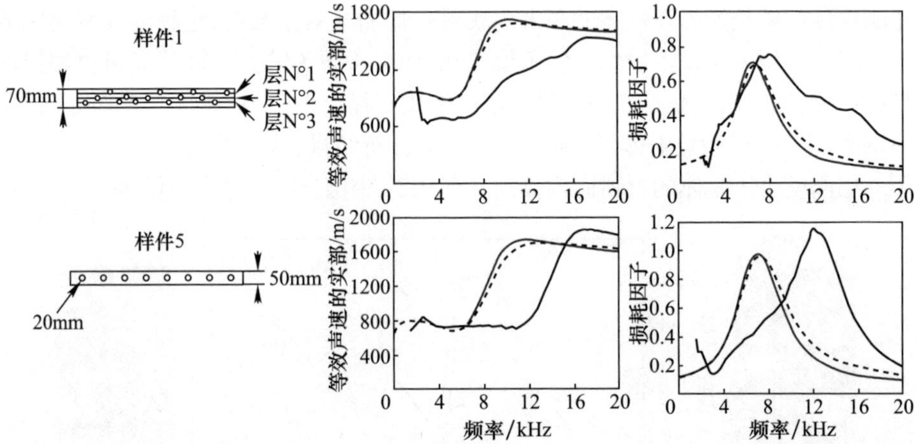


图9.22 含有多个球状空气散射体的黏弹性层的等效声速预测[AUD 94]

关于这一主题，论文[LEP 13a]中也从理论与实验两个方面进行了研究，考虑了声学上软、硬两类球形散射体（分别为聚苯乙烯泡沫球和铅球）置入不同聚合物基体中的情况。尽管样件和散射体都比较小，不过由于实验是在超声波频段进行的，因而仍然可以观察到局域共振行为。如图9.23所示，其中给出了若干理论分析结果，即上述复合材料的等效声速和等效密度，从中可以认识到以下两点。

(1) 软散射体情况：单极共振效应占据了主导地位，由此导致等效声速出现了显著变化，而等效密度的变化很小。

（2）重散射体情况：偶极共振（惯性行为）效应占据了主导地位，由此导致等效密度的显著改变，而等效声速的变化较小。

当然，如果基体中置入的散射体更多（或者说散射体的“浓度”更大），那么上述现象也会更加突出。

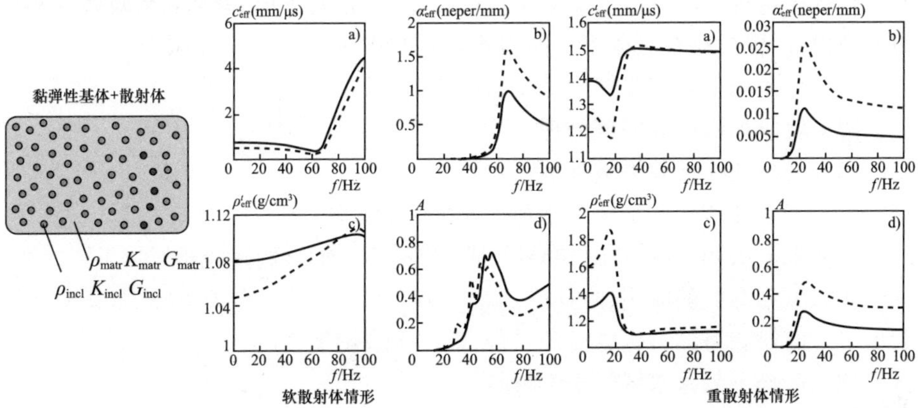


图 9.23 针对由共振球状散射体随机分布于聚合物基体中所形成的复合材料，理论预测出的等效声速（左图为软散射体情形，右图为重散射体情形，虚线代表的是散射体的“浓度”更大的情形）[LEP 13a]

采用芯－壳型散射体（即软材料层包覆着高密度的芯体）也能够获得一些有趣的声学效应，如图 9.24 所示，如负的等效密度[LEP 13b]。该图中给出的仅仅是理论分析结果，没有相关的实验样件和实验结果。

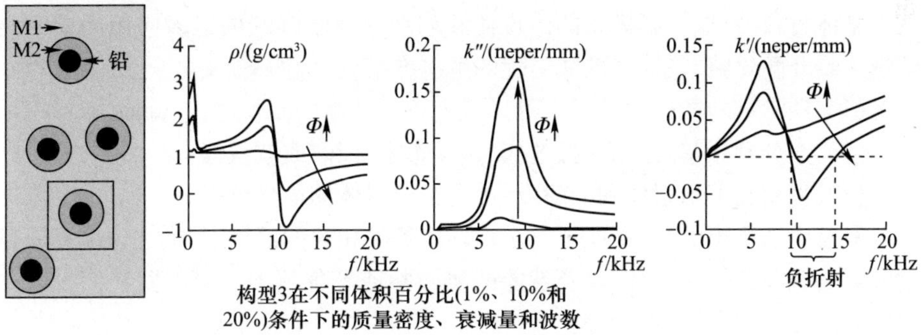


图 9.24 针对由芯－壳型散射体随机分布于聚合物基体中所形成的复合材料，理论预测出的等效声学特性（考虑了散射体浓度 $\Phi$ 逐渐增大的若干情况）

从技术层面来看，如何制备出具有恰当特性的散射体是一个关键问题。为此，近期一些研究人员正在致力于借助特殊的工艺过程来制备多孔硅材料，实现其声学特性的调节[BA 16]。

## 9.5 挑战与展望

虽然在船身上敷设声学覆盖层这一技术已经发展了几十年,然而根据应用的不同,当前仍然存在着以下一些需要解决的方面:

(1) 船舶声学处理和声隐身所需的覆盖层;

(2) 低频和极低频消声处理;

(3) 低频和极低频去耦处理;

(4) 声学性能和静水压力承载性能之间的平衡;

(5) 水下探测系统,针对声呐阵列集成的多目标材料优化;

(6) 民用方面的应用;

(7) 商船和海洋可再生能源系统,低成本去耦覆盖层;

(8) 适合于超深水域的声学材料。

需要注意的是,海洋环境也会引发技术上的发展限制,因此应关注以下两个方面:

(1) 基体材料的选择必须非常谨慎;

(2) 面向空气声的声学解决方案在水下环境条件下未必是适用的,至少不能简单地移植过来。

尽管人们已经针对类似于超材料这样的概念进行了较长时间的研究,但近期这方面仍然是一个热点领域。超材料将各种类型的散射体以不同的布置方式置入基体材料中,这一新概念的出现使我们在水声学领域的诸多应用问题中能够进一步开阔思路,设计出性能更优的解决方案,举例如下:

(1) 在满足功能性的前提下可以达到较小的厚度波长比;

(2) 充分利用禁带、超共振效应、负动态密度和/或波数等;

(3) 采用新型散射体和/或在层中进行散射体的最优分配。

最后应当指出的是,在保证与水声环境条件相容的前提下,上述这些新思路的实际实现及其优化设计,以及性能的实验验证等各项工作仍需要我们投入更多的时间和精力。

## 参考文献

[AUD 89] AUDOLY C. ,Etude de barrières acoustiques formées de réseaux d' obstacles résonnants,PhD thesis, University of Toulon,1989.

[AUD 91] AUDOLY C. ,"Acoustic wave scattering from periodic gratings: Application to underwater acoustic baffles",Undersea Defence Technology Conference,Paris,France,1991.

[AUD 94] AUDOLY C. ,"Acoustic analysis of panels made with viscoelastic materials containing resonant cavities",Acta Acustica,vol. 2,no. 5,1994.

[AUD 11] AUDOLY C. ,"Acoustic characterisation of anechoic or decoupling coatings taking into account the supporting hull", RINA Warship Conference. Naval Submarines and UUV, Bath, UK, 29 - 30 June,2011.

[AUD 12] AUDOLY C. ,"Determination of efficiency of anechoic or decoupling hull coatings using water tank acoustic measurements",Congrès Français d' Acoustique,Nantes,France,2012.

[AUD 17] AUDOLY C. ,GAGGERO T. ,BAUDIN E. et al. ,"Mitigation of underwater radiated noise related to shipping and its impact on marine life: A practical approach developed in the scope of AQUO project",IEEE Journal of Oceanic Engineering,vol. 42,no. 2,pp. 373 - 387,2017.

[BA 16] BA A. S. ,Etude de la transmission acoustique de métaplaques localement résonantes,PhD thesis,University of Bordeaux,2016.

[BER 10] BERETTI S. ,"Réponse acoustique d' élastomères micro - inclusionnaires soumis à la pression d' immersion",Congrès Français d' Acoustique,Lyon,France,2010. [CUM 07] C UMMER S. ,S CHURIG D. ,"One path to acoustic cloaking",New Journal of Physics,vol. 9,p. 45,2007.

[EUR 08] EUROPEAN PARLIAMENT,Maritime Strategy Framework Directive 2008/56/EC,Council of the European Union,2008.

[GAR 11] GARCÍA - CHOCANO V. M. ,SANCHIS L. ,DÍAZ - RUBIO A. et al. ,"Acoustic cloak for airborne sound by inverse design",Applied Physics Letters,vol. 99,no. 7,p. 074102,2011.

[HLA 91] HLADKY - HENNION A. - C. ,DECARPIGNY J. ,"Analysis of the scattering of a plane acoustic wave by a doubly periodic structure using the finite element method: Application to Alberich anechoic coatings",Journal of the Acoustical Society of America,vol. 90,no. 6,p. 3356,1991.

[KUH 13] KUHN C. ,"Hydro sound dampers(HSD) - A new offshore piling noise mitigation system",1st Conference on Underwater Acoustics,Corfu,June 2013.

[KUS 74] KUSTER G. T. ,TOKSÖZ M. N. ,"Velocity and attenuation of seismic waves in two - phase media: Part I. Theoretical formulations",Geophysics,vol. 39,p. 587,1974.

[LEP 13a] LEPERT G. ,Etude des interactions élasto - acoustiques dans des métamatériaux formés d' inclusions résonnantes réparties aléatoirement,PhD thesis,University of Bordeaux,2013.

[LEP 13b] LEPERT G. ,ARISTÉGUI C. ,PONCELET O. et al. ,"Study of the acoustic behavior of materials with core - shell inclusions",12th Anglo - French Physical Acoustics Conference,Fréjus,France,2013.

[MÉR 15] MÉRESSE P. ,Matériaux absorbants à structure périodique et inclusions résonantes pour l' acoustique sous - marine,PhD thesis,Lille 1 University of Science and Technologies,2015.

[RAD 82] RADLINSKI R. ,SIMON M. ,"Scattering by multiple grating of compliant tubes",Journal of the Acoustical Society of America,vol. 72,no. 607,1982.

[SÁN 14] SÁNCHEZ - DEHESA J. ,"Advances in acoustics metamaterials and acoustic cloaks",ARIADNA Workshop,2014.

[WAT 61] WATERMAN P. ,TRUELL R. ,"Multiple scattering of waves",Journal of Mathematical Physics, vol. 2,no. 4,p. 512,1961.

# 附录1　三维周期薄层结构在时域内的匀质化——等效边界和跳跃条件

Agnès MAUREL, Kim PHAM, Jean - Jacques MARIGO

## A1.1　等效系数 $A_{\alpha\beta}$, $C_{\alpha\beta}$ 和 $B_\alpha$, $C_{1\alpha}$ 的性质

这里将给出这些等效系数之间的某些关系式，并针对结构化膜进行说明，刚性层附近或其上的结构情形是类似的。

### A1.1.1　$A_{23}=A_{32}$ 和 $A_{\alpha\alpha}\geqslant 0$（关于 $C_{\alpha\beta}$ 也有相同结果）

这里将证明以下关系，即

$$A_{\alpha\beta}=A_{\beta\alpha}=\int_{\mathcal{Y}}\nabla Q_\alpha\cdot\nabla Q_\beta\mathrm{d}\boldsymbol{y}\tag{A1.1}$$

为此，只需考虑以下表达式，即

$$\begin{aligned}0&=\int_{\mathcal{Y}}Q_\alpha\Delta(Q_\beta+y_\beta)\mathrm{d}\boldsymbol{y}\\&=-\int_{\mathcal{Y}}\nabla Q_\alpha\cdot\nabla Q_\beta\mathrm{d}\boldsymbol{y}-\int_{\mathcal{Y}}\frac{\partial Q_\alpha}{\partial y_\beta}\mathrm{d}\boldsymbol{y}+\int_{\partial\mathcal{Y}}Q_\alpha\nabla(Q_\beta+y_\beta)\cdot\boldsymbol{n}\mathrm{d}s\end{aligned}$$

上式中的最后一个积分在 $\Gamma$ 上、刚性壁面上、$y_2$ 和 $y_3$ 的周期边界上，以及 $Y(+y_1^m)$（当 $y_1^m\to+\infty$）上均为零（$\boldsymbol{n}=\boldsymbol{e}_1$ 且 $\nabla Q_\beta\to 0$）。由此不难推出 $A_{23}=A_{32}$，并且当 $\alpha=\beta$ 时，$A_{22}$ 和 $A_{33}$ 都是正值。

对于 $C_{\alpha\beta}$ 而言情况也是相同的，最后一个在 $\partial Y$ 上的积分项也将为零，其原因与壁面情形是一样的，不过所采用的是：当 $y_1^m\to+\infty$ 时，由于 $\boldsymbol{n}=\pm\boldsymbol{e}_1$ 和 $\nabla Q_\beta\to 0$，因而在 $Y(\pm y_1^m)$ 上 $\nabla(Q_\beta+y_\beta)\cdot\boldsymbol{n}$ 为零。

### A1.1.2　$B_\alpha=-C_{1\alpha}$（$\alpha=2$、3）

这里将要证明的是

$$B_\alpha = -C_{1\alpha} = \int_Y \nabla Q_1 \cdot \nabla Q_\alpha \mathrm{d}\boldsymbol{y} \tag{A1.2}$$

为此，只需考察以下关系即可，即

$$0 = \int_Y Q_\alpha \Delta Q_1 \mathrm{d}\boldsymbol{y} = -\int_Y \nabla Q_1 \cdot \nabla Q_\alpha \mathrm{d}\boldsymbol{y} + \int_{\partial Y} Q_\alpha \nabla Q_1 \cdot \boldsymbol{n} \mathrm{d}s$$

上式中最后一项积分在 $\Gamma$ 上和 $y_2$、$y_3$ 方向的横向周期边界上均为零，只有 $Y(y_1^m)$（$|y_1^m|$取上限时有$\nabla Q_1 \cdot \boldsymbol{n} = 1$）和 $Y(-y_1^m)$（$\nabla Q_1 \cdot \boldsymbol{n} = -1$）上的两个积分保留下来。于是，最后一项积分也就恰好可以简化为 $B_\alpha$，这也就证明了式（A1.2）中的第一个等式。

进一步，考虑以下积分，即

$$\begin{aligned} 0 &= \int_Y Q_1 \Delta (Q_\alpha + y_\alpha) \mathrm{d}\boldsymbol{y} \\ &= -\int_Y \nabla Q_1 \cdot \nabla Q_\alpha \mathrm{d}\boldsymbol{y} - \int_Y \frac{\partial Q_1}{\partial y_\alpha} \mathrm{d}\boldsymbol{y} + \int_{\partial Y} Q_1 \nabla (Q_\alpha + y_\alpha) \cdot \boldsymbol{n} \mathrm{d}s \end{aligned}$$

上式中的最后一个积分在 $\Gamma$ 上、周期边界上，以及 $Y(\pm y_1^m)$ 上（$\boldsymbol{n} = \pm \boldsymbol{e}_1$ 且 $\nabla Q_\alpha \to 0$）均为零，由此也就证明了式（A1.2）中的第二个等式。

# 附录2　多重散射理论导论：格林－基尔霍夫积分和布洛赫波幅值

Logan SCHWAN, Jean－Philippe GROBY

这里首先需要定义一个周期为 $\ell$ 的二维格林函数 $g^{\ell}_{\boldsymbol{x}_s}(\boldsymbol{x})$，它代表了位于平面 $P$ 内的点 $\boldsymbol{x}_{s,q}=\boldsymbol{x}_s+q\ell\boldsymbol{e}_x(q\in\mathbf{Z})$ 处的周期布置的线源（周期为 $\ell$）在点 $\boldsymbol{x}$ 处所形成的波场。假定点 $\boldsymbol{x}_s=x_s\boldsymbol{e}_x+y_s\boldsymbol{e}_y$ 位于参考簇 $\Omega^0_{cl}$ 之上或之下，也即 $x_s\in[-\ell/2,\ell/2]$，且 $y_s>y^+$ 或 $y_s<y^+$。进一步，若假定两个相继的源的相位差为 $e^{-ik_x\ell}$，那么场 $g^{\ell}_{\boldsymbol{x}_s}(\boldsymbol{x})$ 应满足以下方程，即

$$\mathrm{div}(\mathbf{grad}(g^{\ell}_{\boldsymbol{x}_s}))+k^2g^{\ell}_{\boldsymbol{x}_s}(\boldsymbol{x})=\sum_{q\in\mathbf{Z}}\delta(\boldsymbol{x}-\boldsymbol{x}_{s,q})e^{-ik_xq\ell}\tag{A2.1}$$

式中：当 $\boldsymbol{x}=\boldsymbol{x}_{s,q}$ 时 $\delta(\boldsymbol{x}-\boldsymbol{x}_{s,q})=1$，否则 $\delta(\boldsymbol{x}-\boldsymbol{x}_{s,q})=0$。

另一方面，散射场 $p^{sc}$ 应当满足以下亥姆霍兹方程，即

$$\mathrm{div}(\mathbf{grad}(p^{sc}))+k^2p^{sc}=0\tag{A2.2}$$

将式（A2.2）乘以 $g^{\ell}_{\boldsymbol{x}_s}$，并将式（A2.1）乘以 $p^{sc}$，就可以得到以下两个方程，即

$$g^{\ell}_{\boldsymbol{x}_s}\mathrm{div}(\mathbf{grad}(p^{sc}))+k^2p^{sc}g^{\ell}_{\boldsymbol{x}_s}=0\tag{A2.3a}$$

$$p^{sc}\mathrm{div}(\mathbf{grad}(g^{\ell}_{\boldsymbol{x}_s}))+k^2p^{sc}g^{\ell}_{\boldsymbol{x}_s}(\boldsymbol{x})=p^{sc}\sum_{q\in\mathbf{Z}}\delta(\boldsymbol{x}-\boldsymbol{x}_{s,q})e^{-ik_xq\ell}\tag{A2.3b}$$

两式相减可得

$$L(p^{sc},g^{\ell}_{\boldsymbol{x}_s})=p^{sc}\sum_{q\in\mathbf{Z}}\delta(\boldsymbol{x}-\boldsymbol{x}_{s,q})e^{-ik_xq\ell}\tag{A2.4a}$$

$$L(p^{sc},g^{\ell}_{\boldsymbol{x}_s})=p^{sc}\mathrm{div}(\mathbf{grad}(g^{\ell}_{\boldsymbol{x}_s}))-g^{\ell}_{\boldsymbol{x}_s}\mathrm{div}(\mathbf{grad}(p^{sc}))\tag{A2.4b}$$

利用微分恒等式 $u\,\mathrm{div}(\boldsymbol{g})=\mathrm{div}(u\boldsymbol{g})-\mathbf{grad}(u)\cdot\boldsymbol{g}$，其中的 $u$ 为标量场，$\boldsymbol{g}$ 为矢量场，于是式（A2.4b）可以化为

$$L(p^{sc},g^{\ell}_{\boldsymbol{x}_s})=\mathrm{div}[p^{sc}\mathbf{grad}(g^{\ell}_{\boldsymbol{x}_s})-g^{\ell}_{\boldsymbol{x}_s}\mathbf{grad}(p^{sc})]\tag{A2.5}$$

将式（A2.4a）在域 $V=[-\ell/2,\ell/2]\times[-h,h]$ 上进行积分，这里的 $h>\max$

$\{|y^+|,|y^-|,|y_s|\}$，参见图 6.4，于是可得

$$\int_V L(p^{sc},g^{\ell}_{\boldsymbol{x}_s})\mathrm{d}V = \int_V p^{sc}(\boldsymbol{x})\sum_{q\in\mathbf{Z}}\delta(\boldsymbol{x}-\boldsymbol{x}_{s,q})\mathrm{e}^{-\mathrm{i}k_x q\ell}\mathrm{d}V \tag{A2.6}$$

由于只有源 $\boldsymbol{x}_s=\boldsymbol{x}_{s,0}$ 属于域 $V$，于是将有以下关系式成立，即

$$\int_V p^{sc}(\boldsymbol{x})\sum_{q\in\mathbf{Z}}\delta(\boldsymbol{x}-\boldsymbol{x}_s-q\ell\boldsymbol{e}_x)\mathrm{e}^{-\mathrm{i}k_x q\ell}\mathrm{d}V = p^{sc}(\boldsymbol{x}_s) \tag{A2.7}$$

将式(A2.5)和式(A2.7)代入式(A2.6)中，并利用散度定理，不难导出以下关系式，即格林－基尔霍夫积分定理，即

$$p^{sc}(\boldsymbol{x}_s) = \int_{\partial V}[p^{sc}\mathrm{grad}(g^{\ell}_{\boldsymbol{x}_s}) - g^{\ell}_{\boldsymbol{x}_s}\mathrm{grad}(p^{sc})]\cdot\boldsymbol{n}_V\mathrm{d}V \tag{A2.8}$$

式中：$\partial V$ 为域 $V$ 的边界；$\boldsymbol{n}_V$ 为该边界的外法矢。

由于式(A2.8)中的被积函数是周期为 $\ell$ 的函数，因而在域 $V$ 的边界 $x=\pm\ell/2$ 处取值是相同的，只是 $\boldsymbol{n}_V=\pm\boldsymbol{e}_x$ 改变了符号而已。于是，在边界 $x=\pm\ell/2$ 上的积分也就相互抵消了，由此可得

$$p^{sc}(\boldsymbol{x}_s) = \Pi_h^+ + \Pi_h^- + \sum_{j=1,2,\cdots,N}\Pi_j \tag{A2.9a}$$

$$\Pi_h^{\pm} = \pm\int_{\Gamma_h^{\pm}}[p^{sc}\mathrm{grad}(g^{\ell}_{\boldsymbol{x}_s}) - g^{\ell}_{\boldsymbol{x}_s}\mathrm{grad}(p^{sc})]\cdot\boldsymbol{e}_y\mathrm{d}\boldsymbol{x} \tag{A2.9b}$$

$$\Pi_j = -\int_{\Gamma_j}[p^{sc}\mathrm{grad}(g^{\ell}_{\boldsymbol{x}_s}) - g^{\ell}_{\boldsymbol{x}_s}\mathrm{grad}(p^{sc})]\cdot\boldsymbol{n}_j\mathrm{d}\boldsymbol{x} \tag{A2.9c}$$

式中：$\Gamma_n^{\pm}$ 为 $y=\pm h$ 处的域 $V$ 边界；$\Gamma_j$ 为 $\Omega_j$ 的边界；$\boldsymbol{n}_j$ 为其外法矢。

计算上述这些积分需要格林函数 $g^{\ell}_{\boldsymbol{x}_s}$ 的解析表达式。为了确定 $\Pi_h^{\pm}$ 的值，需要导出笛卡儿坐标系 $(O,\boldsymbol{e}_x,\boldsymbol{e}_y)$ 下的格林函数 $g^{\ell}_{\boldsymbol{x}_s}$，为此可以将式(A2.1)中右端的狄拉克梳状函数展开成傅里叶级数形式，即

$$\sum_{q\in\mathbf{Z}}\delta(\boldsymbol{x}-\boldsymbol{x}_s-q\ell\boldsymbol{e}_x)\mathrm{e}^{-\mathrm{i}k_x q\ell} = \frac{\delta(y-y_s)}{\ell}\sum_{\mu\in\mathbf{Z}}\mathrm{e}^{-\mathrm{i}k_x^{\mu}(x-x_s)} \tag{A2.10}$$

式中：$k_x^{\mu}=k_x+2\pi\mu/\ell$。

周期格林函数可以取以下形式，即

$$g^{\ell}_{\boldsymbol{x}_s}(x,y) = \sum_{\mu\in\mathbf{Z}}\hat{g}_{\mu}(y)\mathrm{e}^{-\mathrm{i}k_x^{\mu}(x-x_s)} \tag{A2.11}$$

将式(A2.10)和式(A2.11)代入式(A2.1)可得

$$\frac{\partial^2\hat{g}_{\mu}}{\partial y^2} + (k_x^{\mu})^2\hat{g}_{\mu} = \frac{\delta(y-y_s)}{\ell} \Rightarrow \hat{g}_{\mu}(y) = \frac{\mathrm{e}^{-\mathrm{i}k_y^{\mu}(y-y_s)}}{2\mathrm{i}k_y^{\mu}\ell}, k_y^{\mu}\neq 0 \tag{A2.12}$$

式中：$(k_y^{\mu})^2 = k^2 - (k_x^{\mu})^2$。

将式(A2.12)代入式(A2.11)，即可得到笛卡儿坐标系$(O,\boldsymbol{x})$中的格林函数$g_{\boldsymbol{x}_s}^{\ell}$，其形式为从直线$y = y_s$处(源作周期布置)辐射出的平面波，即

$$g_{\boldsymbol{x}_s}^{\ell}(x,y) = \sum_{\mu \in \mathbf{Z}} \frac{1}{2\mathrm{i}k_y^{\mu}\ell} \mathrm{e}^{-\mathrm{i}k_x^{\mu}(x-x_s)+\mathrm{i}k_y^{\mu}|y-y_s|} \tag{A2.13}$$

利用式(2.13)和式(6.69)，由式(A2.9b)可以计算得到

$$\Pi_h^+ = 0, \Pi_h^- = 0 \tag{A2.14}$$

计算过程中还借助了以下的正交关系，即

$$\int_{x=-\ell/2}^{x=\ell/2} \mathrm{e}^{\mathrm{i}(k_x^{v}-k_x^{\varpi})x}\mathrm{d}x = \int_{x=-\ell/2}^{x=\ell/2} \mathrm{e}^{\mathrm{i}\frac{2\pi(v-\mu)}{\ell}x}\mathrm{d}x = \ell\delta(v-\mu) \tag{A2.15}$$

式(A2.14)意味着，式(A2.9a)所给出的散射场$p^{\mathrm{sc}}$仅来自于散射体表面$\Gamma_j$上的积分$\Pi_j$，而与$y = \pm h$处所假想的任意边界上的积分$\Pi_h^{\pm}$无关。为了计算$\Pi_j$，可以将格林函数$g_{\boldsymbol{x}_s}^{\ell}$表示成每个源所发出的柱面波的叠加形式，即

$$g_{\boldsymbol{x}_s}^{\ell} = \sum_{q \in \mathbf{Z}} \frac{1}{4\mathrm{i}} \psi_0(\boldsymbol{r}_{s,q}) \mathrm{e}^{-\mathrm{i}k_x q\ell}, \boldsymbol{r}_{s,q} = \boldsymbol{x} - \boldsymbol{x}_{s,q} \tag{A2.16}$$

根据 Graf 加法定理式(6.16)，有

$$\psi_0(\boldsymbol{r}_{s,q}) = \psi_0(\boldsymbol{r}_{s,q}^{j,0} + \boldsymbol{r}_j) = \sum_{m \in \mathbf{Z}} \psi_{0-m}(\boldsymbol{r}_{s,q}^{j,0})\zeta_m(\boldsymbol{r}_j), \quad |\boldsymbol{r}_j| < |\boldsymbol{r}_{s,q}^{j,0}| \tag{A2.17}$$

式中：$\boldsymbol{r}_{s,q}^{j,0} = \boldsymbol{x}_{j,0} - \boldsymbol{x}_{s,q}$；$\boldsymbol{r}_j = \boldsymbol{x} - \boldsymbol{x}_{j,0}$。这里的条件$|\boldsymbol{r}_j| < |\boldsymbol{r}_{s,q}^{j,0}|$是满足的，这是因为在计算$\Pi_j$时积分点$\boldsymbol{x}$属于$\Gamma_j$，而位于$\boldsymbol{x}_{s,q}$的源是远离$O_j$的。

将式(A2.17)代入式(A2.16)可得

$$g_{\boldsymbol{x}_s}^{\ell}(\boldsymbol{r}_j) = \frac{1}{4\mathrm{i}} \sum_{q \in \mathbf{Z}} \sum_{m \in \mathbf{Z}} \psi_{-m}(\boldsymbol{r}_{s,q}^{j,0})\zeta_m(\boldsymbol{r}_j)\mathrm{e}^{-\mathrm{i}k_x q\ell} \tag{A2.18}$$

另外，6.4.2 小节已经给出了$\Omega_j$附近散射场的以下形式，即

$$p^{\mathrm{sc}}(\boldsymbol{r}_j) = \sum_{n \in \mathbf{Z}} A_n^j \psi_n(\boldsymbol{r}_j) + (E_n^j - U_n^j)\zeta_n(\boldsymbol{r}_j) \tag{A2.19}$$

利用式(A2.18)和式(A2.19)，由式(A2.9c)计算$\Pi_j$可得

$$\Pi_j = \sum_{q \in \mathbf{Z}} \sum_{n \in \mathbf{Z}} (-1)^n A_n^j \psi_n(\boldsymbol{r}_{s,q}^{j,0})\mathrm{e}^{-\mathrm{i}k_x q\ell} = \sum_{q \in \mathbf{Z}} \sum_{n \in \mathbf{Z}} A_n^j \psi_n(\boldsymbol{r}_{j,q}^{s,0})\mathrm{e}^{\mathrm{i}k_x q\ell} \tag{A2.20}$$

式中：$\boldsymbol{r}_{j,q}^{s,0} = \boldsymbol{x}_{s,0} - \boldsymbol{x}_{j,q}$。式(A2.20)计算中已经借助了正交关系式(6.14)，同时还借助了贝塞尔函数和汉克尔函数的以下性质(式(A2.21b)是贝塞尔函数和汉克尔函数之间的朗斯基行列式)，即

$$J_{-n}(ka_j)J'_n(ka_j)-J'_{-n}(ka_j)J_n(ka_j)=0 \quad (\text{由于 } J_{-n}=(-1)^n J_n) \tag{A2.21a}$$

$$J_{-n}(ka_j)H'_n(ka_j)-J'_{-n}(ka_j)H_n(ka_j)=\frac{2\mathrm{i}(-1)^n}{(\pi ka_j)} \tag{A2.21b}$$

式(A2.20)表明,$\Pi_j$ 是所有散射体 $\Omega_{j,q\in\mathbf{Z}}$形成的散射场。

现在将格林函数 $g^{\ell}_{\boldsymbol{x}_s}$改写为另一种形式,该形式综合了针对场点 $\boldsymbol{x}_s$ 的笛卡儿坐标和针对积分点 $\boldsymbol{x}$ 的极坐标。按照 6.3.5 小节所给出的相同过程,式(A2.13)中的平面波 $\mathrm{e}^{-\mathrm{i}k^\mu_x x\pm \mathrm{i}k^\mu_y y}$可以表示为

$$\mathrm{e}^{-\mathrm{i}k^\mu_x x\pm\mathrm{i}k^\mu_y y}=\mathrm{e}^{-\mathrm{i}k^\mu_x x_j\pm\mathrm{i}k^\mu_y y_j}\mathrm{e}^{-\mathrm{i}kr_j\cos(\theta_j-\vartheta^\mu)} \tag{A2.22}$$

式中:$(r_j,\theta_j)$为坐标系$(O_j,\boldsymbol{r}_j)$中点 $\boldsymbol{x}$ 的极坐标;$\vartheta^\mu$ 的选取使 $k^\mu_x=k\cos\vartheta^\mu$ 和 $k^\mu_y=k\sin\vartheta^\mu$。于是,利用 Jacobi - Anger 展开式(6.38),不难得到以下基于正则波函数的展开,即

$$\mathrm{e}^{-\mathrm{i}k^\mu_x x\pm\mathrm{i}k^\mu_y y}=\mathrm{e}^{-\mathrm{i}k^\mu_x x_j\pm\mathrm{i}k^\mu_y y_j}\sum_{m\in\mathbf{Z}}(-\mathrm{i})^m\mathrm{e}^{\pm\mathrm{i}m\vartheta^\mu}\zeta_m(\boldsymbol{r}_j) \tag{A2.23}$$

将式(A2.23)代入式(A2.13)可得

$$g^{\ell}_{\boldsymbol{x}_s}(\boldsymbol{r}_j)=\sum_{\mu\in\mathbf{Z}}\frac{\mathrm{e}^{\mathrm{i}k^\mu_x(x_s-x_j)-\varepsilon\mathrm{i}k^\mu_y(y_s-y_j)}}{2\mathrm{i}k^\mu_y\ell}\sum_{m\in\mathbf{Z}}(-\mathrm{i})^m\mathrm{e}^{\varepsilon\mathrm{i}m\vartheta^\mu}\zeta_m(\boldsymbol{r}_j) \tag{A2.24}$$

式中,若 $y>y_s$(即 $r_j\sin\theta_j>y_s-y_j$),则 $\varepsilon=+1$,而若 $y<y_s$(即 $r_j\sin\theta_j<y_s-y_j$),则 $\varepsilon=-1$。

利用式(A2.24)和式(A2.19),根据式(A2.9c)计算 $\Pi_j$,并借助正交关系式(6.14)和式(A2.21)所给出的性质,可以得到以下关系式,即

$$\Pi_j=\begin{cases}\displaystyle\sum_{\mu\in\mathbf{Z}}\left(\sum_{m\in\mathbf{Z}}K^+_{\mu,m}A^j_m\right)\mathrm{e}^{\mathrm{i}k^\mu_x(x_s-x_j)+\mathrm{i}k^\mu_y(y_s-y_j)} & y_s>y_j+a_j\\ \displaystyle\sum_{\mu\in\mathbf{Z}}\left(\sum_{m\in\mathbf{Z}}K^-_{\mu,m}A^j_m\right)\mathrm{e}^{\mathrm{i}k^\mu_x(x_s-x_j)-\mathrm{i}k^\mu_y(y_s-y_j)} & y_s<y_j-a_j\end{cases} \tag{A2.25}$$

式中:

$$K^{\pm}_{\mu,m}=\frac{2(-\mathrm{i})^m\mathrm{e}^{\pm\mathrm{i}m\vartheta^\mu}}{(k^\mu_y\ell)} \tag{A2.26}$$

通过对比积分 $\Pi_j$ 的两个表达式(式(A2.20)和式(A2.25))可以看出,所有散射体 $\Omega_{j,q\in\mathbf{Z}}$所导致的散射场可以展开为外行布洛赫波(针对$|y_s-y_j|>a_j$),这些波动成分看上去似乎是从直线 $y=y_j$ 处辐射出来的,各个散射体 $\Omega_{j,q\in\mathbf{Z}}$的中心 $O_{j,q}$沿着该直线是对齐的。

# 译者简介

舒海生,男,1976.11,安徽省石台县人,工学博士,博士后,现任池州职业技术学院机电与汽车系教授。历年来主要从事减振降噪、声子晶体与弹性超材料以及机械装备设计开发等方面的研究工作,主持多项国家级和省部级项目,发表论文30余篇,主持翻译并出版译著6部。

孔凡凯,男,汉族,工学博士,博士后,现任哈尔滨工程大学机电工程学院教授,博士生导师,主要从事机构学、海洋可再生能源开发以及船舶推进性能与节能等方面的教学与科研工作,近年来发表科研论文20余篇,主持国家自然科学基金和国家科技支撑计划重点项目等多个课题。

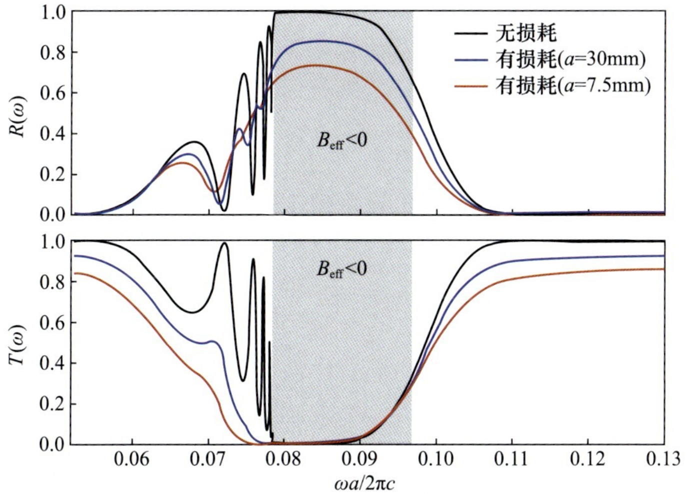


图 1.2　单负声学超材料(图 1.1)的反射谱 $R(\omega)$ 和透射谱 $T(\omega)$(黑色实线代表的是无热黏性损耗情况下的计算结果;蓝色实线为全尺度下的有损耗情况;红色实线为 1/4 尺度下的有损耗情况,为了在图中反映整个频谱,频率轴采用的是简约参数)

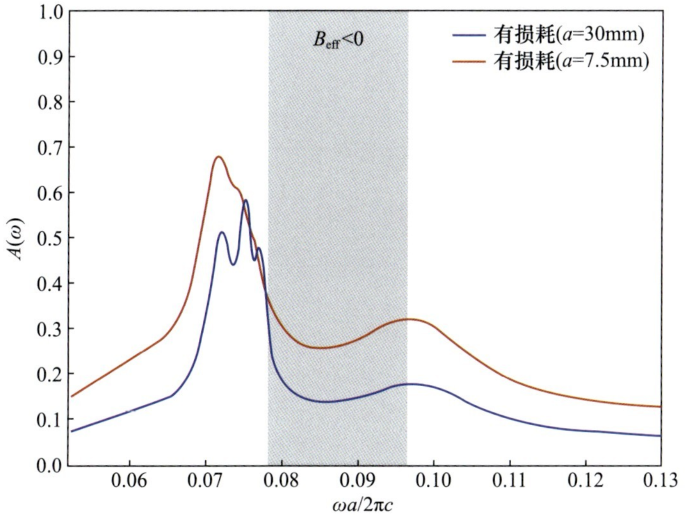


图 1.3　声学超材料(图 1.1)的吸收谱 $A(\omega)$ 计算结果(两条曲线都是有热黏性损耗情况,只是尺寸不同,蓝色曲线针对晶格周期为 $a=30\text{cm}$ 的情况,对应于文献[GAR 12]所考察的样件,而红色曲线针对晶格周期为 $a=7.5\text{cm}$ 的情况,对应于 1/4 尺度缩放后的结构。为了在图中反映整个频谱,频率轴采用的是简约参数)

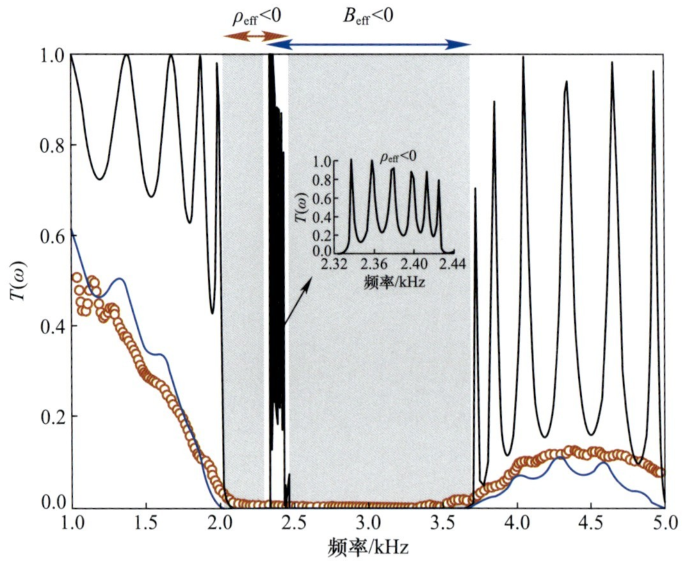


图 1.5　双负声学超材料(图 1.4)的透射谱 $T$(黑色曲线为无损耗情况下的边界元仿真结果,蓝色曲线为考虑热黏性损耗情况下的结果,圆圈标记为实验数据,灰色区域为单负行为对应的频率区间,两块灰色区域重叠的部分对应了双负频带(见局部放大图))

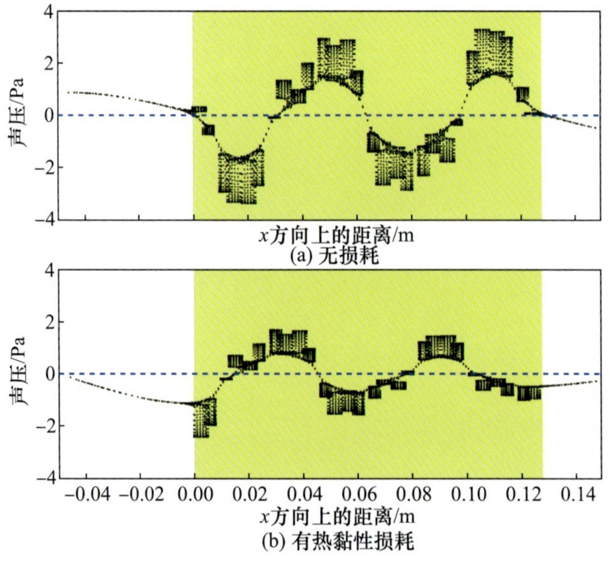


图 1.7　1675Hz 的声波沿着图 1.4 所示的结构传播时的声压计算结果(采用的是边界元计算方法。黄色区域对应于该超材料板结构所在区域,水平虚线是为了便于观察,它对应的是零声压)

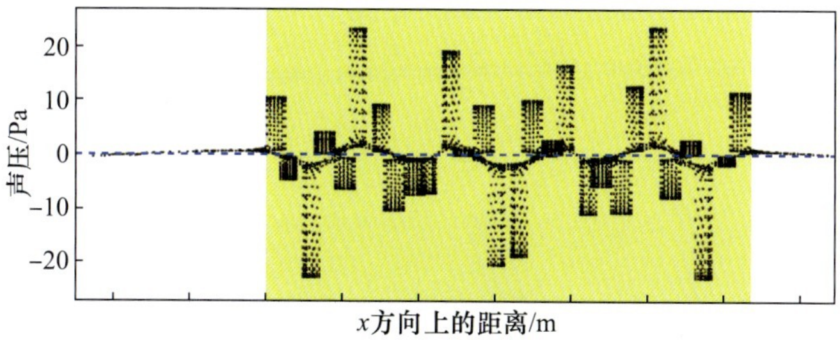

(a) 无损耗

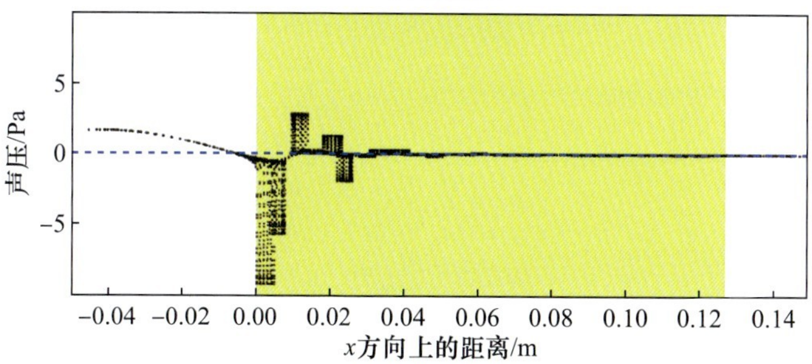

(b) 有热黏性损耗

图 1.8　2380Hz 的声波沿着图 1.4 所示的结构传播时的声压计算结果(采用的是边界元计算方法(注意垂直轴的尺度是不同的)。黄色区域对应于该超材料板结构所在区域,水平虚线是为了便于观察,它对应的是零声压)

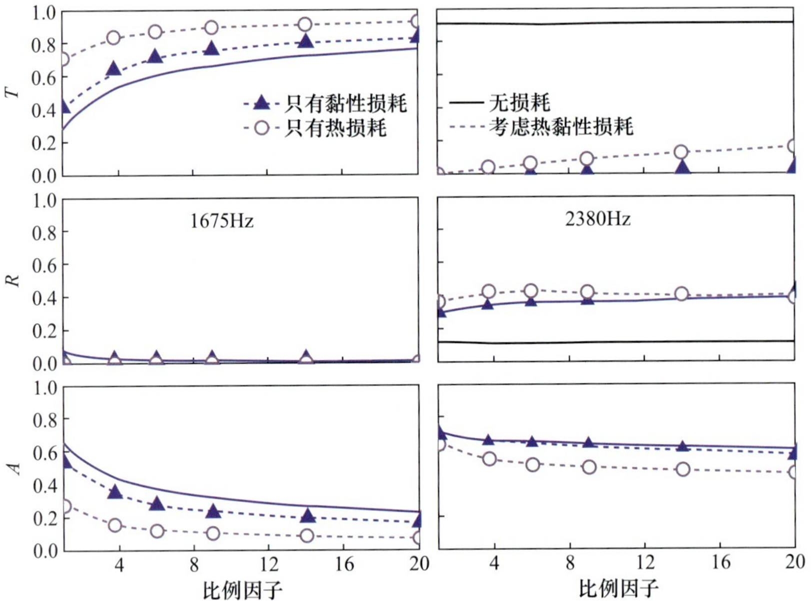


图1.9 针对图1.4所示的双负声学超材料结构计算得到的透射率$T$、反射率$T$和吸收率$A$随比例因子的变化情况(蓝色曲线为考虑热黏性损耗下的边界元计算结果,黑色曲线为不考虑损耗的情况。左图对应了1675Hz频率,该频率位于第一个双正通带频带内;右图对应于2380Hz频率,该频率位于双负频带内。图中的符号标记说明了黏性损耗(圆圈标记)和热损耗(三角标记)各自的贡献。1675Hz对应于一个FP共振峰,无损耗情况下有$T=1$,$R=0$,$A=0$,图中未显示)

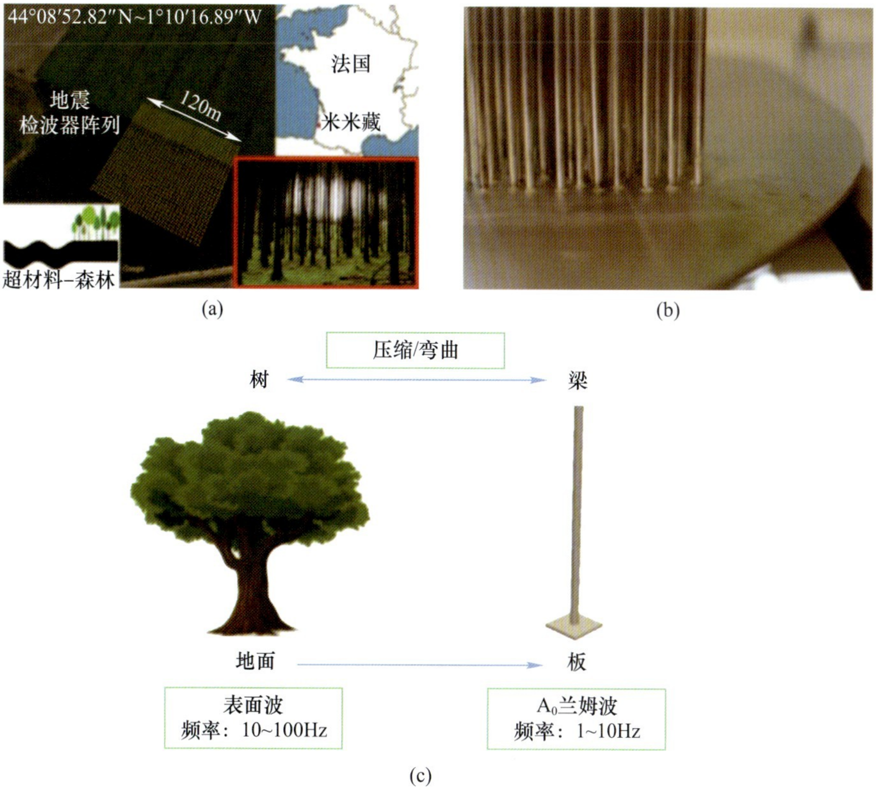


图 2.1　针对地震弹性波的不同尺度局域共振超材料实例

(a)在一个自由场与一个密集松树林的界面处放置地震检波器(黄色点)；(b)附连到一块薄铝板上的金属杆簇(随机布置)；(c)两个系统的共振单胞的类比及各自相关的频带。

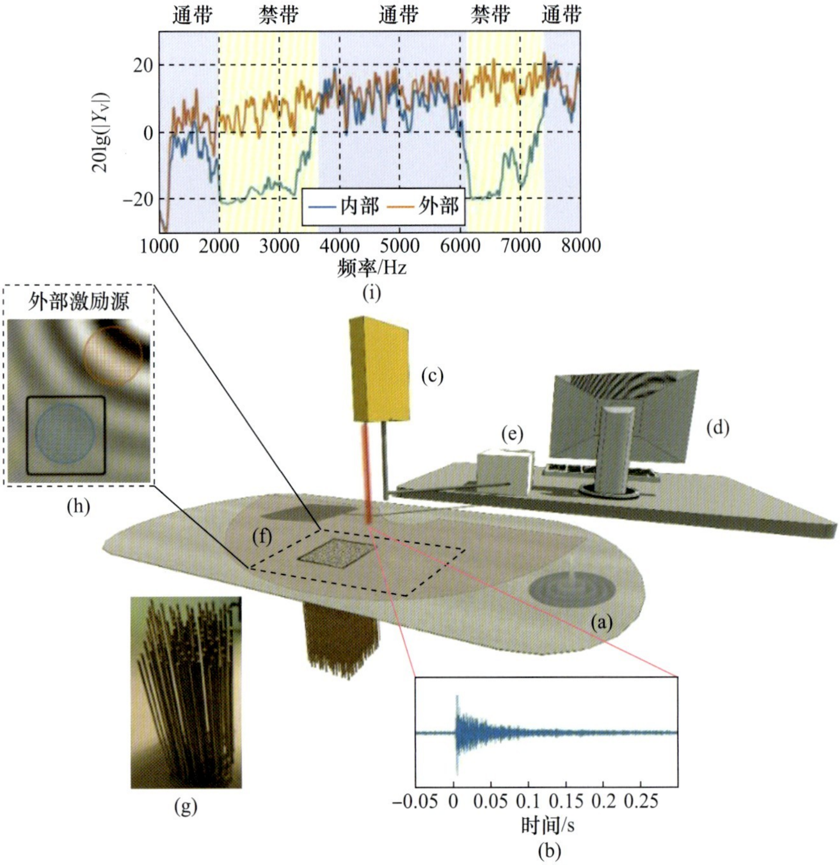


图 2.2　实验室尺度下的实验设置（压电点源（a）在铝板内产生 $A_0$ 模式兰姆波，通过面外激光多普勒测速仪（c）测出粒子速度（b），测速仪与计算机（d）控制的机械臂（e）相连，机械臂可达范围为红色区域（f），超材料（g）是由 100 根杆附连于板（黑色方块）上构成的。通过测量板面上的强混响波场并进行傅里叶分析，如图（i）所示，可以看出存在着很宽的通带和禁带，禁带内能量无法穿过超材料，图（i）中的蓝色线为杆簇内部测量结果，红色线为杆簇外部测量结果）

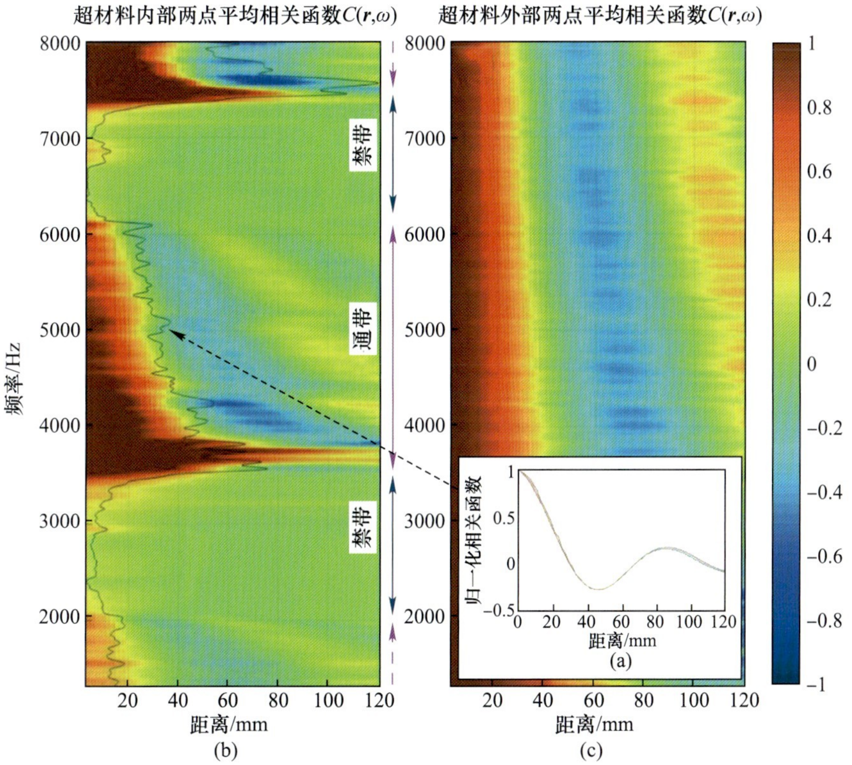


图 2.3　超材料的频率波形

(a)针对超材料区域内部所有接收点,在 5kHz 处测得的(归一化)两点平均相关函数的实部(蓝色曲线),板的格林函数图像为红色曲线;(b)超材料内部测得的两点平均相关函数与频率的关系(黑色曲线对应于平均强度);(c)超材料外部测得的两点平均相关函数与频率的关系

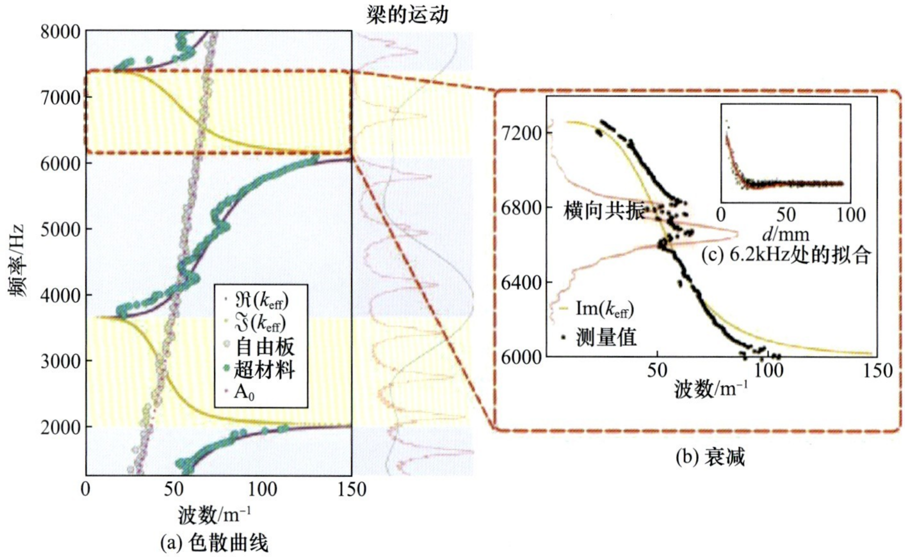


图 2.4 板 – 杆系统的频率 – 波数关系

(a)声源位于超材料外部时的色散曲线(是根据超材料内部(蓝色点)和外部(灰色点)的两点平均相关函数计算得到的,理论结果为紫色实线(通带)和黄色实线(禁带));(b)针对声源位于超材料内部情形计算出的第二带隙内的衰减情况(局部放大图反映了 $f=6400\text{Hz}$ 处的波场实部(针对每一个接收点)与到声源的距离之间的关系)。

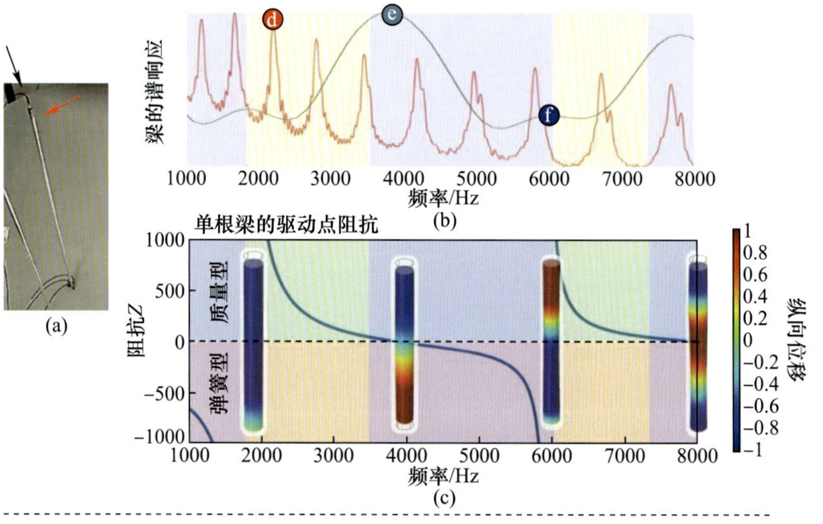

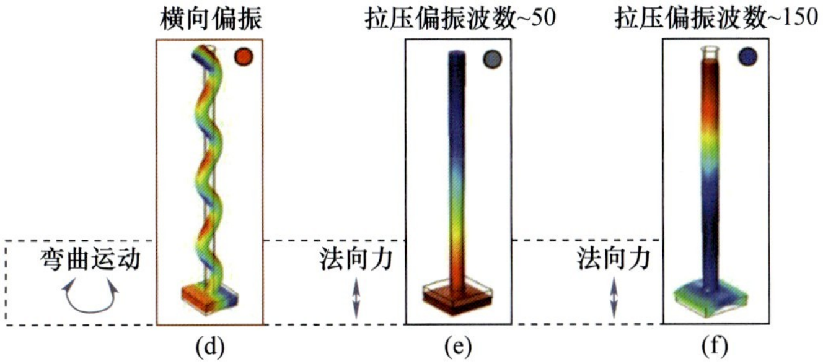


图 2.5 单根杆附连于板上时的阻抗和力学耦合

(a)单根杆的纵向运动(黑色箭头)和横向运动(红色箭头);(b)单根杆的谱响应(黑色为面外运动,红色为面内运动);(c)计算得到的单根杆与板的连接位置处的驱动点阻抗(杆的位移只限于纵向);(d)~(f)针对单根杆附连于板的结构,基于 COMSOL 仿真得到布洛赫波偏振情况(在靠近拉压共振和弯曲共振的频率点提取出)。

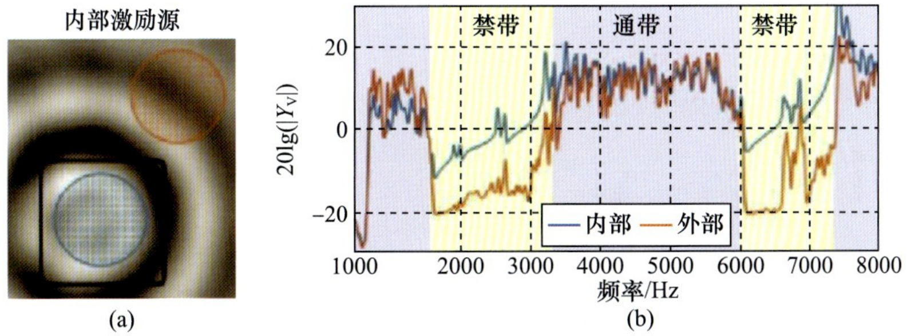


图 2.6 内率激励源及其平均谱强度

(a)位于超材料(黑色方块)内部的声源产生的辐射场(蓝色和红色圆圈代表进行能量平均的区域);(b)超材料区域内部的平均能量(蓝色线)和透射到超材料区域外部的平均能量(红色线)。

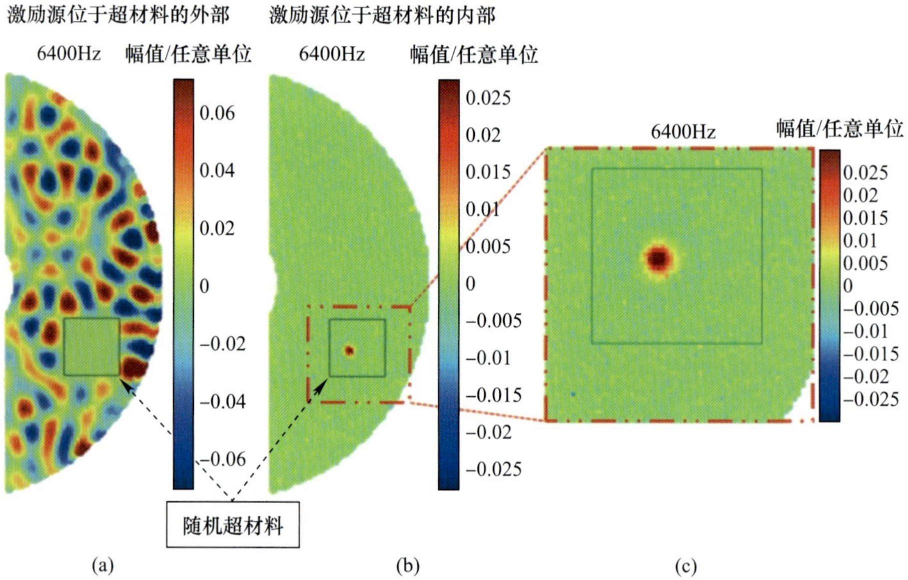


图 2.7　激励源位于超材料的内部和外部的情形下的波场模式

(a) $f=6400\text{Hz}$ 处波场的傅里叶变换(实部)的空间描述($x$ 和 $y$ 方向上空间采样距离为 8mm,声源位于超材料(黑色方块)的外部);(b)与(a)类似,只是声源位于超材料内部;(c)针对超材料区域(即(b)中的红色虚线框区域)的新实验(声源位于相同位置,$x$ 和 $y$ 方向上空间采样距离为 4mm,在禁带内声源的行为类似于一个单极子)。

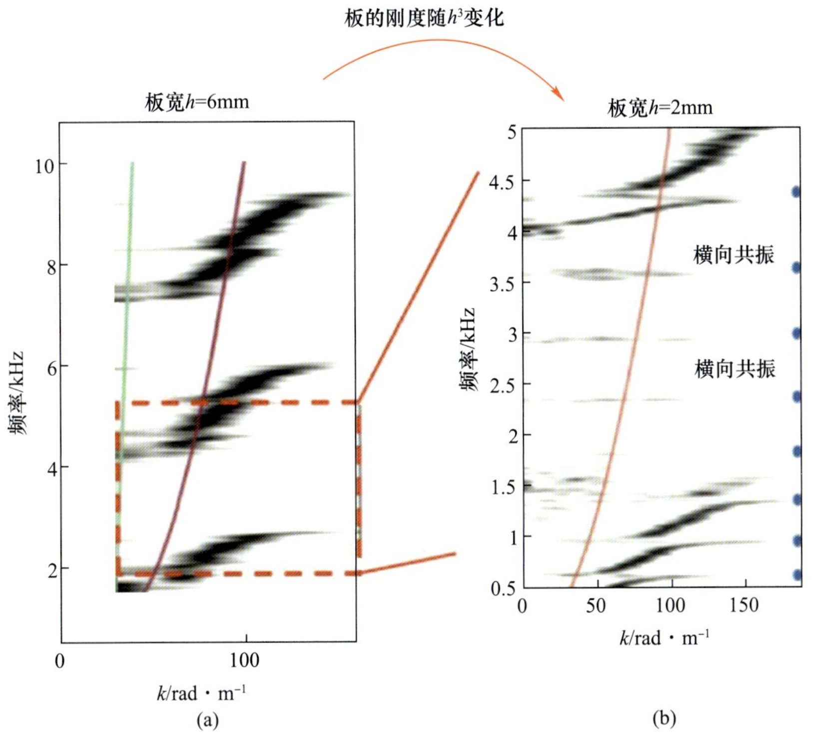


图 2.8　在横向共振频率处板的刚度对杆－板耦合作用的影响(对于较薄的板,在带隙内部和外部,板－杆系统与杆的横向共振之间都存在着更强的相互作用)

(a)板厚为 $h=6$mm 时实验得到的色散曲线;(b)板厚为 $h=2$mm 时实验得到的部分区域((a)中的红色虚线框区域)内的色散曲线。

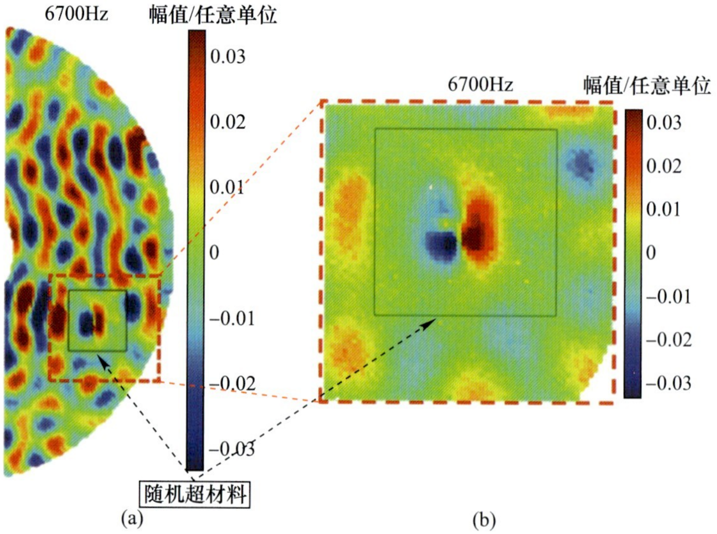


图 2.9 $f=6700\text{Hz}$ 处波场傅里叶变换(实部)的空间描述

(a)波场图案表明在禁带内会通过一个横向共振行为发生能量泄漏(声源位于超材料(黑色方块)内部,$x$ 和 $y$ 方向上空间采样距离为 8mm);(b)针对超材料区域((a)中的红色虚线框区域)的新实验(采样距离为 4mm,在杆的横向共振点处声源的行为类似于一个偶极子)。

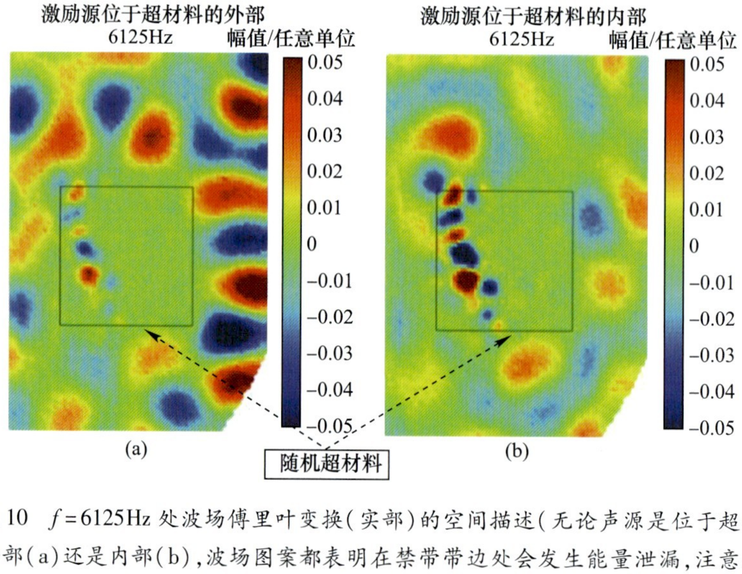


图 2.10 $f=6125\text{Hz}$ 处波场傅里叶变换(实部)的空间描述(无论声源是位于超材料的外部(a)还是内部(b),波场图案都表明在禁带带边处会发生能量泄漏,注意超材料(黑色方块)内部的局域模态与声源位置是无关的)

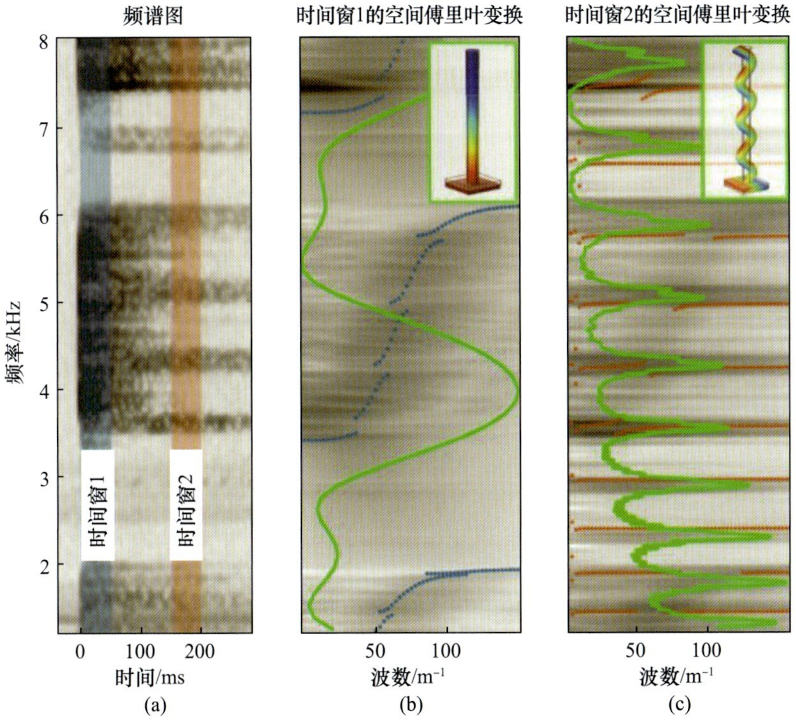


图 2.11 时频图表明了杆的共振对波场的贡献

(a)在超材料区域内部记录到的信号谱；(b)传播早期的时间框((a)中的蓝色时间窗1)对应的波场的空间傅里叶变换(蓝色虚线为所预测的面外偏振行为的色散关系)；(c)较迟的混响段((a)中的红色时间窗2)对应的波场的空间傅里叶变换(红色虚线为所预测的面内偏振行为的色散曲线。图中还示出了相关杆的拉压运动和弯曲运动及其模态变形实例)。

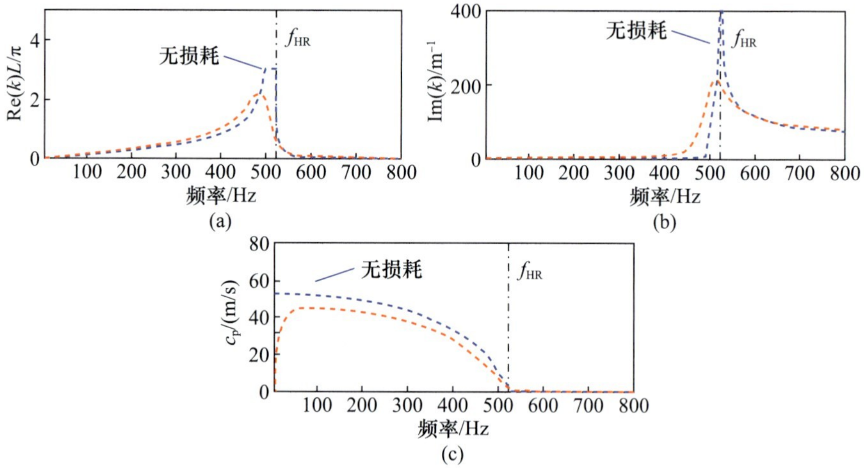


图 3.2　带有谐振腔的主狭缝内的色散

(a)和(b)分别为根据 TMM 计算得到的色散曲线的实部和虚部(针对的是参数为 $h=1.2\text{mm}$, $a=1.2\text{cm}$, $\omega_n=a/6$, $\omega_c=a/2$, $d=7\text{cm}$, $l_n=d/3$, $l_c=d-h-l_n$ 的超材料。蓝色线为无损耗情况,红色线为有损耗情况,黑色虚线为无亥姆霍兹谐振腔时主狭缝的色散关系);(c)针对无损情况(蓝色)和考虑热黏性损耗情况(红色),基于 TMM 计算得到的相速度。

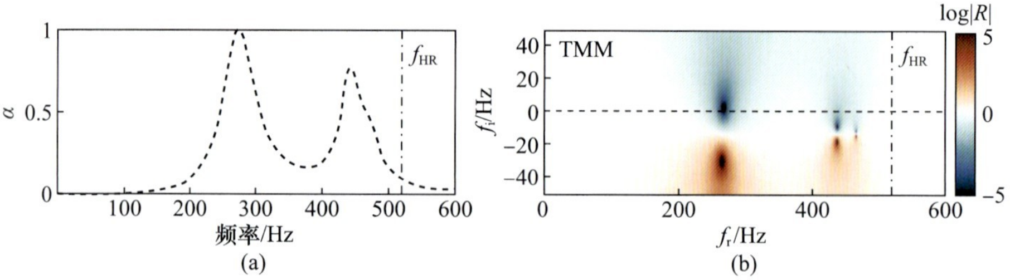


图 3.3　针对 $N=3$ 系统的调节计算得到的吸声系数和反射系数

(a)针对由 $N=3$ 个谐振腔构成的面板,基于 TMM 计算得到的吸声系数(点画线标记出了亥姆霍兹谐振腔的共振频率);(b)基于 TMM 计算得到的复频率平面上的反射系数($f_r$ 和 $f_i$ 分别为复频率的实部和虚部)。

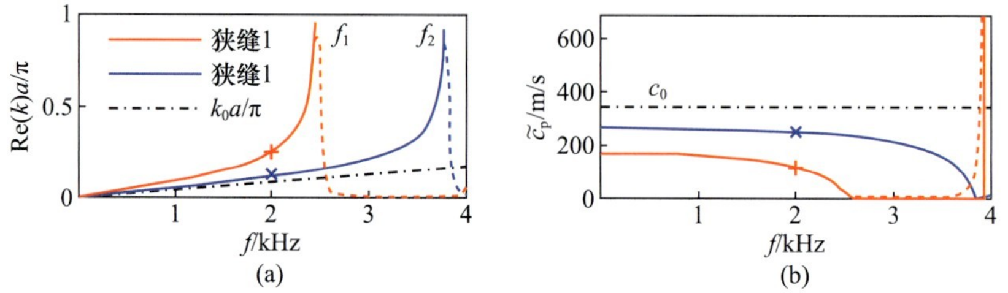

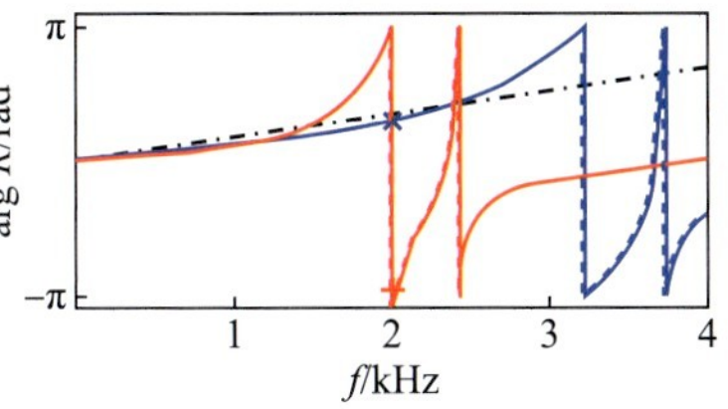


(c)

图 3.4 反射系数相位的调控(本图源自于文献[JIM 17a])

(a)超材料扩散体的第一条狭缝(蓝色)和第二条狭缝(红色)内的色散团溪(实线为无损耗情况实线,虚线为考虑热黏性损耗的情况,点画线为空气中的波数);(b)对应的相速度;(c)每条狭缝的反射系数的相位。

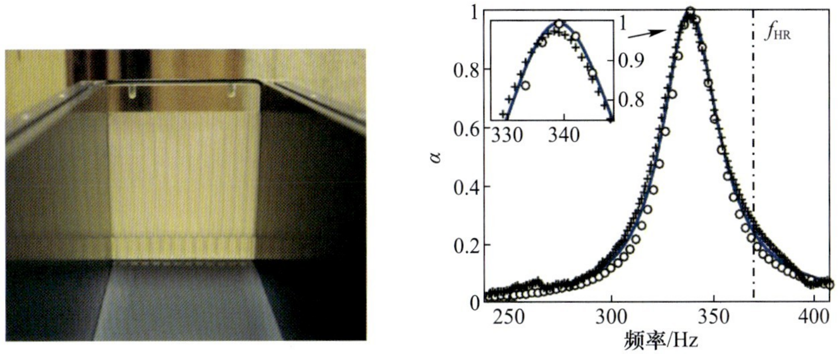


(a) (b)

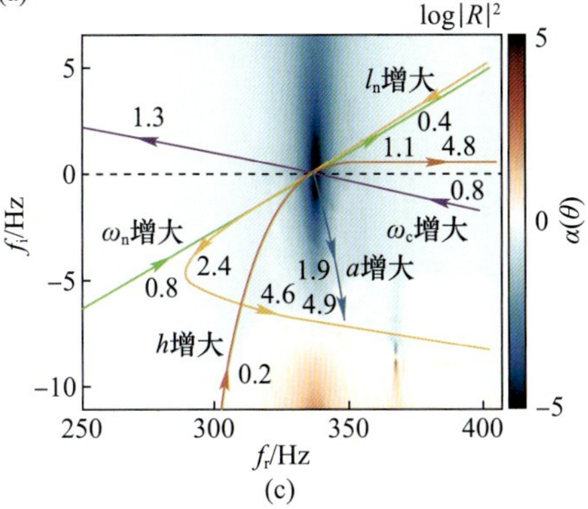


(c)

图 3.5 经过优化得到的结果(彩图可以参见网址 www. iste. co. uk/romero/metamaterials. zip)

(a)在阻抗管内放置一个垂向单胞($N=1$)的实验设置图(半透明树脂使得我们可以观察到亥姆霍兹谐振腔阵列,图中的阻抗管看上去是开口的,实际上实验中是封闭的);(b)吸声系数的实验测试结果(十字标记)、基于 TMM 的计算结果(蓝色实线)和有限元计算结果(圆圈标记);(c)针对优化样件得到的复频率面内的反射系数(每条曲线展示了改变某个系统参数时零点的轨迹)。

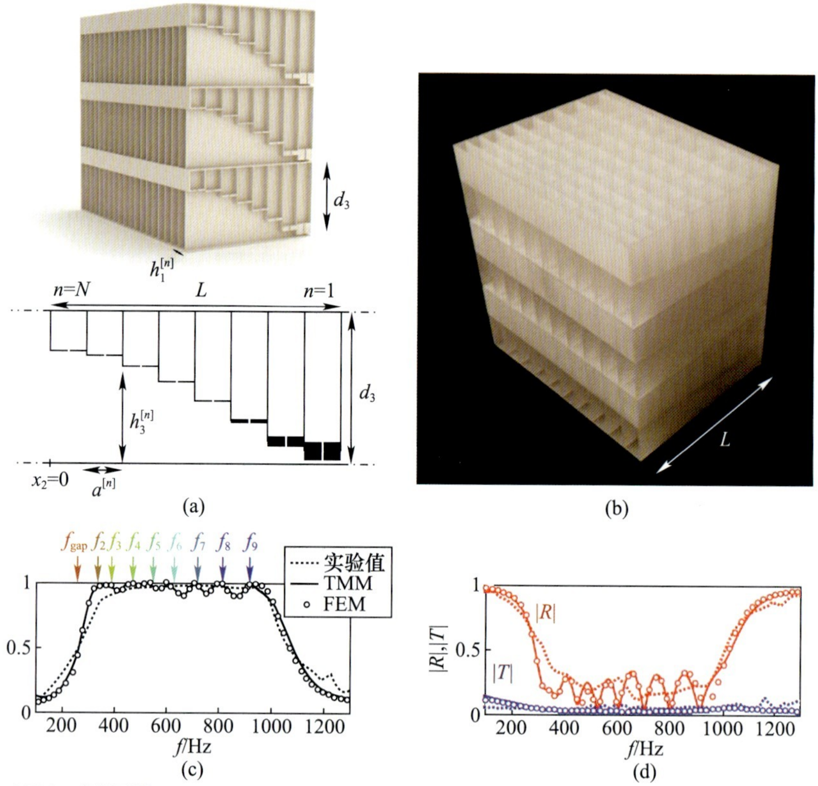


FEM—有限元法。

图 3.7 具有 $N$ 个不同尺寸的亥姆霍兹谐振腔

(a)带有 $N=8$ 个亥姆霍兹谐振腔的彩虹捕获型吸声器(RTA)的概念图及其几何参数;(b)包含 $10\times3$ 个单胞的样件;(c)所得到的吸声系数(实线为基于 TMM 的结果,圆圈标记为 FEM 仿真结果,虚线为实验测试结果);(d)对应的反射系数幅值(红色)和透射系数幅值(蓝色)。

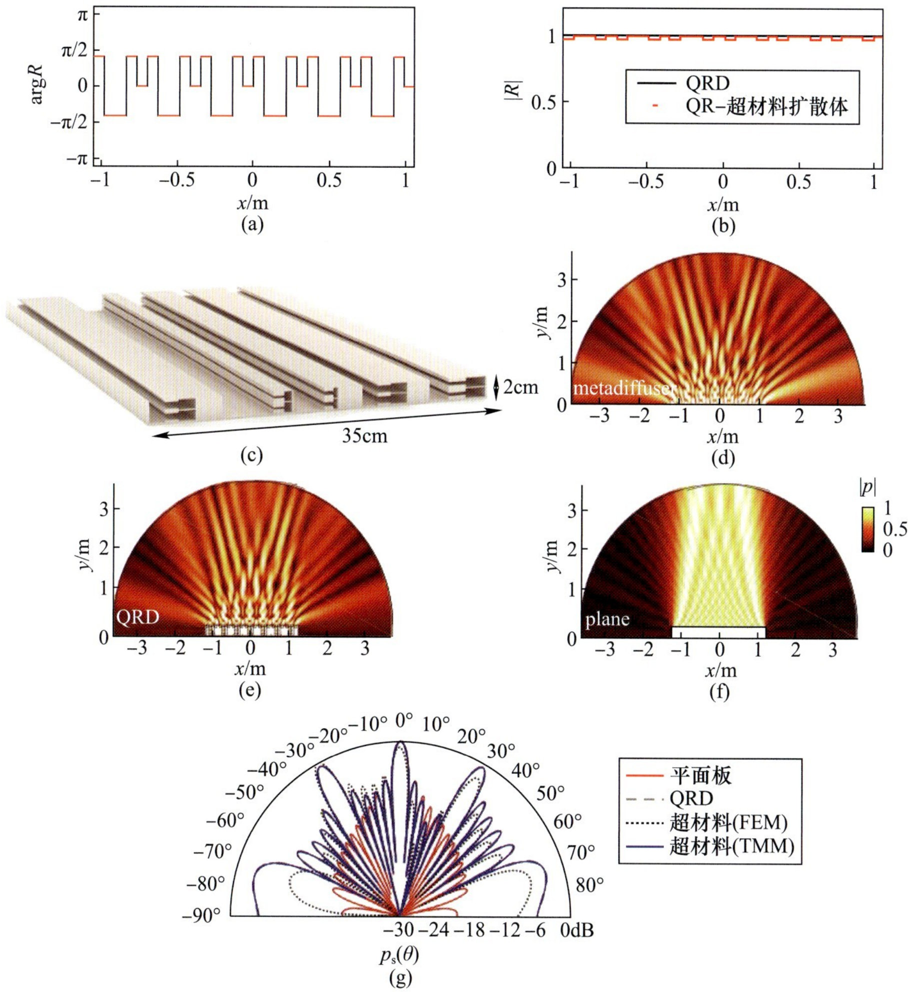


图 3.8 QRD(黑色线)和 QR 超材料扩散体(红色虚线)与空间位置相关的反射系数

(a)相位;(b)幅值;(c)QR 超材料扩散体($N=5, M=2$)的示意图;(d)厚度为 $L=2$cm 的 QR 超材料扩散体在 2kHz 处的近场声压分布;(e)厚度为 $L=27.4$cm 的相位格栅 QRD;(f)平面反射器;(g)QR 超材料扩散体的远场极坐标分布(蓝色实线为 TMM 计算结果,黑色虚线为 FEM 仿真结果,灰色虚线为参考 QRD 的结果,红色实线为相同宽度的平面反射器的结果)。

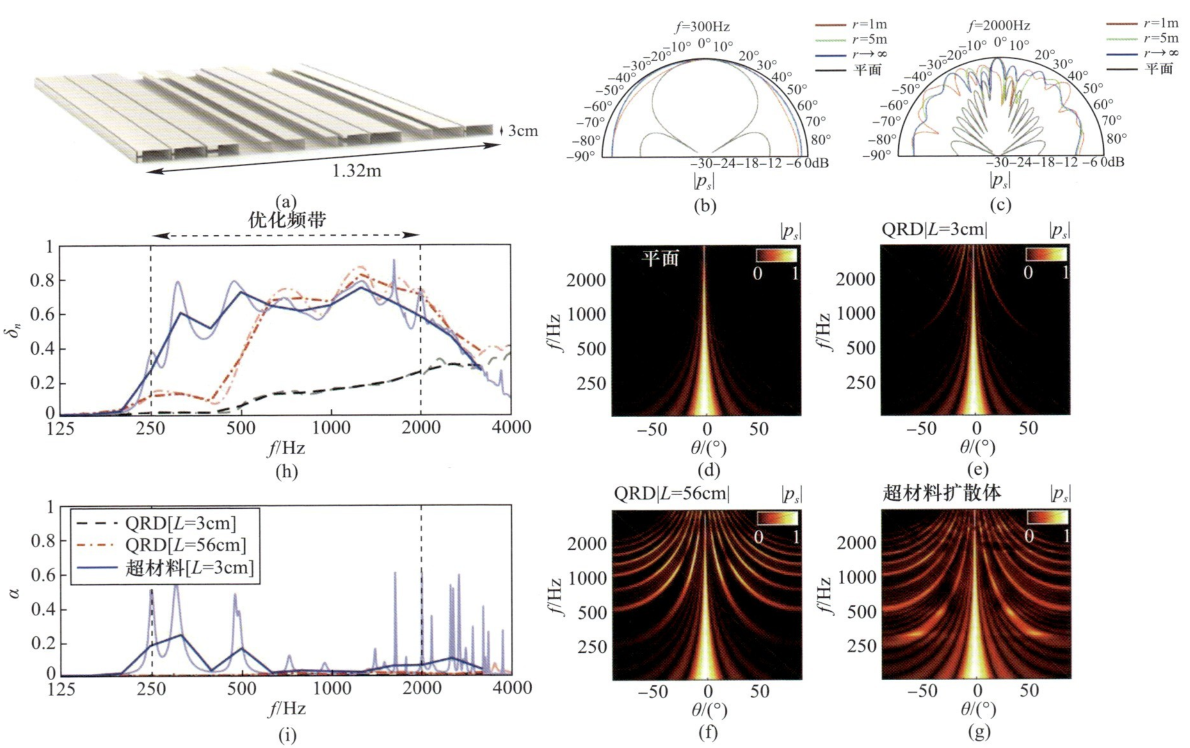


图 3.9　超材料扩散体几何及其归一化扩散系数和吸声系数

(a)所分析的超材料扩散体示意图；(b)和(c)分别为 300Hz 和 2000Hz 处的极向响应；(d)～(g)远场极向响应与频率的关系((d)(针对参考平面)、(e)(针对 $N=11$ 的 QRD 面板，总厚度为 3cm)、(f)(针对总厚度为 56cm 的 QRD 面板)、(g)(厚度为 3cm 的最优超材料扩散体))；(h)归一化扩散系数(其中的黑色虚线针对的是 3cm 的 QRD，红色点画线针对的是 32cm 的 QRD，蓝色实线为基于 TMM 得到的最优超材料扩散体的计算结果，根据 ISO 17497－2:2012[ISO 12]，图中用粗线表示了这 3 个倍频程的积分结果)；(i)对应的吸声系数。

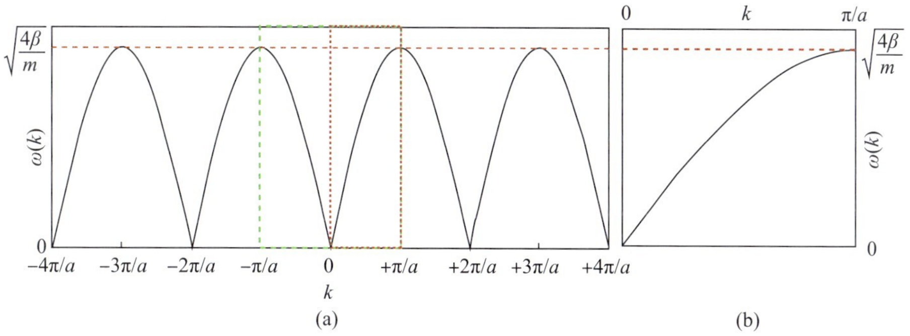


图 5.2　图 5.1 的色散关系

(a)无限原子链(图 5.1)的色散关系(绿色框和红色框分别代表了第一布里渊区和不可约布里渊区);(b)不可约布里渊区内的色散关系。

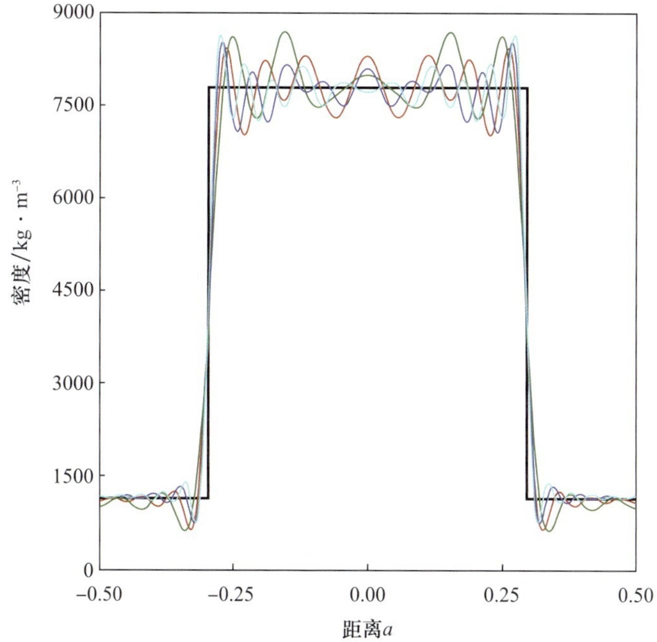


图 5.8　针对由钢柱散射体方形阵列于树脂基体中形成的声子晶体($f=0.55$),单胞内 $x_1=x_2$ 方向上的 $\rho(\boldsymbol{r})$(黑色)和 $\rho(\boldsymbol{r})_{\text{truncated}}$(绿色对应于 MT = 6,红色对应于 MT = 8,蓝色对应于 MT = 10,青色对应于 MT = 12 的情形)

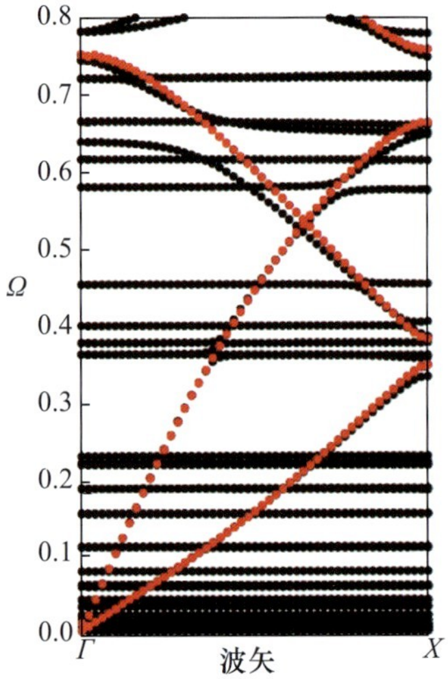


图 5.9　针对由带有方形圆柱孔阵列的铝基体和水银柱散射体组成的声子晶体结构计算得到的 $\Gamma X$ 方向上的 XY 模式能带结构(不可约布里渊区,$f=0.4$)(黑色圆点代表的是 PWE 计算结果,水银介质作为各向同性固体,$C_{44}=0$,MT=8;红色圆点代表的是有限元计算结果,水银介质作为实际流体。基于 PWE 方法会导致非物理的模式,不能准确预测出这一流体/固体混合型二维声子晶体的传播模式。其他相关参数为 $\rho_A=13600\text{kg/m}^3$、$C_{11,A}=2.86\times10^{10}\text{N/m}^2$、$\rho_B=2700\text{kg/m}^3$、$C_{44,B}=2.61\times10^{10}\text{N/m}^2$、$C_{11,B}=11.09\times10^{10}\text{N/m}^2$

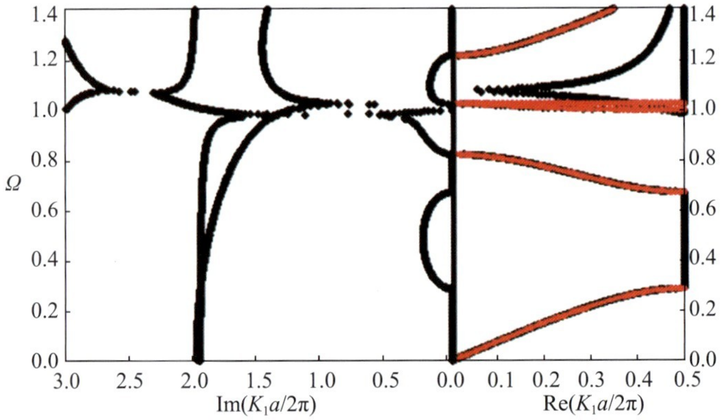


图 5.12　针对由圆柱孔方形阵列于硅基体中而形成的声子晶体计算得到的不可约布里渊区内 $\Gamma X$ 方向($K_2=0$)上的 Z 模式能带结构(红色圆点代表的是 $\omega(\boldsymbol{K})$ 方法的结果,黑色圆点代表的是 $\boldsymbol{K}(\omega)$ 方法的结果)

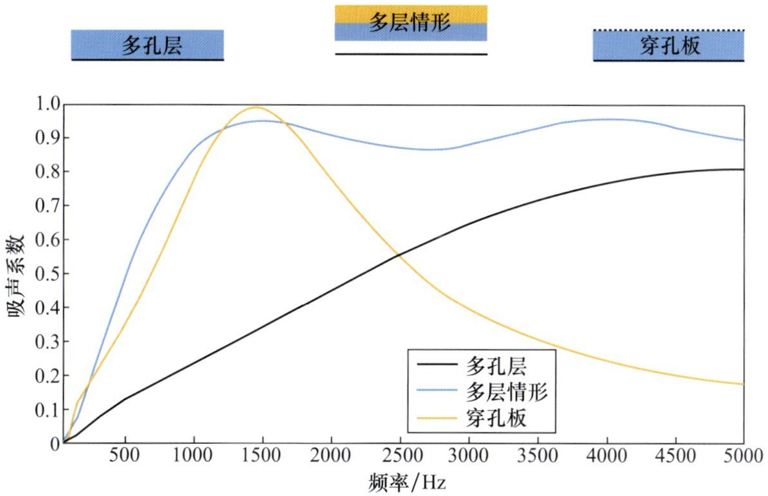


图 7.1　3 种经典方案的比较(黑色曲线为 2cm 厚的多孔层(刚性背衬,类似三聚氰胺的泡沫)情形;蓝色曲线为包含两种不同多孔材料(类似三聚氰胺的泡沫和类似玻璃棉的泡沫)与气隙的多层情形(每层厚度均为 $H=2\text{cm}$);红色曲线为 2cm 厚的多孔层(孔隙率为 5%,带有厚度为 1mm 的穿孔板))

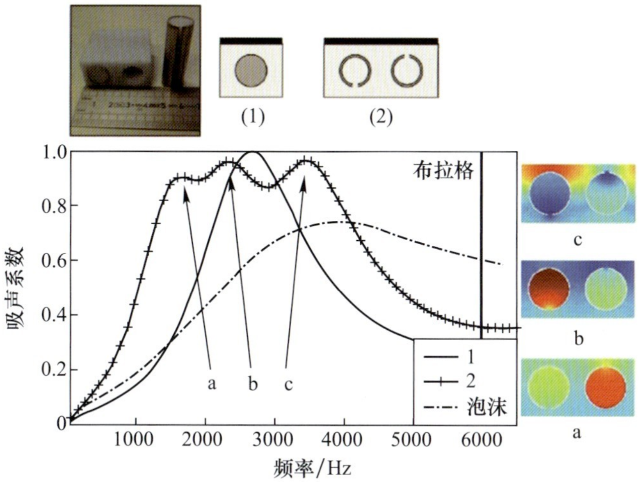


图 7.4　仿真分析得到的吸声系数(厚度为 $H=2\text{cm}$ 的多孔板,三聚氰胺材料,背面带有刚性板,标记符号 x 代表的是无散射体嵌入的情形,实线代表的是带有半径为 $R=7.5\text{mm}$ 的开口环的情形,考虑的是法向入射(即入射波从下方进入),单元上方有刚性背衬[LAG 13b]。上方的图为样件图片和相关视图,a、b 和 c 这 3 个插图为吸声谱中特定频率处的波场快照)

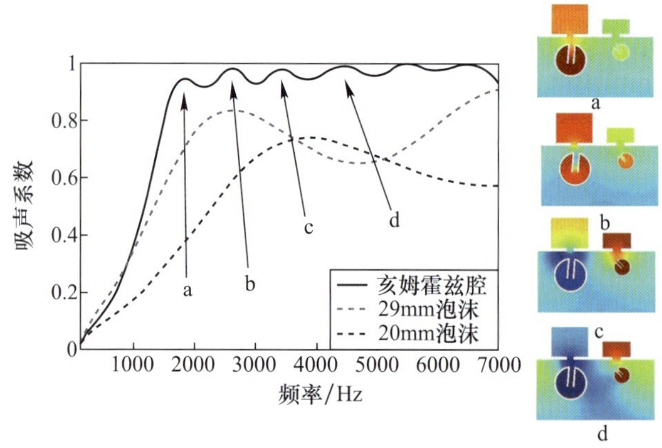


图 7.5　仿真分析得到的吸声系数(厚度为 $H=2\mathrm{cm}$ 的多孔板,三聚氰胺材料,单元背面上方带有波纹板,黑色虚线代表的是无散射体嵌入的情形,实线代表的是带有由二维亥姆霍兹谐振腔和背面空腔的最优几何情形,灰色虚线代表的是等效匀质泡沫情形(等效厚度包括泡沫板和背面空腔)[LAG 16]。在插图 a、b、c 和 d 中,法向入射波来自于下方)

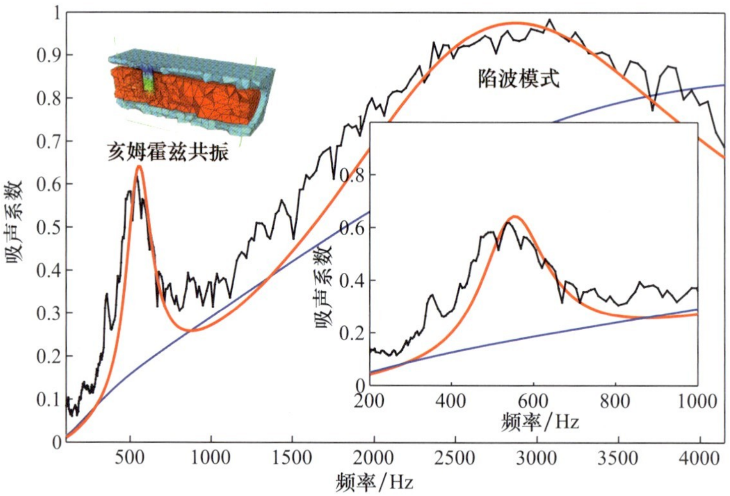


图 7.6　吸声系数的仿真结果和实验结果(厚度为 $H=2\mathrm{cm}$ 的多孔板,三聚氰胺材料,背面带有刚性板,蓝色曲线代表了无散射体嵌入的情形,黑色曲线和红色曲线分别代表了针对带有亥姆霍兹谐振腔的情形,在方形截面的阻抗管中进行实验测试的结果和有限元仿真结果[GRO 15])

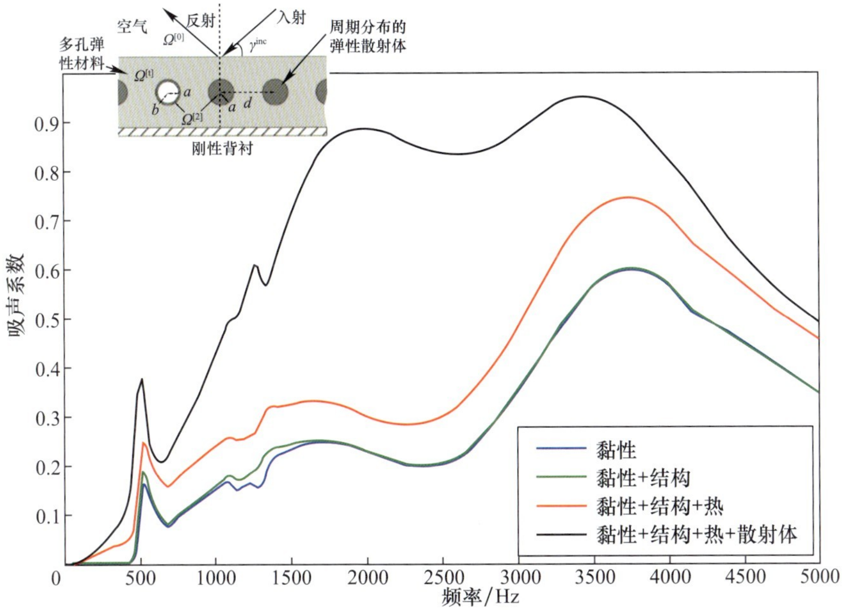


图 7.7 仿真分析得到的吸声系数(厚度为 $H=2\text{cm}$ 的多孔板,三聚氰胺材料,背面带有刚性板,考虑了不同的损耗情况,以及无散射体嵌入的情形和带有弹性壳散射体(半径为 $a=8\text{mm}$)的情形(黑色曲线)[WEI 16])

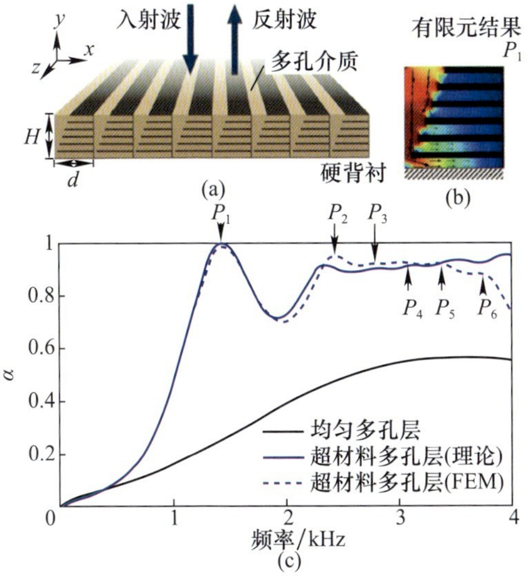


图 7.8 通过构造梯度分布构型实现宽带声吸收性能

(a)超材料多孔层示意图;(b)$P_1=1430\text{Hz}$ 处的粒子速度场快照;(c)仿真分析得到的吸声系数(厚度为 $H=3\text{cm}$ 的多孔层,背面带有刚性板,黑色曲线对应于无散射体嵌入的情形,蓝色曲线对应于分块处理的情形[YAN 16])。

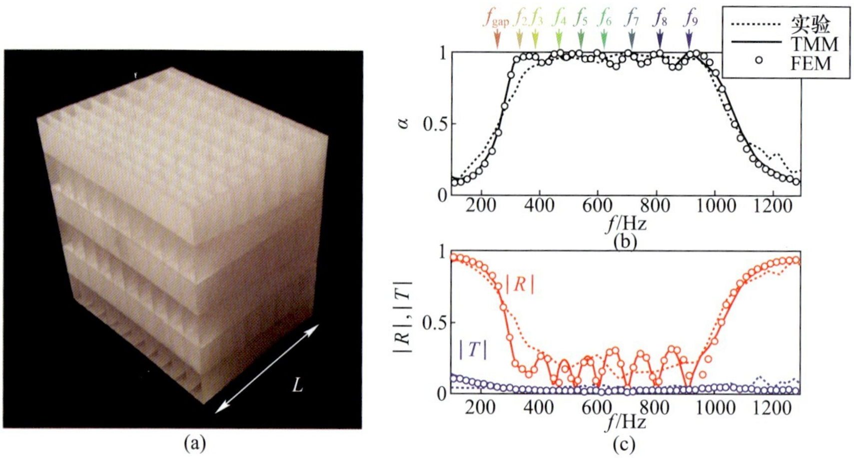


图 7.9　由谐振子构成的装置

(a)包含 10×3 个单胞的样件照片；(b)吸声系数(实线为 TMM 方法的计算结果,圆圈标记为 FEM 仿真结果,虚线为实验测试结果)；(c)对应的反射系数幅值(红色曲线)和透射系数幅值(蓝色曲线)[JIM 17]。

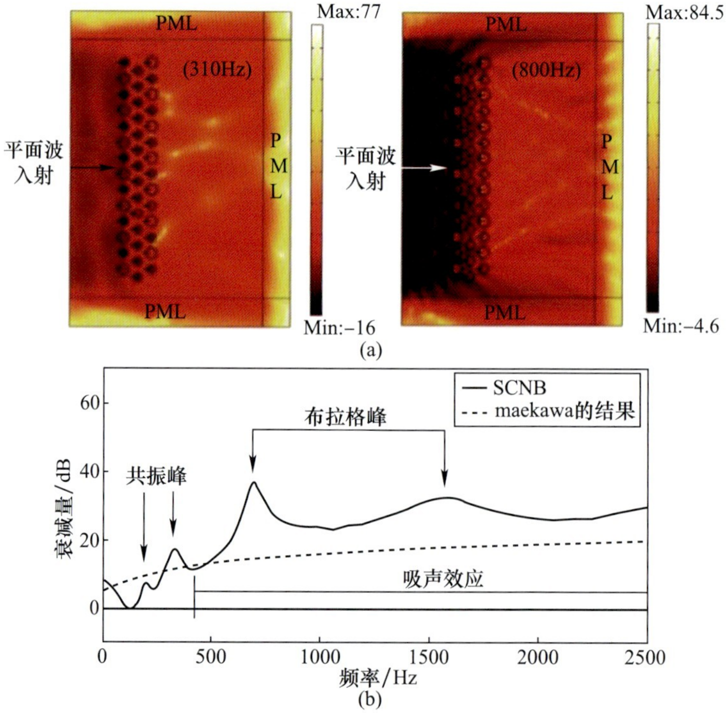


图 7.11　声屏障的室外隔声应用

(a)基于理论仿真得到的 310Hz 和 800Hz 处衰减情况；(b)基于理论仿真得到的衰减谱(0°入射,在 SCAS 末端后方 1m 处的数据)[SÁN 15]。

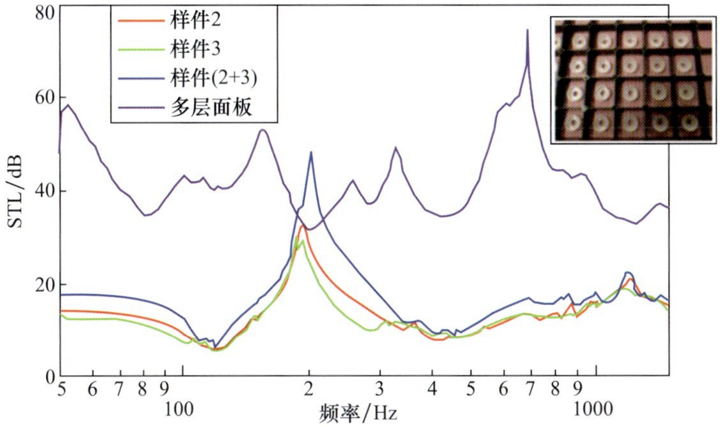


图 7.12　传声损失(STL)谱(红色曲线和绿色曲线针对的是两个名义上相同的单层样件,蓝色曲线对应于这两个样件堆叠之后的结果,紫色曲线针对的是由 4 个单层面板构成的宽带声障情况[YAN 10])

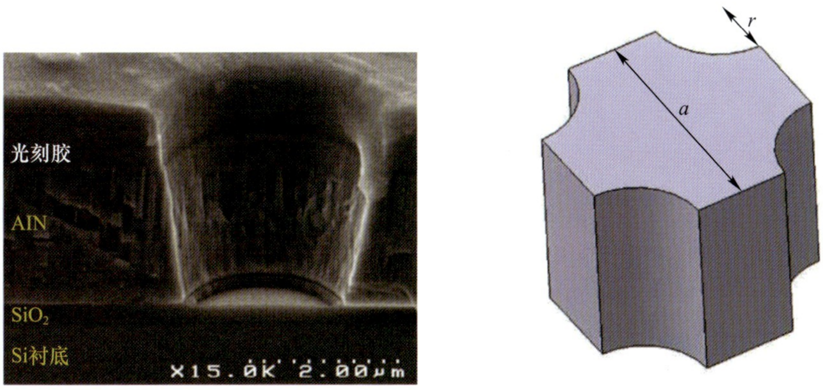


(a)　　(b)

图 8.5　固体基体中带有孔阵列的声子晶体示意

(a)针对蚀刻工艺得到的 AlN 膜中的孔(扫描电镜照片揭示出存在着侧壁倾角这一缺陷);(b)关键工艺尺寸。

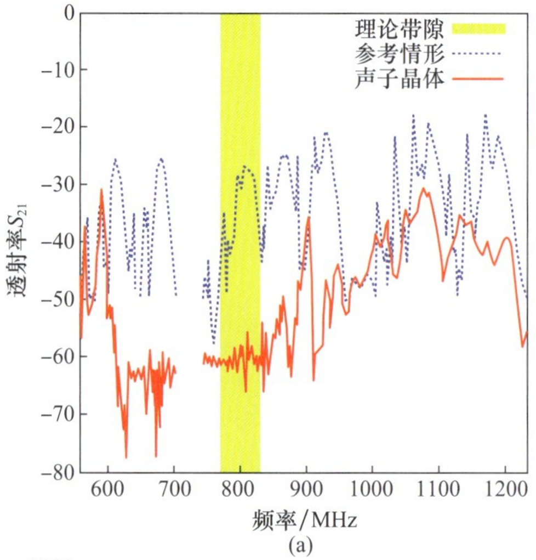


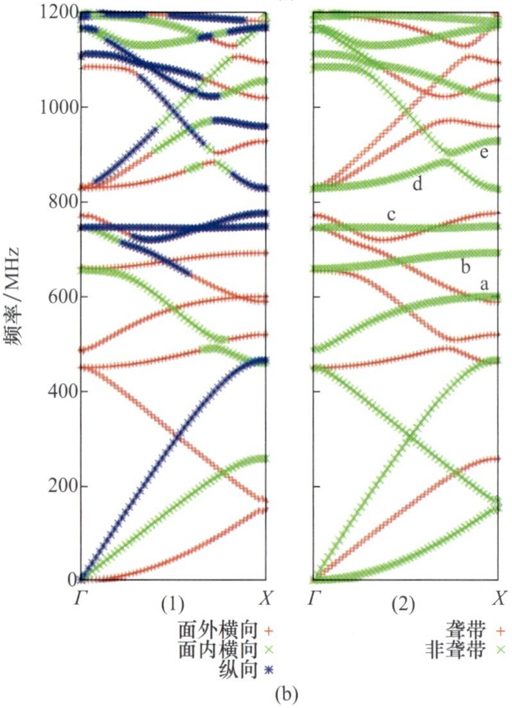


图 8.11　$SiO_2$/AlN 声子晶体板(本图源自于文献[GOR 11],并经 AIP Publishing 许可使用)

(a)通过一组兰姆波延迟线测得的透射率(红色实线为换能器之间带有声子晶体的情形,蓝色虚线为不带声子晶体的情形,黄色区域对应于理论带隙位置);(b)声子晶体的能带结构图(1)反映了布洛赫模式的偏振情况,图(2)反映了聋带情况。

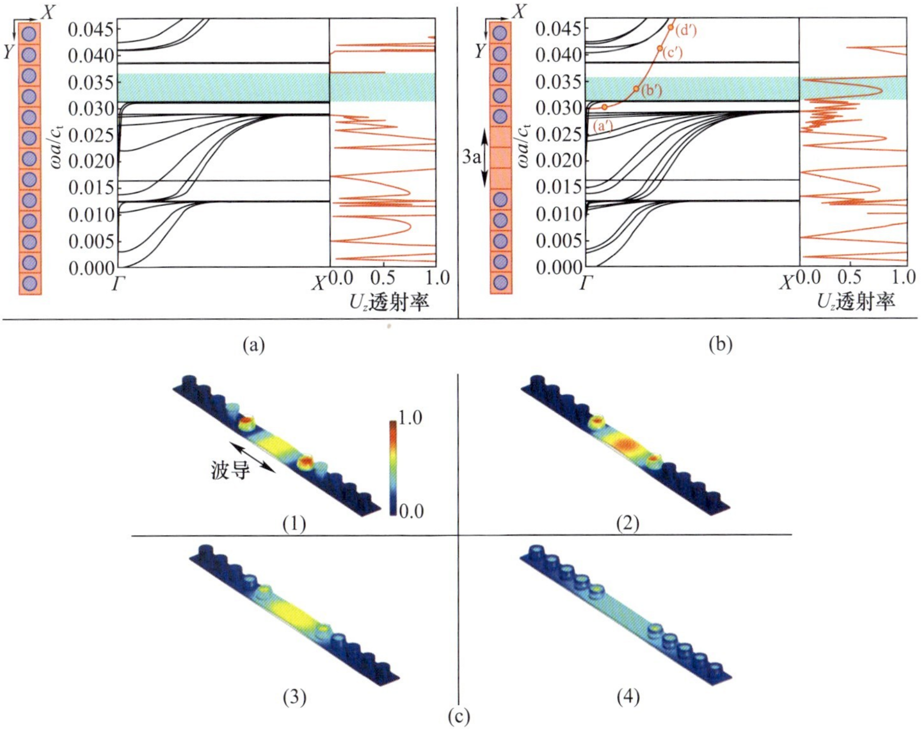


图 8.13　共振型声子晶体板中形成的波导(本图源自于文献[OUD 10],并经 AIP Publishing 许可使用)

(a)由 13 个橡胶柱连接于树脂板所构成的超元胞的能带结构和透射系数;(b)针对移除 3 行柱得到的波导结构超元胞的能带结构;(c)不同波数情况下缺陷模式的位移幅值(与(b)中红色圆圈标记的位置相对应)。

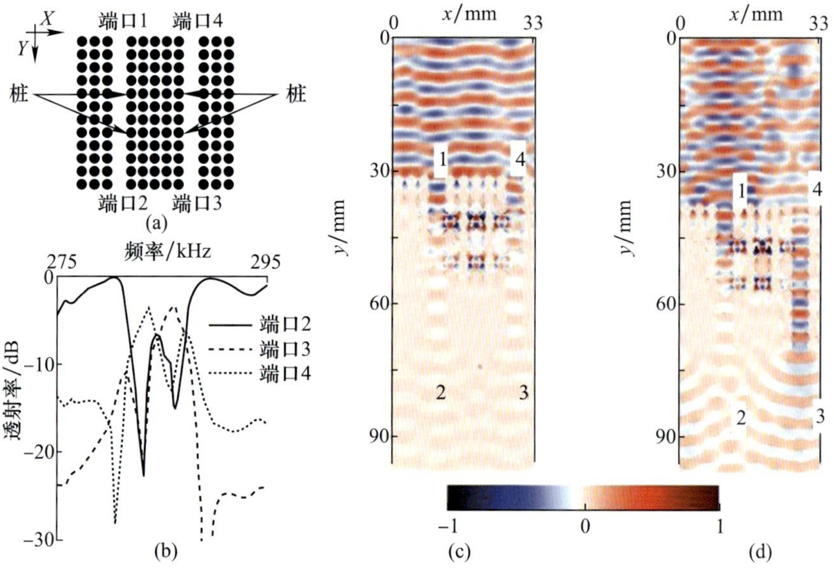


图 8.15 (a)两个带桩型波导通过共振腔(由声子晶体中的两个空腔所构成)发生耦合作用;(b)针对端口 1 处的输入激励计算得到的端口 2、3 和 4 处的透射谱;(c) 283kHz 处的波场情况(在该频率处端口 2 和端口 3 的透射率下降,而端口 4 处的透射增强);(d)286kHz 处的波场情况(在该频率处端口 2 和端口 4 的透射率下降,而端口 3 处的透射增强)(本图源自于文献[PEN 05],并经 AIP Publishing 许可使用)

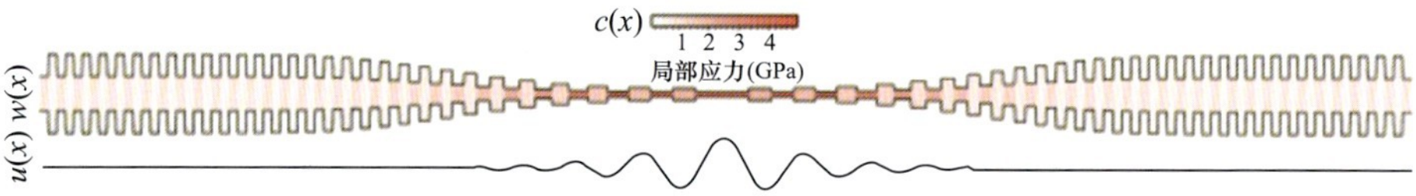


图 8.26 纳米-机械梁式谐振器(可以受益于应变设计,并且能够借助声子晶体来增大声子相干时间)(本图源自于文献[FED 19],并经 American Physical Society 许可使用)

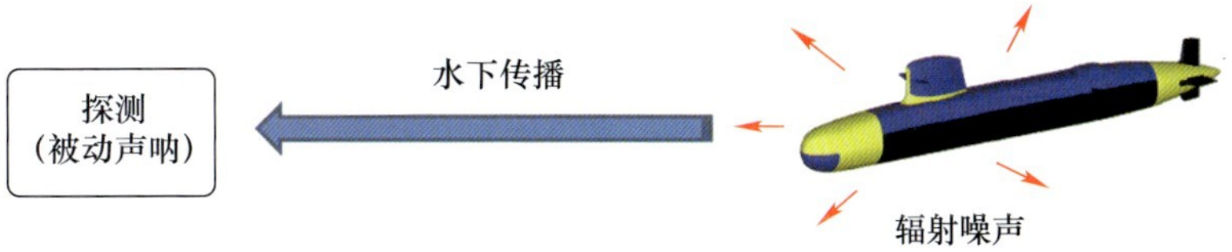


图 9.1　通过被动声呐系统对水下运载器进行探测

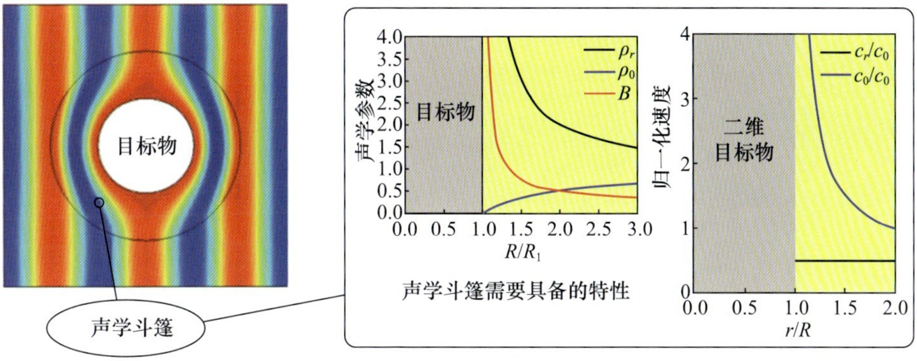


图 9.8　基于转换声学的声隐身(本图源自于文献[CUM 07])

实验设置（周围介质为空气）

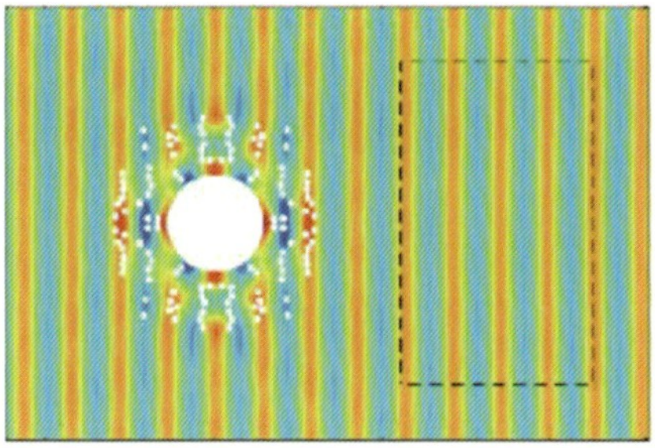

声波传播（后方区域的声压场未受扰动）

图 9.9　基于散射相消原理的声隐身(本图源自于文献[GAR 11])

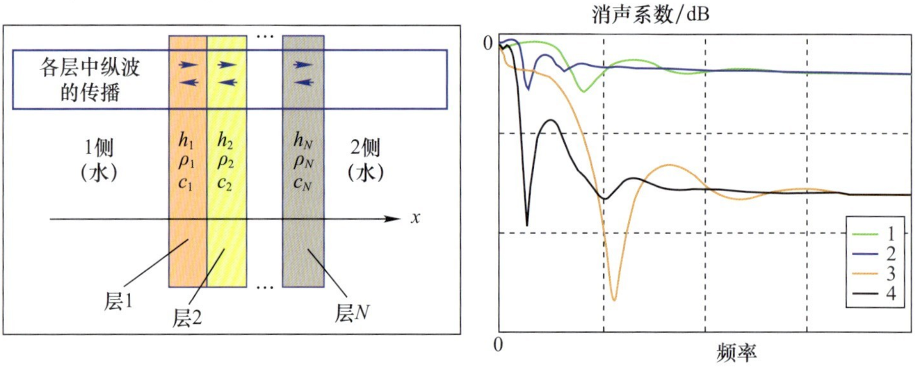


图 9.14 单层或多层显微夹杂覆盖层的声学特性预测结果
(右图中的 1 ~4 对应于不同的设计,其中 3 和 4 具有吸声性能)

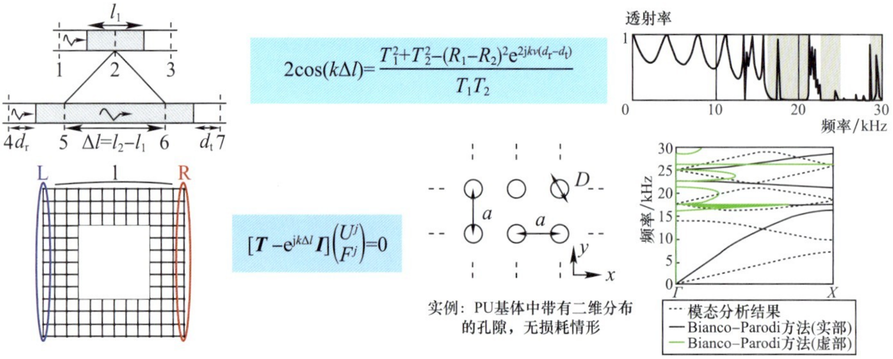


图 9.19 周期性声学超材料(有限元建模)中的等效声速的确定
(左图为两种方法的原理;右图为透射系数和色散曲线)(本图源自于文献[MÉR 15])